国家"十二五"规划重点图书

中国地质调查局
青藏高原1:25万区域地质调查成果系列

中华人民共和国
区域地质调查报告

比例尺 1:250 000

门巴区幅

（H46C002002）

项目名称：西藏1:25万门巴区幅区域地质调查
项目编号：200213000013
项目负责：杨德明
图幅负责：杨德明
报告编写：杨德明　和钟铧　王天武　武世忠
　　　　　　邓金宪　董清水　郑常青　任云生
　　　　　　黄映聪　李建国　戴琳娜　赵　亮
　　　　　　张耀宇
编写单位：吉林大学地质调查研究院
单位负责：张兴洲（院长）
　　　　　　孙丰月（总工程师）
实施单位：成都地质矿产研究所

内容提要

门巴区幅位于西藏拉萨市东北约70km处。全区面积15 967km^2。大地构造位置位于班公湖-怒江缝合带和雅鲁藏布江缝合带之间的冈底斯-念青唐古拉板片之上。地层发育有前奥陶系、石炭系—二叠系、侏罗系、白垩系和古近系及第四系。花岗质侵入岩较为发育,时代从晚三叠世到中新世几乎均有。古近纪中酸性火山岩较为发育。前白垩纪地层均有不同程度的变质。褶皱和断裂构造均很发育,以区域性东西向褶皱和断裂构造为主体。地质演化经历了前特提斯演化阶段及新特提斯发展阶段。区内自然和人文旅游资源较为丰富。

图书在版编目(CIP)数据

中华人民共和国区域地质调查报告.门巴区幅(H46C002002):比例尺1:250 000/杨德明,和钟铧,王天武等著. —武汉:中国地质大学出版社,2014.9
 ISBN 978-7-5625-3400-6

Ⅰ.①中…

Ⅱ.①杨…②和…③王…

Ⅲ.①区域地质调查-调查报告-中国②区域地质调查-调查报告-拉萨市

Ⅳ.①P562

中国版本图书馆CIP数据核字(2014)第118406号

中华人民共和国区域地质调查报告

门巴区幅(H46C002002) 比例尺1:250 000

杨德明　和钟铧　王天武　等著

责任编辑:胡珞兰　刘桂涛	责任校对:周　旭
出版发行:中国地质大学出版社(武汉市洪山区鲁磨路388号)	邮政编码:430074
电　　话:(027)67883511　　传　　真:67883580	E-mail:cbb @ cug.edu.cn
经　　销:全国新华书店	http://www.cugp.cug.edu.cn
开本:880毫米×1 230毫米 1/16	字数:560千字　印张:15.75　图版:30　附件:1
版次:2014年9月第1版	印次:2014年9月第1次印刷
印刷:武汉市籍缘印刷厂	印数:1—1 500册
ISBN 978-7-5625-3400-6	定价:480.00元

如有印装质量问题请与印刷厂联系调换

前 言

　　青藏高原包括西藏自治区、青海省及新疆维吾尔自治区南部、甘肃省南部、四川省西部和云南省西北部,面积达 260 万 km², 是我国藏民族聚居地区,平均海拔 4 500m 以上,被誉为地球"第三极"。青藏高原是全球最年轻、最高的高原,记录着地球演化最新历史,是研究岩石圈形成演化过程和动力学的理想区域,是"打开地球动力学大门的金钥匙"。青藏高原蕴藏着丰富的矿产资源,是我国重要的战略资源后备基地。青藏高原是地球表面的一道天然屏障,影响着中国乃至全球的气候变化。青藏高原也是我国主要大江大河和一些重要国际河流的发源地,孕育着中华民族的繁衍和发展。开展青藏高原地质调查与研究,对于推动地球科学研究、保障我国资源战略储备、促进边疆经济发展、维护民族团结、巩固国防建设均具有非常重要的现实意义和深远的历史意义。

　　1999 年国家启动了"新一轮国土资源大调查"专项,按照温家宝总理"新一轮国土资源大调查要围绕填补和更新一批基础地质图件"的指示精神。中国地质调查局组织开展了青藏高原空白区 1∶25 万区域地质调查攻坚战,历时 6 年多,投入 3 亿多元,调集来自全国 25 个省(自治区)地质调查院、研究所、大专院校等单位组成的精干区域地质调查队伍,每年近千名地质工作者,奋战在世界屋脊,徒步遍及雪域高原,实测完成了全部空白区 158 万 km² 共 112 个图幅的区域地质调查工作,实现了我国陆域中比例尺区域地质调查的全面覆盖,在中国地质工作历史上树立了新的丰碑。

　　西藏 1∶25 万门巴幅(H46C002002)区域地质调查项目,由吉林大学地质调查研究院承担,工作时间为 2002—2004 年。完成地质填图面积为 15 967km²,实测剖面 117.9km。地质路线 3 517km,采集种类样品 1 316 件,全面完成了设计工作量。项目取得的主要成果有:①在查给附近的嘉黎断裂带中发现了一套含煤碎屑岩地层,根据孢粉组合时代为早白垩世,首次确定了多尼组在该区的存在。②将原来的上古生界旁多群解体,划分出下石炭统诺错组、上石炭统—下二叠统来姑组和中二叠统洛巴堆组。通过对来姑组的详细对比研究,证实来姑组[$(C_2-P_1)l$]为穿时性地层单位。③查清了发育于嘉黎断裂带中的超镁铁质—镁铁质岩的分布及其岩石学、岩石地球化学特征及性质,确定了该套岩石为嘉黎缝合带内的蛇绿岩,据其橄榄岩锆石 SHRIMP U-Pb 年龄[$(218.2±4.6)Ma$],确定其形成于晚三叠世。④对该区花岗岩进行了详细研究,划分出了 3 个岩浆岩带。根据锆石 SHRIMP U-Pb 年龄[$(207±215)Ma$],发现冈底斯岩浆弧带内存在晚三叠世花岗岩。在冈底斯弧背断隆带扎雪地区发现始新世钾玄质浅成侵入岩(K-Ar 年龄 54.42Ma)。上述成果为冈底斯岩浆弧的演化提供了重要资料;在当雄地堑谷露地区,发现了中新世花岗岩[K-Ar 年龄$(18.24±0.5)Ma$],为高原隆升及后期伸展增加了新线索。⑤查明了区内始新世火山岩的层序、岩石类型、喷发韵律、接触关系及岩石地球化学特征,获得了 45.6~38.13Ma 的 K-Ar 年龄。⑥查明了区内变质作用类型、变质岩时空分布特征及变质作用温压条件,划分出加里东期和燕山期两期变质作用。⑦厘定了区内主要褶皱、断裂等区域构造形迹,发现了扎雪-门巴韧性变形带和色日绒-巴嘎脆韧性变形带,分析了其变形活动特征。⑧收集各类矿床、矿(化)点共计20处。发现了一些旅游地质景点,提出了墨竹工卡县—门巴乡等7条建议旅游路线。

2005年4月,中国地质调查局组织专家对项目进行最终成果验收,评审认为:成果报告资料齐全,工作量达到(或超过)设计规定,技术手段、方法、测试样品质量符合有关规范、规定。区域地质调查报告及专题报告章节齐全,内容翔实,文、图、表匹配得当,论述有据,反映了较高的研究程度,达到了任务书和设计要求。提交的地质图图面结构合理、信息量大。经评审委员会认真评议,一致建议该项目报告通过评审。门巴区幅成果报告被评为良好级。项目工作单位按评审意见书和评审专家的具体修改意见,进一步加强综合分析研究,对报告进行最终的修改和完善后公开出版。

先后参加野外和室内工作的有:杨德明、和钟铧、王天武、郑常青、黄映聪、杨国梁、刘凯、林仕元、杨克俭、王彬、孙宪森、杨华平、索郎赤列、翟庆国、张海心、邓跃炳、武世忠、邓金宪、董清水、任云生、王成文、李良芳、李建国、戴琳娜、赵亮、张耀宇、花艳秋、赵庆英、王建国、王杰、任世华、陈爱民、从久林、嘎玛晋美、朗杰、王太和等。

本书的编写分工如下:第一章、第五章第八节、第六章由杨德明执笔;第二章由武世忠、邓金宪执笔;第二章中有关沉积环境分析部分由董清水执笔;第三章、第四章由王天武执笔;第五章由和钟铧执笔。实际材料图、地质总图由王天武编制。花艳秋、赵庆英、李建国、王建国、黄映聪、赵亮、戴琳娜、张耀宇、王杰等编绘了书中的插图和附图。

在整个项目实施和本书编写的过程中,得益于许多单位和领导的大力协助、支持,尤其要感谢的是:中国地质调查局、成都地质矿产研究所、拉萨工作总站等单位;衷心感谢肖序常院士、翟刚毅处长、李荣社处长对本项目的关怀;衷心感谢长期从事西藏地质调查研究工作的李才、雍永源、潘桂棠、夏代祥、王全海、王大可、王立全等专家对本项目的热情指导与帮助;同时感谢吉林大学地质调查研究院、吉林大学地球科学学院对项目工作的亲切关怀和大力支持!

为了充分发挥青藏高原1∶25万区域地质调查成果的作用,全面向社会提供使用,中国地质调查局组织开展了青藏高原1∶25万地质图的公开出版工作,由中国地质调查局成都地质调查中心组织承担图幅调查工作的相关单位共同完成。出版编辑工作得到了国家测绘局孔金辉、翟义青及陈克强、王保良等一批专家的指导和帮助,在此表示诚挚的谢意。

鉴于本次区域调查成果出版工作时间紧、参加单位较多、项目组织协调任务重以及工作经验和水平所限,成果出版中可能存在不足与疏漏之处,敬请读者批评指正。

"青藏高原1∶25万区调成果总结"项目组
2010年9月

目　录

第一章　绪　论 (1)
　　一、任务情况 (1)
　　二、测区交通位置 (1)
　　三、自然地理及经济概况 (1)
　　四、任务要求 (2)
　　五、地质调查史及研究程度概况 (3)
　　六、任务完成情况 (4)

第二章　地　层 (6)
第一节　概　述 (6)
　　一、地层发育及其展布 (6)
　　二、地层划分原则及依据 (6)
第二节　前奥陶系(AnO) (8)
第三节　上古生界(Pz_2) (14)
　　一、下石炭统诺错组(C_1n) (14)
　　二、上石炭统—下二叠统来姑组[$(C_2-P_1)l$] (15)
　　三、中二叠统洛巴堆组(P_2l) (23)
第四节　晚古生代沉积环境分析 (31)
　　一、来姑组沉积环境分析 (31)
　　二、洛巴堆组沉积环境分析 (32)
第五节　中生界 (32)
　　一、侏罗系(J) (32)
　　二、白垩系(K) (42)
第六节　中生代沉积环境分析 (49)
　　一、马里组沉积环境分析 (49)
　　二、桑卡拉佣组沉积环境分析 (49)
　　三、拉贡塘组沉积环境分析 (54)
　　四、多尼组沉积环境分析 (54)
　　五、竟柱山组沉积环境分析 (57)
第七节　新生界 (61)
　　一、古近系(E) (61)
　　二、第四系(Q) (63)

第三章　岩浆岩 (72)
第一节　超镁铁质—镁铁质岩 (72)
　　一、岩石学特征 (74)
　　二、岩石地球化学特征 (75)

三、副矿物特征 …………………………………………………………………………… (77)
四、成因讨论 ……………………………………………………………………………… (78)
五、蛇绿岩的形成时代 …………………………………………………………………… (79)

第二节 花岗质侵入岩 ………………………………………………………………………… (80)
一、晚三叠世花岗岩 ……………………………………………………………………… (81)
二、早侏罗世花岗岩 ……………………………………………………………………… (87)
三、中侏罗世花岗岩 ……………………………………………………………………… (90)
四、晚侏罗世花岗岩 ……………………………………………………………………… (93)
五、早白垩世花岗岩 ……………………………………………………………………… (99)
六、晚白垩世花岗岩 ……………………………………………………………………… (107)
七、古新世花岗岩 ………………………………………………………………………… (113)
八、始新世侵入岩 ………………………………………………………………………… (117)
九、中新世花岗岩 ………………………………………………………………………… (121)
十、脉岩 …………………………………………………………………………………… (126)

第三节 火山岩 ………………………………………………………………………………… (129)
一、侏罗纪火山岩 ………………………………………………………………………… (129)
二、白垩纪火山岩 ………………………………………………………………………… (131)
三、始新世火山岩 ………………………………………………………………………… (135)

第四章 变质岩及变质作用 …………………………………………………………………… (143)

第一节 变质地层及变质岩类型 ……………………………………………………………… (143)
一、变质地层 ……………………………………………………………………………… (143)
二、变质岩类型 …………………………………………………………………………… (143)

第二节 岩石学特征 …………………………………………………………………………… (143)
一、板岩 …………………………………………………………………………………… (143)
二、千枚岩 ………………………………………………………………………………… (145)
三、云母片岩 ……………………………………………………………………………… (145)
四、片麻岩类 ……………………………………………………………………………… (145)
五、结晶灰岩和大理岩类 ………………………………………………………………… (146)
六、角岩类 ………………………………………………………………………………… (146)
七、动力变质岩类 ………………………………………………………………………… (146)

第三节 原岩特征 ……………………………………………………………………………… (147)
一、地质特征 ……………………………………………………………………………… (147)
二、岩石化学特征 ………………………………………………………………………… (148)

第四节 变质作用特征 ………………………………………………………………………… (150)
一、区域变质作用 ………………………………………………………………………… (150)
二、热接触变质作用和动力变质作用 …………………………………………………… (161)

第五节 变质作用时代讨论 …………………………………………………………………… (163)

第五章 区域地质构造 ………………………………………………………………………… (165)

第一节 区域大地构造背景 …………………………………………………………………… (165)

第二节 各构造单元的构造建造基本特征 …………………………………………………… (167)
一、桑巴弧后盆地 ………………………………………………………………………… (167)
二、念青唐古拉弧背断隆带 ……………………………………………………………… (167)

第三节 褶皱构造特征 ……………………………………………………………………(169)
一、区域性褶皱构造 ……………………………………………………………………(169)
二、小型褶皱构造 ………………………………………………………………………(176)
三、褶皱形成的动力学方式 ……………………………………………………………(177)
第四节 断裂构造 …………………………………………………………………………(178)
一、韧性断层系列 ………………………………………………………………………(179)
二、脆性断裂 ……………………………………………………………………………(193)
第五节 构造变形序列 ……………………………………………………………………(199)
一、第一期构造变形 ……………………………………………………………………(199)
二、第二期构造变形 ……………………………………………………………………(199)
三、第三期构造变形 ……………………………………………………………………(200)
四、第四期构造变形 ……………………………………………………………………(201)
第六节 新构造运动 ………………………………………………………………………(202)
一、活动断层 ……………………………………………………………………………(202)
二、新构造快速隆升的地貌标志 ………………………………………………………(206)
第七节 遥感地质解译 ……………………………………………………………………(208)
一、遥感资料与质量评价 ………………………………………………………………(208)
二、测区自然环境、地质条件的遥感解译条件及效果评述 …………………………(209)
三、遥感解译程度分区 …………………………………………………………………(209)
四、地质解译标志 ………………………………………………………………………(210)
第八节 区域地质发展演化 ………………………………………………………………(218)
一、前特提斯演化阶段 …………………………………………………………………(221)
二、新特提斯演化阶段 …………………………………………………………………(221)

第六章 测区旅游资源现状调查 ………………………………………………………………(223)
第一节 西藏门巴地区旅游资源自然地理及交通概况 …………………………………(223)
一、西藏门巴地区的地理位置 …………………………………………………………(223)
二、旅游资源地区的交通现况 …………………………………………………………(224)
三、测区经济概况 ………………………………………………………………………(225)
第二节 测区旅游资源现状 ………………………………………………………………(226)
第三节 测区旅游路线 ……………………………………………………………………(228)
第四节 旅游资源开发与环境保护问题综述 ……………………………………………(229)

第七章 结束语 ……………………………………………………………………………………(230)
一、取得的主要成果 ……………………………………………………………………(230)
二、存在的主要问题 ……………………………………………………………………(230)

主要参考文献 ………………………………………………………………………………………(231)

图版说明及图版 ……………………………………………………………………………………(234)

附件 1：25 万门巴区幅（H46C002002）地质图及说明书

第一章 绪 论

一、任务情况

根据国土资源部中国地质调查局下达的地质调查子项目任务书（基[2002]002—26），任务情况如下。

子项目名称：西藏1∶25万门巴区幅区域调查（H46C002002）

子项目编码：200213000013

所属实施项目：青藏高原南部空白区基础地质调查与研究

实施单位：成都地质矿产研究所

工作性质：基础地质

工作起止年限：2002年1月至2004年12月

工作单位：吉林大学

测区面积范围：面积为15 967km^2；地理坐标为E91°30′—93°00′，N30°00′—31°00′。行政区划隶属拉萨地区林周县、墨竹工卡县，那曲地区那曲县、嘉黎县，林芝地区工布江达县。测区北部西起那曲县谷露的北侧，向东至嘉黎县的夏马以北一线，向南越过冈底斯-念青唐古拉山主脊至墨竹工卡县的扎雪区、门巴区和工布江达县的金达一带；南部西起林周县的唐古区一带，向东到嘉黎县与工布江达县之间的乌嘎拉山峰。

二、测区交通位置

测区地势高差大，交通十分不便，青藏公路的那曲—当雄段仅从测区西北角通过，这是区内最好和最主要的公路（图1-1）。图幅区内各区乡间有简易土路。门巴区有简易公路可达拉萨市，从唐古区向西可达林周县，从桑巴区向东北可达嘉黎县。其余为山谷中的乡间小路，均不能通车。

工作区地跨念青唐古拉山，地表严重切割，沟谷深而狭窄，野外通行条件极差，大部分地质路线需要骑马或用牦牛驮物资才能进入，区内采药、旅游、采矿的人较多，加之距拉萨较近，近几年租用马匹、牦牛十分昂贵，而且施工期间的七八月份正是牧民分散远迁放牧季节，在村里很难雇到向导和租到马匹、牦牛。这些问题给野外工作造成了很大的困难。

三、自然地理及经济概况

测区位于青藏高原的中部偏东的念青唐古拉山地区。地势南部高差大，地形切割强烈，山谷狭窄；北部高差略小，有少部分湖区和山间盆地。区内山峰海拔高度一般在5 300～5 700m。最高山峰为马拉扛日，海拔6 124m。此外是西北角的加杜峰6 088m和桑颠康沙峰6 034m。最低点为南侧的拉萨河河谷，海拔近4 000m。主要山体和河流走向均为东西方向，给南北穿越的路线地质调查带来极大不便。

区内水系较发育，最大的河流是拉萨河的两大支流，即中部的热振藏布和南部的雪弄藏布。河流受季节控制，夏涨冬落，冬季断流或濒于干涸。区内湖泊很少，仅在东北角分布有少量的湖泊，如东德错、峨弄错、窝穷错和子格错等，其分布及延伸多为近南北走向。

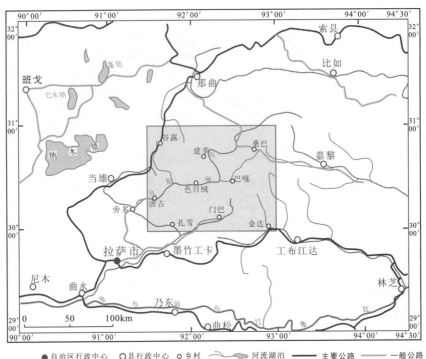

图 1-1 测区交通位置图

测区属高原大陆性气候，以干燥寒冷著称。由于受喜马拉雅山脉和冈底斯-念青唐古拉山脉的阻挡，南亚季风不能通过，该区一年之内约有 7 个月为冰雪所封冻，年平均气温在 0℃ 以下。降水较少，年降水量只有 300～400mm，集中在 7—9 月，其余时间为冰雪期，无霜期短，气候干燥，终年风沙较大。测区北部植被不发育，主要为稀疏的草本植物，呈现出荒漠草原的自然景观，南部几条大沟谷分布有树木。测区自然灾害主要有干旱、大风、冰雹、霜冻、雪灾、滑坡、洪水、泥石流和鼠害等。

区内经济以牧业为主，人口稀少，牲畜以牦牛、羊、马为主。出产肉类、皮毛和酥油等牧业产品。西南部拉萨河河谷零星种植青稞、油菜。当雄县乌马塘区郭尼乡的石膏是该区的主要矿产资源。野生资源主要有黄羊、盘羊、黄鸭、野鸽子等。此外有贵重药材雪莲、冬虫夏草、贝母等。

区内居民的生活必需品和工业品均由外地供应。

四、任务要求

按照 1：25 万区域地质调查技术要求（暂行）及其他有关规范、指南，参照造山带填图的新方法，应用遥感与计算机技术等新技术手段，以区域构造调查与研究为先导，合理划分测区的构造单元，对测区不同地质单元、不同的构造-地层单位采用不同的填图方法，进行全面的区域地质调查。通过野外地质填图，查明区内地质体、地质构造特征，并研究其属性、形成时代和环境及发展历史等基础地质问题，为国土资源普查、环境地质勘查及教学科研提供基础地质资料，为国民经济建设和发展提供地学基础性资料和依据以及公益性区域地质信息。

本着图幅带专题的原则，对"西藏纳木错-嘉黎构造带岩浆活动的地球动力学研究"进行专项研究，查明该构造岩浆带的基础地质特征，揭示其区域地质内涵，建立构造作用与岩浆活动的时空关系，反演青藏高原区不同板块间运动的地球动力学机制。

五、地质调查史及研究程度概况

1. 以往基础地质工作

门巴区幅内以往地质工作程度总体很低。20 世纪 50 年代以前完全处于空白阶段。1975 年前西藏地质矿产部门开展过零星的地质矿产调查工作(表 1-1,图 1-2)。

表 1-1 测区调查历史简表

成果名称	单位或作者	调查时间(年)	出版单位	出版时间
西藏东部地质矿产调查资料(1:50 万)	中国科学院李璞等	1951—1953	科学出版社	1959
西藏高原东部石油地质普查报告(1:100 万)	青海石油普查大队、西藏石油普查大队	1956—1957	内部资料	1957
拉萨地区路线找煤地质报告(1:100 万)	西藏地质局拉萨地质队	1962	内部资料	1962
西藏比如—嘉黎—桑雄地区路线地质工作总结(1:25 万)	西藏地质局第四地质大队	1972	内部资料	1972
西藏旁多—谷露路线地质调查报告(1:20 万)	西藏地质局综合普查大队	1972	内部资料	1972
西藏旁多—嘉黎路线地质调查报告(1:50 万)	西藏地质局综合普查大队	1973	内部资料	1973
青藏铁路南段(那曲—拉萨)地震基本裂度鉴定报告(1:100 万)	国家地震局成都地震大队、西藏裂度分队	1976	内部资料	1976
拉萨幅区域地质调查报告(1:100 万)	西藏地质局综合普查大队	1975—1978	内部资料	1979
青藏高原地质文集	地质矿产部青藏高原地质调查大队	1980—1985	地质出版社	1985

2. 以往物探、化探工作

迄今为止,门巴幅区内尚未进行系统的区域化探工作。物探工作始于 20 世纪 60 年代末,1969—1972 年地质矿产部遥感中心原 902 航测大队实施了 1:50 万航空磁测量;1968—1982 年陕西省测绘局和总参、中国科学院地球物理所沿主要公路进行了野外重力观测;1989 年地质矿产部物化探研究所编制出版了全国 1:250 万和 1:400 万布伽重力异常图;1986—1990 年由国家自然科学基金重点资助、地质矿产部"七五"重点科技攻关项目"亚东(E88°54′,N27°50′)-格尔木(E95°00′,N36°40′)岩石圈地学断面综合研究"通过测区西部;另外区内已有较完整的系统遥感航片、卫片资料。上述大量物探遥感资料,一方面,在很大程度上可满足不同深度线性、环形构造解译的需要;另一方面,也为测区及区域乃至青藏高原的地质演化、构造发展、隆升机制等研究提供了大量的实际资料。

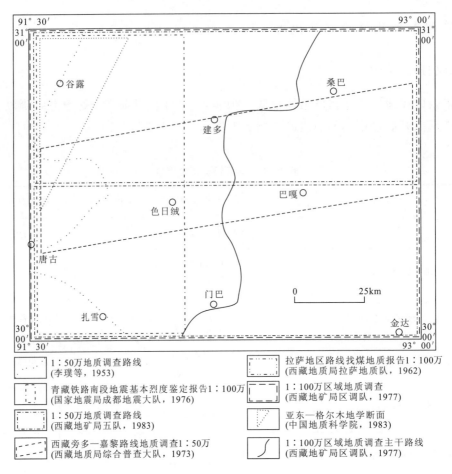

图1-2 测区研究程度图

3. 以往矿产地质工作

1951—1953年,中国科学院西藏工作队地质组李璞等在开展1∶50万路线地质调查的同时进行了矿产调查工作,在区内发现了林周县当雄乡北的巧宇科西石膏矿等矿化点或找矿线索,编制了西藏东部矿产分布图(1∶300万),著有《西藏东部地质及矿产调查资料》(1959,科学出版社)。之后,西藏823队、西藏地质局第二地质大队、第四地质大队、综合普查大队及中国科学院等生产和科研单位,先后开展过以铬铁矿、煤、有色金属等为主的矿产地质调查,发现了多个有找矿前景和工业价值的矿床或矿化点,编写了相应的地质报告,为该区进一步开展矿产地质工作提供了许多线索。

此外,自20世纪80年代以来,国内外一些教学、生产、科研单位在西藏开展了多学科的科学研究工作,取得了一批重要研究成果,如1980—1986年由西藏、四川、青海等地质矿产部门及中国地质大学、中国国土资源航空物探遥感中心等14个单位联合完成的《青藏高原形成与演化》《青藏高原主要矿产及其分布规律》等;与此同时,中法联合考察队开展了题为《喜马拉雅地质构造与上地幔的形成与演化》的多学科、多工种的考察工作。上述多学科综合研究在很大程度上提高了青藏高原的研究程度。

前述各项工作及研究成果无疑为本次区域地质调查提供了大量多方面的实际资料,具重要的参考价值。

六、任务完成情况

从2002年5月接到任务,经过36个月的辛勤工作,基本完成了野外地质调查工作和各类样品的采集、分析测试等工作,以及地质图的编绘和区域地质调查报告的编写。根据测区地质特征完成或超额完成了原设计的实物工作量(表1-2)。

表1-2 实物工作量统计表

项目		单位	设计工作量	完成工作量	完成情况(%)
1:25万地质调查		km²	15 967	15 967	100
1:25万遥感解译		km²	15 967	15 967	100
实测地质路线		km	2 800	3 517	126
实测剖面	1:5 000	km	30	62.4	208
	1:2 000	km	10	55.5	555
岩石化学分析样		项	80	93	116
微量元素分析样		项	80	93	116
稀土元素分析样		项	80	93	116
微金分析		项	15	9	60
铜、铅、锌单项分析		项	10	0	0
一般水样		样	3	3	100
岩石制片		片	700	754	108
光片制片		片	10	10	100
粒度分析		件	30	30	100
电子探针		件	30	51	170
化石制片		片	80	168	210
化石鉴定		件	250	278	111
孢粉分析		件	15	19	126
薄片鉴定		片	700	754	100
光片鉴定		片	10	10	100
人工重砂		个	6	6	100
矿点检查		个	5	4	80
热释光定年龄		件	10	11	110
同位素定年龄	K-Ar法	件	15	28	187
	Ar-Ar法	件	2	5	250
	^{14}C法	件	0	1	
	U-Pb法	件	3	8	267
地质观测点		个		1 684	
野外记录本		本		132	

第二章 地 层

第一节 概 述

门巴区幅位于冈底斯-念青唐古拉板片活动边缘之上,南北跨越念青唐古拉山脉主脊。在地层区划上,本图幅属于藏滇地层大区的冈底斯-腾冲地层区,拉萨-察隅地层分区(主体)和班戈-八宿地层分区(图2-1)。

一、地层发育及其展布

测区内出露的地层有前奥陶系,上古生界及中、新生界,未见更古老的变质较深的基底岩系,即测区中展布的地层以轻度变质和未变质的沉积地层为主,是分布在构造性质相对稳定板片之上的盖层沉积。根据西藏综合地层区划,图幅内出露的地层以纳木错-嘉黎断裂带为界划分为南、北两个地层分区:断裂带以南属拉萨-察隅地层分区,出露地层主要为前奥陶系和石炭系—二叠系,在唐古—扎雪一带还发育有古近纪的中酸性火山岩及火山碎屑岩(林子宗群),以不整合关系覆盖于前述地层之上;断裂带以北地区属班戈-八宿地层分区,出露的地层主要为中生界侏罗纪—白垩纪火山-复陆源碎屑岩及少量碳酸盐岩的沉积(图2-1,表2-1)。全图幅地层出露面积为847.1km^2(不含第四系),约占调查区总面积(15 967km^2)的53%(图2-1)。图幅内第四系松散堆积物、沉积物主要分布于湖泊、沼泽、山间洼地、河流两侧及山麓之下,构成规模不等、形态各异、成因多样、分布极为不规则的最年轻的覆盖层。调查区内地层发育程度、地层序列及地层单位划分参见表2-1。

二、地层划分原则及依据

此次门巴区幅进行的1∶25万区域地质调查,地层工作的重点是岩石地层的划分与对比,它是在《1∶25万填图技术要求(暂行)(2001)》《1∶25万区域地质调查工作暂行规范(1995)》《1∶5万区域地质调查总则》(DZT 001—91)等区调规范文件指导下,在方法上参照了《沉积岩区1∶5万区域地质填图方法指南(1991)》等文献进行的。在岩石地层单位的厘定与划分上,严格执行了"全国地层多重划分研究《西藏自治区岩石地层》(1994)方案",同时还以中国地质调查局西南地区项目管理办公室质量监察专家组提出的"青藏高原西藏自治区岩石地层单位序列表(建议稿)(2001)"加以协调,以利于与近期或同期完成的同类相关图幅岩石地层单位间的衔接与对比。

岩石地层描述是以岩石地层基本单元的组和段为对象。在具体划分中,除以岩石地层基本单元的岩性组合特征为基础外,同时也顾及到生物地层、年代地层的划分依据,地层间的接触关系及与邻区地层划分和对比情况。

第二章 地层

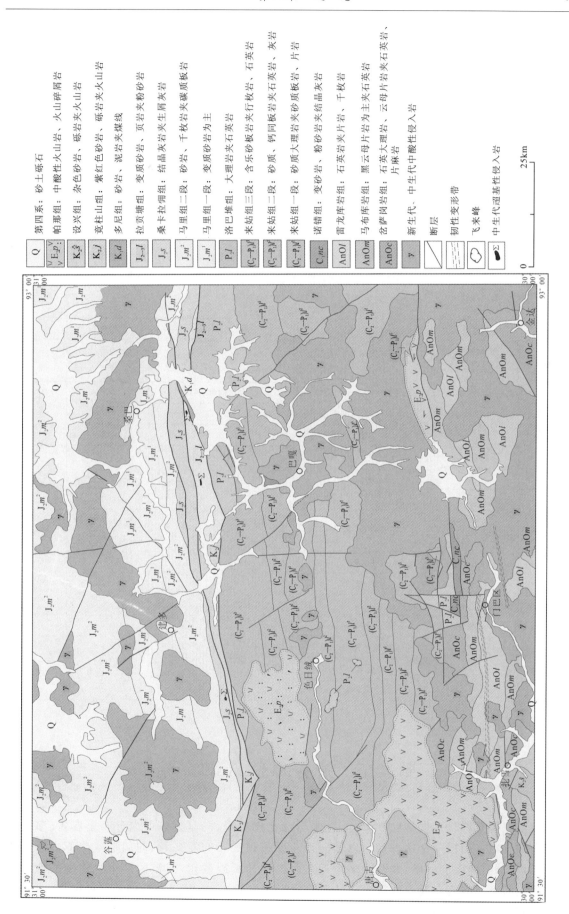

图 2-1 门巴区幅地层分布图

表 2-1 调查区地层发育程度、地层序列及地层单位划分表

地质时代	地层单位	冈底斯-腾冲地层区		主要化石及同位素地质年代（Ma）	幅内分布面积（km²）
		拉萨-察隅地层分区	班戈-八宿地层分区		
第四纪	全新世	冲积、洪积、湖沼堆积物（Qh）			
	更新世	冰积、冰水堆积物（Qp）			
新近纪					
	渐新世				
古近纪	始新世	帕那组（E_2p）		$\dfrac{45.6\sim38.2}{K-Ar法}$	11.3
	古新世				
白垩纪	晚白垩世	设兴组（K_2s）	竟柱山组（K_2j）		K_2s:4.8 K_2j:20.1
	早白垩世		多尼组（K_1d）	孢粉化石	0.9
侏罗纪	晚侏罗世		拉贡塘组（$J_{2-3}l$）	含双壳类化石碎片	11.9
	中侏罗世		桑卡拉佣组（J_2s）	含腕足、双壳类化石碎片	32.4
			马里组（J_2m） 二段（J_2m^2）		267.5
			一段（J_2m^1）		
	早侏罗世				
三叠纪					
二叠纪	晚二叠世				
	中二叠世	洛巴堆组（P_2l）		珊瑚、腕足、苔藓虫等化石	46.5
	早二叠世	来姑组 [$(C_2-P_1)l$]	三段[$(C_2-P_1)l^3$]	含腕足、双壳类化石	340.7
石炭纪	晚石炭世		二段[$(C_2-P_1)l^2$]		
			一段[$(C_2-P_1)l^1$]		
	早石炭世	诺错组（C_1nc）			0.7
前奥陶纪		松多岩群	雷龙库岩组（AnOl）	$\dfrac{1516Ma}{Sm-Nd法}$	110.3
			马布库岩组（AnOm）		
			岔萨岗岩组（AnOc）		

第二节　前奥陶系（AnO）

本幅内前奥陶系称松多岩群（AnOSd），主要分布于图幅南部，呈近东西向分布于唐古-多其木断裂带以南的扎雪—门巴—金达一带。以轴向近东西错列展布的复式背、向斜形式出露。东西横贯图幅南部，中部微向南突。南、北两缘多为近东西向逆冲断裂截切，或被后期中生代中酸性岩体所侵入。前奥陶系原岩为一套厚度巨大以陆源碎屑岩为主的岩系，中间夹有中基性火山岩、火山碎屑岩及少量碳酸盐岩系。后经古生代至中、新生代多次热动力变质作用，形成现今构造复杂的绿片

岩-角闪岩相的变质岩系。岩石类型主要有变质砂岩、板岩、石英岩、石英片岩、云母片岩、绿泥-绿帘片岩,中间夹有变粒岩、钾长-斜长片麻岩和大理岩等。它们多以层序不完整的构造断片叠置产出,累计厚度巨大,区内不甚完整的出露厚度可达6 000m以上。

此次区域调查中将这套原"蒙拉组"变质地层作为地层调查研究工作的重点,除了较细致的路线调查外,还对德忠乡日布雄沟原"蒙拉组"层型剖面进行了详细的测制,即"墨竹工卡县门巴乡德宗温泉南沟前奥陶系松多岩群实测剖面(P_1)",同时在此剖面东侧择弄附近又补测了该岩群下部岩组地层剖面,即"墨竹工卡县门巴乡择弄沟前奥陶系松多岩群实测剖面(P_2)"。现列两地层实测剖面如下。

(一)剖面叙述

1. 墨竹工卡县门巴乡德宗温泉南沟前奥陶纪松多岩群实测剖面(P_1)(图2-2)

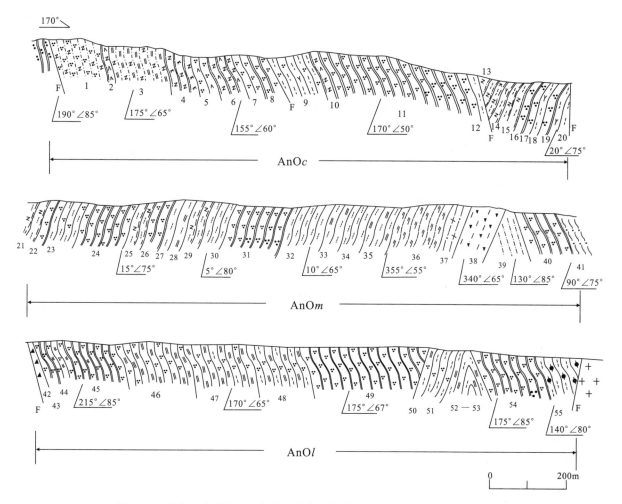

图2-2 墨竹工卡县门巴乡德宗温泉南沟前奥陶纪松多岩群实测剖面图(P_1)

剖面位于墨竹工卡县门巴乡德宗温泉南沟,剖面线基本沿沟壁坡脚呈近南北向延伸。剖面始点地理坐标为E92°10′02″,N30°09′18″;海拔4 490m。终点地理坐标为E92°10′40″,N30°06′10″;海拔4 280m。始、终两点间高差为210m。剖面线总体方向为170°,变化于160°～180°之间。在剖面线上,各岩组间多处被二云花岗岩岩体侵入,并发育多条东西走向的逆断层或逆冲断层,故该岩组间均为断层接触或为岩体侵位。因此,使该套岩系遭受不同程度的热、动力变质作用影响,从而使原岩层的岩性恢复、岩组划分、岩组的沉积厚度也都受到不同程度的影响,但仍可与南部邻幅创建岩群的层型剖面进行对比。

全岩群在此剖面上共划分55层,分属于3个岩组,自下而上分别为:

岔萨岗岩组($AnOc$)为第1—20层;

马布库岩组($AnOm$)为第21—42层;

雷龙库岩组($AnOl$)为第43—55层。

现自上而下列序如下:

断层上盘:二云母花岗岩

================= 断　层 =================

前奥陶系松多岩群($AnOSd$)　　　　　　　　　　　　　　　　　　　　　　　　　总厚度＞3 704.86m

雷龙库岩组($AnOl$):以灰—浅灰色石英岩、石英片岩为主,中间夹有云母片岩和云母石英片岩　　厚度＞1 059.36m

55(132). 灰—浅灰色斜黝帘石黑云母片岩,中粗粒变晶结构	87.70m
54(131). 灰白色厚层状石英岩,偶夹白云石英片岩	113.40m
53(130). 浅灰色黑云母片岩	5.96m
52(129). 灰色二云母片岩	24.80m
51(128). 浅灰色中厚层状黑云石英片岩夹薄层状黑云母片岩	63.30m
50(127). 浅灰色薄层状二云石英片岩	14.90m
49(126—122). 浅灰色中厚层状石英岩夹薄层状黑云石英片岩	231.50m
48(121). 浅灰色中薄层状二云石英片岩	116.80m
47(120). 浅灰色中厚状白云石英片岩夹薄层状二云石英片岩	121.70m
46(119). 浅灰白色中薄层状白云石英片岩夹中厚层状石英岩	130.10m
45(118). 浅灰白色中厚层状石英岩夹白云石英片岩	88.60m
44(117). 浅灰白色中薄层状白云石英片岩	34.10m
43(116). 浅灰白色中厚层状石英岩	16.10m
42(115). 断层角砾岩	10.40m

================= 断　层 =================

马布库岩组($AnOm$):以灰—银灰色云母片岩夹中薄层状石英岩和黑云斜长片麻岩为主　　厚度＞1 141.60m

41(114—113). 糜棱片岩	46.70m
40(112). 浅灰色厚—巨厚层状石英岩	116.80m
39(111). 糜棱片岩	29.40m

================= 断　层 =================

38(109—108). 断层角砾岩带	74.10m
37(107). 花岗质糜棱岩	14.10m
36(106—104). 灰色绢云母千枚岩	93.30m
35(102—101). 黑云母片岩,下部有一层厚6.20m二云母片岩	44.50m
34(100). 灰色黑云母片岩	42.10m
33(99). 银灰色二云母片岩	29.80m
32(98). 灰色黑云母片岩	67.50m
31(97). 浅灰—灰色中薄—中厚层状石英岩	127.40m
30(96). 灰色黑云母片岩	50.40m
29(95). 浅灰色黑云斜长片麻岩	35.50m
28(94). 银灰色石榴二云片岩	9.20m
27(92). 灰色黑云母片岩	20.40m
26(91). 浅灰色中厚层状石英岩	72.10m

25(90). 深灰色矽线黑云斜长片麻岩	25.20m
24(89—87). 浅灰—灰白色中薄—中厚层状石英岩	119.70m
23(86—82). 深灰色黑云石英片岩、黑云母片岩,中上部夹一层厚约4.40m浅灰色厚层状石英岩	64.30m
22(81). 浅灰白色厚层状石英岩	24.50m
21(79—77). 深灰色黑云斜长片麻岩	34.60m

══════════ 断 层 ══════════

岔萨岗岩组(AnOc):以深灰色、灰绿色绿帘云母片岩,绿帘角闪斜长片麻岩和绿帘黑云钾长片麻岩为主,中间夹有薄层石英岩和大理岩　　　　　　　　　　　　　　　　　　　　　　　　厚度＞1 503.90m

20(75—74). 深灰色矽线绿帘黑云母片岩,上部有一层厚为6.60m浅灰色黑云斜长片麻岩	18.00m
19(73—71). 浅灰白色中薄层状石英岩,中间夹一层厚为13.20m的灰色云母片岩	25.50m
18(70). 深灰绿色矽线黑云母片岩、绿泥黑云母片岩	26.40m
17(69). 浅灰色透辉石英片岩、绿帘石英片岩	16.00m
16(67). 浅灰绿色薄层状石英岩,中细粒变晶结构	40.60m
15(65). 浅灰色黑云斜长片麻岩,偶夹云母石英片岩	78.00m
14(64—62). 上部为厚6.20m深灰色矽线黑云钾长片麻岩,下部为厚4.40m深灰色绿帘黑云石英片岩	10.60m
13(61—59). 灰绿色黑云斜长片麻岩	82.10m
12(57). 深灰色、灰绿色绿帘黑云母片岩、绿泥黑云母片岩	15.80m
11(56). 灰白—浅灰色中—厚层状含云母石英岩	222.30m
10(55—54). 灰绿色绿帘闪斜长片麻岩、透辉角闪斜长片麻岩,下部为厚8.10m花岗质碎粒岩	16.90m

══════════ 断 层 ══════════

9(53). 浅灰绿—灰白色中厚层状黑云石英片岩夹矽线石榴黑云母片岩和石榴黑云斜长片麻岩	122.10m

══════════ 断 层 ══════════

8(51). 灰白色中薄层状石英岩	7.90m
7(50—47). 顶部为厚4.70m灰绿色中厚层状绿帘石英大理岩,底部为厚3.60m灰色中厚层状透辉绿帘石英大理岩,中间为厚14.40m灰—深灰色矽线黑云石英片岩,紧邻其上还有一层厚3.60m灰白色黑云斜长片麻岩	26.30m
6(46). 浅灰—深灰绿色角闪斜长片麻岩	53.70m
5(45). 灰绿色绿帘角闪石英片岩夹石榴矽线黑云母片岩	22.30m
4(44—42). 深灰色矽线黑云绿帘斜长片麻岩和矽线黑云二长片麻岩	29.90m
3(41上). 灰白色白云斜长变粒岩	54.60m
2(41下—40). 灰绿色绿泥绿帘黑云角闪斜长片麻岩,底部有一层厚6.40m矽线黑云斜长片麻岩	89.90m
1(39—37). 浅灰色碎斑糜棱岩和长英质糜棱岩	95.00m

══════════ 断 层 ══════════

断层下盘:下石炭统诺错组(C_1n)

2. 墨竹工卡县门巴乡择弄沟前奥陶纪松多岩群岔萨岗岩组(AnOc)实测剖面(P_2)

该剖面(P_2)是地层实测剖面的后半部分,为前奥陶纪松多岩群岔萨岗岩组(AnOc)实测剖面。剖面线平面总延伸方向约为160°。平面折线向两侧摆动于130°～195°之间。剖面长度为4 490.88m。全岩段在剖面线上共划分为37层,出露厚度为2 580.00m。现自上而下列序如下:

其上为花岗闪长岩岩体侵入(59)

松多岩群(AnOSd)

岔萨岗岩组(AnOc)　　　　　　　　　　　　　　　　　　　　　　　　　　　　　　出露厚度＞2 580.00m

37(58). 灰绿色绿帘黑云母片岩	105.20m
36(57). 灰绿色变流纹质凝灰岩(绢云母千枚岩)	68.50m
35(56). 灰绿色绿泥黑云母片岩绿帘黑云母片岩	34.30m

34(55). 灰色含砾千枚岩和绿帘黑云母片岩	198.70m
33(54). 深灰色含砾黑云母片岩	29.00m
32(53). 深灰色斜长角闪岩	9.50m
31(52). 深灰绿色夹灰绿色板状千枚岩	93.50m
30(51). 灰色二云母片岩	9.60m
29(50). 黑云石英片岩	4.80m
28(49). 深灰色中薄层状黑云石英岩	65.20m
27(48). 深灰绿色绿帘黑云母片岩	7.70m
26(47). 深灰色二云母片岩	215.50m
25(46). 灰白色薄层状石英岩夹灰绿色千枚状板岩	69.50m
24(45). 灰绿色绿帘黑云母片岩	25.60m
23(44). 浅灰色黑云斜长片麻岩	7.70m
22(43). 浅灰绿色二云母片岩	136.90m
21(42). 深灰绿色十字绿帘二云母片岩	189.90m
20(41). 灰白色二云石英片岩	7.90m
19(40). 深灰色含砾砂质板岩	49.80m
18(39). 灰色浅粒岩,细粒变晶砂状结构	5.20m
17(38). 浅灰—灰绿色绿帘黑云母片岩,细粒鳞片变晶结构,板理发育	134.10m
16(37). 灰白色厚层状细粒石英岩	4.20m
15(36). 深灰绿色绿帘云母片岩	54.70m
14(35). 深灰色黑云石英片岩	53.70m
13(34). 深灰色含砾黑云石英片岩	426.30m
12(33). 灰黑色含砾板状千枚岩	87.20m
11(32). 灰—青灰色厚层状变质细粒长石石英砂岩	41.20m
10(30). 深灰色含砾绢云母千枚岩	33.50m
9(29). 灰白色厚层状斜长浅粒岩,中细粒变晶结构	6.20m
8(28). 深灰绿色变英安质晶屑凝灰岩(板状千枚岩)	57.30m
7(27). 深灰绿色含角砾变质凝灰岩	181.00m
6(26). 灰白色厚层状变质含长石石英砂岩(或石英岩)	10.70m
5(25). 深灰色含砾黑云母片岩	81.30m
4(24). 灰绿色绿帘黑云母片岩(砂质泥岩)	229.30m
3(20). 灰黑色变质流纹岩	1.60m
2(17). 灰黑色含砾绢云母千枚岩(变质含砾砂质板岩)	111.40m
1(16). 深灰色中层状微晶灰岩	2.30m

其下为辉绿玢岩侵入

(二)岩石地层和年代地层

上列岩群最初载于西藏地质局综合普查大队(1979)所编的1:100万拉萨幅区域调查报告,因在该岩群中部的碳酸盐岩夹层中发现有古生代微体化石(王乃文等,1997),并以断层关系与产有早二叠世多门类海相无脊椎动物化石的洛巴堆组为邻,故将其时代列入晚二叠世。徐宪等(1982)在《青藏高原地层简表》中将蒙拉山附近日不雄沟一带出露的这套岩层命名为"蒙拉群",层位正式置于上二叠统。之后成都地质矿产研究所张正贵等(1985)又将"蒙拉群"改为"蒙拉组"。此后还有人把南部邻区内分布的该套岩层称为"旁那组"(西藏区域地质调查队,1991),现已为《西藏自治区岩石地层》(1997)清理后仍归为"蒙拉组"。1994年,青海区域调查综合地质大队在本区南侧邻幅——1:20万《下巴淌幅(沃卡)幅》区域地质报告中,把分布于松多一带的相应岩系命名为"松多岩群（AnOSd）"，并自下而上依次划分出"岔萨岗岩组（AnOc）""马布库岩组（AnOm）"和"雷龙库岩组（AnOl）"3 个岩组，作为幅内 3 个独立的岩石地层单位。

测区前奥陶纪松多岩群以复式向斜型构造残片分散分布于中生代黑云—二云花岗岩和二长花岗岩岩体之中，因受岩体侵位后期构造运动的影响，岩群与岩体、岩群与上覆石炭纪—二叠纪地层，以及岩群内部各岩组之间均为断层接触，地层出露多不完全，仅实测厚度就达 4 283.4m。分布面积为 110.3km²。

根据本测区松多变质岩群的出露序列、岩石类型及其共生关系，并参照邻区相应岩系间的对比，将本区该套岩群自下而上划分为岔萨岗岩组、马布库岩组和雷龙库岩组，作为 3 个基本岩石地层单元，现分述如下。

1. 岔萨岗岩组（AnOc）

该岩组主要分布于复式向斜两翼的构造残片上，沿图幅南部横贯东西，以构造断片或残片断续不规则出露。主要岩性以灰绿色、绿灰色和深灰色黑云母片岩，二云片岩，绿泥-绿帘云母片岩，绿泥-绿帘角闪片岩为主，中间夹有石英片岩、薄层状石英岩、绢云千枚岩、薄层大理岩，及少量浅粒岩和变质较深的斜长片麻岩。该岩组以深灰色、灰绿色色调为主。岩性较软，多以风化作用较强的低平地势为特征。岩组均以断层与上覆岩组、晚古生代地层接触，或被中新生代岩体侵入。该岩组最大出露厚度为 2 924.7m（图版Ⅵ-8）。

2. 马布库岩组（AnOm）

此岩组主要分布于复式向斜两翼，构成向斜翼部的主体。岩性以石英岩、石英云母片岩为主，夹有多层斜长片麻岩。该岩组主要特点是由于受岩体侵位的影响，变质程度较深，以片岩和石英片岩为主，特别是出现了较多的云母片岩和石英片岩。颜色呈现灰色或银灰色。这些片岩和中厚层石英岩相间，地势呈现较明显的凸凹起伏。在与上、下岩组断层接触带附近，常伴有长英质糜棱岩、碎斑糜棱岩、糜棱片岩和构造角砾岩带出现。由于局部变质程度较深，岩组中间出现多层斜长片麻岩。与上下岩组皆为断层接触。出露厚度一般大于 1 141.6m。

3. 雷龙库岩组（AnOl）

该岩组主要分布于复式向斜核部。岩性以灰白—浅灰色中厚层状石英岩夹石英片岩、黑云-二云片岩为主。岩石颜色较浅，岩石坚硬，抗风化能力较强，故在地貌上常以高陡的正地形为特征（图版Ⅵ-7）。其下部与马布库岩组多为断层接触，与上覆晚古生代地层均为断层接触，与中新生代岩体为侵入接触。构造控制的出露厚度为 1 059.4m。

图幅内松多岩群未见化石产出，也未测定出同位素年龄，其时代是参照南侧相邻的《下巴淌（沃卡）幅》（1∶20 万）中出露的相应岩群测得的同位素年龄值确定其时代。测制《下巴淌（沃卡）幅》的青海区域调查综合大队（1994）在该岩群的绿色片岩中测得 Sm-Nd 同位素年龄值为 466Ma（变质年龄）；石英片岩中测得的 Rb-Sr 同位素年龄为 507.7Ma（变质年龄）；同时，在绿色片岩中还测得 Sm-Nd 成岩同位素年龄为 1 516Ma。从而该队把松多岩群与喜马拉雅地层区的肉切村组对比，时代定为震旦纪—寒武纪。但在该岩群中还测得绿片岩 Sm-Nd 全岩等时线年龄值高达 1 516Ma，故该队还认为松多岩群的时代下限也不排除"有归属晚太古代的可能性"，也就是说松多岩群有可能与喜马拉雅地层区的聂拉木群相当。

第三节 上古生界(Pz_2)

本图幅内的上古生界只发育有石炭纪—二叠纪地层,即下石炭统诺错组、上石炭统—下二叠统来姑组和中二叠统洛巴堆组。它们均分布于纳木错-嘉黎断裂带以南和唐古-多其木断裂带以北的图幅中部,构成了巨大而复杂的色日绒-巴嘎复背斜,地层总体呈近东西向伸展。上古生界是图幅内分布的主体地层,分布面积为 497.2km²,沉积厚度大于 4 668.80m。

图幅内的石炭系—二叠系的沉积特征,属较活动型不变质-轻度变质的碎屑岩-碳酸盐岩-火山岩组成的复合岩系,其中下石炭统诺错组以轻度变质的碎屑岩和碳酸盐岩为主;上石炭统—下二叠统来姑组主要为以轻度变质-不变质的含砾较细的陆缘碎屑岩系,其下部常夹有中基性火山岩及火山碎屑岩,上部还夹有多层碳酸盐岩岩层或碳酸盐岩透镜体。中二叠统洛巴堆组则以海相碳酸盐岩地层为主,局部还常夹有少量中基性火山岩,其中含有较丰富多门类海相无脊椎动物化石。

一、下石炭统诺错组(C_1n)

诺错组是尹集祥(1984)根据藏东八宿县雅则乡来姑(拉古)村诺错北剖面(地理坐标为 E96°50′,N29°18′)创名的。该组在层型剖面上夹持于下伏中上泥盆统松宗群和上覆中石炭统—下二叠统来姑组之间的一套粉砂质板岩夹细砂岩和灰岩地层,顶部为一层厚约 31m 的泥质灰岩夹少量瘤状灰岩层,其中含有腕足类、珊瑚、苔藓虫、双壳类、棘皮动物和三叶虫等海相化石。测区内诺错组分布极为局限,仅出露于图幅南部德宗附近近东西向逆冲断裂带中,呈残破的断片产出,四周均为断层所限,层序较为杂乱,出露不甚完整。

(一)剖面叙述

现将墨竹工卡县门巴乡德宗温泉南沟下石炭统诺错组(C_1n)实测剖面(P_1^1)(图 2-3)介绍如下。

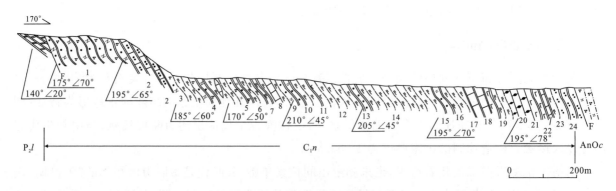

图 2-3 墨竹工卡县门巴乡德宗温泉南沟下石炭统诺错组(C_1n)实测剖面(P_1^1)

剖面位于墨竹工卡县门巴乡德宗温泉南沟,剖面线基本沿沟壁坡脚呈近南北向延伸。始点地理坐标为 E92°10′02″,N30°09′17.6″;海拔 4 490m。剖面线实测方向近南北向。

上覆地层(断层上盘):前奥陶纪松多岩群

━━━━━━━━━━━ 断　层 ━━━━━━━━━━━

下石炭统诺错组（C_1n）：粉砂质板岩、千枚岩夹灰岩	**出露厚度 944.24m**
24(36—35). 灰色粉砂质板岩和钙质板岩	60.10m
23(29). 深灰色绢云母千枚岩	10.64m
22(28). 灰色中薄层状砂质结晶灰岩	11.40m
21(27). 绿灰色钙质板岩	24.90m
20(26—24). 深灰色厚层状泥晶灰岩，中间夹有一层厚约17.60m的深灰色钙质板岩	41.80m
19(23—22). 深灰色绢云母千枚岩，顶部有一层厚为3.70m的深灰色中薄层状石英岩	25.70m
18(21). 深灰色钙质板岩	26.90m
17(20). 深灰色厚层状结晶灰岩	42.80m
16(19). 深灰色绢云母千枚岩	45.30m
15(18). 浅灰—灰白色中薄层状中细粒变质长石石英砂岩	20.30m
14(17). 灰黑色绢云母千枚岩	131.20m
13(16). 灰色砂质板岩	9.50m
12(15). 灰色绢云母千枚岩	41.90m
11(14). 深灰色钙质板岩	10.40m
10(13). 灰黑色碳质绢云母千枚岩夹泥晶灰岩透镜体，泥晶灰岩中含有重结晶的生物壳体碎片	6.90m
9(12). 深灰色厚层状细粒变质长石砂岩	23.40m
8(11). 灰色绢云母千枚岩	17.80m
7(10). 深灰色厚层状结晶灰岩	14.90m
6(9). 灰黑色千枚状板岩	33.70m
5(8). 灰色绢云母千枚岩夹灰黑色厚层状泥晶灰岩透镜体	15.70m
4(7). 灰黑色绿泥绢云母板状千枚岩和灰色中细粒变质长石石英砂岩互层，夹灰岩透镜体	148.00m
3(6—5). 深灰色绢云母千枚岩，底部有一层厚为3.60m的浅灰色厚层状中细粒变质长石石英砂岩	12.00m
2(4). 深灰色薄层状含粉砂质微晶灰岩	42.90m
1(3—2). 灰白色中厚层状含巨砂中细粒变质长石石英砂岩、长石砂岩和斜长浅粒岩	126.10m

━━━━━━━━━━━ 断　层 ━━━━━━━━━━━

断层下盘地层：中二叠统洛巴堆组（P_2l）

（二）岩石地层和年代地层

诺错组在图幅内的出露仅局限于门巴乡德宗温泉附近，产出于东西向逆冲断裂与南北向平移断层所围限的残破断块内，层序不全，岩层破碎较强。出露的岩层主要为一套灰—深灰色粉砂质板岩、钙质板岩夹多层结晶灰岩透镜体，在局部的破碎层段中还有少量薄层变质粉砂岩、石英岩和浅粒岩。该组在图幅内的出露层段，属东西向和南北向及北西向断裂交叉带内的破碎断块残片，分布面积有限，仅为0.7km²；剖面上出露厚度为1 101.10m。

由于该组出露的地层受构造破坏严重，兼之又受后期二云母花岗岩体侵入的影响，岩层构造破碎零乱，局部变质和重结晶现象随处可见，故该组在图幅内未发现生物化石。从出露层段的岩石组合特征上看，出露层段与层型剖面比较，其层位大致相当于层型的下部层段，即灰色粉砂质板岩夹细砂岩段及中薄层状灰岩层段的一部分或大部分。在尹集祥创组层型剖面上产有丰富的腕足类及少量苔藓虫、角石、珊瑚、海百合及三叶虫等化石，特别是腕足类 *Tytothyris pseudoposterus*，*Fusella* cf. *tornacensis*；苔藓虫 *Fenestella* cf. *donaica*；三叶虫 *Cyrtosymbole*（*Semiproetus*）sp.，*Ditomopyge* sp.，*Neoproetus* sp.；双壳类 *Dunbarella* sp.，*Schizophoria* sp.；珊瑚 *Barrandeophyllum* sp. 和角石 *Beyrichoceratoides* sp. 等，故认为含该组合的地层应包含了杜内和韦宪两个阶在内的整个下石炭统。

二、上石炭统—下二叠统来姑组[$(C_2—P_1)l$]

"来姑组"一名来自四川第三区测队（1974）的"来姑群"，代表着发育于藏东波密县松宗—日东一带的以碎屑岩为主,中间夹有火山岩及少量碳酸盐岩的地层体,时代定为中晚石炭世。创名剖面在八宿县的雅则—来姑—银尕牧场(地理坐标为 E96°55′,N29°24′)。1984 年,尹集祥等将来姑群下部的火山岩、板岩及含砾板岩更名为"拉古组",而把该群上部大套板岩、含砾板岩命名为银尕组和扎东组。后来,西藏自治区地质矿产局(1994)在清理该区岩石地层时,于《西藏自治区岩石地层》(夏代祥等,1999)中采用了尹集祥等的含义,为"夹于下伏地层诺错组细碎屑岩夹灰岩与上覆地层洛巴堆组碳酸盐岩地层之间的一套以含砾板岩为特征的地层体,含双壳类、珊瑚、腕足类化石,与诺错组和洛巴堆组均为整合接触"。于是尹集祥等的"拉古组"便为现在的"来姑组",因而来姑组就是一个跨系超统的上石炭统—下二叠统组级的岩石地层单位(表 2-1)。需要特别说明的是,本图幅内来姑组的岩石组合面貌与创组剖面有很大的不同,这是因为图幅内的来姑组受后期黑云二长花岗岩体侵入的影响,原为砂岩、粉砂岩、板岩、含砾板岩、火山岩夹少量碳酸盐岩的地层,则多轻度变质为变质砂岩,变质粉砂岩及变质泥岩、页岩、角岩、板岩、千枚岩、大理岩,变粒岩及石英岩;在背斜、复背斜核部岩体侵入的顶点部位及邻近岩体的周边部位,岩层甚至变质到角闪岩-片麻岩相的程度,成为角闪岩和斜长片麻岩。来姑组展布于纳木错-嘉黎断裂带和多其木-唐古断裂带之间的广阔区域内,构成了色日绒-巴嘎复式背斜的核部及两翼,是图幅内分布最为广泛的中上古生界中的组级岩石地层单元,它的分布面积约占图幅中沉积地层的 1/3,为 340.7km²,地层厚度大于 4 669.10m。

(一)剖面叙述

1. 当雄县坝嘎乡南绒土鲁沟上石炭统—下二叠统来姑组[$(C_2-P_1)l$]实测剖面(P_7)(图 2-4)

剖面位于当雄县坝嘎乡南绒土鲁沟,剖面线基本沿沟壁南北向延伸。起点地理坐标为 E91°46′07″,N30°33′32″;海拔 4 390m。终点地理坐标为 E91°48′42″,N30°26′32″;海拔 4 274m。始、终点间高差为 116m。剖面线平面伸展总体方向近南北向,两侧折线方向摆动于 135°~200°之间,剖面总长度为 15 580m。在此剖面上,全组共划分为 37 层,由老至新划分为 3 个岩性段:第一(下)岩性段为大理岩段(第 1 层);第二(中)岩性段为千枚岩、片岩和片麻岩段(第 2—26 层);第三(上)岩性段为含砾砂板岩和千枚岩段(第 27—37 层)。岩性段间和岩性段内部有多条逆冲断层将岩组内部错断,致使组段出露不全,在此剖面上出露厚度为 4687.40m。现以实测层序自上而下分列如下。

断层下盘地层:上白垩统竟柱山组(K_2j)

38(8). 紫红色中层状细粒岩屑长石砂岩

═══════════ 断　层 ═══════════

上石炭统—下二叠统来姑组[$(C_2-P_1)l^3$]	出露厚度 4 687.40m
第三(上)岩性段:含砾砂板岩和千枚岩段	>2 846.70m
37(9). 浅紫红色中厚层状变质长石石英砂岩	166.30m
36(10). 浅黄褐—灰白色中厚层状变质细粒长石石英砂岩	362.80m

═══════════ 断　层 ═══════════

35(11). 浅灰色中厚层状变英安质晶屑凝灰岩	491.70m
34(12). 浅灰色变英安质晶屑凝灰岩,鳞片变晶结构,千枚状构造,粒状斜长石隐约可见双晶,变质较强者为绢云母千枚岩	922.10m
33(13). 灰色、浅灰色厚层状中细粒变质长石石英砂岩	21.80m
32(14). 灰色变质粉砂质泥岩夹浅灰绿色变质泥岩,但其中大部分已变为千枚理发育的绢云母千枚岩	330.50m

═══════════ 断　层 ═══════════

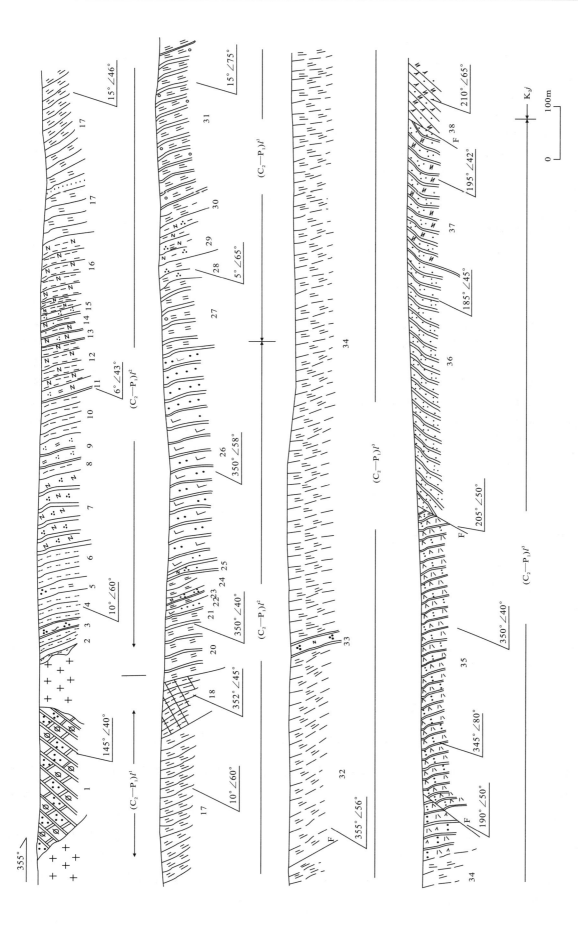

图 2-4 当雄县坝嘎乡南土鲁沟上石炭统—下二叠统来姑组[$(C_2—P_1)l$]实测剖面（P_7）

31(42). 浅灰—浅绿灰色含砾板状千枚岩,鳞片状变晶结构,板状—千枚状构造,厚度287.80m;顶部有厚
约2.5m断层角砾岩,相当原剖面上的(第15层)   290.30m
30(43). 灰色绢云母千枚状板岩和板状千枚岩   33.30m
29(44). 灰色板状千枚岩夹浅褐色长石石英片岩   49.90m
28(45). 灰白色绢云石英片岩   44.10m
27(46). 灰色含砾板状千枚岩   133.90m

第二(中)岩性段:千枚岩、片岩和片麻岩段[$(C_2-P_1)l^2$]   **1 641.0m**
26(47). 灰色含钙质板岩夹灰黄色中薄层状细粒变质长石石英砂岩   408.50m
25(48). 浅灰黄色中薄层状细粒变质长石石英砂岩   10.50m
24(49). 灰色板状绢云母千枚岩   35.00m
23(50). 浅灰—灰黄色中薄层状细粒变质长石石英砂岩   14.00m
22(51). 灰色板状绢云母千枚岩   7.00m
21(52). 浅灰色中薄层状变钙质粉砂岩夹细砂岩   6.70m
20(53). 灰色板状千枚岩   86.50m
19(54). 灰—深灰色厚层—块状黑云母角岩   84.50m
18(55). 银灰色板状绢云母千枚岩   306.80m
17(56). 灰色白云母片岩夹薄层状变质细砂岩   128.90m
16(57). 灰—深灰色黑云斜长片麻岩   91.20m
15(58). 褐白色中厚层状石英岩   6.20m
14(59). 灰色石榴黑云斜长片麻岩   24.90m
13(60). 灰白—浅褐色中厚层状中粒变质白云长石石英砂岩   12.50m
12(61). 灰—深灰色黑云斜长片麻岩   59.40m
11(62). 浅灰褐色中厚层状中粗粒变质含白云母长石石英砂岩   13.80m
10(63). 灰色细粒黑云母片岩和二云母片岩   57.10m
9(64). 灰白色中厚层状细粒含白云母长石石英砂岩   36.70m
8(65). 灰色白云母片岩,中细粒鳞片状变晶结构   13.90m
7(66). 浅灰褐色中厚层状中细粒含电气石白云长石石英岩或变质中细粒长石石英砂岩   98.10m
6(67). 灰色中细粒黑云母片岩,鳞片粒状变晶结构   50.50m
5(68). 浅灰褐色中细粒二云石英片岩   11.10m
4(69). 灰色中细粒黑云母片岩   53.50m
3(70). 灰白色中厚层状中粒含绿泥石石英岩   9.50m
2(71). 灰色细粒黑云母片岩   14.20m

中间为白云母花岗岩侵入、截穿

第一(下)岩性段:大理岩段[$(C_2-P_1)l^1$]   **>199.70m**
1(84). 浅灰白色中厚层状绿帘石英大理岩   >199.70m

其下为二云母花岗岩岩体从复背斜核部侵入

2. 墨竹工卡县门巴乡择弄沟来姑组第三(上)岩性段[$(C_2-P_1)l^3$]实测剖面(P_2)(图2-5)

剖面位于西藏墨竹工卡县门巴乡择弄沟,整个实测剖面所测地层包括上石炭统—下二叠统来姑组第三(上)岩性段[$(C_2-P_1)l^3$]和前奥陶系岔萨岗岩组,前者约占剖面前部的1/3;后者约占剖面后部的2/3。剖面始点地理坐标为E92°18′23″,N30°10′14″;海拔4 551m;终点地理坐标为E92°19′59″,N30°06′45″;海拔4 575m;始、终点间高差为24m。剖面线总体延伸方向大致为160°,向两侧折线摆动方向在130°~195°之间。所在岩段的剖面长度为1 884.12m。在此剖面上,来姑组第三(上)岩性段共划分12层,全岩段在剖面上顶部为断层所截,底部为辉绿玢岩侵入。地层出露厚度为917.60m。现将来姑组第三(上)岩性段自上而下分列如下。

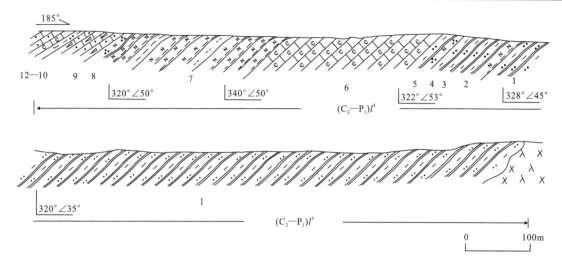

图 2-5　墨竹工卡县门巴乡择弄沟上石炭统—下二叠统来姑组第三(上)岩性段[$(C_2—P_1)l^3$]实测剖面图(P_2)

断层上盘:第 2 层为断层角砾岩及其上覆为 Qh 砂砾层

========================= 断　层 =========================

上石炭统—下二叠统来姑组第三(上)岩性段[$(C_2—P_1)l^3$]　　　　　　　　出露厚度 917.60m

12(3). 灰色中厚层状含石英砂质细晶灰岩　　　　　　　　　　　　　　　　　　　　22.50m
11(4). 灰色中厚层状微晶灰岩夹含生物碎屑灰岩,在后者中产有中小型单体皱纹珊瑚:*Lophocarino-*
　　　phyllum cf. *abnorme* Shi,? *Amplexocarinia* sp.,? *Plerophyllum* sp.,? *Allotropiophyllum* sp.
　　　等。在此层底部深灰色灰岩中见有晶形发育完好的黄铁矿　　　　　　　　　　　17.10m
10(5). 深灰色薄层状钙质、粉砂质泥岩　　　　　　　　　　　　　　　　　　　　　 5.70m
9(6). 灰色、灰绿色和深灰色中薄层状砂屑微晶及泥晶灰岩　　　　　　　　　　　　95.00m
8(7). 灰色中厚层状变质中粗粒长石石英砂岩　　　　　　　　　　　　　　　　　　10.80m
7(8). 灰色、绿灰色绿泥斜长片麻岩夹黑云母片岩　　　　　　　　　　　　　　　 147.40m
6(9). 灰色、深灰色中薄层状含生物碎屑灰岩,其中含有大量腕足类化石碎片及保存不佳的单体珊瑚
　　　化石。经鉴定在大量腕足类化石碎片中有长身贝类、石燕贝类、小嘴贝类、无窗贝类的? *Athyris*
　　　sp. 等化石;珊瑚化石也不易鉴定　　　　　　　　　　　　　　　　　　　　139.70m
5(10). 灰黑色中薄层状变质粉砂质泥岩　　　　　　　　　　　　　　　　　　　　13.20m
4(11). 灰黑色变质粉砂质泥岩夹浅灰色中薄层状长石石英砂岩　　　　　　　　　　24.70m
3(12). 灰黑色中薄层状变质粉砂质泥岩,平行层理较发育,局部偶见楔形层理　　　31.30m
2(13). 灰绿色绿泥斜长片麻岩　　　　　　　　　　　　　　　　　　　　　　　　 3.30m
1(14). 灰色中厚层状变质泥质粉砂岩夹变质粉砂质泥岩,局部发育有水平层理　　 406.90m

其下为辉绿玢岩所侵入

2. 当雄县果立乡吉龙马沟石膏矿上石炭统—下二叠统来姑组第三(上)岩性段[$(C_2—P_1)l^3$]实测剖面(P_{15})(图 2-6)

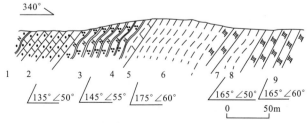

图 2-6　当雄县果立乡吉龙马沟石膏矿上石炭统—下二叠统来姑组第三(上)岩性段实测剖面图(P_{15})

剖面位于当雄县果立乡吉龙马沟石膏矿,剖面线横穿矿体,矿层恰处于一个向斜的核部,属此剖面上的第三(上)岩性段的最高层位,向斜两翼地层层位逐渐变老,故此剖面只实测了背斜的南翼。剖面线总体走向近南北方向变化于170°～350°之间。剖面的始点地理坐标为E91°36′33″,N30°30′35″;海拔4 895m。终点地理坐标为E91°36′20″,N30°31′21″;海拔4 920m。两点间高差为25m。剖面长度为1 300m。岩段内共划分为9层,属来姑组第三(上)岩性段的中上部层位。顶部处于背斜核部,即未见顶、底。岩段出露厚度为490.21m。现列序如下。

上石炭统—下二叠统来姑组第三(上)岩性段[$(C_2—P_1)l^3$]　　　　　　　　出露厚度＞490.21m

（未见顶）

9(9).石膏矿层　　　　　　　　　　　　　　　　　　　　　　　　　　　　　　　　＞80.14m

8(8).灰黑色薄板状千枚岩　　　　　　　　　　　　　　　　　　　　　　　　　　　17.25m

7(7).石膏矿层　　　　　　　　　　　　　　　　　　　　　　　　　　　　　　　　37.22m

6(6).青灰色薄层状—板状千枚岩　　　　　　　　　　　　　　　　　　　　　　　　117.44m

5(5).青灰色中薄层状砂质泥晶灰岩夹角砾状灰岩和板状千枚岩　　　　　　　　　　　26.74m

4(4).青灰色薄板状(局部含砾)千枚岩,其原岩为薄层状局部含砾粉砂质板岩　　　　　10.67m

3(3).灰黑色中厚层状中细粒变质含长石石英砂岩,铁泥质胶结　　　　　　　　　　　97.93m

2(2).灰黑色中厚层状含砂质泥晶灰岩,产小型单体皱纹珊瑚:*Soshkineophyllum artiense crossoseptatum* (subsp. nov.), *S.? artiense* (Soshkina). *S. sp.*;苔藓虫有 *Streblascopora anqustimarginalis* Hsia, *Meekopora prossesi* Ulrich, *Goniocladia* cf. *crossa* Sch.-Nest. *Fenestella pulcherrima* Sch.-Nest., *F. microretiformis* Morozova 等。此层还含有保存不佳的腕足类化石碎片,仔细并合研究后,经鉴定均属于长身贝类　　　　　　　　　　　　　　　　　　　　　　　　　　　　　　　　　　　82.92m

1(1).灰黑色薄层状细粒变质长石砂岩,岩石经轻度变质后,泥质胶结物已绢云母化;石英颗粒的长轴略显定向性　　　　　　　　　　　　　　　　　　　　　　　　　　　　　　　　　　　19.90m

（未见底）

(二)岩石地层

就拉萨地层分区而言,来姑组为一套板岩、砂质板岩、含砾砂质板岩和含砾砂岩组成的不等厚互层,中间夹有石英砂岩、细砾岩、中基性火山岩和少量薄层状灰岩及透镜状灰岩。在区域上,底部常以细砾岩或含砾砂岩与下伏的下石炭统诺错组顶部灰岩整合接触;顶部以灰色含砾砂质板岩与上覆中二叠统洛巴堆组灰岩整合过渡。由于含砾板岩和火山岩在空间展布上的不稳定性及各处变质程度差异,本组的岩性、岩相、沉积厚度及变质程度在区域上有很大变化。本图幅内的来姑组与层型(藏东八宿县雅则-来姑-银尕牧场剖面)相比有一定的差异,主要表现为如下3点:①测区内出露的来姑组下部未见黑色板岩、含砾砂质板岩、底部的砂砾岩及中上部的中基性火山岩,只见顶部的条带状大理岩,这说明本图幅出露的来姑组的层位只相当于刱组剖面下部层位的中上部;②图幅内的来姑组均分布于色日绒-巴嘎复式背斜上,在复式背斜核部和次级背斜轴部附近因二长花岗岩岩体上侵部位较高,故本组岩层变质程度较深,尤其是中部岩段大部已达到低绿片岩相,在复背斜核部的局部部位甚至达到低角闪岩相,致使原岩的面貌改造较强,出现了石英岩、变粒岩、片岩、角闪岩和斜长片麻岩等岩石类型;③上部岩段的黑色板岩、含砾砂质板岩中常夹有多层灰岩或灰岩透镜体,局部可夹有潟湖相膏盐层。其中含有早二叠世海相化石。

从来姑组岩石组合类型和岩层的层间、层面上的结构及构造分析,该组的沉积环境多属海洋大相中的滨岸碎屑岩相、潟湖含膏盐细碎屑岩夹碳酸盐岩相、浅水陆架含砾碎屑岩、细碎屑岩夹少量碳酸盐岩相,以及活动性较强的岛弧碎屑岩夹中基性火山岩相。属于本组最具标志性的岩石类型就是在各个层段中广布的"杂砾岩相"或"含砾板岩相",它们是属冈瓦纳大陆前缘的典型沉积类型。其分布严格受构造环境和气候条件控制,故在空间展布上有一定的稳定性和区域上的可对比性。关于它们的成因已有较多文献论述,其中尤以尹集祥(1997)的论述较为充分,他把西藏地区石炭系—二叠系的"杂砾岩"分为两种类型:一种是非冰川成因的,它是属于构造作用和动力滑动成因的;另一种是冰川成因的,其搬动和沉积营力是以冰川、冰川融水、海洋冰筏飘浮携带及海洋高密度重力流等搬运。西藏地区石炭系—二叠系中广泛分布的含砾板岩、含砾砂岩显然是属于后者。来姑组内的黑色含砾板岩、含砾砂质板岩及不规则砾岩体普遍不发育层理或无层理,其中的砾石成分复杂,多与相邻下伏地层成分无关,且不具底模构造和韵律性,砾石砾径大小不一,分布杂乱,磨圆度差,并多具擦磨棱角或棱面,少量砾石表面上还具凹擦面及擦痕,这些特征无疑是与冰海沉积有关。

图幅内出露的来姑组与八宿县雅则-来姑层型剖面相比,其主导岩性为黑色泥板岩、含砾板岩及砂质板岩,即含砾的板岩基质以泥质和粉砂质为主,基质中的砂质粒级和图幅以西地区比较,相对较细;其中所夹砂岩的成分较杂,粒度间的分选性及磨圆度也较差,且常含有较多火山碎屑成分;岩层中的成层性和层间的层理性也发育较差,粗碎屑岩层在走向上多不稳定,与周边细碎屑成分的岩性界面亦常较模糊。本组地层在图幅内的岩性、岩相和沉积厚度,在纵、横向上的变化也相对较大。全组厚度多在5 000m以上。

以实测地层剖面及测线上观察,依本组岩性组合、变质程度及厚度分析,图幅内的来姑组自下而上可以划分为第一(下)岩性段、第二(中)岩性段和第三(上)岩性段。

第一(下)岩性段[$(C_2—P_1)l^1$] 也称含砾砂质板岩夹砂质条带状大理岩段。该岩段在层型剖面上相当于该组的中下部,层型剖面下部的岩性主要为含砾砂质板岩夹长石石英砂岩、中基性火山岩、火山碎屑岩;在上部含砾板岩中常夹有含砂质的碳酸盐岩透镜体层。在图幅内由于该岩段均分布于色日绒-巴嘎复式背斜的核部,沿背斜轴线附近多为二长花岗岩岩体断续侵入、吞食,仅出露该岩段的上部或顶部层位,相当于含砾砂质板岩夹透镜状碳酸盐岩层段。其中的板岩、含砾砂质板岩多已变质为千枚岩或千枚状板岩,碳酸盐岩则变质为大理岩。在P_7剖面上出露的仅为砂质条带状大理岩(图版Ⅵ-1),出露厚度仅199.70m。

第二(中)岩性段[$(C_2—P_1)l^2$] 也称千枚状板岩、千枚岩,夹石英岩、片岩和斜长片麻岩段。该岩段主要岩性为千枚状板岩、板状千枚岩,中间夹石英岩、变质长石石英砂岩、变粒岩、石英片岩、云母片岩,有的层段离岩体较近处则变质程度很深,为各种片岩和斜长片麻岩。无疑该岩段原岩应以细碎屑岩为主,夹有各种粒级和成分的砂岩和砂砾岩。主要分布于色日绒-巴嘎复式背斜的南、北两翼,呈近东西向条带状展布。该岩段岩性以各类碎屑岩为主,且以滨岸砂岩、过渡带粉细砂岩和页岩、滨外含砾泥岩、粉砂岩和滨外泥、页岩,以及较深水的黑色泥、页岩等海相沉积占优势。该岩段的沉积厚度约为1 618~2 000m(图版Ⅵ-2、图版Ⅵ-3)。

第三(上)岩性段[$(C_2—P_1)l^3$] 也称含砾砂质板岩、黑色板岩、千枚岩夹透镜状碳酸盐岩段。该岩段是以含砾的细碎岩为主,如含砾的黑色板岩、砂质板岩等,中间夹有各种粒级和成分的砂岩和碳酸盐岩透镜体。变质后则为板状千枚岩、千枚岩夹各种变质砂岩和变晶的石灰岩。此岩段沉积厚度巨大,多在3 000m以上,广泛分布于复式背斜两翼的次级向斜上,是本组内分布面积最为广泛的岩段,同时也是被断裂构造破坏较强的岩段,出露层序也多不完整(图版Ⅵ-4)。

(三)生物地层和年代地层

来姑组虽然沉积厚度巨大,空间分布也最为广泛,但所含生物化石数量却很稀少,而且多集中产出于第三(上)岩性段内。

在P_2剖面第三(上)岩性段内第11(4)层的生物碎屑灰岩中产有中小型单体皱纹珊瑚,经吉林大学地球科学学院武世忠教授(同类化石鉴定人,下同)鉴定共得1属、1相似种和3可疑属未定种:

反常脊板顶柱珊瑚相似种　*Lophacarinophyllum* cf. *abnorme* Shi

可疑脊板包珊瑚未定种　？*Amplexocarinia* sp.

可疑满珊瑚未定种　？*Plerophyllum* sp.

可疑奇壁珊瑚未定种　？*Allotropiophyllum* sp.

Laphocarinophyllum abnorme 的模式标本(1982)产自安徽巢县龟山、和县陡山和湖北黄石市一门一带的下二叠统栖霞组上部。*Amplexocarinia* 分布于欧亚大陆的石炭纪—二叠纪地层中，其属型种则产自俄罗斯北乌拉尔舒格尔河流域的下二叠统阿丁斯克阶。产自 P_2 剖面第 11(4) 层中的 P_2H_4-7(1) 标本虽为保存不善的一个横切面，但其横切面的特征与属型种较为相近。属 *Plerophyllum* 广布于我国石炭纪—二叠纪地层中，其属型种 *Plerophyllum australe* Hinde 则产自澳大利亚西部维多利亚地区的 Irwin 河沿岸下二叠统阿西斯克阶。属 *Allotropiophyllum* 在我国的时代分布为石炭纪至早二叠世。其属型种 *Allotropiophyllum sinense* Grabau 发现于我国华南南京市东郊栖霞山的下二叠统栖霞灰岩中(1928)。通过上述皱纹珊瑚组合分析，其分布时代应为早二叠世至中二叠世早期。

在 P_{15} 剖面来姑组第三(上)岩性段下部第 2 层灰黑色含砂质泥晶灰岩中产中小型单体皱纹珊瑚 1 属、1 种、1 新亚种、1 可疑种和 1 未定种（图版 Ⅱ-6、图版 Ⅱ-9）：

北极索斯金娜珊瑚厚隔壁亚种（新亚种）　*Soshkineophyllum artiense crassoseptatum* (subsp. nov.)

索斯金娜珊瑚未定种　*Soshkineophyllum* sp.

北极索斯金娜珊瑚可疑种　？*Soshkineophyllum artiense*（Soshkina）

Soshkineophyllum artiense 原产于俄罗斯北乌拉尔山西坡的下二叠统阿丁斯克阶，为索斯金娜以 *Plerophyllum artiense* Soshkina 发表。后在 1928 年葛利普于南京市东郊栖霞山的下二叠统栖霞灰岩中也发现了此种，但从 *Plerophyllum* 属中划出，并以此种作为属型种另建 1 新属 *Soshkineophyllum*。至此以后，在我国和欧亚大陆的早二叠世早期的地层中陆续发现此种。就此种而言，本图幅内的第三(上)岩性段的时代应属二叠纪中期的早期，即栖霞期。

在此层中还发现了一些苔藓虫化石，经吉林大学地学院李良芳教授（同类化石鉴定人，下同）鉴定，共有 4 属、5 种：

窄边缘曲囊苔藓虫　*Strelelascopara angustimarginalis* Hsia

普氏来克苔藓虫　*Meekopara prosseri* Ulrich

最美窗格苔藓虫　*Fenestella pulcherrima* Sch.-Nest.

微网形窗格苔藓虫　*F. microretiformis* Sch.-Nest.

粗角枝苔藓虫相似种　*Gonocladia* cf. *crassa* Morozova 等

上述 5 种均产出于我国和西藏等地下二叠统的栖霞-茅口组及西藏下拉组或与其相当的地层中。

另在观测点 D400 附近的第三(上)岩性段下部的黑色砂质泥板岩中还发现了一批腕足类化石，经吉林大学地学院王成文教授鉴定（同类化石鉴定人下同）共有 5 属、5 种，其中含 2 个新种（图版 Ⅴ）：

粗浅新石燕（新种）　*Neospirifer crassotriatus*（sp. nov）

王公小石燕　*Spiriferella rajah*（Salter）

喜马拉雅薄缘贝　*Lomnimargus himalayensis*（Diener）

永珠珍支贝（新种）　*Kochiproductus yongzhuensis* Wang

帕登狭体贝　*Stenoscisma purdoni*（Davidson）等

Neospirifer arassotriatus 虽为新种，但外观上与产自巴基斯坦盐岭早二叠世下长身贝灰岩中的 *Neospirifer striatus* 较为相似，但壳褶少而粗强。*Spiriferella rajah* 广泛分布于巴基斯坦盐岭、尼伯尔、东帝汶和我国西藏等地中二叠世的沃德阶至晚二叠世的吴家坪阶。在北美加拿大、俄

罗斯的远东地区及我国内蒙古等地也报道过与其特征相近的种。*Lamnimargus himalayensis* 分布于喜马拉雅、尼伯尔、帕米尔等地区的早二叠世上部的孔谷阶。*Kochiproductus yongzhuensis* 是王成文教授所定的新种，时代属早—中二叠世。*Stenocisma purdoni* 广泛分布于巴基斯坦盐岭、克什米尔、东帝汶和我国的内蒙古及东北等地区。在巴基斯坦盐岭地区产自中二叠世中长身贝层的 Wargal 灰岩中，层位相当于卡匹敦阶。在东帝汶该种属于 *Basleo* 动物群分子，时代可能相当于晚二叠世长兴期。在克什米尔则主要出现于 Kalabagh 层，时代可能相当于晚二叠世吴家坪期。在我国的内蒙古地区，该种属于哲斯腕足动物群，时代为中二叠世沃德期。由此可见，产于 D400 点的腕足类动物组合的时代应为中—晚二叠世，但以中二叠世为主。

综合来姑组第三（上）岩性段内所产的皱纹珊瑚、腕足类和苔藓虫等化石组合的时代看，该岩段的时代应为早二叠世；考虑到第一（下）岩性段的底界，在区域上是和含有较丰富早石炭世动物群的诺错组（C_1n）为整合接触关系，因此，图幅内的来姑组第一（下）岩性段和第二（中）岩性段的时代应为晚石炭世。

三、中二叠统洛巴堆组（P_2l）

洛巴堆组源自李璞（1955）的"洛巴堆层"，其创名剖面在林周县洛巴堆水库附近。在此剖面上将该层划分为下部灰岩、中部中基性火山岩和上部灰岩夹石英砂岩 3 部分，并依据其中所产的鏟类、腕足类及双壳类等化石将其时代定为二叠纪。后西藏综合地质队（1994）将"洛巴堆层"改称为"洛巴堆组"。以后又以"洛巴堆群"陆续为盛金章（1962）、西藏区调队和中国科学院南京地质古生物研究所（1982）、魏振声和谭岳岩（1983）等单位或个人所沿用，其时代定为早二叠世。中国科学院青藏高原综合科学考察队陈楚震、王玉净等（1984）仍称"洛巴堆组"，并在林周县城西北的洛巴堆水库旁（地理坐标 E90°55′，N30°00′）重测了该组剖面，但地层出露并不完整，剖面的顶、底均为断层所截，中间也被断层分为上、下两部分。同时，该队还在林周县旁多乡乌鲁龙-马驹拉补充测制了早二叠世地层实测剖面。在此剖面上，把洛巴堆组正式划分为上、下两个岩性段：上为水库段，为灰色中厚层状大理岩及结晶灰岩；下为马驹拉段：为灰—浅紫色块状含燧石团块灰岩夹中基性火山岩。依两段中含 *Neoschwagerina* 鏟类动物群和 *Iranophyllum - Ipciphyllum* 皱纹珊瑚动物群等将两岩性段的时代分别定为茅口晚期和早期。特别要说明的是，该队在乌鲁龙-马驹拉剖面上，发现在马驹拉段之下整合下伏 40m 厚的一层黑—深灰色中薄层状含泥质灰岩夹黑色板岩层，产有以冷水动物为主，混有少量暖水动物的腕足类、皱纹珊瑚、苔藓虫及少量三叶虫，定其时代为早二叠世阿丁斯克期或栖霞期。于是认为拉萨地层小区发育有下二叠统地层。《西藏自治区岩石地层》（1997）以洛巴堆水库层型剖面为准，依该剖面中所含的腕足类、皱纹珊瑚和苔藓虫等化石组合，定洛巴堆组的时代为早二叠世中晚期。在本图幅的 P_{13} 地层实测剖面上，洛巴堆组下部的层位中还含有属于华南区中二叠世早期—栖霞期皱纹珊瑚组合及少数属栖霞期苔藓虫分子。故本图幅内的洛巴堆组的时代应涵盖整个中二叠世（表 2-3）。

表 2-3 洛巴堆组（P_2l）划分沿革表

李璞等（1953）		西藏综合队（1974）		西藏区调队南京地研所（1982）		魏振声等（1983）		中国科学院青藏高原综合科考队（1984）		西藏自治区岩石地层（1997）		中国地层典二叠纪（2000）		本书	
P	洛巴堆层	上部	P	洛巴堆组	P_2	洛巴堆群	P_1	洛巴堆群	水库段	P_1^{2-3}	洛巴堆组	水库段	P_2^2	洛巴堆组	水库段	P	洛巴堆组
		中部							P_1^{2-3}		P_2^{2-3}		马驹拉段		马驹拉段		
		下部								马驹拉段				P_2^1	乌鲁龙组		

《西藏自治区岩石地层》(1997)根据林周县洛巴堆水库剖面(陈楚震等,1984)把洛巴堆组定义为"指岩性为灰岩、白云质灰岩或大理岩,局部夹中基性火山岩的一套地层体。产有鏈、珊瑚及腕足类等化石。顶、底出露不全"。该组在图幅内顶、底也为断层所截,并且在几个实测剖面上中间也为多条近东西向的逆冲断层截切,出露不甚完全,受控厚度仅为1 538.40m。

测区内的洛巴堆组分布较为零星,主要分布于色日绒-巴嘎复式背斜南、北两翼的侧部边缘断裂带附近,以近东西向不规则的岩片或条带状断块产出。如复背斜北翼边缘的洛巴堆组呈近东西向断续展布的岩片产出,而复背斜南翼边缘的洛巴堆组则分布于德宗至沙布勒一线,为一组近东西向逆断裂带和南北向或北北东向断裂束交叉错断,呈一系列近东西向延展的断块出露,其分布面积约46.5km²。

(一)剖面叙述

1. 墨竹工卡县门巴乡蒙果弄沟中二叠统洛巴堆组(P_2l)实测剖面(P_3)(图2-7)

剖面位于墨竹工卡县门巴乡蒙果弄沟,始点地理坐标为E92°20′01″,N30°11′43″;海拔4 420m。终点为E90°10′00″,N30°09′13″;海拔4 980m。始、终点间的高差为560m。剖面总体走向近南北向,实测剖面总长度为4 659m。全组共划分31(12—55)层。本组在剖面经过处皆为单斜层,总体南倾,倾向变化于135°~200°之间,倾角18°~30°。本组底部及中间多处为近东西向逆、冲断层所截,出露厚度为1 521.60m。现列该组在此剖面出露层序如下。

上覆地层:下石炭统诺错组(C_1n)

32(57). 黄白色厚层状石英岩,呈细粒变晶结构

—————— 整 合 ——————

中二叠统洛巴堆组(P_2l)   **出露厚度 1 521.60m**

31(55). 青灰色厚层状结晶灰岩	97.50m
30(54). 灰白色中厚层状结晶灰岩	86.70m
29(53). 灰色巨厚层状灰岩	26.80m
28(51). 灰色厚层状灰岩,其中方解石细脉较发育	5.80m
27(49). 灰色巨厚层状粉晶灰岩,方解石脉发育	2.70m

══════ 断 层 ══════

26(48). 灰色中厚层状灰岩	2.70m
25(46). 灰白色中厚层状泥晶灰岩	40.80m

══════ 断 层 ══════

24(44). 灰色中厚层状结晶灰岩,发育方解石脉	56.80m
23(43). 灰色、浅灰—灰白色中厚层状结晶灰岩	52.00m
22(42). 灰—深灰色中薄层状含燧石条带结晶灰岩	18.80m

══════ 断 层 ══════

21(40). 深灰色厚—巨厚层状燧石结核和条带结晶灰岩	102.90m

══════ 断 层 ══════

20(38). 浅灰色薄—厚层状含燧石结核和条带结晶灰岩	10.30m
19(37). 灰色中厚层状燧石条带泥晶灰岩	37.80m
18(36). 灰白色中厚层状结晶灰岩	30.40m
17(35). 深灰色中厚层状含燧石结核和条带泥晶灰岩	48.40m

══════ 断 层 ══════

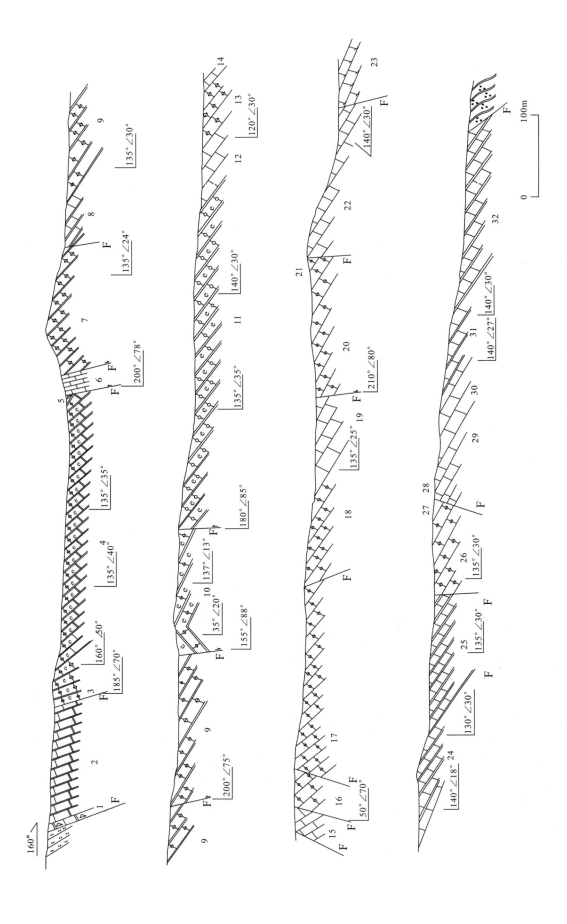

图 2-7 墨竹工卡县门巴乡蒙果弄沟中二叠统洛巴堆组（P_2l）实测剖面图（P_3）

16(33). 灰色、深灰色中厚层状含燧石结核和条带泥晶灰岩,构造节理十分发育,多达3~4组之多,邻近
断层处为一角砾-片理化带   47.70m

========================= 断 层 =========================

15(31). 深灰色中厚层状燧石条带泥晶灰岩   36.00m
14(29). 深灰色中薄层状燧石条带灰岩   20.00m

========================= 断 层 =========================

13(28). 灰色中厚层状泥晶灰岩   13.40m
12(27). 深灰色厚—巨厚层状燧石结核、条带泥晶灰岩   48.10m
11(26). 深灰色厚层—块状燧石结核、条带亮晶生屑灰岩,时有方解石细脉穿切   176.20m

========================= 断 层 =========================

10(24). 灰色厚层—块状泥晶生屑灰岩   16.30m

========================= 断 层 =========================

9(22). 深灰色中厚层—块状含燧石条带泥晶灰岩,层间方解石脉及节理甚为发育   128.50m
8(21). 灰色厚层状结晶灰岩   11.40m

========================= 断 层 =========================

7(19). 灰色、灰白色中厚层状重结晶泥晶灰岩   75.30m

========================= 断 层 =========================

6(17). 灰色薄层状结晶灰岩   11.30m

========================= 断 层 =========================

5(16). 灰色亮晶生屑灰岩角砾岩   4.50m
4(15). 灰色厚层—块状生屑泥晶灰岩,重结晶现象明显   143.50m
3(14). 灰白色中厚层状重结晶生屑泥晶灰岩   33.90m

========================= 断 层 =========================

2(13). 浅灰色、灰色厚层—块状结晶灰岩   125.90m
1(12). 灰白色角砾状结晶灰岩   9.20m

========================= 断 层 =========================

下伏地层:上石炭统—下二叠统来姑组[$(C_2—P_1)l$]
深灰色中厚层状含砾粉砂岩

由上列实测地层剖面上明显看出,剖面线所经之处逆冲断层很多,将该组切割成许多层段,出露甚不完全,而且化石保存、采集较差是本剖面的最大缺陷。

2. 嘉黎县桑巴乡凯蒙南沟中二叠统洛巴堆组(P_2l)实测剖面(P_{13})(图2-8)

剖面位于藏东嘉黎县桑巴乡凯蒙南沟,剖面线始自沟顶分水岭之南的巴嘎-列玛逆断层北侧断层下盘的拉贡塘组($J_{2-3}l$)黑色薄层状粉砂质泥灰岩,穿越断层,其南侧即为洛巴堆组的第9层白云质生物碎屑灰岩,由新至老实测,至南端夺基村西的凯蒙南沟沟口止。全剖面上的洛巴堆组共划分9层,顶、底均为逆断层错断,出露不全,属该组的上部层位。剖面线始点地理坐标为E92°30′38″,N30°38′54″,海拔4 875m;终点地理坐标为E92°31′29″,N30°36′07″,海拔4 720m。始、终点间的高差为155m。剖面线总体延伸方向近南南东向,东西水平折线左右摆动于160°~175°之间。剖面总长度5 294.20m。现将该剖面上的洛巴堆组层序自上而下分列如下。

逆断层下盘:中上侏罗统拉贡塘组($J_{2-3}l$)

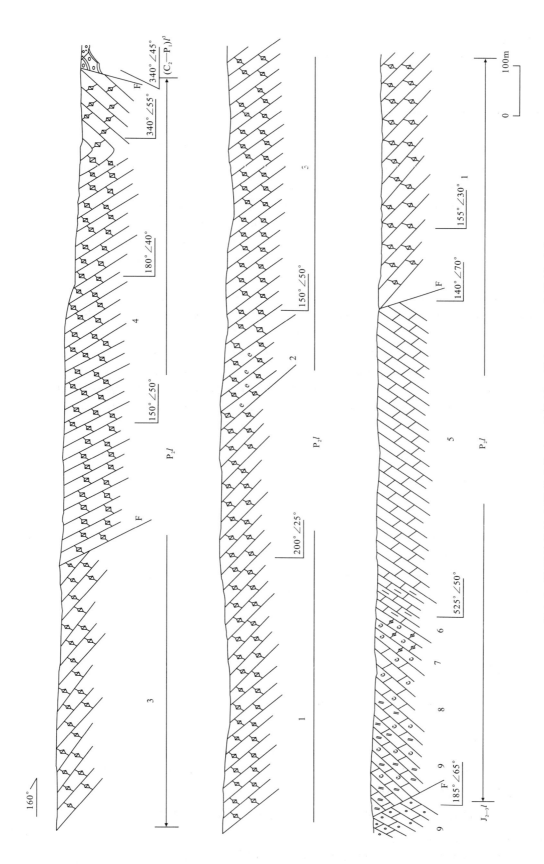

图 2-8 嘉黎县桑巴乡凯蒙南沟中二叠统洛巴堆组（P_2l）实测剖面图（P_{13}）

10(5). 灰黑色薄层状粉砂质泥灰岩

============ 断　层 ============

中二叠统洛巴堆组(P_2l)　　　　　　　　　　　　　　　　　　　　　　　　　　出露厚度 2 629.60m

9(6). 紫红色中薄层状白云质生物碎屑灰岩,产苔藓虫化石:*Hexagonella* sp., *Ogbinopara planistipula* Hsia, *Reteposidra* cf. *grandis* Morazova, *Polypora pseudomacraps* Morozova, *Meekopora delicata* Sokogami, *Nikifarvella explicala* (Gorjunova), *Streblotrypa marmionensis* Etheridge, *Dyscritella vulgaformis* Hsia, *Dybowskiella hupehensis* Yang, *D. lamellose* Lu, *Maychella qubuensis* Yang et Hsia 等　　　　　　　　　　　　　　　　　　　　　　　　　　　　　　　　　　　　193.50m

8(7). 灰色厚层状重结晶生物碎屑灰岩,产丰富的苔藓、皱纹珊瑚和腕足类等化石。其中苔藓虫有: *Stenodiscus giganteus* Yang, *S. xizangensis* Hsia, *S. lamellaris* Yang et Loo, *Fistuliramus bifidus* Yang et Hsia, *Meekopara prosseri* Ulrich, *M. rutongensis* Yang et Xia, *M. delicata* Sokagami, *Polypora ornamentata* Sch.-Nest., *P. proepluriformis* Morozova, *P. pseudomacrops* Morozova, *Pamirella nitida* Gorjumova, *P. irregularis* Hsia, *Streblascopora angustimarginalis* Hsia, *S. multifasciculata* Liu, *S. multicella* Hsia, *S. megista* Liu et Wang, *Fistulipara xialaensis* Liu et Wang, *Ascopora transita* Yang, Lu et Xia, *Ogbinopora planistipula* Hsia, *O. ratburiensis* (Sakagami), *Streblotrypa pertica* Liu, *S. grandis* Yang et Loo, *Fenestella multipora* Hsia, *F. proerobusta* Trizna, *F. ornatiformis* Gorjunova, *Reteparidra* cf. *grandis* Morazova, *R. priceosa* Liu et Wang, *Penniretepora symmetrica* Liu, *Dybowskiella* cf. *hupehensis* Yang, *Stenopora yunzhuensis* Hsia, *S. hirsuta* Oraokford, *Rhabdomeson mammilatum* (Bretnall), *R.* sp., *Nichlesopora maculata* Liu, *Acanthoclodia* sp., *Cyclotrypa multiformis* Gorjunova, *Dycritella vulgaformis* Hsia, *Saffordotoxis stelliformis* Liu, *Pseudobatostomella spinigera* (Bassler) 等;皱纹珊瑚有:*Tachylasma* cf. *xiukangense* Lin, *T. magnum* Grabau, *T. magnum crassoseptatum* (subsp. nov.), *T.* sp., *Soshkineophyllum* aff. *xizangense* Lin, *Naoticophyllum typicum* Shi, *N.* sp., ? *Plerophyllum* sp., ? *Svalbordphyllum* sp.,等;腕足类有:*Costiferina spiralis* Waagen, *Reticularia indica* Waagen, *Athysis* sp., *Productids* 等　　　　　　　　　　　　　　　　　　　　　　　　　　　　　　　　　　　　84.80m

7(8). 青灰色厚层角砾状含生物碎屑泥晶灰岩　　　　　　　　　　　　　　　　　　　　46.00m
6(9). 灰白—灰色中厚层状重结晶泥质灰岩　　　　　　　　　　　　　　　　　　　　　61.10m
5(10). 浅灰—灰白色中厚层状细粒重结晶灰岩　　　　　　　　　　　　　　　　　　　378.00m

============ 断　层 ============

4(14). 灰黑色厚层状泥晶灰岩　　　　　　　　　　　　　　　　　　　　　　　　　　608.90m
3(13). 灰黑色厚层状细晶和泥晶灰岩　　　　　　　　　　　　　　　　　　　　　　　426.30m
2(12). 灰白—深灰色厚层状泥晶生物碎屑灰岩,产苔藓虫化石:*Fistuliramus bifidus* Yang et Hsia, *Maychella* sp.;腕足类化石:*Cleiothyridina roissyi* (Eeville)和一些不易鉴定的化石碎片　　　81.80m
1(11). 灰色中薄层状泥晶灰岩　　　　　　　　　　　　　　　　　　　　　　　　　　749.20m

============ 断　层 ============

断层上盘:来姑组第三(上)岩性段[$(C_2—P_1)l^3$]
(15)灰黑色含砾板岩

此剖面属于洛巴堆组中上部地层,断层断掉了该组的下部层段。

(二)岩石地层

洛巴堆组在图幅内为一套沉积厚度较大、由岩性较为单一的碳酸盐岩组成的地层地质体。它是由陆缘障壁岛型和浅海陆棚台地型碳酸盐岩组成,局部夹有活动岛弧型火山岩和火山碎屑混入,沉积厚度各处变化较大。该组底部除了在色日绒-巴嘎复式背斜东部北翼的夺基—乌嘎拉一带与下伏上石炭统—下二叠统的来姑组顶部呈整合接触外,在其他大部分地区均为断层接触。顶部与前奥陶纪松多岩群或更新的中、新生代地层间为断层或角度不整合接触。在剖面上的出露厚度为 1 521.6～2 629.6m。从实测剖面及观测路线上观察,本组在图幅东北部桑居和哈东弄巴源头一带，大致可以分出上、下两个仅适用于局部地区的过渡性岩性段，即下部含燧石结核灰岩段：主要是由灰—青灰色夹浅紫色含燧石结核、条带及团块灰岩，中薄—中厚层状泥晶灰岩夹生屑灰岩及结晶灰岩等组成（图版Ⅰ至图版Ⅳ），其中产皱纹珊瑚和苔藓虫等化石。在层位上大致可以和林周乌鲁龙剖面的马驹拉段相当。上部为结晶灰岩和白云质灰岩段：该岩段最大特点是灰岩重结晶程度较高，系由灰白色、浅灰—灰色中厚层状结晶灰岩，白云质灰岩，大理岩组成，局部可夹生屑角砾状灰岩。在层位上大致可以和林周洛巴堆剖面上部的水库段相当，或大部分相当。

(三) 生物地层和年代地层

洛巴堆组在图幅内虽为单一的碳酸盐岩组成的地层，沉积厚度可达数千米，但其中所含生物化石不论在地层横向和纵向上，还是在化石门类的分布上皆不均衡，大部地段和层段上分布较为贫乏，仅局部地段和层位上有某些门类化石的聚集。如在 P_3 剖面上始终没有发现可供鉴定的化石；可是在 P_{13} 剖面上的第 8、9 层中苔藓虫类化石却很丰富，但一直未见䗴类的踪迹。

在 P_{13} 剖面的第 2 层中所采集到的苔藓虫化石，经吉林大学地学院李良芳教授鉴定，共有 2 属、1 种、1 未定种（图版Ⅲ、图版Ⅳ）：

双裂笛枝苔藓虫 *Fustuliramus bifidus* Yang et Hsia 等
梅奇苔藓虫未定种 *Maychella* sp.

同一剖面第 8 层中产苔藓虫 10 属、9 种或相似种、1 未定种：

扁枝奥格皮苔藓虫 *Ogbinopara planistipula* Hsia
粗网孔苔藓虫相似种 *Reteporidra* cf. *grandis* Morozova
湖北戴宝斯基苔藓虫 *Dybowskiella hupehensis* Yang
层状戴宝斯基苔藓虫 *Dybowskiella lamellaris* Lu
美好米克苔藓虫 *Meekopora delicata* Sakagami
明确尼基福洛娃苔藓虫 *Nikifervella explicata* (Gorjünova)
马盲扭曲苔藓虫 *Streblatrypa marmionensis* Etheridge
平凡形疑难苔藓虫 *Dyscritella vulgaformis* Hsia
六角苔藓虫未定种 *Hexagonella* sp.
拟宏观多孔苔藓虫 *Polypora pseudomacrops* Morozova 等

剖面第 9 层中产苔藓虫 22 属、38 种或相似种、2 未定种：

大窄板苔藓虫 *Stenodiscus giganteus* Yang
西藏窄板苔藓虫 *S. xizangensis* Hsia
层状窄板苔藓虫 *S. lamellaris* Yang et Loo
双裂笛枝苔藓虫 *Fustuliramus bifidus* Yang et Hsia
下拉笛管苔藓虫 *F. xialaensis* Liu et Wang
普氏来克苔藓虫 *Meekopora prosseri* Wrich
日土米克苔藓虫 *M. rutongensis* Yang, Lu et Xia
美好米克苔藓虫 *M. delicata* Sakagami
装饰多孔苔藓虫 *Polypora ornamentata* Sch. – Nest.
古复形多孔苔藓虫 *P. praepluriformis* Morozova
拟宏观多孔苔藓虫 *P. pseudomacrops* Morozova
优美帕米尔苔藓虫 *Pamirella nitida* Gorjunova
不规则帕米尔苔藓虫 *P. irregularsis* Hsia
窄边缘曲囊苔藓虫 *Streblascopora angustimarginalis* Hsia
多束曲囊苔藓虫 *S. multifasciculata* Liu
多宝曲囊苔藓虫 *S. multicella* Hsia

大曲囊苔藓虫 *S. megista* Liu et Wang
过渡囊苔藓虫 *Ascoposa transita* Yang，Lu et Xia
扁枝奥格皮苔藓虫 *Ogbinopora planistipula* Hsia
叻武里奥格皮苔藓虫 *O. ratburiensis* (Sakagami)
长杆扭曲苔藓虫 *Streblotrypa pertica* Liu
粗扭曲苔藓虫 *S. grandis* Yang et Loo
多孔窗格苔藓虫 *Fenestella multipora* Hsia
古强壮窗格苔藓虫 *F. praerobusta* Trizna
饰形窗格苔藓虫 *F. ornatiformis* Gorjunova
粗网孔苔藓虫相似种 *Reteporidra* cf. *grandis* Morozova
珍网孔苔藓虫 *R. priceosa* Liu et Wang
对称羽苔藓虫 *Penniretepora symmetrica* Liu
湖北戴宝斯基苔藓虫相似种 *Dybowskiella* cf. *hupehensis* Yang
永珠窄管苔藓虫 *Stenopora yunzhuensis* Hsia
疏松窄管苔藓虫 *S. hirsuta* Crockford
乳头杆苔藓虫 *Rhabdomeson mammilatum* (Bretnall)
杆苔藓虫未定种 *R.* sp.
刺板苔藓虫未定种 *Acanthocladia* sp.
斑纹尼克尔苔藓虫 *Nichlesopora maculata* Liu
多形圆孔苔藓虫 *Cyclotrypa multiformis* Gorjunova
平凡形疑难苔藓虫 *Dyscritella vulgaformis* Hsia
星形萨福德苔藓虫 *Saffordotaxis stelliformis* Liu
长刺假拟攀苔藓虫 *Pseudobatostomella spinigera* (Bassler)

在此层还产有中小型单体皱纹珊瑚 3 属，2 可疑属，5 种、相似种、亲近种或亚种和 4 未定种（图版Ⅰ、图版Ⅱ-1 至图版Ⅱ-5、图版Ⅱ-7、图版Ⅱ-8）：

修康速壁珊瑚相似种 *Tachylasma* cf. *xiukangense* Liu
大型速壁珊瑚 *T. magnum* Grabau
大型速壁珊瑚厚隔壁亚种（新亚种）*T. magnum crassoseptatum* (subsp. nov.)
速壁珊瑚未定种 *T.* sp.
? 可疑斯伐巴德珊瑚未定种 ? *Svalbardphyllum* sp.
? 可疑满珊瑚未定种 ? *Plesaphyllum* sp.
典型庙宇珊瑚 *Naoticophyllum typicum* Shi
庙宇珊瑚未定种 *N.* sp.
西藏索斯金娜珊瑚亲近种 *Soshkineophyllum* aff. *xizangense* Lin

剖面第 8 层中产有腕足类 3 属、2 种、1 未定种：

螺旋粗肋贝 *Costiferina spiralis* Waagen
印度网格贝 *Reticularia indica* Waagen
无窗贝未定种 *Athyris* sp. 等

同一剖面的第 2 层中还产苔藓虫 2 属、1 种、1 未定种：

双裂笛枝苔藓虫 *Fustuliramus bifidus* Yang et Hsia
杨奇苔藓虫未定种 *Maychella* sp.

腕足类 1 属、1 种：

洛易锁窗贝 *Cleiothyrina roissyi*(Eeville)

以及一些不易鉴定的腕足类化石碎片。

从上述的 P_{13} 剖面上可以看出，该剖面中含有较丰富的苔藓虫类，仅在第 2、8、9 层就产苔藓虫类达 28 属，46 种（包括相似种和未定种）。这些属种中有 75% 以上的种均产于西藏申扎一带的中二叠统下拉组和昂杰组内，10%～15% 的种产于西藏珠峰地区的色龙群；还有 10% 左右的种分别产于内蒙古的下二叠统大石寨组、哲斯组和柳条沟组。由上可知，苔藓虫群的时代有 4/5 种群产自茅口期，不足 1/4 的种群产自栖霞期，就是说，从苔藓虫群所确定的时代均属于中二叠世。

从该组内所产的皱纹珊瑚群分析，其中 *Tachylasma xiukangense* 和 *Soshkineophyllum xizangense* 均产自西藏拉孜县柳区中贝乡修康村中二叠世浪错组上部。*Naoticophyllum typicum* 则产自广西隆林各族自治县常么乡的中二叠世中晚期的茅口组。*T. magnum* 则最早见于湖北兴山的茅口组内；以后在四川江油县二郎庙水跟头的同一层位中也发现此种。由此可见，依该组所产的皱纹珊瑚群断定，洛巴堆组的时代为中二叠世的茅口期。

产自 P_{13} 剖面第 2、8 层中的腕足类 *Cleiothyrina roissyi* 产于巴基斯坦盐岭二叠系的中上长身贝灰岩层内，层位相当于二叠系国际年代地层系统的 Ordian - Capitiania - Wuchapingian 阶。*Costiferina spiralis* 最早产自巴基斯坦盐岭二叠系的下长身贝灰岩层内，即 Amb 组，相当于二叠系国际年代地层系统的 Roadian - Wordian 阶。*Reticularia indica* 产于层位较前种略高的中长身贝灰岩内，时代相当于我国中晚二叠世的茅口-吴家坪期。

综合苔藓虫、皱纹珊瑚和腕足类 3 个门类组合的分布时代，洛巴堆组的时代应为中二叠世的茅口期。

第四节 晚古生代沉积环境分析

晚古生代时期，在嘉黎断裂南侧的弧背断隆带上发育了诺错组、来姑组和洛巴堆组。早期沉积一套碎屑岩和碳酸盐岩，晚期为一套碎屑岩沉积。总体反映了冈瓦纳大陆北缘浅海陆棚沉积环境。诺错组在本区出露极为局限，仅呈很小的断片产出，层序不清，故这里不作其沉积环境分析。

一、来姑组沉积环境分析

来姑组下部，主要为深灰色、青灰色薄层状或板状粉细粒岩屑石英砂岩，正态概率曲线主要由跳跃总体和悬浮总体组成，跳跃总体表现为多段式，斜率很低，大约在 30°～40° 之间。粒径范围在 1ϕ～4ϕ 之间，分布宽，标准偏差（σ）为 2.7，分选极差（图 2-9），属典型的浊流成因。来姑组中部主

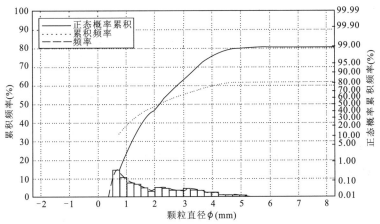

图 2-9 墨竹工卡县蒙果弄沟来姑组剖面第 3 层深灰色含中细砂粉砂岩粒度分布统计图

要为灰色中厚层钙质板岩,原岩为细粒陆源碎屑岩组合,分选极差。该地层在区域上分布具有一定的广泛性,对其成因存在不同的认识。结合该区其上下层位沉积具浊流的特征分析,该钙质板岩应主要为浊流成因。来姑组上部主要为深灰色中厚层状含砾粉砂岩,也是典型的深海还原环境条件下发育的浊积岩。

据Vail的经典层序地层理论分析,该剖面的来姑组应属低水位体系域的低位扇沉积,以重力流沉积为主。

二、洛巴堆组沉积环境分析

洛巴堆组主要由浅海陆棚相和台地边缘相组成(图2-10)。

该区的浅海陆棚相又可进一步识别出浅海陆棚相带、陆棚内缘斜坡相带两个次级单元。浅海陆棚相带主要由青灰色或灰色巨厚层状结晶灰岩、生屑泥晶灰岩以及黄白色中厚层状生屑泥晶灰岩组成,代表了稳定的碳酸盐岩浅海沉积环境。陆棚内缘斜坡相带主要由灰色中薄—中厚层含燧石条带泥晶灰岩或方解石脉发育的灰色中厚层状泥晶灰岩组成,属于受台地细碎屑供给影响的台地斜坡末端碳酸盐岩沉积带。台地边缘相主要为台地前缘斜坡相带沉积,主要以深灰色巨厚层状亮晶生屑灰岩、泥晶灰岩组成,其内发育方解石脉,且常与断层带相邻。属于沉积时垮塌堆积较发育的碳酸盐岩斜坡沉积带。

洛巴堆组可以识别出3个三级层序。层序$P_2l\,I$发育海进体系域和高水位体系域两个单元。海进体系域为浅海陆棚相带沉积;高水位体系域的下部为陆棚内缘斜坡相带,上部为台地前缘斜坡相带,两者构成了水体逐渐变浅的沉积特征,并与海进体系域共同形成了水进—水退的变化旋回。与层序$P_2l\,I$不同,层序$P_2l\,II$的海进体系域是由陆棚内缘斜坡相带和浅海陆棚相带组成,其海进体系域与高水位体系域共同形成了一个更为明显的水进—水退变化旋回。层序$P_2l\,III$发育不完整,仅残留有海进体系域一个单元,为浅海陆棚相带沉积。通过上述3个层序的对比可以看出,自下而上,海进体系域的浅海陆棚相带沉积减少,陆棚内缘斜坡相带增多,反映了该沉积期总体逐渐海退的变化特点。

第五节 中生界

测区内的中生界主要分布于纳木错-嘉黎断裂带以北的广大地区,为中上侏罗统和白垩系,二者的分布面积约占全图幅沉积地层分布总面积的1/3。图幅内缺失三叠系。

一、侏罗系(J)

图幅内侏罗系发育不全,只有中上侏罗统,缺失下侏罗统。测区内的中上侏罗统自下而上划分为中侏罗统马里组(J_2m)、桑卡拉佣组(J_2s)和中上侏罗统拉贡塘组($J_{2-3}l$)。关于中上侏罗统的研究及其划分的沿革情况可参见表2-4。就中上侏罗统的空间展布而言,以中侏罗统下部的马里组占据着主体,它广泛分布于纳木错-嘉黎断裂带北侧,以近东西向展布的格登俄玛-桑巴复式背斜形式广泛出露于图幅北部近1/3的面积内,分布面积达267.5 km²。中侏罗统桑卡拉佣组和中上侏罗统拉贡塘组仅分布于格登俄玛-桑巴背斜南缘纳木错-嘉黎断裂带的北侧,二者分布的总面积只有57 km²,只占中上侏罗统分布总面积的1/6。

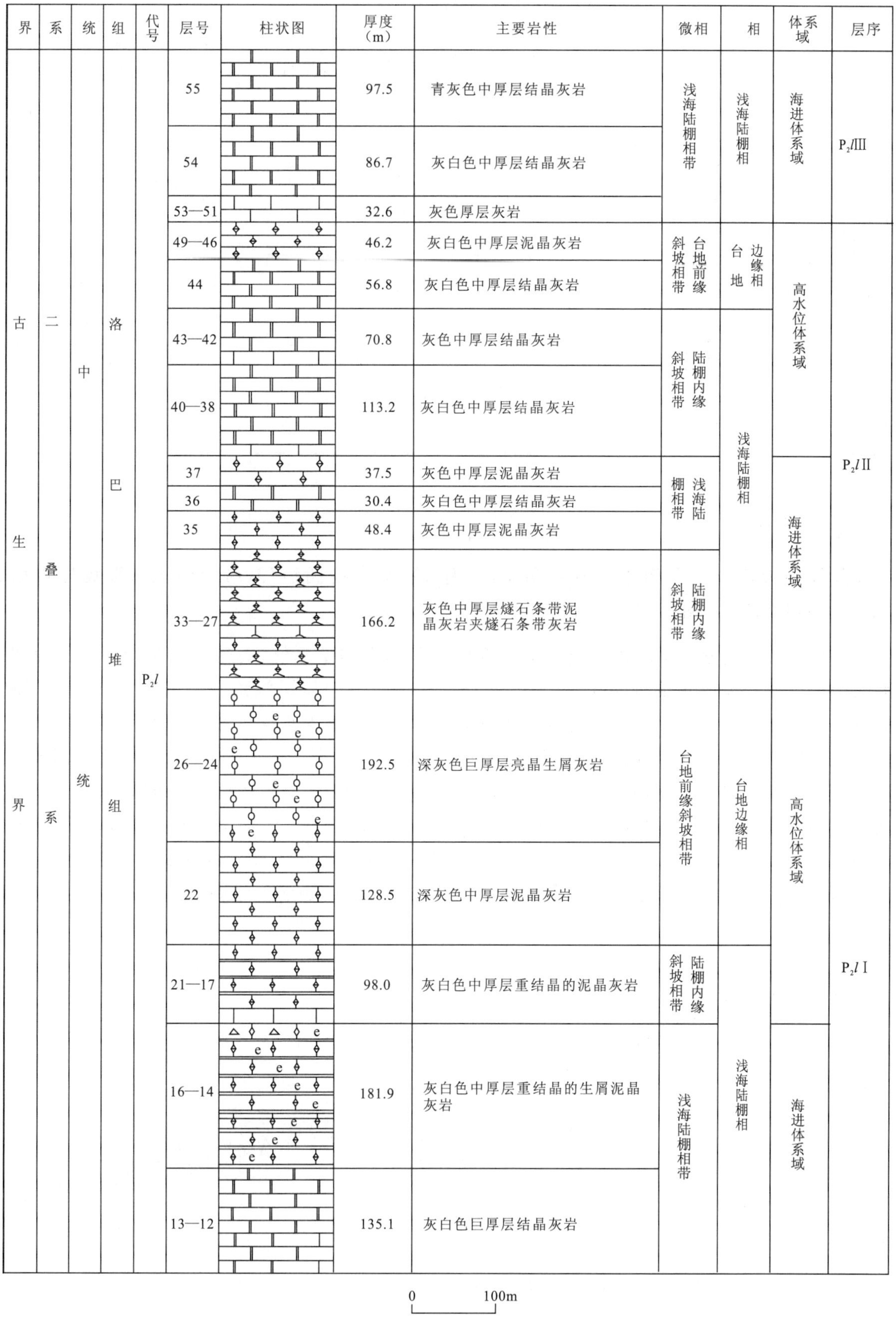

第二章 地 层

界	系	统	组	代号	层号	柱状图	厚度(m)	主要岩性	微相	相	体系域	层序
古 生 界	二 叠 系	中 统	洛 巴 堆 组	P_2l	55		97.5	青灰色中厚层结晶灰岩	浅海陆棚相带	浅海陆棚相	海进体系域	P_2lⅢ
					54		86.7	灰白色中厚层结晶灰岩				
					53—51		32.6	灰色厚层灰岩			高水位体系域	
					49—46		46.2	灰白色中厚层泥晶灰岩	斜坡相带 台地前缘	台地边缘相		
					44		56.8	灰白色中厚层结晶灰岩				
					43—42		70.8	灰色中厚层结晶灰岩	斜坡相带 陆棚内缘	浅海陆棚相		P_2lⅡ
					40—38		113.2	灰白色中厚层结晶灰岩				
					37		37.5	灰色中厚层泥晶灰岩	浅海陆棚相带		海进体系域	
					36		30.4	灰色中厚层结晶灰岩				
					35		48.4	灰色中厚层泥晶灰岩				
					33—27		166.2	灰色中厚层燧石条带泥晶灰岩夹燧石条带灰岩	斜坡相带 陆棚内缘			
					26—24		192.5	深灰色巨厚层亮晶生屑灰岩	台地前缘斜坡相带	台地边缘相	高水位体系域	
					22		128.5	深灰色中厚层泥晶灰岩				
					21—17		98.0	灰白色中厚层重结晶的泥晶灰岩	斜坡相带 陆棚内缘			P_2lⅠ
					16—14		181.9	灰白色中厚层重结晶的生屑泥晶灰岩	浅海陆棚相带	浅海陆棚相	海进体系域	
					13—12		135.1	灰白色巨厚层结晶灰岩				

0   100m

图 2-10 西藏墨竹工卡县蒙果弄沟剖面洛巴堆组实测剖面综合分析柱状图

表 2-4 中上侏罗统地层划分沿革表

李璞 (1955)	崔知微 (1962)	四川第三 区测队 (1992)	西藏综合队 (1979)	史晓颖等 (1985)	四川区调队 (1990)	成都地矿所、 四川区调队 (1992)	《西藏自治区 地质志》 (1993)		《西藏岩石 地层》 (1997)		本书 (2004)	
拉贡塘组	K₁ | J₂ 拉贡塘群	J₃ 拉贡塘组	J₃	J₃ 拉贡塘组	J₃ 拉贡塘组	J₃ 拉贡塘组	J₂₋₃	拉贡塘组	J₂₋₃	拉贡塘组	J₂₋₃	拉贡塘组
J		J₂ 柳湾组	J₂ 桑巴群	J₂² 柳湾组	J₂² 桑卡拉佣组	J₃ 雁石坪组	J₂	桑巴组	J₂	桑卡拉佣组	J₂	桑卡拉佣组
				J₂¹ 马里组	J₂¹ 马里组					马里组		马里组

（一）剖面叙述

1. 嘉黎县桑巴乡凯蒙沟中侏罗统马里组（J_2m）、桑卡拉佣组（J_2s）和中上侏罗统拉贡塘组（$J_{2-3}l$）实测剖面（P_{10}）（图 2-11 至图 2-14）

剖面位于嘉黎县桑巴乡境内的凯蒙沟。剖面线基本沿沟壁延伸，总体方向近南北。剖面线所实测的中上侏罗统地层为单斜层，倾向变化于 165°～190°之间；岩层倾角变化于 25°～60°内。剖面平面折线摆动于 150°～225°之间。剖面长度为 11 335m。剖面线所穿越地层为中侏罗统马里组第二（上）岩性段（J_2m^2）、桑卡拉佣组（J_2s）和中上侏罗统拉贡塘组（$J_{2-3}l$）。剖面顶、底均为第四系覆盖层所掩。剖面实测中，中上侏罗统 3 组共划分为 91 层（第 1 和第 14—104 层，中间剔除第 2—13 层为基性—超基性岩体）。剖面线始点地理坐标为 E92°29′51″，N30°39′46″；海拔 4 798m。终点地理坐标为 E92°30′06″，N30°45′45″；海拔 4 453m。始、终点间高差为 345m。剖面实测是从南至北，地层是从新（上）至老（下）的顺序进行。现按地层自然（由上至下）层序列述如下。

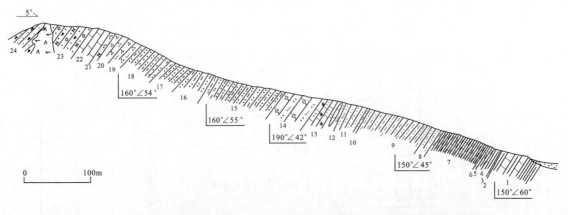

图 2-11 嘉黎县桑巴乡凯蒙沟中上侏罗统拉贡塘组（$J_{2-3}l$）实测剖面图（P_{10}）

中上侏罗统拉贡塘组($J_{2-3}l$)（图 2-11） 出露厚度 398.30m

（第四系覆盖层所掩，未见顶）

24(1). 紫红色薄层状中粒岩屑砂岩 12.10m
　　(2—13)为含辉纯橄岩、辉长岩、橄辉岩、辉石蛇纹岩（单辉橄榄岩）等组成的超基性岩岩体侵入
23(14). 紫红色中厚层状含砾岩屑长石粗粒砂岩 45.30m
22(15). 紫红色中厚层状泥晶灰岩，局部因受断层影响形成长英质糜棱岩 27.00m
21(16). 灰黄色薄层状含铁、钙质细粒长石石英砂岩 2.20m
20(17). 青灰色中薄层状中细粒石英砂岩 15.90m
19(18). 紫红色中薄层状细粒钙质石英砂岩 10.90m
18(19). 紫红色薄层状泥质粉砂岩夹灰绿色薄层状细砂岩 14.80m
17(21). 紫红色中薄层状泥质粉砂岩 17.30m
16(23). 紫红色薄层状泥质粉砂岩 15.30m
15(24). 青灰色中薄层状泥质粉砂岩 53.00m
14(25). 灰色薄层状钙质粉砂岩和生物碎屑泥晶灰岩互层 18.40m
13(26—27). 灰黄—灰黑色中薄层状含粉砂质泥晶生物碎屑灰岩 12.40m
12(29—30). 灰黄色薄层状钙质粉砂岩 2.80m
11(31). 土黄色薄层状粉砂岩 15.90m
10(32). 土黄色薄层状泥质粉砂岩 2.80m
9(33). 灰黄色薄层状砂质泥岩 45.00m
8(34). 黄灰色薄层状泥质粉砂岩 7.20m
7(35). 灰色钙质页岩，中间夹 3 层厚约 1m 的透镜状生物碎屑灰岩 35.50m
6(36). 灰色透镜状生物碎屑泥晶灰岩 1.20m
5(37). 黄灰—灰色钙质页岩 12.10m
4(38). 灰色薄层状生物碎屑灰岩 0.90m
3(39). 灰色薄层状泥质粉砂岩 3.60m
2(40). 灰色薄层状生物碎屑灰岩 1.40m
1(41). 深灰色薄层状粉砂质泥岩，中间夹厚约 7m 和 1.50m 两层透镜状生物碎屑灰岩 25.30m

中间为一宽约 86m 的冲沟所隔，冲沟均被第四系冲洪积砂砾层及植被覆盖，为原（42）层。其间接触关系不详。从区域上看，二者间应为整合接触。

中侏罗统桑卡拉佣组(J_2s)（图 2-12） 厚度 627.80m

8(43). 灰—青灰色中薄层状泥晶灰岩，中间多为网状方解石细脉穿插、充填 104.00m
　　[(43—45)层为一小的背向斜构造，(44—45)层岩层重复，故而删除]
7(46). 灰色中厚层角砾状泥晶生物碎屑灰岩 142.70m
6(47). 黄灰色厚层状生屑、砂质灰岩和泥晶灰岩 143.80m
5(48). 黄灰色中薄层状含砂砾屑亮晶灰岩，中间方解石细脉十分发育 17.00m
4(49). 灰色厚层角砾状砂屑亮晶灰岩 21.90m
3(50). 紫红色中薄层状钙质粉砂岩 29.10m
2(51). 褐红色厚层—块状砾岩，砾石成分复杂多样，大小不一，成熟度较低，泥质胶结 40.90m
1(52). 灰色厚层状含生屑、砾屑亮晶灰岩 128.40m

========== 断　层 ==========

中侏罗统马里组(J_2m) 出露厚度 4 792.30m
第二（上）岩性段(J_2m^2)（图 2-13） 厚度＞2 112.40m
34(53). 褐红色厚层砾岩，砾石成分较杂，大小不一，磨圆度中等，泥质胶结 22.90m
33(54). 青灰色中厚层状细粒长石石英砂岩，下部夹有碎斑糜棱岩 240.90m
32(55). 灰白色中厚层状中细粒石英砂岩 413.10m

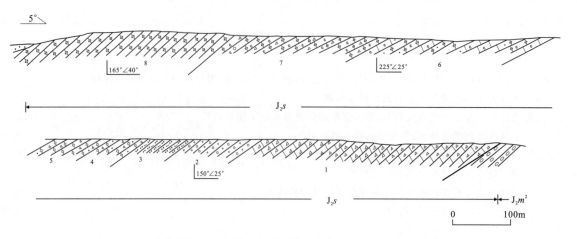

图 2-12　嘉黎县桑巴乡凯蒙沟中侏罗统桑卡拉佣组（J_2s）实测剖面图（P_{10}）

31(56). 紫红色中厚层状砾岩	4.40m
30(57). 灰白色中厚层状中粒石英砂岩	106.70m
29(58). 灰色中厚层状含粗砂中细粒长石石英砂岩夹中薄层状砂质泥岩	203.50m
28(59). 灰色中厚层状细粒长石石英砂岩	166.10m
27(60). 灰白色中厚层状中粒长石石英砂岩	20.90m
26(61). 灰白色中厚层状中细粒长石石英砂岩	54.90m
25(62). 灰白色薄层状含细砂钙质粉砂岩	120.50m
24(63). 灰色中层状中粒石英砂岩，其结构成熟度较差，含有粗砂，成分也较复杂，含有少量（5%左右）硅质岩屑和火山岩屑	60.30m
23(64). 深灰—青灰色中薄层状含钙粉砂岩	317.70m
22(65). 灰色中薄层状含粗砂质中细粒石英砂岩，分选性较差	209.90m
21(66). 褐灰色中厚层状含粗砂质中粒石英砂岩，分选较差，颗粒支撑，铁硅质孔隙胶结	14.10m
20(67). 灰色中厚层状含砾粗砂岩夹砾岩	48.60m
19(68—86). 灰色和青灰色中薄—中厚层状含砾粗砂岩和中厚层状砾岩互层	107.90m

第一（下）岩性段（J_2m^1）（图 2-14）　　　　　　　　　　　　　　　　　　　　　　　　　　　　　　　　厚度＞2 679.90m

18(87). 紫红色厚层状含砾岩屑石英砂岩，砂粒粒级分选不佳，粗、中、细粒混杂，成分也较复杂	22.90m
17(88). 灰白—浅灰色中厚层状细粒长石石英砂岩	277.80m
16(89). 灰黑色中厚层状中粗粒长石石英砂岩，风化面呈灰褐色	141.50m
15(90). 灰色中厚层状中粗粒石英砂岩	257.10m
14(91). 灰黑色中薄层状微晶灰岩，岩石中发育有方解石细脉	40.90m
13(92). 灰黑色中厚层状中细粒长石石英砂岩	52.10m
12(93). 浅灰色中薄层状微晶灰岩	19.00m
11(94). 浅灰色中薄层状中粒石英砂岩	366.30m
10(95). 青灰色中薄层角砾状微晶灰岩	90.90m
9(96). 青灰色中厚层状泥晶灰岩	40.00m
8(97). 灰白色中薄层状中细粒石英砂岩，风化后呈灰黄色	474.70m
7(98). 深灰色中厚层状微晶灰岩，风化面灰黄色	174.90m
6(99). 深灰—灰黑色中薄层状粉砂质泥岩	114.00m
5(100). 灰黑色中薄层状泥岩，风化后呈土黄色	55.70m
4(101). 灰色中厚层状泥晶灰岩	70.90m
3(102). 灰白色中厚层状含粉砂质泥晶灰岩	62.70m
2(103). 灰黑色薄层状碳质泥岩	170.30m
1(104). 黄灰色中厚层状中粒长石石英砂岩，粒级分选较差，除以中粒为主外，尚含有 5%左右的粗、细砂	248.20m

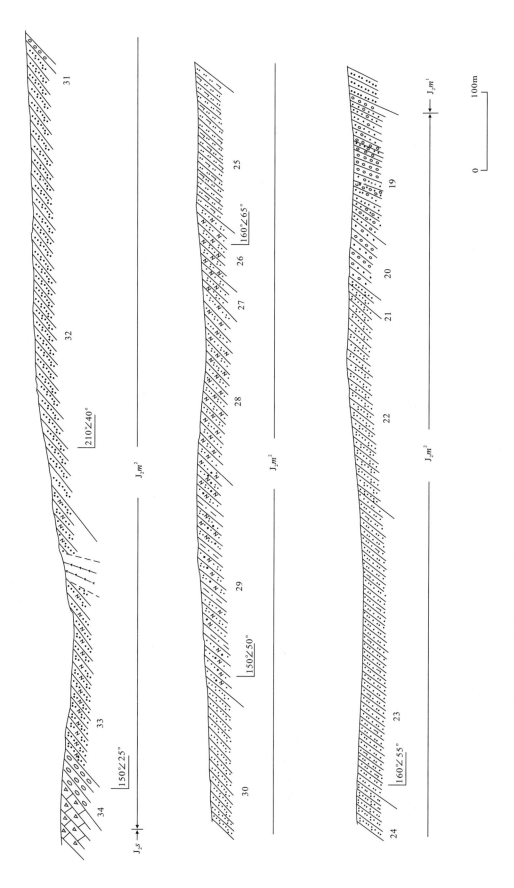

图 2-13 嘉黎县桑巴乡凯蒙沟中侏罗统马里组第二（上）岩性段（J_2m^2）实测剖面图（P_{10}）

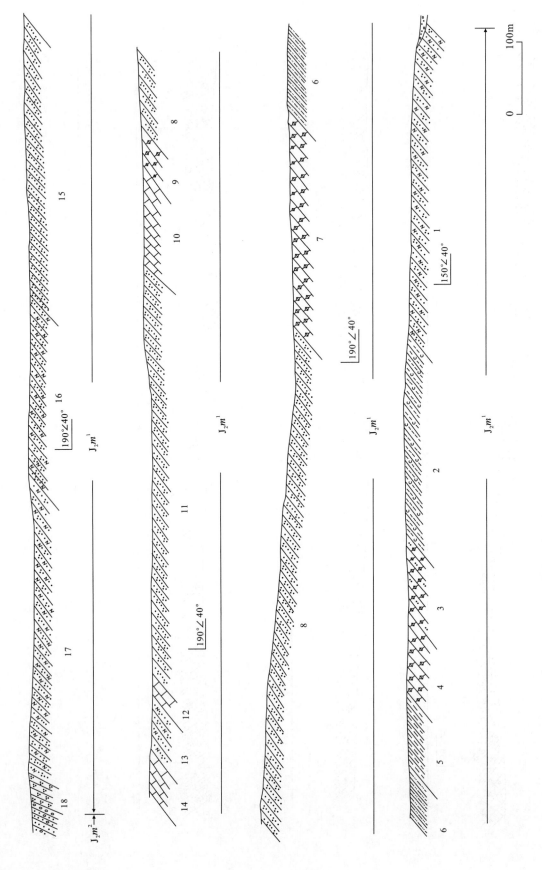

图 2-14 嘉黎县桑巴乡凯蒙沟中侏罗统马里组第一（下）岩性段（J_2m^1）实测剖面图（P_{10}）

其下为第四系冲积砂砾和覆土层所掩覆,未见底。

2.嘉黎县桑巴乡赤曲藏布北岸中侏罗统马里组第一(下)岩性段(J_2m^1)实测剖面(P_{14})(图 2-15)

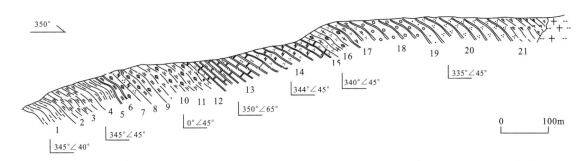

图 2-15 嘉黎县桑巴乡镇北赤曲藏布北岸中侏罗统马里组第一(下)岩性段(J_2m^1)实测剖面图(P_{14})

剖面位于嘉黎县桑巴乡镇北赤曲藏布北岸。剖面线总体走向为南东东(100°)-北西西(280°)向,平面折线长度为 1 496m。剖面所测地层为马里组第一(下)岩性段。该岩性段岩层受巨斑黑云母花岗岩岩体影响,均遭到热-动力变质作用,已达到绿片岩相的变质程度,原岩面貌已发生很大改变,故实测了这一剖面(P_{14})作为对 P_{10} 剖面下部 J_2m^1 岩段的补充,以满足对此岩性段的认识、划分和填图的需要。本岩性段在此剖面自下而上共划分了 21(1—21)层,下未见底;上部为巨斑花岗岩岩体吞蚀,未见顶。全段出露厚度为 997.60m。剖面始点地理坐标为 E92°39′19″;N30°18′05″;海拔 4 882m。终点地理坐标为 E92°39′26″,N30°49′08″;海拔 5 201m。始、终点间高差为 319m。现将剖面按岩层自上而下的自然出露层序列述如下。

中侏罗统马里组(J_2m)
第一(下)岩性段(J_2m^1) 厚度＞997.66m
(顶部为巨斑黑云母花岗岩岩体(γ_B)侵入、吞蚀)

21(21).灰—灰黑色薄层状含碳质绢云母千枚岩,显微粒状鳞片变晶结构	＞77.80m
20(20).灰白—灰色厚层状中粒变质石英砂岩(绢云石英岩)	138.20m
19(19).灰色、灰褐色中厚层状含砾中粗粒砂岩	18.40m
18(18).灰—灰褐色厚层状砾岩夹中薄层状变质含砾粗砂岩	98.30m
17(17).灰黑色厚层状变质细粒长石(绢云母)石英(砂)岩	8.90m
16(16).青灰色中厚层状变质细粒长石石英砂岩(透闪绿帘石英片岩)	44.50m
15(15).灰白色中薄层状砂质灰岩(含石英大理岩)	3.50m
14(14).青灰色中厚层状变质细粒长石石英砂岩	118.30m
13(13).灰白色中厚层状含黑云母大理岩(砂质灰岩)	79.90m
12(12).绿灰色绿帘石英片岩(灰黑色薄层状变质细粒长石石英砂岩)	3.60m
11(11).灰黑色中厚层状变质细粒长石石英砂岩	4.20m
10(10).灰黑色中薄层状钙质粉细砂岩(绿帘绢云母千枚岩)夹青灰色薄层状变质长石石英砂岩	149.60m
9(9).灰—灰黑色中厚层状变质细粒长石石英砂岩(银灰色绢云千枚岩)	7.20m
8(8).青灰色中薄层状变质细粒长石石英砂岩(灰绿色白云绿帘石片岩)	21.00m
7(7).灰黑色中厚层状变质细粒长石石英砂岩	11.60m
6(6).灰黑色中薄层状变质细粒长石石英砂岩(灰绿色含辉石白云绿帘石片岩)	3.40m
5(5).青灰色厚层状变质中细粒长石石英砂岩(白云绿帘石片岩)	22.90m

4(4). 灰黑色薄层状变质细粒长石石英砂岩(黑云母片岩)   43.10m
3(3). 灰色、黄灰色中薄层状变质细粒长石石英砂岩(银灰色中薄层状绢云母千枚岩)   68.90m
2(2). 青灰色厚层状变质细粒长石石英砂岩(绢云母千枚岩)   5.46m
1(1). 灰黑色中薄层状变质细粒长石石英砂岩(灰黑色黑云母角岩)   >48.90m

其下为赤曲藏布河谷第四系冲洪积物所掩覆,未见底。

(二)岩石地层和年代地层

1. 中侏罗统马里组(J_2m)

马里组是史晓颖等(1985)从1:100万昌都幅中侏罗统柳湾组中解体出来的,为原"柳湾组"中下部的碎屑岩系,并以其层型所在地——洛隆县城东45km的马里村而得名,也即相当于《西藏自治区地质志》(1993)中桑巴组下部的碎屑岩组合。在层型剖面上,该组为一套以灰色、浅灰色为主的杂色各种粒级碎屑岩组成的岩系:下部为紫红色石英砂岩;中部为浅灰色砂岩和含砾砂岩;上部为灰色砂岩夹粉砂岩,顶部为砂质灰岩夹砂岩与粉砂岩。上部和顶部粉砂岩和砂质灰岩中产有属中侏罗世的海相双壳类和腕足类化石,厚度仅为170m左右,以不整合关系覆于前震旦系嘉玉桥群之上。该组在其分布区内岩性、岩相及厚度变化均很大。在本图幅内马里组是以灰—浅灰色粗粒碎屑岩为主构成的一套碎屑岩组合,即由各种粒级的石英砂岩、长石石英砂岩、含砾砂岩夹粉砂岩、灰岩和泥岩组成,沉积厚度巨大,在P_{10}剖面上其出露厚度就达4 789.30m。其分布范围在中生代地层分布区内占据主体地位,分布面积达312km²,占中生界分布总面积的78.94%。

马里组在图幅分布区域内,除了岩性粒度粗、岩性较复杂和沉积厚度巨大外,第四个特点就是具有较明显的上、下两分性及其下部岩段在邻近岩体分布区域内多呈现不同程度的变质。据此,本组在图幅内划分为上、下两个岩性段,即第一(下)岩性段和第二(上)岩性段,现按由上至下的层序分述如下。

第二(上)岩性段(J_2m^2) 也称砂岩、含砾砂岩夹粉砂岩段:该岩性段在P_{10}剖面上共划分16(19—34)层,主要由灰色、浅灰色和灰白色中薄层状细—粗粒石英砂岩,长石石英砂岩,含砾砂岩夹砾岩、粉砂岩和少量泥岩组成,上部两层砾岩夹层呈紫红色(图版Ⅶ-5、图版Ⅶ-6)。灰色砂岩、含砾砂岩沉积厚度大,是该段的主体岩性,在纵向含量上约占70%~80%。这些砂岩的岩性有如下特点:①粒度总体较粗,以中粗粒级为主,间杂细粒砂岩、含砾粗砂岩和砾岩,砾岩成分、粒级复杂,常呈紫红色,层间层理发育差。②砂岩颜色多较浅,为灰色、浅灰—灰白色,粗、中、细粒粒级多混杂,水平层理多不发育,以各类非水平层理为主;在成分上虽以石英成分为主体,但长石含量高,即长石石英砂岩超过半数,且含一定数量的岩屑成分或形成岩屑砂岩;砂岩在空间分布的厚度变化较大。③岩层中细屑成分,如粉砂岩和泥岩多以较厚的夹层出现,且以粉砂岩为主,夹层层数少,单层厚度大,层间层理发育较差;粉砂岩中常含砂级碎屑,细碎屑岩空间分布的稳定性也较差。④灰岩夹层少见,偶尔出现含砂质灰岩,空间分布的稳定性差,多为透镜状。⑤岩层中化石少见,即使存在,也多保存不佳,以碎片出现,不易鉴定。由上可知,上部岩段的形成环境以陆相为主,主要为大陆洪积相、滨岸滩相、三角洲相和少量无障壁岛型滨海碎屑岩相沉积,但内陆河流大相的碎屑沉积也不发育。该岩段的出露厚度达2 676.90m。

第一(下)岩性段(J_2m^1) 也称砂岩和灰岩互层夹泥岩段:该岩性段在P_{10}剖面上共划分18(1—18)层,主要由灰—青灰色中细粒石英砂岩夹粗粒长石石英砂岩与青灰色微晶灰岩、泥晶灰岩和角砾状微晶灰岩成互层,下部夹数层灰黑色粉砂质泥岩、碳质泥岩组成(图版Ⅶ-1至图版Ⅶ-4)。该岩性段与上岩性段比较有如下几点不同:①该岩段中的砂岩以中细粒石英砂岩为主,夹中粒长石石英砂岩,砂岩中很少含砾,粒度的分选性和砂粒的纯度均较上岩段好,岩层厚度在空间上的分布也具一定的稳定性。②碳酸盐岩成分含量大大增多,与砂岩成互层,二者成为此岩段的主体岩性;岩段内的细碎屑成分以泥岩为主,层位集中在岩段的下部;颜色深灰—灰黑色,厚度较大,空间上的分布也较稳定。③整个岩性段岩层颜色较深,灰—青灰色和灰黑色,除顶部砂岩为紫红色外,全岩段不含红色层;层间层理类型较简单,多以水平层理、波状水平层理为主,交错层理罕见;岩段内各种岩性的粒度及成分上的分选性较好;岩性、岩相和沉积厚度均较上岩性段稳定。④此岩性段层位较低,主要出露于格登俄玛-桑巴复式背斜的核部,此构造部位恰是含斑、巨斑黑云母花岗岩(γ_B)、花岗闪长岩($\gamma\delta$)等多期岩体较集中上侵的部位。故此岩段在邻近岩体的顶部和周边皆受不同程度的动、热力变质作用的影响,变质较深,最深处可达到绿片岩相的程度。因此在上、下岩段的划分上,要充分考虑到动、热力变质作用这一因素(参见剖面 P_{14})。

马里组上、下两个岩性段在图幅内均未采集到可供鉴定以确定地层层位或时代的生物化石,只能根据图幅南缘附近的层型剖面所产的海相双壳类 *Protocardia stricklandi*,*P. globosa*,*Trigonia* sp.,*Myophorella clavellata*,*M.* cf. *formosa*,*Astarte* (*Caelastarte*) *reginae* 和腕足类 *Loboidothyris perovalis* 等化石,确定其时代大致为中侏罗世的 Aalenian – Callovian 期。

2. 中侏罗统桑卡拉佣组(J_2s)

"桑卡拉佣组"一名系四川区调队(1990)源自四川第三区测队(1991)的"柳湾组"和西藏综合队(1979)的"桑巴群"解体后的上部碳酸盐岩层(见表2-4)。之后《西藏自治区岩石地层》沿用了此名,因其层内含有 Bajocian – Callovian 期海相双壳类和腕足类而定其时代为中侏罗世。该组层型剖面在藏东洛隆县马里村(地理坐标为 E96°04′,N30°40′),由史晓颖等(1983)重测,为一套灰色、灰黄—深灰色的泥灰岩,砾屑灰岩,泥质灰岩夹生物碎屑灰岩所组成的碳酸盐岩地层体(图版Ⅶ-7、图版Ⅶ-8),整合于下伏的马里组和上覆的拉贡塘组之间。全组厚度仅为 67.74m。该组层位位于图幅内 P_{10} 剖面的中部,共划分为 8(50—43)层,由浅灰色、灰色、青灰—深灰色泥晶灰岩,泥晶生物碎屑灰岩,砾屑灰岩,砂屑亮晶灰岩夹钙质粉砂岩和褐红色厚层砾岩组成,为一套滨、浅海碳酸盐台地和斜坡相等浅水环境下的沉积,中间夹有属滨岸环境下沉积的粗—细粒碎屑沉积层。沉积厚度在其沉积区的范围内是属较厚型,全组厚度达 598.90m。该组在图幅内的出露范围较狭长,均分布于格登俄玛-桑巴复背斜南翼边缘纳木错-嘉黎断裂带内,呈近东西向狭长条带状断块展现,出露面积为 32.4km²。

此次路线观察和剖面实测中均未采集到化石,仅根据该组层型剖面上所采集到的腕足类 *Monsardithyris yrisvantricosa*,*Sphaeroidothyris lenthayensis*,*Pseudotobithyris plowerstockensis*,*Cereithyris intermedia*,*Epithyris oxonica*,*Dorsoplicathyris* sp.,*Kutchithyris jooraensis*,*K. pinqua*,*K. lingularis*,*K. degensis* 和双壳类 *Lopha qamsimdoensis*,*Chlamys* (*Radulopecten*) *baimaensis*,*Pseudotrazium cordiforme*,*Pronoella* sp. 等定其时代为中侏罗世 Bajocian – Callovian 期,又因该组层位整覆于马里组之上,时代较马里组形成的时代略晚,应为中侏罗世中期,更接近于 Bathonian 期。

3. 中上侏罗统拉贡塘组($J_{2-3}l$)

拉贡塘组一名源自李璞(1955)的"拉贡塘层",其创组剖面在藏东洛隆县腊久乡的西卡达—蒙卡扎乌沟。该组在此剖面上主要为一套灰白—灰—深灰色薄层至厚层状石英砂岩、长石石英砂岩夹薄层和透镜状灰岩,及黑色薄层状页岩、粉砂岩。产菊石、双壳类和植物化石碎片,依菊石定其时代为中晚侏罗世(图版Ⅷ-1、图版Ⅷ-2)。1962年,顾知微以其跨统为由改为拉贡塘群。之后四川第三区测队(1972)将拉贡塘群上部的以砂页岩为主的层段称为"拉贡塘组",时代定为晚侏罗世;其下以灰岩为主的地层与 Reed(1927)在云南所建的"柳湾组"对比。自此之后，拉贡塘组陆续为西藏综合队(1979)、刘茂修(1981)、史晓颖等(1985)、四川区调队(1990)、成都地质矿产研究所(1992)等单位和个人所沿用。1995 年《西藏自治区地质志》依该组所含生物化石面貌所指示的时代包含了中侏罗世卡洛期(Callovian)，而将其时代扩大至中晚侏罗世。这种意见也为后来的《西藏自治区岩石地层》(1997)所接受。本书遵从《西藏自治区地质志》和《西藏自治区岩石地层》的划分，时代定为中侏罗世晚期至晚侏罗世。

本次区调在 P_{10} 剖面上部将拉贡塘组共划分为 24(1、14—41)层，为一套以浅灰—灰黑色为主夹有紫红色岩屑砂岩、含砾长石石英砂岩、石英砂岩夹粉砂岩及泥晶灰岩、生屑泥质灰岩与生屑灰岩层，属于以滨海台地、台坡相为主，间夹滨滩、障壁岛型滨海相沉积。其下与桑卡拉佣组呈整合过渡关系；其上为第四系覆盖层所掩，未见顶。全组出露厚度为 398.30m。其分布仅限于纳木错-嘉黎断裂带内，南、北两侧为次级近东西向平行断层所界定，呈长条带状断片展布，分布面积为 11.9km²。

二、白垩系(K)

图幅内的白垩系以纳木错-嘉黎断裂带为界，分为南、北两区。北区属班戈-八宿地层区，区内白垩系集中分布于北东东—近东西向纳木错-嘉黎断裂带内，上下皆为断裂界定，呈长条状断块沿断裂带展布。上下白垩统均有分布，其中下白垩统多尼组在本次区调中首次发现，出露局限，层序也极不完全，为一套灰—深灰色或黑色含碳质砂岩、粉砂岩和页岩层，分布面积仅 0.9km²。上白垩统竟柱山组，上下均为断裂限定，层序出露也不完整，为一套红—紫红色碎屑岩夹中酸性火山熔岩和火山碎屑岩，下部未见底，顶部为断层所截，出露面积为 20.1km²。

南区属拉萨-察隅地层区，区内仅有上白垩统设兴组出露，只分布于图幅南缘席玛朗沟两侧的局部地区，为一向斜断块翘起端，出露面积仅 4.8km²。设兴组在图幅内仅出露下部岩段地层，为一套暗红色、紫红色砂岩，粉砂岩和泥岩夹灰绿—灰褐色薄层状砂岩和粉砂岩，出露厚度不足 500m。

(一)剖面叙述

1.嘉黎县巴嘎乡查给村东下白垩统多尼组(K_1d)实测剖面(P_{11})（图 2-16）

剖面位于嘉黎县巴嘎乡查给村东，地理坐标为 E92°44′48″，N30°42′32″；海拔 4 760m。所测地层为下白垩统多尼组。该组出露不全，底部为第四系冲、洪积层所掩，顶部为断层所截，剖面所测地层只为多尼组中间一段含煤岩系。岩层总体走向为北东东向，为一向北北西倾斜的单斜岩层。剖面线整体走向为 350°，剖面长度 550m。在此剖面上，全组只出露 13 层，底部为梦曲藏布第四系冲、洪积砂砾层所覆，顶部为巴嘎-查给断层所截。现按地层由上至下的新老层序列出如下。

逆冲断层上盘：拉贡塘组($J_{2-3}l$)

14(14).断层破碎带：断层角砾由灰岩、碳质细砂岩、碳质粉砂岩等组成，中间为断层泥等物质填充或胶结

══════════ 断　层 ══════════

下白垩统多尼组(K_1d)　　　　　　　　　　　　　　　　　　　　　　　出露厚度 480.10m
13(13).灰黑色薄层状碳质细砂岩夹黑色薄层状碳质粉砂岩，其中见有植物化石碎片，发育有平行水平层理　80.80m
12(12).灰黑色薄层状碳质粉砂岩夹黄灰色薄层状细粒岩屑砂岩　51.20m
11(11).绿灰色中层状中粒岩屑砂岩夹灰色薄层状碳质微晶灰岩　2.60m
10(10).灰黑色薄层状碳质粉砂岩夹薄层状中粒岩屑砂岩　41.10m
9(9).灰绿色中厚层状中粒岩屑砂岩夹含碳质细砂岩和碳质粉细砂岩　9.00m
8(8).黄灰色薄层状粉砂岩　63.10m

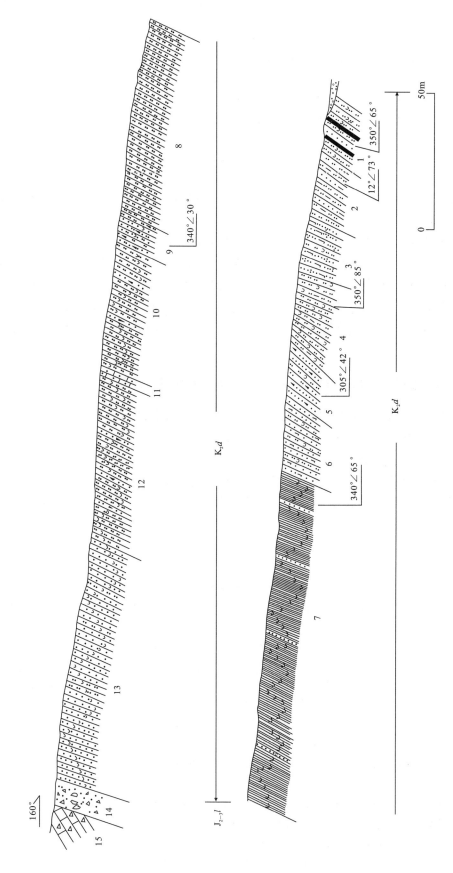

图 2-16 嘉黎县巴嘎乡查给村东下白垩统多尼组（K_1d）实测剖面图（P_{11}）

7(7). 黑色薄层状碳质页岩夹黄灰色薄层状细砂岩,顶部夹一层厚约 10cm 含砾细砂岩,细砂岩中含有植物
化石碎片 118.20m
6(6). 灰黑色薄层状钙质中粒砂岩夹碳质粉砂岩,靠上部夹一层厚为 1.8m 的厚层状含砾砂岩 19.40m
5(5). 绿灰色中薄层状细粒岩屑砂岩夹灰黑色薄层状碳质粉砂岩 14.30m
4(4). 黑色薄层状碳质粉砂岩夹碳质泥岩 24.90m
3(3). 灰色薄层状钙质细粒石英砂岩夹黑色薄层状碳质粉砂岩 20.40m
2(2). 灰黑色薄层状泥质粉砂岩夹黄灰色中薄层状细砂岩 22.40m
1(1). 黑色薄层状含碳泥质粉砂岩夹灰色中厚层状细砂岩,在细砂岩中夹 4 层薄煤层或煤线 12.70m

(断层,未见底)

其下为麦地藏布河谷冲洪积层所覆,河谷为一北东向麦地藏布断层,河南岸出露的地层为洛巴堆组灰岩。

在上述剖面未发现保存完好可供鉴定的某门类化石,故在许多暗色细屑岩层,如灰黑色或深灰色粉砂岩、页岩、碳质粉砂岩或碳质页岩、泥岩中均采集了孢粉样品,其中的 $P_{11}Bf_2$ 样品经大庆市让葫芦区智联地质科技有限公司分析鉴定,其结果是:①裸子植物花粉占优势(44 粒),蕨类植物孢子次之(10 粒),没有见到被子植物;②蕨类植物孢子数量上,桫椤孢多一些,其他见有紫萁孢、带环孢、光面水龙骨单缝孢等;③裸子植物花粉以克拉梭粉为主,杉科粉、无口器粉等在本组合中少量见到。

2. 当雄县谷露区坝嘎乡上白垩统竟柱山组($K_2 j$)实测剖面(P_{16})(图 2-17)

剖面位于当雄县谷露区坝嘎乡镇所在地村东。剖面始点地理坐标为 E97°44′35″,N30°54′60″;海拔 4 490m。终点地理坐标为 E91°46′08″,N30°33′36″;海拔 4 388m。始、终点间高差为 102m。剖面线以 140°方向在一个连续的背向斜之间的一个翼上穿行,故竟柱山组顶底均未出露,从背斜核部至相邻向斜核部,为一个背、向斜之间的一个完整翼部,实际上只测了该组中间的主体部分,为一套沉积-火山复合岩系地层。剖面长度为 3 270m,共划分了 16(7—25)层。全组出露厚度为 1 227.30m。现列序如下:

上白垩统竟柱山组($K_2 j$)　　　　　　　　　　　　　　　　　　　　　　　　　　　　　　出露厚度 1 227.30m

(向斜核部,未见顶)

16(25). 红褐色中薄层状砾岩,褐灰色中厚层状含巨砂—粗砂质中粒岩屑长石砂岩—黑色薄层状泥岩组
成一个正粒序韵律层 21.90m

══════ 断　　层 ══════

15(24). 灰黑色厚层—块状蚀变安山岩,斑状结构,斑晶以半自形板状斜长石为主(45%),可见聚片双晶,
有不同程度的绢云母化;其次为片状黑云母,多已绿泥石化,具蚀变暗化边(8%),基质为微晶结构 14.10m

14(23). 黄棕色块状蚀变安山岩,斑状结构,斑晶由半自形板状斜长石(20%)和自形片状黑云母(8%)组
成,二者均有明显的蚀变,基质微晶质。岩石后期经历了较强的碳酸盐化作用 261.00m

══════ 断　　层 ══════

13(22). 灰色中薄层状中粒岩屑石英砂岩,邻近断层处则形成灰黄色断层构造角砾岩 71.20m

══════ 断　　层 ══════

12(21). 褐红色块状强蚀变安山岩,斑状结构,斑晶由较强绢云母化斜长石(30%)和强绿泥石化黑云母
(25%)组成,基质为微晶质。受较强的后期碳酸盐化作用 12.40m

══════ 断　　层 ══════

11(19—17). 红褐色中厚层状钙质含中粒的细粒岩屑石英砂岩夹薄层状泥质粉砂岩 180.80m

══════ 断　　层 ══════

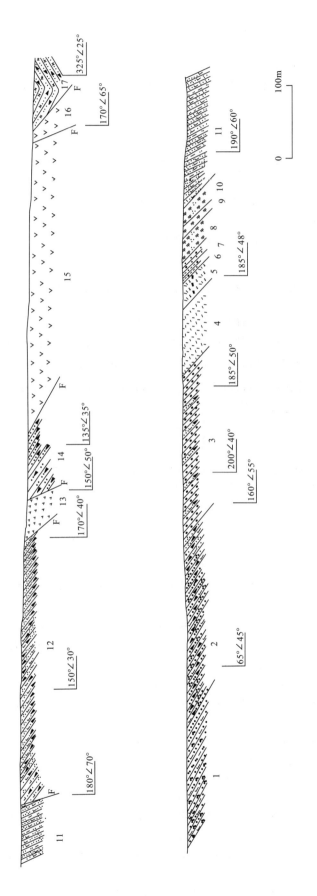

图 2-17 当雄县谷露区坝嘎乡上白垩统竟柱山组（K_2j）实测剖面图（P_{16}）

10(16). 紫红色薄层状钙质细粒石英砂岩夹薄层状泥质粉砂岩 239.40m
9(15). 褐红色块状石英粗安岩,斑状结构,斑晶分别由半自形板状钾长石(10%)、斜长石(5%)和自形片
状黑云母(3%)组成,基质为隐晶质 6.20m
8(14). 褐紫色粗安岩,斑状结构,斑晶主要为钾长石和斜长石(15%左右),基质为隐晶质 6.20m
7(13). 红褐色块状石英粗安岩,斑状结构,斑晶由钾长石(15%)、斜长石(10%)和黑云母(3%)组成,基质
为微晶质 25.10m
6(12). 紫红色薄层状含砾细砂质泥岩 12.60m
5(11). 褐紫色含角砾流纹质晶屑凝灰岩,具流纹构造 25.10m
4(10). 红褐色块状流纹岩,斑状结构,斑晶为钾长石(15%)、斜长石(3%)和少量它形粒状石英(10%)等
组成,基质为微晶长英质 62.80m
3(9). 紫红色中厚层状砾岩夹薄层状钙质中细粒岩屑石英砂岩 99.70m
2(8). 紫红色中厚层状钙质细粒岩屑石英砂岩 131.40m
1(7). 紫灰色中厚层状钙质细粒石英砂岩夹薄层状泥质粉砂岩 57.40m

(背斜核部,未见底)

3. 墨竹工卡县扎雪乡其朗村上白垩统设兴组($K_2\hat{s}$)实测剖面(图2-18)

该剖面位于墨竹工卡县扎雪乡其朗村附近,始点地理坐标E91°48′01″,N30°02′02″,设兴组在此剖面上共划分20层,第1—14层剖面线延向为255°;第15—20层延向为182°。在该剖面上观察,地层产状稳定,向南西210°方向倾斜,出露较好,上下均为断层所截。该组在此剖面上出露的岩层以红色、紫红色、暗红—灰褐色砂岩,粉砂岩为主,中间夹有灰绿色长石细砂岩和中薄层状钙质粉砂岩,中部有断层错断,出露厚度为507m。

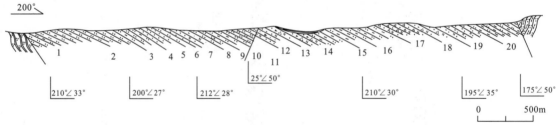

图2-18 墨竹工卡县扎雪乡其朗村上白垩统设兴组($K_2\hat{s}$)实测剖面图

上白垩统设兴组($K_2\hat{s}$) 出露厚度 507m
======================== 断 层 ========================
20. 暗红色粉砂质泥岩和泥质粉砂岩,偶夹灰绿色泥质粉砂岩、细砂岩;局部还夹有含砾细砂岩 56m
19. 暗紫色中厚层状细粒长石岩屑砂岩夹少量灰绿色薄层状细砂岩 38m
18. 灰褐色中薄层状细粒岩屑石英长石砂岩,泥质和钙铁质胶结 28m
17. 暗红色中层状细粒长石石英砂岩,局部夹有青灰色薄层状粉砂岩、砂岩,泥质、钙质、铁质胶结,风化后呈
紫灰色 40m
16. 暗红色和灰绿色中薄层状粉砂岩、泥质粉砂岩互层,两种颜色相间呈条带状展布 35m
15. 褐红色中层状粉砂质泥岩,岩层出露零星 17m
14. 第四系洪积覆盖层,出露宽度450m,其下岩层岩性不详
13. 灰褐色中薄层状细粒长石石英岩屑砂岩,水平层理发育。岩层构造破碎强烈 14m
12. 灰绿色中厚层状细粒长石岩屑砂岩,局部含石英粗砂粒(粒径多在2mm左右),岩层中斜层理发育 6m
======================== 断 层 ========================
11. 紫红色中薄层状泥质粉砂岩,水平层理发育。岩层中局部夹有灰绿色厚层细砂岩。岩层中方解石细
脉发育 29m
10. 紫红色泥质粉砂岩夹灰绿色细砂岩,岩层多为残坡积物覆盖,产状不清 14m

9. 紫红色中薄层状泥质粉砂岩夹薄—厚层状细粒钙质长石岩屑砂岩。裂隙中常为方解石细脉填充。岩石风化破裂面上常见有次生钙质膜　　　　　　　　　　　　　　　　　　　　　　　　　　　20m
8. 灰绿色中薄层状钙质粉砂岩夹紫红色厚层状泥质粉砂岩。岩层节理发育,破碎较强　　22m
7. 紫红色中薄层状细粒长石岩屑砂岩夹少量灰绿色细—粗粒砂岩　　　　　　　　　　28m
6. 紫红色夹灰绿色中薄层状粉砂质细砂岩,后者在有的层位中呈透镜状夹层　　　　　　7m
5. 紫红色中薄层状粉砂质长石岩屑砂岩,泥质胶结　　　　　　　　　　　　　　　　　14m
4. 灰绿色中厚层状细粒长石石英砂岩,泥质胶结,水平层理发育,岩层易破碎　　　　　20m
3. 紫红色中厚层状泥质粉砂岩夹灰绿色细砂岩　　　　　　　　　　　　　　　　　　29m
2. 紫红色粉砂岩夹少量青灰色粉砂岩　　　　　　　　　　　　　　　　　　　　　　50m
1. 紫红色夹青灰色中薄层状泥质粉砂岩　　　　　　　　　　　　　　　　　　　　　40m

================= 断　层 =================

断层下盘岩层:松多岩群(AnOSd)石英岩

(二)岩石地层和年代地层

1. 下白垩统多尼组(K_1d)

李璞(1955)最早将藏东洛隆县多尼一带白垩系含煤地层称为"多尼煤系",是一套含煤的砂页岩层。1964年全国地层委员会将其改称多尼组。之后,四川第三区测队(1974)又在洛隆县腊久乡西卡达—藏卡扎乌沟测制了多尼组剖面。在这个剖面上底部为一套砾岩层,以平行不整合关系覆于拉贡塘组之上;中部为灰—黑色粉砂岩,粉砂质页岩与长石石英砂岩、钙质细砂岩等成互层,含双壳类和菊石等化石;上部为长石石英砂岩夹黑色粉砂质页岩,未见顶。出露厚度861.40m。多尼组在本测区内分布局限,只出露于嘉黎县巴嘎乡查给村后,分布面积在只有0.9km²的两条断层带之间呈透镜状的断裂残片上,上下均为断层所截,出露地层只相当于多尼组中间一段含煤的碎屑岩层。为一套灰色、灰绿色、深灰—黑色岩屑石英砂岩,长石砂岩,碳质粉砂岩和页岩,局部夹含砾砂岩和砾岩透镜体,下部为黑色薄层状碳质粉砂岩夹中厚层细砂岩,其中夹有4层薄煤层和煤线(图版Ⅷ-3)。在碳质粉砂岩中见有植物化石碎片。出露厚度为482.10m。在工作中没有发现可供鉴定的化石,只在下部黑色碳质粉砂岩的$P_{11}BF_2$孢粉样品中,经大庆市让葫芦区智联地质科技有限公司分析、鉴定,在其分析报告(2003年11月28日)中提出如下孢粉组合:

　　P_{11}剖面上$P_{11}BF_2$样品孢粉组合　　　　　　　　　　　　　　　　　　(粒)
蕨类植物孢子　　　　　　　　　　　　　　　　　　　　　　　　　　　　　10
　　桫椤孢　*Cyathidites*　　　　　　　　　　　　　　　　　　　　　　　4
　　光面水龙骨单缝孢　*Lygodiumsporites*　　　　　　　　　　　　　　　2
　　坚实孢　*Steireisporites*　　　　　　　　　　　　　　　　　　　　　1
　　紫萁孢　*Osmundacidites*　　　　　　　　　　　　　　　　　　　　　2
　　带环孢　*Cingulatisporites*　　　　　　　　　　　　　　　　　　　　1
裸子植物花粉　　　　　　　　　　　　　　　　　　　　　　　　　　　　　44
　　杉科粉　*Taxodiaceaepollenites*　　　　　　　　　　　　　　　　　　6
　　无口器粉　*Inaperturopollenites*　　　　　　　　　　　　　　　　　2
　　松科　Pinaceae　　　　　　　　　　　　　　　　　　　　　　　　　　1
　　银杏科　Ginkgo　　　　　　　　　　　　　　　　　　　　　　　　　　1
　　克拉梭粉　*Classopollis*　　　　　　　　　　　　　　　　　　　　　34
组合特征及时代:

(1)裸子植物花粉占优势(44粒),蕨类植物孢子次之(10)粒,没有见到被子植物。
(2)蕨类植物孢子数量上桫椤孢多一些,其他见有紫萁孢、带环孢、光面水龙骨单缝孢等。
(3)裸子植物花粉以克拉梭粉为主,杉科粉、无口器粉等在本组合中少量见到。

本组合所出现的孢粉化石均为中生代地层中常见化石,组合是以克拉梭粉、桫椤孢数量多为特征。克拉梭粉在晚侏罗世和早白垩世早期有几次高含量期,当组合中存在无突肋纹孢时即可确定为早白垩世;化石类型多,但不出现突肋纹孢等早白垩世特征时可确定为晚侏罗世。虽然当前的组合中没有出现无突肋纹孢等早白垩世特征分子,但由于当前的化石组合类型十分简单,而且是在一块样品中有少量的化石,只能推测其指示的地质时代应为晚侏罗世—早白垩世。

充分考虑该组所含孢粉组合特征及其所代表的时代意义,并结合该组在图幅内出露的层位和岩性、岩相等特征,该组的时代为早白垩世早期的Berriasian – Valanginian期可能性最大。

2. 上白垩统竟柱山组($K_2 j$)

竟柱山组系西藏第四地质队(1973)创名于班戈县多巴乡的竟柱山剖面。在此剖面上该组为一套紫红色、灰紫色砾岩,砂岩,粉砂岩和泥岩组成的以陆相为主的岩系,中间夹有多层含有白垩纪晚期海相双壳类和圆笠虫等化石的深色灰岩和泥灰岩。该组在测区内分布局限,仅以断块残片形式出露于纳木错-嘉黎断裂带内,两侧为罗布扎康-拉勒拉和巴嘎-列玛两条近东西向延伸的断层所界限,无顶、底,出露的地层仅为竟柱山组中间的一部分。在岩性组合上,虽然也以杂色粗屑岩系为主,细屑成分较少,不见海相灰岩或泥灰岩夹层,却夹有大量中酸性火山岩。

在P_{16}剖面上,为两条近平行断层所界限的岩层主要由红褐—褐灰色砾岩、含砾岩屑长石砂岩、灰色岩屑石英砂岩、长石砂岩夹杂色砂质泥岩和粉砂岩组成韵律性的碎屑岩系,中间未发现含有海相化石的深色碎屑岩和灰岩、泥灰岩夹层,但中间含由大套的蚀变安山岩、粗安岩、石英粗安岩和流纹岩组成的中酸性火山喷发旋回岩层。在各种粒级的砂岩中发育有大型斜层理和交错层理,但粗屑岩中层理少见(图版Ⅷ-4至图版Ⅷ-7)。由上可知,出露的岩层是由大陆的山麓相、山间河流相、山前三角洲相的碎屑岩系和大陆喷发相的中酸性火山岩系构成的一套巨厚的沉积-火山喷发的复合岩系。出露厚度为1 017.30m。在测区内出露面积仅为20.1km²。该组在剖面测制和地质路线观察中没发现化石,岩层出露不全,且出露的部分岩石组合又与层型剖面存在一定的差异,只能根据图幅内地层出露层序和部分岩石组合特征与邻区竟柱山组对比,时代定为晚白垩世。

3. 上白垩统设兴组($K_2 \hat{s}$)

设兴组系王乃文(1981)将原"塔克那组"(罗中舒,1993)上部的红色碎屑岩层单独划分出来而创建的。创组剖面在堆龙德庆县设兴乡设兴村东侧山坡上,地层是一套由海陆交互相的杂色砂岩、泥岩、页岩、泥灰岩、透镜状砂砾岩及酸性火山岩和火山碎屑岩组成的岩系,厚约1 000m。本测区出露于图幅西南缘扎雪乡南其朗村西山的设兴组,为一套以红色、暗红色含灰褐色长石岩屑砂岩,砂质泥岩和泥质粉砂岩夹少量灰绿色细粒长石岩屑砂岩层(图版Ⅷ-8)。岩层上下及中间层位为多条断层所截,不但层序不全,而且因受构造破坏严重,岩层破碎、零乱,大部分为第四纪残、坡积物所掩覆,出露厚度近500m。野外工作期间始终未采集到化石。从岩性和层位观察分析,该组出露的层位大致相当于层型剖面的中下部层段。根据在西部邻幅——当雄幅(1∶25万)内的设兴村东、典中-那巧和澎波农场等剖面发现的双壳类(王乃文,1983;苟学海,1985;徐钰林等,1987)、介形类(王思思等,1989)、孢粉组合(王思思等,1989)和恐龙(赵书进,1986)等化石门类所标示的时代彼此都相当吻合,均为晚白垩世中晚期(Senonian – Campanian – Maasteichtian期)。

第六节 中生代沉积环境分析

中生代时期，嘉黎断裂南侧的弧背断隆带上缺乏沉积记录，而嘉黎断裂之北处于弧后扩张环境。盆地充填系列主要为马里组（J_2m）、桑卡拉佣组（J_2s）、拉贡塘组（$J_{2-3}l$）及多尼组（K_1d）、竟柱山组（K_2j）和设兴组（$K_2\hat{s}$）。侏罗纪时期沉积一套粗碎屑岩-碳酸盐岩-泥岩，纵向上具有由粗而细的变化，反映张性盆地充填特点。白垩纪时期受班公湖-怒江洋盆闭合的影响，盆地由张性转为压性，盆地沉积粒序上表现为由细而粗的前陆盆地的沉积环境。

一、马里组沉积环境分析

该剖面的马里组主要由滨海相、浅海相和三角洲相组成（图 2-19、图 2-20）。

该区滨海相主要为港湾砂坝沉积，岩性主要为灰白色、黄灰色中薄层中砂质细粒石英砂岩或长石石英砂岩，其正态概率曲线主要由跳跃总体和悬浮总体组成（图 2-21），粗截点在 $0\varphi \sim 1\varphi$ 之间，细截点在 $3\varphi \sim 4\varphi$ 之间，跳跃总体中间有一截断，将跳跃总体分为跳跃总体 A 和 A' 两部分，截点位置在 2φ 左右，粗段较陡，细段较缓，跳跃总体的斜率约为 $45°$，标准偏差（σ）为 1.43，分选较差。此外，该层位中的某些港湾砂坝，其正态概率曲线的跳跃总体和悬浮总体之间的过渡带明显（图 2-22）。

该区浅海相主要为砂质浅海沉积、泥质浅海沉积和碳酸盐浅海沉积。其中，砂质浅海沉积主要为深灰色薄层状粉砂质泥岩；泥质浅海沉积主要为灰黑色薄层状碳质泥岩、泥岩；该区碳酸盐浅海沉积主要为灰色中薄—中厚层泥晶灰岩、微晶灰岩、含粉砂泥晶灰岩。

该区三角洲相包括三角洲平原亚相和三角洲前缘亚相。三角洲平原亚相以灰色中厚层状砾岩、含砾粗砂岩、中细粒石英砂岩为主，正态概率曲线为潮汐三角洲河道型（图 2-23）或二段式河道型（图 2-24），其中该区潮上三角洲河道型正态概率曲线由 3 个总体部分组成，推移总体斜率在 $45°$ 左右，分选差且粒度区间相对宽；跳跃总体斜率陡，约为 $60°$，分选好。该区三角洲前缘亚相主要由灰色或灰白色中薄层状细砂质粉砂岩、中厚层状中细粒石英砂岩组成，其正态概率曲线多为河口坝型，跳跃总体和悬浮总体之间的过渡带明显（图 2-25、图 2-26），跳跃总体斜率较缓，在 $45°\sim 60°$ 之间（图 2-27），反映了河口坝快速堆积的特点。

在嘉黎县凯蒙沟剖面，马里组可以识别出 8 个三级层序地层单元。下部 3 个层序地层单元主要以滨海相和浅海相沉积为主，其中，下部 $J_2m\text{I}$ 的海进体系域由港湾砂坝和泥质浅海沉积组成，高水位体系域自下而上分别由碳酸盐浅海沉积、泥质浅海沉积和砂质浅海沉积组成。中部 $J_2m\text{II}$ 和 $J_2m\text{III}$ 的海进体系域均由碳酸盐浅海沉积组成，高水位体系域均由港湾砂坝组成。上部 5 个层序地层单元主要为三角洲沉积，其海进体系域以三角洲前缘沉积为主，高水位体系域以三角洲平原沉积为主。8 个三级层序地层单元总体构成一陆源碎屑供给作用逐渐增强的海退沉积序列。

二、桑卡拉佣组沉积环境分析

桑卡拉佣组主要为滨海相和浅海相沉积建造。其浅海相主要为碳酸盐浅海沉积，以灰色厚层状泥晶生屑灰岩为主。滨海相主要为滨岸沉积，岩性主要由褐红色厚层砾岩、灰色厚层状粒屑灰岩、生屑砂屑灰岩组成。该组底部及其下部出现的杂色、褐色厚层砾岩说明桑卡拉佣组是在经受过较长期剥蚀作用的基岩上发育起来的。它们共同构成了一个三级层序单元，其下部的滨海相为海进体系域，其上部的浅海相为高水位体系域，总体呈一水体逐渐加深的海进沉积序列（图 2-28）。

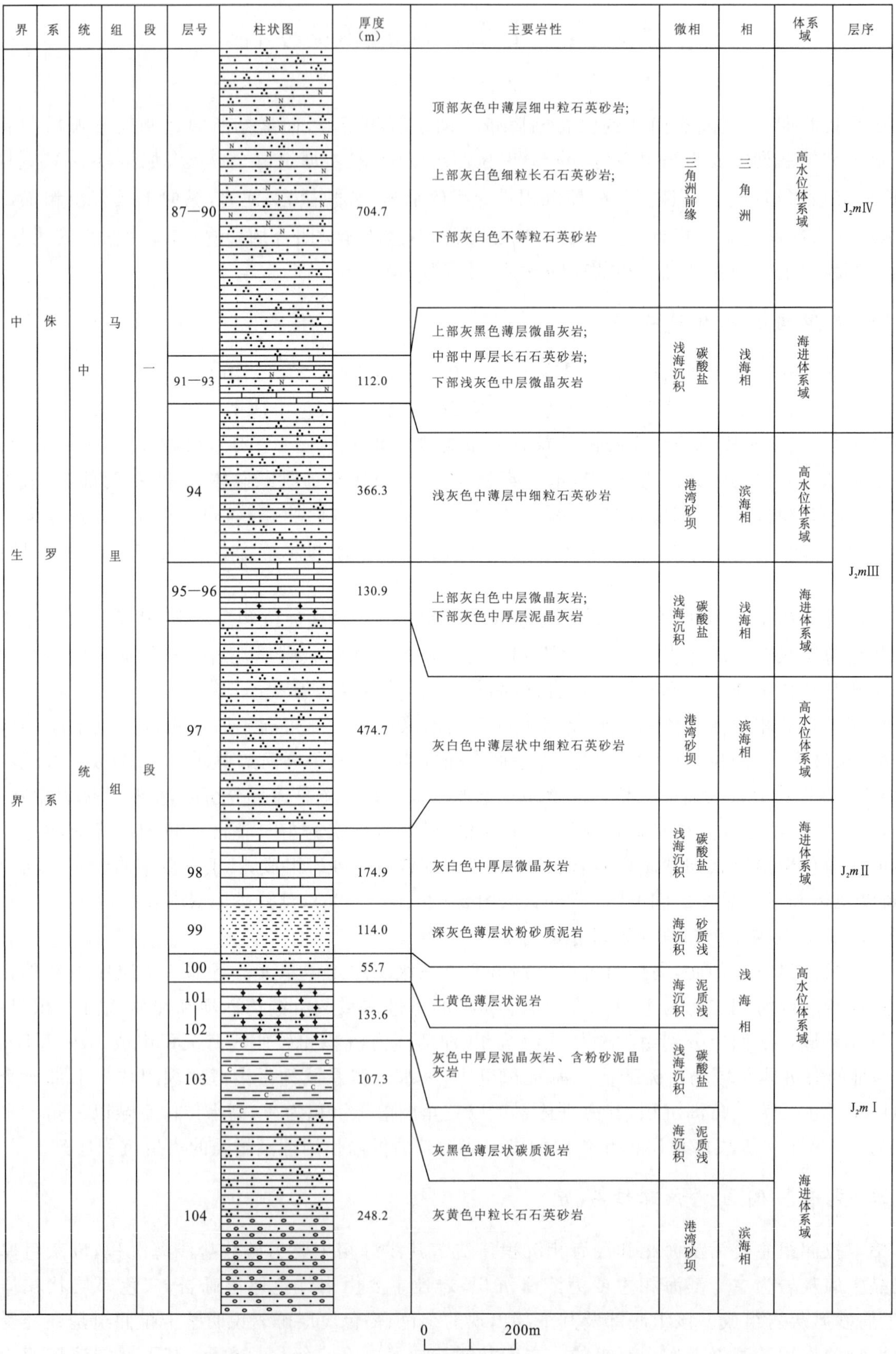

界	系	统	组	段	层号	柱状图	厚度(m)	主要岩性	微相	相	体系域	层序
中生界	侏罗系	中统	马里组	一段	87—90		704.7	顶部灰色中薄层细中粒石英砂岩；上部灰白色细粒长石石英砂岩；下部灰白色不等粒石英砂岩	三角洲前缘	三角洲	高水位体系域	J_2mⅣ
					91—93		112.0	上部灰黑色薄层微晶灰岩；中部中厚层长石石英砂岩；下部浅灰色中层微晶灰岩	浅海沉积碳酸盐	浅海相	海进体系域	
					94		366.3	浅灰色中薄层中细粒石英砂岩	港湾砂坝	滨海相	高水位体系域	J_2mⅢ
					95—96		130.9	上部灰白色中层微晶灰岩；下部灰色中厚层泥晶灰岩	浅海沉积碳酸盐	浅海相	海进体系域	
					97		474.7	灰白色中薄层状中细粒石英砂岩	港湾砂坝	滨海相	高水位体系域	J_2mⅡ
					98		174.9	灰白色中厚层微晶灰岩	浅海沉积碳酸盐		海进体系域	
					99		114.0	深灰色薄层状粉砂质泥岩	海沉积砂质浅	浅海相	高水位体系域	
					100		55.7					
					101—102		133.6	土黄色薄层状泥岩	海沉积泥质浅			
					103		107.3	灰色中厚层泥晶灰岩、含粉砂泥晶灰岩	浅海沉积碳酸盐			J_2mⅠ
								灰黑色薄层状碳质泥岩	海沉积泥质浅			
					104		248.2	灰黄色中粒长石石英砂岩	港湾砂坝	滨海相	海进体系域	

0　　200m

图 2-19 西藏嘉黎县凯蒙沟剖面马里组第一（下）段实测剖面综合分析柱状图

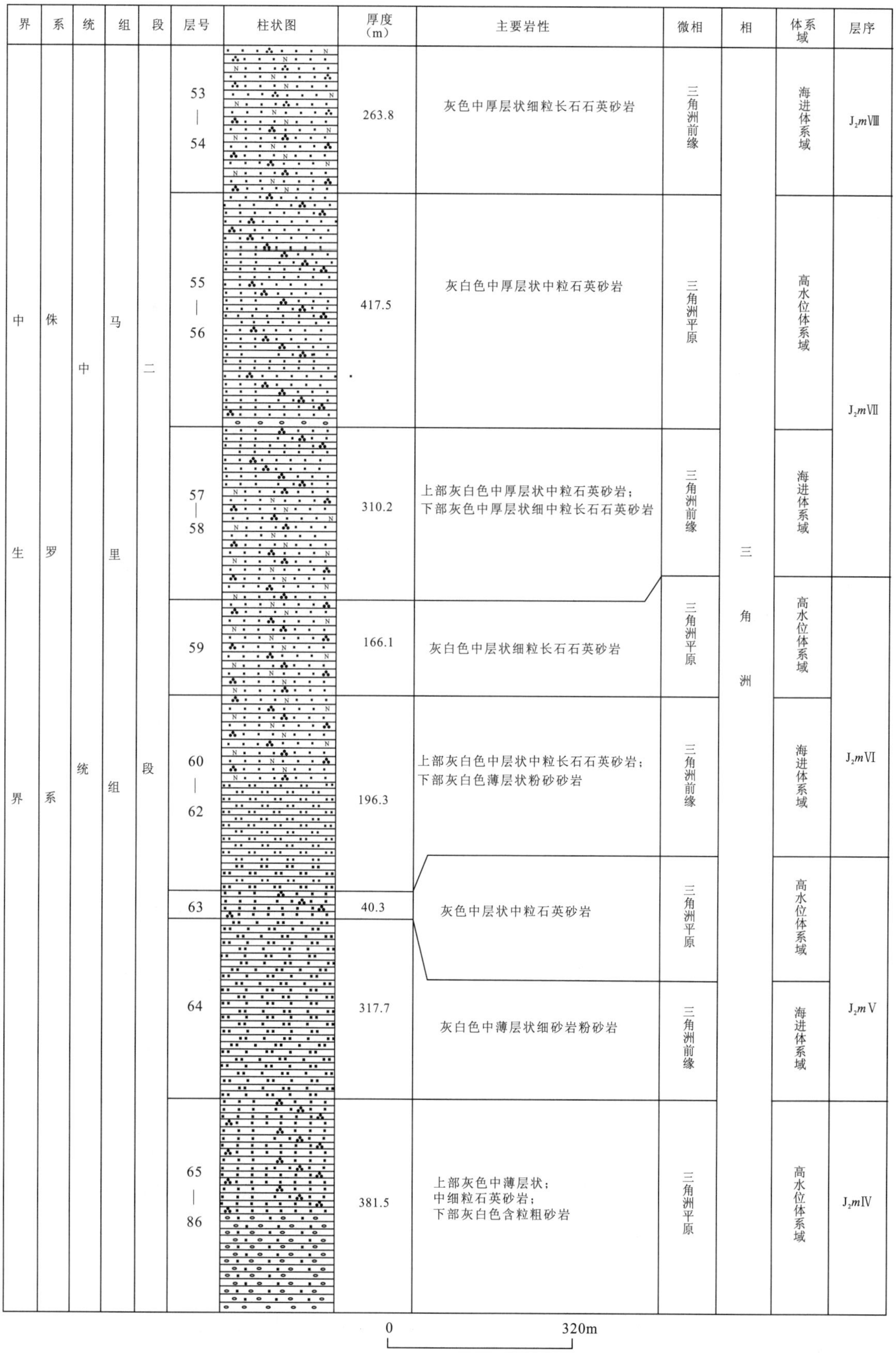

界	系	统	组	段	层号	柱状图	厚度(m)	主要岩性	微相	相	体系域	层序
中生界	侏罗系	中统	马里组	二段	53—54		263.8	灰色中厚层状细粒长石石英砂岩	三角洲前缘	三角洲	海进体系域	J_2mⅧ
					55—56		417.5	灰白色中厚层状中粒石英砂岩	三角洲平原		高水位体系域	J_2mⅦ
					57—58		310.2	上部灰白色中厚层状中粒石英砂岩；下部灰色中厚层状细中粒长石石英砂岩	三角洲前缘		海进体系域	
					59		166.1	灰白色中层状细粒长石石英砂岩	三角洲平原		高水位体系域	
					60—62		196.3	上部灰白色中层状中粒长石石英砂岩；下部灰白色薄层状粉砂岩	三角洲前缘		海进体系域	J_2mⅥ
					63		40.3	灰色中层状中粒石英砂岩	三角洲平原		高水位体系域	
					64		317.7	灰白色中薄层状细砂岩粉砂岩	三角洲前缘		海进体系域	J_2mⅤ
					65—86		381.5	上部灰色中薄层状；中细粒石英砂岩；下部灰白色含粒粗砂岩	三角洲平原		高水位体系域	J_2mⅣ

0   320m

图 2-20 西藏嘉黎县凯蒙沟剖面马里组第二（上）段实测剖面综合分析柱状图

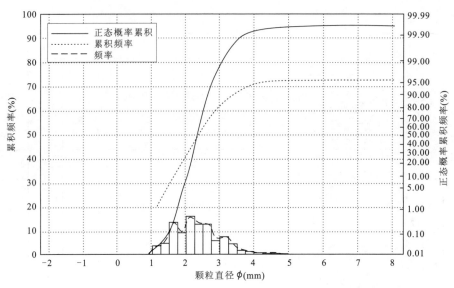

图 2-21 嘉黎县凯蒙沟马里组剖面第 104 层黄灰色中砂质细粒长石石英砂岩粒度分布统计图

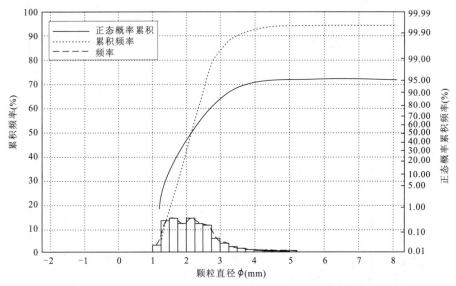

图 2-22 嘉黎县凯蒙沟马里组剖面第 97 层灰白色中细粒石英砂岩粒度分布统计图

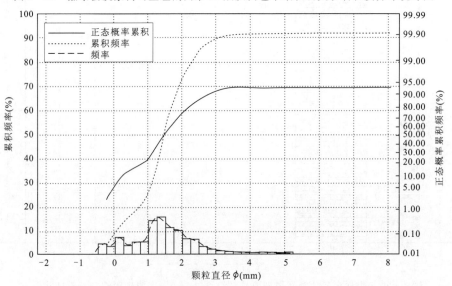

图 2-23 嘉黎县凯蒙沟马里组剖面第 65 层灰色中细粒石英砂岩粒度分布统计图

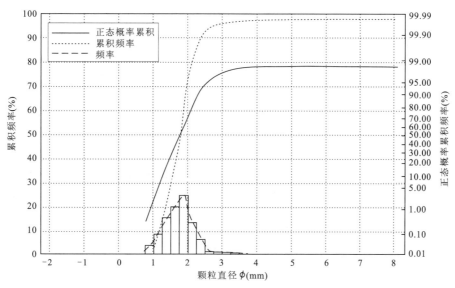

图 2-24 嘉黎县凯蒙沟马里组剖面第 59 层灰色含细砂中粒长石石英砂岩粒度分布统计图

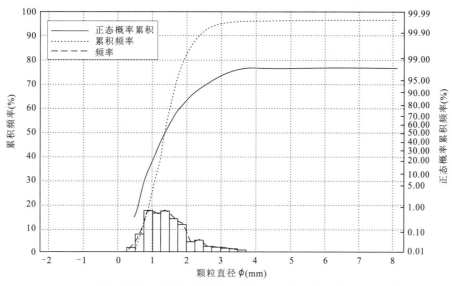

图 2-25 嘉黎县凯蒙沟马里组剖面第 90 层灰色中粒石英砂岩粒度分布统计图

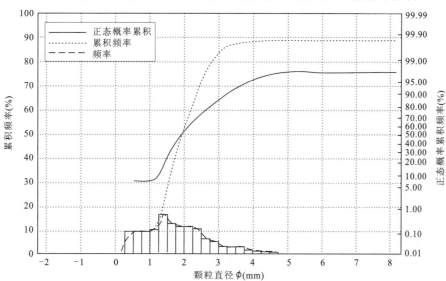

图 2-26 嘉黎县凯蒙沟马里组剖面第 58 层灰色中细粒长石石英砂岩粒度分布统计图

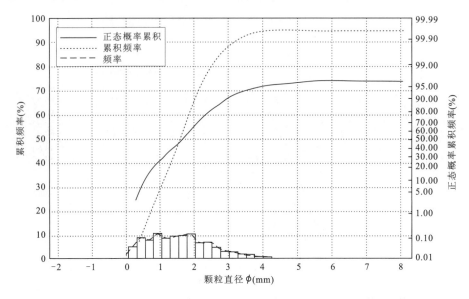

图 2-27　嘉黎县凯蒙沟马里组剖面第 89 层灰白色中细粒石英砂岩粒度分布统计图

三、拉贡塘组沉积环境分析

拉贡塘组主要为滨浅海和潮坪沉积建造(图 2-29)。其浅海相包括泥质浅海沉积和砂质浅海沉积。泥质浅海沉积主要为深灰色、灰色页岩，泥岩，夹薄层生物碎屑灰岩。砂质浅海沉积主要为青灰色、灰黄色或土黄色薄层状泥质粉砂岩，粉砂质泥岩，夹薄层含粉砂泥晶灰岩。滨海相主要为滨岸沉积，以紫红色中厚层状含砾砂岩、岩屑砂岩为主。该层位的潮坪相发育有砂坪和碳酸盐潮坪两个次级单元；其中碳酸盐潮坪主要由紫红色中厚层泥晶灰岩组成；砂坪主要为紫红色薄层、中薄层泥质粉砂岩，钙质石英砂岩及中细粒石英砂岩组成，夹灰绿色薄层细砂岩，砂岩的正态概率曲线具典型的砂坪沉积特征(图 2-30)，以跳跃总体和悬浮总体为主，曲线斜率陡，分选好。

在垂向上，浅海相沉积主要分布于该组的下部，构成了海进体系域；分布于该组中部的潮坪相和该组上部的滨海相，构成了高水位体系域；整个拉贡塘组地层总体形成了向上水体变浅的一个三级层序地层旋回。

四、多尼组沉积环境分析

多尼组主要为三角洲沉积，其内进一步可以识别出前三角洲亚相、三角洲前缘亚相及三角洲平原亚相 3 个次级单元。该区的前三角洲亚相主要为黑色薄层碳质页岩夹黄灰色薄层细砂岩，大致相当于泥质浅海沉积。该区的三角洲前缘亚相主要由灰黑色含碳粉砂岩、黄灰色薄层状细粒岩屑砂岩、黑灰色含碳钙质中砂岩组成，岩石垂向组合呈明显的反旋回(西藏嘉黎县查给剖面第 4、5、6 层)。该区的三角洲平原亚相，主要由灰色薄层状钙质细粒石英砂岩组成，夹煤线；岩石垂向组合呈正旋回(西藏嘉黎县查给剖面第 2、3 层)。正态概率曲线主要由跳跃总体和悬浮总体组成，跳跃总体含量大于 93%，斜率在 60°以上(图 2-31)，标准偏差(σ)为 0.79，分选较好。在该剖面的多尼组中可以识别出两个三级层序。层序 $K_1 d\ I$ 包括海进体系域和高水位体系域两部分。海进体系域的下部为三角洲平原沉积，上部为三角洲前缘沉积，两者共同构成了海进沉积序列；高水位体系域的下部为前三角洲沉积，上部为三角洲前缘沉积，两者共同构成了海退沉积序列；它们共同构成了一个三级层序单元的水进—水退变化旋回。该区多尼组的层序 $K_1 d\ II$ 仅可见到陆棚边缘体系域的三角洲前缘沉积。上述两个三级层序总体构成了一逐渐海进的沉积特点(图 2-32)。

界	系	统	组	段	层号	柱状图	厚度(m)	主要岩性	微相	相	体系域	层序
中生界	侏罗系	中统	桑卡拉佣组		43		104.0	灰色中厚层泥晶灰岩	碳酸盐浅海沉积	浅海相	高水位体系域	
					46		142.7	灰色厚层泥晶生屑灰岩				
					47		143.8	灰黄色厚层状生屑砂屑灰岩	滨岸沉积	滨海相	海进体系域	J_2s I
					48		17.0	黄灰色中薄层含砂砾屑灰岩				
					49		21.9	灰色厚层亮晶砂屑灰岩				
					50		29.1	紫红色中薄层钙质粉砂岩				
					51		40.9	褐红色厚层砾岩				
					52		128.4	灰色厚层状砾屑灰岩				

0　　　　100m

图 2-28　西藏嘉黎县凯蒙沟剖面桑卡拉佣组实测剖面综合分析柱状图

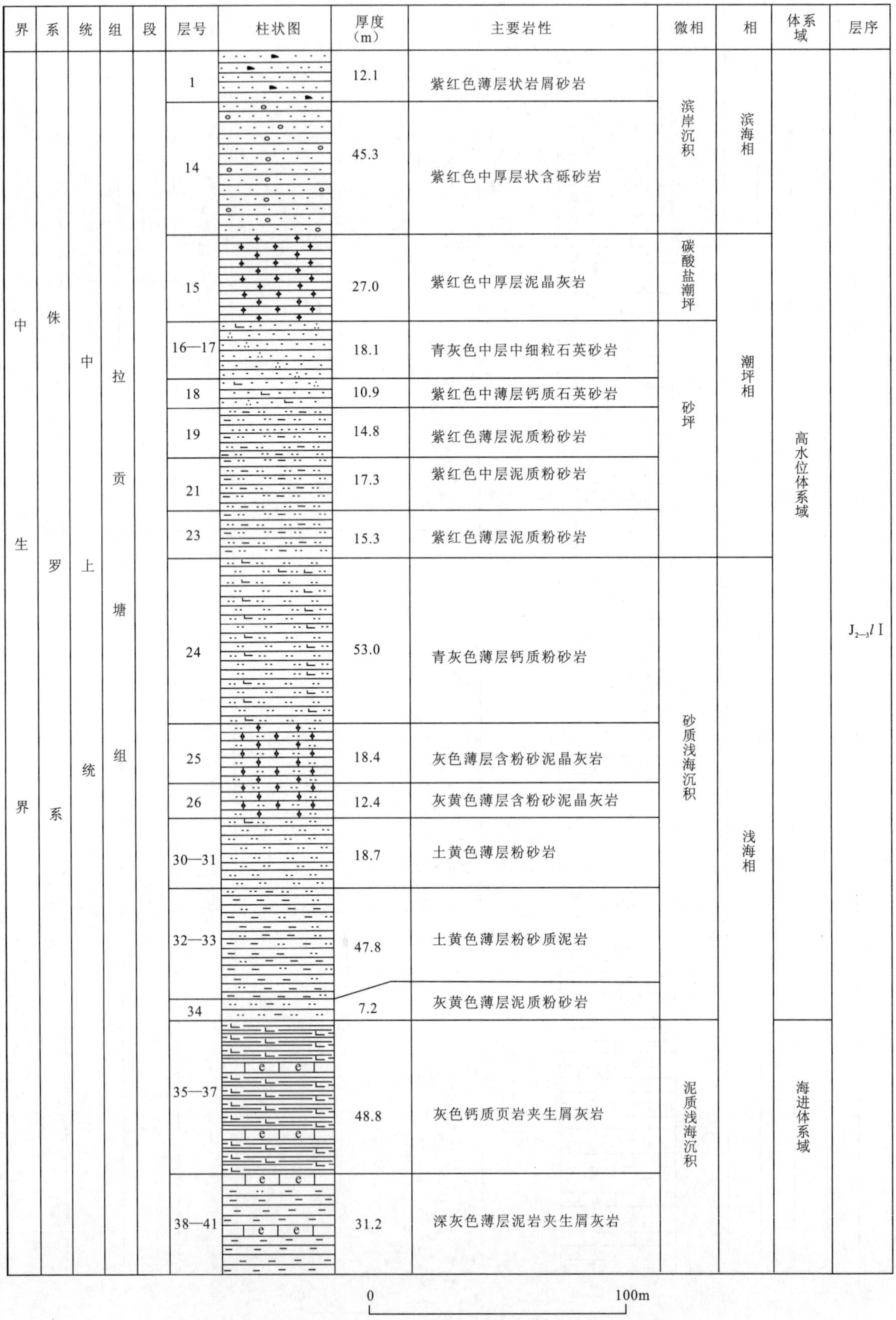

界	系	统	组	段	层号	柱状图	厚度(m)	主要岩性	微相	相	体系域	层序
中生界	侏罗系	中上统	拉贡塘组		1		12.1	紫红色薄层状岩屑砂岩	滨岸沉积	滨海相	高水位体系域	$J_{2-3}l\,\mathrm{I}$
					14		45.3	紫红色中厚层状含砾砂岩				
					15		27.0	紫红色中厚层泥晶灰岩	碳酸盐潮坪	潮坪相		
					16—17		18.1	青灰色中层中细粒石英砂岩	砂坪			
					18		10.9	紫红色中薄层钙质石英砂岩				
					19		14.8	紫红色薄层泥质粉砂岩				
					21		17.3	紫红色中层泥质粉砂岩				
					23		15.3	紫红色薄层泥质粉砂岩				
					24		53.0	青灰色薄层钙质粉砂岩	砂质浅海沉积	浅海相		
					25		18.4	灰色薄层含粉砂泥晶灰岩				
					26		12.4	灰黄色薄层含粉砂泥晶灰岩				
					30—31		18.7	土黄色薄层粉砂岩				
					32—33		47.8	土黄色薄层粉砂质泥岩				
					34		7.2	灰黄色薄层泥质粉砂岩				
					35—37		48.8	灰色钙质页岩夹生屑灰岩	泥质浅海沉积		海进体系域	
					38—41		31.2	深灰色薄层泥岩夹生屑灰岩				

0　　　　　　100m

图2-29　西藏嘉黎县凯蒙沟剖面拉贡塘组实测剖面综合分析柱状图

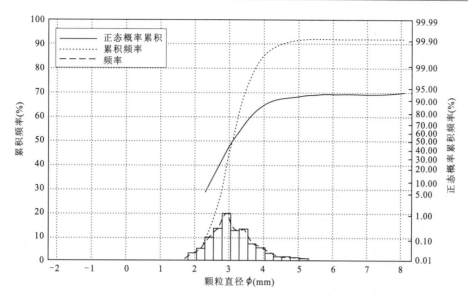

图 2-30　嘉黎县凯蒙沟拉贡塘组剖面第 17 层青灰色中细粒石英砂岩粒度分布统计图

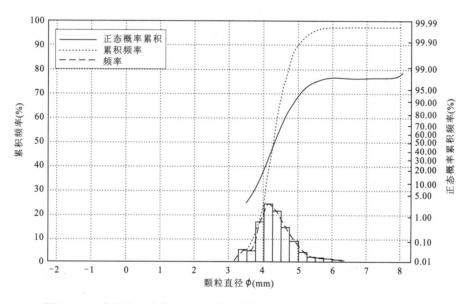

图 2-31　嘉黎县查给多尼组剖面第 3 层灰色含细砂粉砂岩粒度分布统计图

五、竟柱山组沉积环境分析

竟柱山组主要为冲积扇-扇三角洲沉积(图 2-33)。该区冲积扇主要为红褐色中厚或中薄层状中粒岩屑长石砂岩,正态概率曲线为三段式,跳跃总体含量在 65% 左右,斜率约为 40°(图 2-34),标准偏差(σ)为 2.64,分选差。

该区的扇三角洲进一步可以识别出扇三角洲平原、扇三角洲前缘两个次级单元。扇三角洲前缘主要为灰色薄层状钙质含粉砂细粒石英砂岩,夹薄层灰色泥质粉砂岩、页岩。扇三角洲平原主要为紫红色中薄层状粉细粒岩屑石英砂岩,正态概率曲线既有二段式也有三段式(图 2-35、图 2-36),跳跃总体含量在 75%~90% 之间,斜率在 45°~60° 之间,标准偏差(σ)在 1.01~2.64 之间,分选较差—差。部分砂体的正态概率曲线,其跳跃总体和悬浮总体之间有明显的过渡带沉积,反映了扇三角洲较快速的堆积特点。在扇三角洲平原的根部,可见紫红色中厚层状砾岩,岩石分选极差,发育大型槽状交错层理、平行层理。

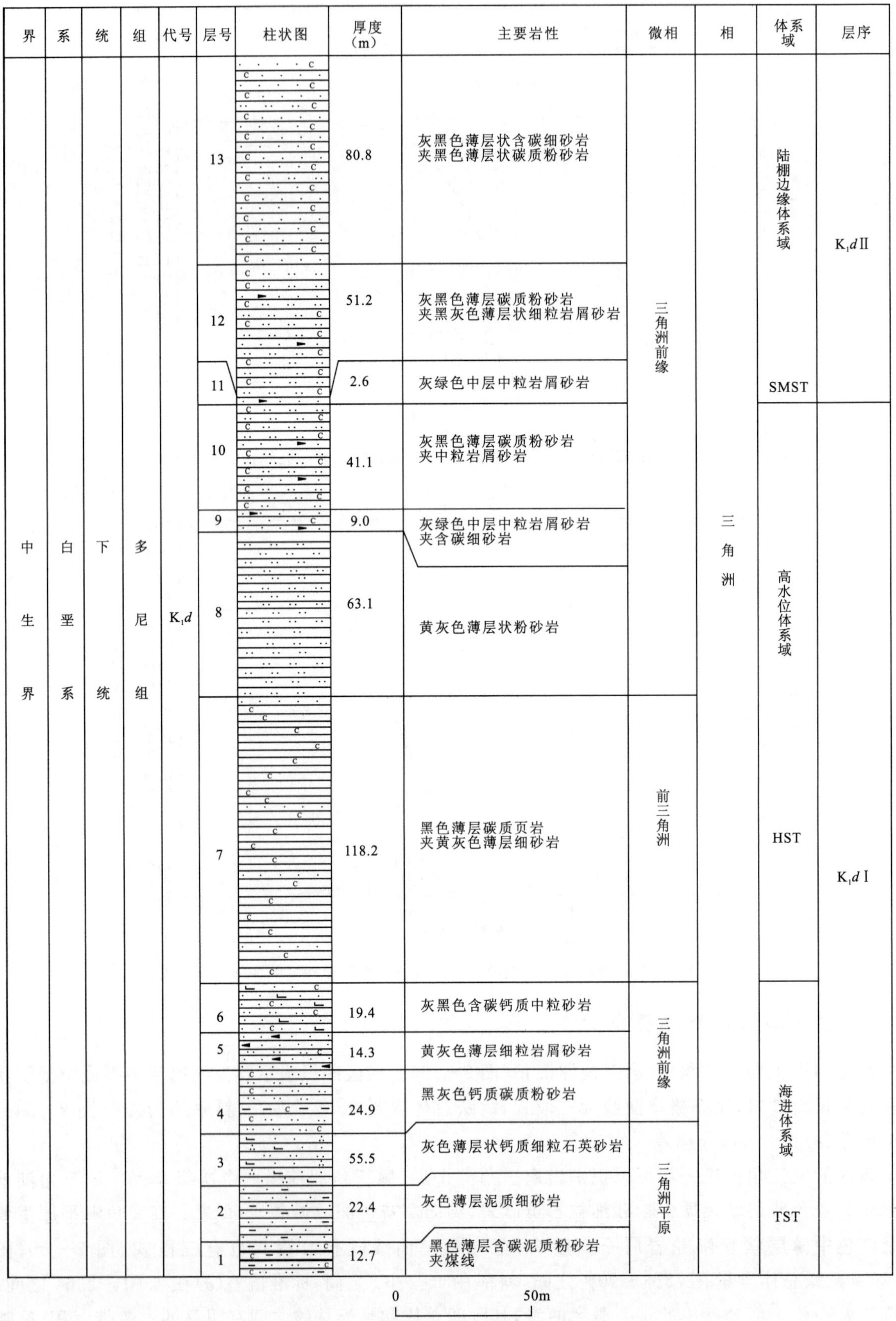

界	系	统	组	代号	层号	柱状图	厚度(m)	主要岩性	微相	相	体系域	层序
中生界	白垩系	下统	多尼组	K_1d	13		80.8	灰黑色薄层状含碳细砂岩夹黑色薄层状碳质粉砂岩	三角洲前缘	三角洲	陆棚边缘体系域	$K_1d\text{II}$
					12		51.2	灰黑色薄层碳质粉砂岩夹黑灰色薄层状细粒岩屑砂岩				
					11		2.6	灰绿色中层中粒岩屑砂岩			SMST	
					10		41.1	灰黑色薄层碳质粉砂岩夹中粒岩屑砂岩			高水位体系域	
					9		9.0	灰绿色中层中粒岩屑砂岩夹含碳细砂岩				
					8		63.1	黄灰色薄层状粉砂岩				
					7		118.2	黑色薄层碳质页岩夹黄灰色薄层细砂岩	前三角洲		HST	$K_1d\text{I}$
					6		19.4	灰黑色含碳钙质中粒砂岩	三角洲前缘		海进体系域	
					5		14.3	黄灰色薄层细粒岩屑砂岩				
					4		24.9	黑灰色钙质碳质粉砂岩				
					3		55.5	灰色薄层状钙质细粒石英砂岩	三角洲平原		TST	
					2		22.4	灰色薄层泥质细砂岩				
					1		12.7	黑色薄层含碳泥质粉砂岩夹煤线				

0　　50m

图 2-32　西藏嘉黎县查给剖面多尼组实测剖面综合分析柱状图

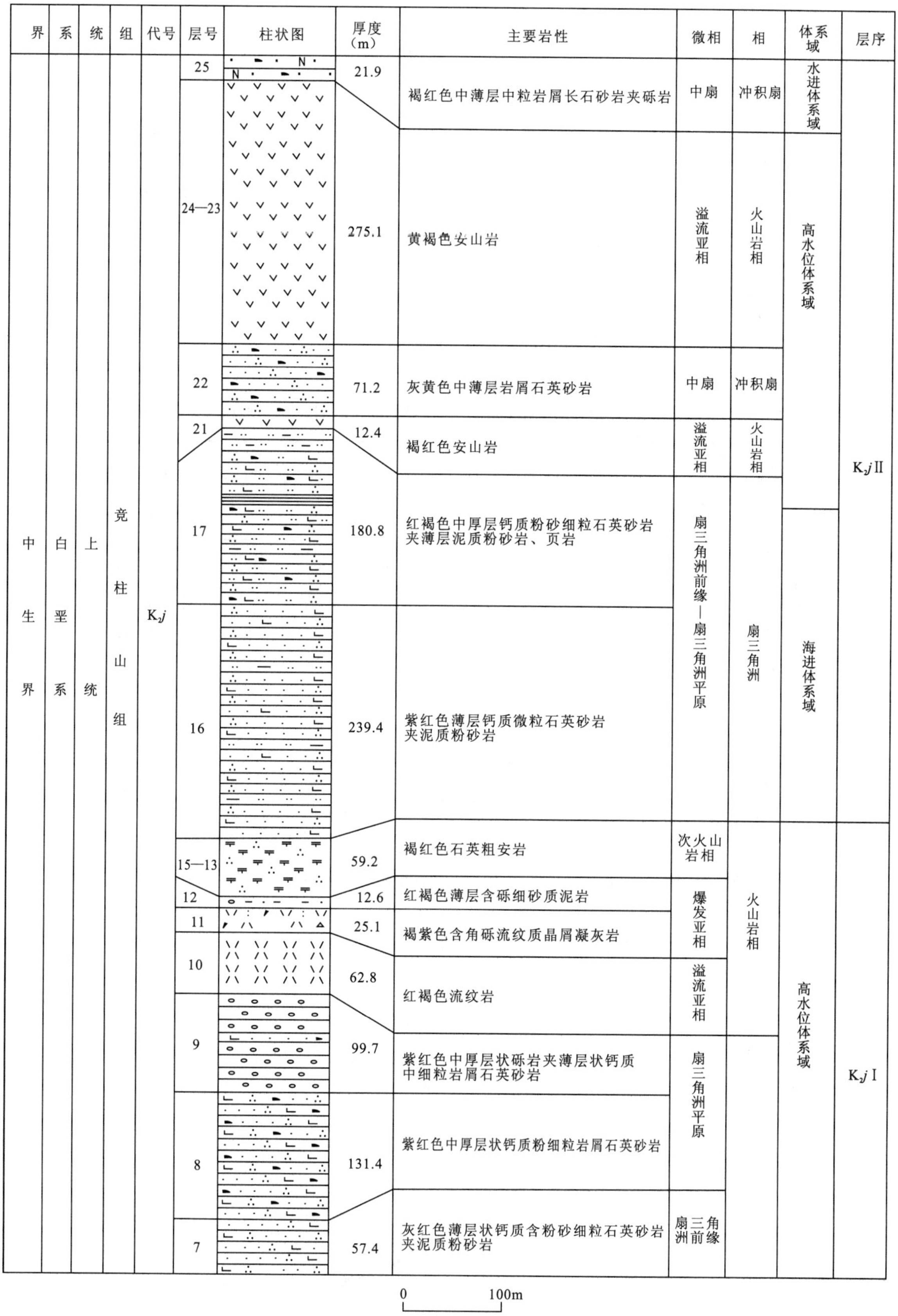

第二章 地层

界	系	统	组	代号	层号	柱状图	厚度(m)	主要岩性	微相	相	体系域	层序
中生界	白垩系	上统	竞柱山组	K_2j	25		21.9	褐红色中薄层中粒岩屑长石砂岩夹砾岩	中扇	冲积扇	水进体系域	K_2j Ⅱ
					24—23		275.1	黄褐色安山岩	溢流亚相	火山岩相	高水位体系域	
					22		71.2	灰黄色中薄层岩屑石英砂岩	中扇	冲积扇		
					21		12.4	褐红色安山岩	溢流亚相	火山岩相		
					17		180.8	红褐色中厚层钙质粉砂细粒石英砂岩夹薄层泥质粉砂岩、页岩	扇三角洲前缘—扇三角洲平原	扇三角洲	海进体系域	
					16		239.4	紫红色薄层钙质微粒石英砂岩夹泥质粉砂岩				
					15—13		59.2	褐红色石英粗安岩	次火山岩相	火山岩相	高水位体系域	K_2j Ⅰ
					12		12.6	红褐色薄层含砾细砂质泥岩	爆发亚相			
					11		25.1	褐紫色含角砾流纹质晶屑凝灰岩				
					10		62.8	红褐色流纹岩	溢流亚相			
					9		99.7	紫红色中厚层状砾岩夹薄层状钙质中细粒岩屑石英砂岩	扇三角洲平原			
					8		131.4	紫红色中厚层状钙质粉细粒岩屑石英砂岩				
					7		57.4	灰红色薄层状钙质含粉砂细粒石英砂岩夹泥质粉砂岩	扇三角洲前缘			

0　　　100m

图 2-33　当雄县坝嘎乡竞柱山组实测剖面综合分析柱状图

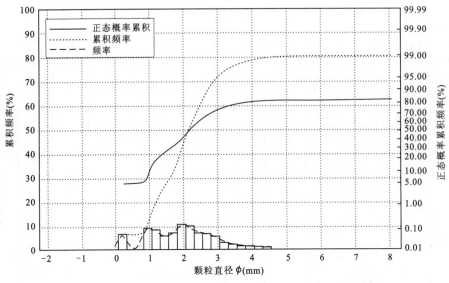

图 2-34 当雄县坝嘎乡竟柱山组剖面第 25 层红褐色中粒岩屑长石砂岩粒度分布统计图

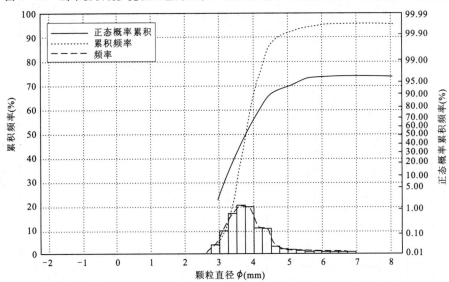

图 2-35 当雄县坝嘎乡竟柱山组剖面第 17 层红褐色钙质粉砂质细粒岩屑石英砂岩粒度分布统计图

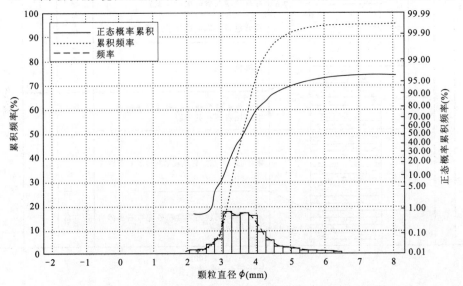

图 2-36 当雄县坝嘎乡竟柱山组剖面第 8 层紫红色钙质粉细粒岩屑石英砂岩粒度分布统计图

此外，在该剖面中，还发育有大量的火山岩相。它们共同构成了两个三级层序地层旋回。层序$K_2d\,I$主要见有高水位体系域，该高水位体系域的下部为扇三角洲前缘和三角洲平原沉积，上部为火山溢流亚相、爆发亚相及次火山亚相，构成了逐渐向上变浅的高水位体系域沉积特征。层序$K_2d\,II$发育有海进体系域和高水位体系域，海进体系域主要由扇三角洲前缘和三角洲平原组成，高水位体系域主要由冲积扇和火山岩相组成。该剖面的竟柱山组整体呈一火山作用逐渐增强、沉积水体逐渐变浅的旋回特征。

第七节 新生界

测区内的新生界仅由古近系林子宗群帕那组和第四系各种松散堆、洪、冲积物组成。前者比较集中地分布于巴嘎-列玛近东西向断裂以南和沙布勒-弄拉多南北向断裂以西的图幅西南隅，以角度不整合关系呈云朵状覆于前新生界各时代地层之上；在图幅东南隅的沙布勒-弄拉多断层东段北侧，呈透镜状断片局部小面积出露。其分布的总面积为113.6 km^2。后者则以各种沉积类型零星散布于图幅全区。

一、古近系（E）

测区古近系为林子宗群[$(E_{1-2}L)z$]帕那组（E_2p）。

林子宗群源自李璞（1955）的"林子宗火山岩"。《西藏自治区地质志》（1993）将其改称为"林子宗群"。西藏区调队（1990）在其1：20万拉萨幅和曲水幅地质报告中将"林子宗火山岩群"自下而上解体为典中组（E_1d）、年波组（E_2n）和帕那组（E_2p）。帕那组创名地点在林周县城西南37km的年波村，层型剖面在该村村北（E91°07′，N29°59′），由西藏区调队于1991年测制，岩性为一套具柱状节理的流纹质熔结凝灰岩夹火山角砾岩、流纹岩、英安岩，及杂砂、砾岩的地层体，以不整合关系覆于年波组之上，上未见顶。在测区内，该组主要为一套巨厚的中酸性火山熔岩及其火山碎屑岩系，现按上、下两段非正式填图单位列述剖面如下。

（一）剖面叙述

1. 林周县唐古乡热拉—锷阿多古近系帕那组（E_2p）下部火山岩实测剖面（P_9）

剖面位于林周县唐古乡的热拉—锷阿多之间，所测地层为一套以中酸性火山熔岩及火山碎屑岩为主的岩系，岩系中少见有正常碎屑岩夹层，根据区域上的火山岩岩性、火山活动及层序演变特点，将其置于古近系林子宗群帕那组（E_2p）火山岩系的下部，其上与P_8剖面相衔接。剖面所处地理位置：其始点地理坐标为E91°42′24″，N30°10′17″；海拔5 280m。终点地理坐标为E91°41′33″，N30°14′20″；海拔4 480m。始、终点间的绝对高差达800m。剖面总体延伸方向呈北北西—南东东向（145°～325°），剖面是由南向北、自老至新测起，至终点共划分为30个单层，剔出其中的小侵入体，室内整理归并为24层。实测剖面线平面总长度为7 915m。

本剖面顶部层位（24层）与P_8剖面最下部层位（25层）相接。剖面底部未见底。

上覆地层：帕那组（E_2p）上部火山岩层段

——————— 整 合 ———————

始新统帕那组（E_2p）下部火山岩层段　　　　　　　　　　　　　厚度＞4 996.40m

24（30）.浅灰色黑云母安粗（斑）岩，斑状结构，斑晶为钾长石、斜长石和黑云母（含量约25%），基质由长

石和少量石英组成显微嵌晶结构　　　　　　　　　　　　　　　　　　　　　　　　　　　　241.00m
23(29).灰黑色玄武安山岩,斑状结构,斑晶主要为斜长石,暗色矿物已绿化(绿泥石、绿帘石及阳起石),
　　　基质呈间粒结构　　　　　　　　　　　　　　　　　　　　　　　　　　　　　　　　　　33.50m
22(28).灰白—浅灰色流纹质角砾岩屑晶屑凝灰岩,胶结物火山灰已脱破化,部分重结晶　　　　505.40m
21(26).灰色粗安岩、火山角砾岩,火山角砾以暗色硅质岩、安山岩、花岗斑岩和正长斑岩为主(直径多在
　　　3～20mm之间)　　　　　　　　　　　　　　　　　　　　　　　　　　　　　　　　127.20m
20(25).灰绿色粗安质火山角砾岩和晶屑岩屑凝灰岩　　　　　　　　　　　　　　　　　　　183.00m
19(24).灰绿色粗安质含角砾岩屑晶屑凝灰岩　　　　　　　　　　　　　　　　　　　　　　128.90m
18(22).灰色流纹质角砾熔结凝灰岩　　　　　　　　　　　　　　　　　　　　　　　　　　111.00m
17(21).灰黑色流纹质熔结凝灰岩,塑性岩屑和玻屑形成假流纹构造　　　　　　　　　　　　80.70m
16(20).灰色黑云母粗安岩　　　　　　　　　　　　　　　　　　　　　　　　　　　　　　275.00m
15(19).灰白—浅灰色流纹质角砾熔结凝灰岩　　　　　　　　　　　　　　　　　　　　　　233.40m
14(18).浅灰绿色流纹质岩屑晶屑凝灰岩　　　　　　　　　　　　　　　　　　　　　　　　154.80m
13(15).暗灰色英安岩　　　　　　　　　　　　　　　　　　　　　　　　　　　　　　　　205.80m
12(14).粉灰色黑云母粗安岩,斑状结构,斑晶为斜长石、钾长石和黑云母(含量25%～30%),基质具玻晶
　　　交织结构　　　　　　　　　　　　　　　　　　　　　　　　　　　　　　　　　　　130.70m
11(13).灰白色流纹质岩屑晶屑凝灰岩　　　　　　　　　　　　　　　　　　　　　　　　　69.90m
10(12).灰黑色流纹质熔结凝灰岩,局部显示假流纹构造　　　　　　　　　　　　　　　　　119.70m
9(11—10).灰白色流纹岩和灰紫色黑云母英安岩,后者为斑状结构,斑晶为石英、斜长石和黑云母,基质为
　　　隐晶质　　　　　　　　　　　　　　　　　　　　　　　　　　　　　　　　　　　　206.60m
8(9).紫色流纹质(弱)熔结凝灰岩,塑性岩屑具霏细脱玻结构,塑性玻屑弱脱玻化,紧密压实,弯曲定向排列
　　133.10m
7(8).浅灰绿色角闪英安岩,斑状结构,斑晶以角闪石、黑云母为主,其次为石英和斜长石　　93.20m
6(7).灰绿色凝灰质粉砂岩　　　　　　　　　　　　　　　　　　　　　　　　　　　　　　7.90m
5(6).灰色流纹质(弱)熔结凝灰岩　　　　　　　　　　　　　　　　　　　　　　　　　　134.10m
4(5).紫红色流纹质岩屑晶屑沉凝灰岩　　　　　　　　　　　　　　　　　　　　　　　　　25.20m
3(4—3).紫—灰紫色流纹质熔结凝灰岩,熔结凝灰结构,由晶屑和塑性岩屑及玻屑组成　　　475.30m
2(2).灰绿色英安岩,斑状结构,斑晶为黑云母、石英及团块状绿帘石,基质为隐晶质　　　1033.30m
1(1).灰白色粗安岩,斑状结构,斑晶为斜长石、钾长石和少量黑云母,基质由石英、长石组成显微嵌晶结
　　　构,微晶显定向排列(流动构造)　　　　　　　　　　　　　　　　　　　　　　　　287.70m

其下为第四系砾石、砂和粘土覆盖层所掩,就附近和图幅广大地区而言,这套火山岩系以角度不整合关系覆于上古生界各岩组之上。

2. 林周县唐古乡朗果布戈—曾达古近系帕那组(E_2p)上部火山岩实测剖面(P_8)

剖面位于林周县唐古乡的朗果布戈—曾达之间,所测地层为一套中酸性火山岩和火山碎屑岩系,其中少见正常沉积碎屑岩夹层。从区域上看,根据这套火山岩系的岩石组合、火山活动特点、空间分布、产状及层序等方面的特征判断,这套地层层位应属古近系帕那组火山岩系的上部,与P_9剖面顶部岩层相接。剖面始点地理坐标为E91°41′33″,N30°14′21″;海拔4 480m;终点地理坐标为E91°38′25″,N30°19′13″,海拔4 190m;始、终点间高差为290m。剖面线总体延伸方向为140°～320°方向,平面折线摆于300°～360°之间,剖面实测是从南东向北西方向进行,包括中间侵入的小岩体在内共划分为26层。经室内整理,剔除侵入岩体及浅层次火山岩,归并为15层。剖面线平面折线长度为10 200m。现列层序如下。

上覆地层:第四系松散砂砾层

～～～～～～ 角度不整合 ～～～～～～

始新统帕那组(E_2p)上部火山岩层段   **出露厚度 3 071.90m**

39(26—25). 灰色石英粗安岩,斑状结构,斑晶分别由斜长石、钾长石、石英、黑云母和少量角闪石组成,
    基质具隐晶似球结构,局部由长英质雏晶组成显微文象结构,中间见有辉绿岩包体   704.80m

38(22). 深灰色粗安岩,斑状结构,斑晶为斜长石、钾长石及少量黑云母,基质为隐晶质   184.40m

37(21). 浅紫色含角闪粗安岩,斑状结构,基质由隐晶长英质组成似球粒显微嵌晶结构。岩石蚀变较强,
    有褐色铁染   145.80m

36(20). 灰白色流纹岩,斑状结构,斑晶以半自形粒状石英为主,基质为隐晶质   171.40m

35(19). 灰白色中厚层状细粒凝灰质长石石英砂岩   254.30m

34(18). 深灰色黑云母安山岩,斑状结构,斑晶以自形—半自形板状斜长石为主,黑云母次之,基质为隐
    晶质   126.90m

33(17). 紫红色流纹质角砾岩屑晶屑凝灰岩,胶结物部分脱玻化   38.90m

32(16). 深灰色石英粗安(玢)岩,斑状结构,基质由隐晶—霏细长英质组成显微嵌晶似球粒结构   44.50m

31(11—10). 灰白色粗安岩,斑状结构,基质为隐晶—显微晶质结构,局部见似球粒结构   803.80m

30(9). 灰黑色似球粒角闪粗安岩,斑状结构,基质由隐晶—霏细长英质组成似球粒状   155.10m

29(6). 灰黑色英安质火山角砾凝灰熔岩,其中晶屑、岩屑、火山角砾由安山熔浆胶结   6.10m

28(5). 深灰色安粗质熔结凝灰岩,熔结凝灰结构具由塑性岩屑和玻屑形成的"假流纹构造"   67.10m

27(4). 灰黑色蚀变安山岩,斑状结构;斜长石斑晶多达近40%,基质主要由极细的斜长石针状微晶和隐
    晶质组成,具玻晶交织结构,偶见杏仁结构(石英和玉髓充填)   7.40m

26(3). 灰白色凝灰球粒石英安粗岩,斑状结构,斑晶为钾长石、斜长石和黑云母(达15%~20%),基质
    由隐晶质—霏细长英质构成似显微球粒结构   267.70m

25(2). 灰黑色安粗质多屑熔结凝灰岩,多屑熔结凝灰结构,假"流纹构造"   93.70m

(下接 P_9 剖面24层)

(二)岩石地层和年代地层

始新统帕那组(E_2p)是由一套巨厚的中酸性火山熔岩、火山碎屑岩及少量凝灰质碎屑岩组成的火山岩系。主要岩石类型以高钾中酸性火山熔岩及与其相关的火山碎屑岩为主,如粗安岩、安粗岩、石英粗安岩、英安岩、流纹岩、英安流纹岩等;与其相关的火山碎屑岩有粗安质—安粗质—英安质—流纹质的熔结凝灰岩、岩屑—晶屑凝灰岩、角砾凝灰岩和熔结凝灰岩等;其中还有少量中性熔岩如安山岩、玄武安山岩、英安安山岩及粒度较粗的凝灰质砂砾岩等夹层,它们在层位上成分不等地构成了多个从溢流相至爆发相的火山旋回岩系(图版Ⅸ-1至图版Ⅸ-4)。全组出露厚度为7 978.30m。

该组岩系中罕见正常细粒碎屑岩夹层,故在野外工作中也未发现有据以确定其年代的大化石及微体化石。根据本次区调所采集的多个全岩K-Ar同位素年龄样品,分别经中国地质科学院地质矿产研究所和成都地矿质矿产研究所分析鉴定,前者测定的同位素年龄值为38.2Ma、41.5Ma和45.1Ma;后者为38.5Ma和45.6Ma。上述各值均在54.9~36.5Ma的始新世界限年龄值之内,故确定图幅内的帕那组的地质年代为始新世中晚期(48.0~36.5Ma)。

二、第四系(Q)

(一)第四纪堆积物空间分布

门巴区幅地处海拔高度大于5 000m的藏东高原区。这是一个新生代以来的剧烈上升区,也是一个普遍遭受剥蚀的地区。全区内未见有差异性升降的新构造运动形成的大面积堆积区,第四纪

堆积物仅见于沟谷中,且分布面积较小,仅有1 663km²,占全区面积的10%。

本区沟谷深切,谷坡陡峭,谷底狭窄,第四纪堆积物或堆积于狭窄的谷底,或堆积于沟谷的缓坡地带,后者组成测区各级阶地堆积物。由于这里大小沟谷纵横,交织成网,因此,第四纪堆积物的平面分布或呈现不宽的条带状,或呈现交错的网脉状。测区第四纪堆积物的厚度较小,一般不大于50m。

调查表明,本测区第四纪堆积物主要见于规模较大的沟谷中,例如测区西南隅的拉萨河谷地,西北隅的谷露区-桑木喀-桑曲淌谷地、擦曲纳热一带的谷地,测区东北的琼果玛杂一带的谷地,测区中部的潘果一带谷地,测区东部巴嘎区、桑巴区一带的谷地以及图幅东南隅的金达区一带的谷地中。在上述第四纪堆积物分布区中,除谷露区、桑木喀、桑曲淌和擦曲纳热等地以及沟谷交叉部位第四纪堆积物露头宽度达600～700m之外,其他地区沟谷中的第四纪堆积物露头宽度一般不超过300m。

(二)第四纪堆积物的成因类型及岩性特征

根据本测区第四纪堆积物的空间分布、组成的堆积地貌、岩矿成分和岩相特征,可将测区第四纪堆积物划分为冰碛(Q^{gl})、冰水堆积(Q^{fgl})、冲积(Q^{al})、洪积(Q^{pl})、坡积(Q^{dl})和残积(Q^{el})等主要类型。它们规律地分布于一定的空间,并形成特有的堆积地貌。

1. 冰碛物(Q^{gl})

本测区冰碛物主要分布于测区海拔高度大于5 500m以上的山区,组成的冰碛地貌主要有尾碛垄、侧积垄和中碛垄。这里的冰碛物以砾石和砂砾石为主,砾径大小悬殊,含有漂砾,分选差,具有一定的压实,不透水,磨圆程度差别大,无明显的层理,具有冰冻风化等特点。这里的冰碛物主要分布于测区海拔5 500m以上的地区。冰碛物的岩矿成分取决于其上游的基岩成分。各沟谷冰碛物的岩矿成分大都有差别。

2. 冰水堆积物(Q^{fgl})

测区冰水堆积物分布于冰碛物下游的冰水堆积地貌带。在海拔5 500～4 800m高度的各坡上普遍具有冰水堆积物分布。这里的冰水堆积物主要为冰外冰水堆积,在上述高度的谷坡地带具有成排分布的冰水扇形成。冰水扇的扇体大小不等,形态不同,扇体表面的坡度普遍较陡。测区的冰水扇,在遥感图像上具有十分清晰的影像特征。无论从形态、色调、分布的空间位置及冰川地貌组合等方面都很容易将其解译出来,为准确圈定这些堆积体的界线提供了良好的影像标志。

冰水堆积物与上游冰碛物比较,具有一定的分选、磨圆和层理,厚度不等,松散透水,其中含有较多的冰碛砾石,其岩矿成分主要取决于沟谷上游基岩和冰碛物的岩矿成分,各沟谷的冰水堆积物岩矿成分因沟谷的基岩成分而异,差别较大。

3. 冲积物(Q^{al})

测区冲积物主要分布于拉萨河等大河河谷中,构成河床相、河漫滩相堆积。在开阔河谷地段的河流阶地上,也分布有厚度不等的冲积物,构成测区的基座阶地和冲积阶地。例如在麦地藏布江潘果河流段见有8级阶地形成,各级阶地的高度和堆积物厚度不等。在较大的拉萨河、尼洋河等形成的冲积物具有明显的磨圆、层理和分选,松散透水,冲积物粒度较粗。其组成成分主要以砾石和砂砾石为主,其岩矿成分较为复杂,主要取决于河流流域的基岩岩矿成分。在大河的支流谷地中也分布有冲积物,厚度不等(图版Ⅸ-8)。这些支流河谷和较小的河流中的冲积物,其分选、磨圆和层理等远不如大河中的冲积物,大都具有冲洪积物的性质。

4. 洪积物（Q^{pl}）

本测区的洪积物主要分布于规模较大的冲沟的沟口，一般组成洪积扇和洪积阶地等地貌。洪积物据其组成的洪积扇和洪积阶地等特殊的洪积地貌形态，在遥感图像上也很容易鉴别出来，成为本次测区第四纪地质调查的良好标志之一。这里的洪积物具有颗粒粗、粒径大小悬殊的特点，松散透水，由沟口到洪积扇的前方，堆积物颗粒由粗变细，厚度由大变小（图版Ⅸ-7）。其岩矿成分一般不很复杂，与沟谷中的基岩矿物成分相似。

5. 湖沼沉积物（Q^{fl}）

区内的湖沼沉积物主要分布于图幅东北角的麦地藏布上游地区，一般构成河谷平坦地带的沼泽地或冰积湖泊，面积较小。湖沼沉积物的下部主要由细粉砂和少量的砾石组成，上部则为淤泥，局部为草炭土沉积，厚度较小，一般不超过 0.05m。托弄错—舍格错一带沿沟谷形成的湖泊是由冰积垄阻挡而形成的，其中沉积的主要为砾石、砂，其成分与沟谷中的基岩成分一致。

（三）第四纪地层划分方法

根据测区第四纪地层分布、岩相岩性、成因等特点，对测区第四纪地层划分主要应用第四纪年代地层学，成因地层学，气候地质学，构造、地貌及岩石地层学等方法对测区第四系进行多重划分。

1. 第四纪年代地层学方法

根据测区第四纪堆积物的岩性特点，本次调查主要选用热释光（TL）测年法和 ^{14}C 测年法进行第四纪地层定年，进而划分第四系。采集热释光样品 10 件，^{14}C 样品 1 件，样品采集的部位见表 2-5。

表 2-5 第四纪测年样品采集部位

序号	样品号	样品的采集位置	样品的地貌位置
1	RS1501-1	测区中部麦地藏布河潘果河段，D1501 点附近	麦地藏布河第Ⅷ级阶地陡坎前沿
2	RS1501-2		麦地藏布河第Ⅴ级阶地陡坎前沿
3	RS1501-3		麦地藏布河第Ⅰ级阶地陡坎前沿
4	RS1636	测区西北部谷露区一带 D1636 点	支流河谷第Ⅶ级阶地
5	STL-1	测区西北部谷露桑曲一带	支流河谷第Ⅱ级阶地
6	STL-2		支流河谷第Ⅲ级阶地
7	ZTL-1	测区西南部拉萨河上游仲达血弄藏布	拉萨河Ⅱ级阶地
8	ZTL-2		拉萨河Ⅳ级阶地
9	NTL-1	测区东南部尼洋河金达一带	尼洋河Ⅱ级阶
10	NTL-4		尼洋河Ⅳ级阶
11	D528	测区东南部尼洋河桑色 D528 点	尼洋河Ⅰ级阶

注：序号 1~10 热释光样品由中国地震局地壳应力研究所热释光室测定。第 11 号 ^{14}C 样品由东北师范大学泥炭沼泽研究所 ^{14}C 实验室测定。

上述 11 件样品的测定结果见表 2-6。从 11 件第四纪地层测年样品采集的位置可以看出，样品采自于测区各主要河流的代表性第四纪地质剖面中，能够客观地反映测区第四纪地层的发育状况。

表 2-6 第四纪地层测年结果

序号	样品号	样品岩性	测年方法	样品年龄(ka B P)
1	RS1501-1	粉砂	TL	176.21±14.95
2	RS1501-2	粉砂	TL	38.92±3.31
3	RS1501-3	粉砂	TL	4.75±0.41
4	RS1636	粉砂	TL	101.25±8.61
5	STL-1	粉砂	TL	10.77±0.92
6	STL-2	粉砂	TL	19.77±1.68
7	ZTL-1	粉砂	TL	10.47±0.89
8	ZTL-2	粉砂	TL	22.43±1.91
9	NTL-1	粉砂	TL	11.72±0.99
10	NTL-4	粉砂	TL	21.78±1.85
11	D528	粉砂	^{14}C	4.842±80

注：序号1～10样品由中国地震局地壳应力研究所测试；第11号样品由东北师范大学泥炭沼泽研究所测试。

从表2-6中测年结果可以看出，测区第四纪地层可以划分为中更新统、晚更新统和全新统。

2. 构造、地貌地层学方法

调查表明，测区是一个整体上升为主的振荡性新构造运动区。它主要表现于测区主要河流中有多级河流阶地的形成，阶地的类型、级别和阶地的高度分别反映出河流流域振荡新构造运动的性质、旋回和振荡幅度等。在这样一个以振荡为主的上升新构造运动区组成不同阶地的堆积物形成不同的地质年代，高阶地堆积物较低阶地堆积物要老。根据采集于不同阶地上的第四纪堆积物的样品测年结果可知，测区Ⅰ—Ⅱ级堆积阶地形成于全新世，即将组成Ⅰ级堆积阶地的堆积物划分为全新统，Ⅲ—Ⅶ级阶地上的堆积物划分为上更新统，Ⅷ级阶地以上的堆积物划分为中更新统。由上不难看出，根据阶地堆积物的测年结果对比阶地的级别，可以将测区各地的主要第四纪堆积物划分出它们的新老。

此外，冰碛地貌、冰水堆积地貌以及洪积地貌的不同叠置关系也可以区分出第四纪堆积物的新老，这些地貌学标志在测区也是丰富的和可应用的。不言而喻，对于这样一个测区来讲，运用构造、地貌学的方法来划分第四纪地层是行之有效的。

3. 岩石地层学方法

测区第四纪堆积物的岩性以砂砾石为主。砂砾石层中夹有杂色的各种粒级的砂层和含砾砂层。在尼洋河桑色河段的Ⅰ级阶地堆积物中夹有厚约0.5m的灰黑色含砾粉砂层。测区第四纪堆积物中所夹的上述各种粒级的杂色砂层，特别是灰黑色的含砾粉砂层可作为测区第四系划分对比的岩石学标志，对于本测区一定范围的第四系划分对比具有特殊意义，对于研究和揭示测区水动力学特点和气候变迁提供了十分宝贵的记录。水成第四纪堆积物颗粒的粗细反映了不同的水动力学特点，对于具有冰川存在的本测区，水成堆积物的粗细或许与冰融水的多少有关，冰融水的多少又与气候的冷暖有关。堆积物中有机质腐殖质的多少也与气候的冷暖密切相关，堆积物中腐殖质的多少常常在堆积物颜色的深浅上有所反映。测区东南隅的尼洋河Ⅰ级阶地堆积物中所夹的含有大量腐殖质的灰黑色含砾粉砂就是在一种温暖湿润的气候条件下形成的，样品的^{14}C测年结果为距今(4 842±80)a，可见该套有机质含砾粉砂堆积形成于全新世大西洋期(气候最适宜期)。

4. 气候地层学方法

利用冰期、间冰期、雨期、间雨期堆积物进行第四纪地层划分也是常用的一种划分第四系的方法。本测区部分地貌海拔高度在现代雪线以上,发育有现代冰川,在更新世地质时期该区曾有冰期和间冰期,也有与此相伴生的冰碛和间冰期堆积,据此可以进行第四纪地层划分。末次间冰期结束,地球进入全新世(冰后期)。全新世气候也有多次冷暖干湿波动,形成能够反映气候特点的全新世堆积。本测区河漫滩和河床相堆积形成于晚全新世(亚大西洋期),Ⅰ级冲积阶地主要形成于中全新世(大西洋期和亚北方期),Ⅱ级冲积阶地形成于早全新世(前北方期和北方期)。

(四)第四纪地层

运用上述第四纪地层划分方法,将本测区第四纪地层划分为中更新统、晚更新统和全新统,全新统又有下、中、上全新统之分。

1. 中更新统(Qp^2)

中更新统主要见于测区主干河流Ⅶ—Ⅷ级的高级阶地上,沿河谷谷坡呈条带状分布。在测区中部麦地藏布河潘果河段 D1501 点附近发育厚度较大的中更新世地层剖面。

该剖面位于麦地藏布河Ⅷ级基座阶地上,构成基座阶地上部的组成物质。剖面可分两层:上部为含砾砂层,含植物根系,厚0.5m。下部为一套厚大于2.5m的冲积砂砾石层,砾石呈圆状和次圆状,具有明显的倾向河流上游的定向排列(叠瓦状排列)。砾石成分较复杂,主要见有砂岩、石英岩、板岩、含砾砂岩、花岗闪长岩和黑云母花岗岩等。砾石砾径一般为20~30cm,所见砾石的最大砾径50cm。该套堆积未见有层理,松散透水,未见二元结构,为一套河床相砂砾石和砾石堆积。该剖面采集热释光样品一件(RS1501-1),其年龄值为(176.21 ± 14.95)ka B P,可见该剖面为中更新世晚期堆积。其剖面图见图2-37。

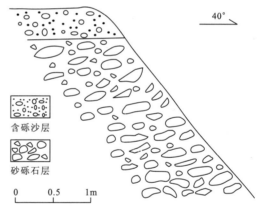

图 2-37 麦地藏布河潘果 D1501 点中更新统剖面图

2. 上更新统(Qp^3)

测区上更新统普遍发育,在主要沟谷中都见有较大面积的出露,沿沟谷呈条带状分布。本次在谷露一带(D1636点)的Ⅶ级阶地上,在潘果一带的Ⅴ级阶地上,在仲达血弄藏布一带和金达一带的Ⅳ级阶地上,以及谷露桑木喀一带的Ⅲ级阶地上分别采集热释光测年样品(共计5件),获得了5个热释光年龄(表2-7)。

表 2-7 上更新统测年结果

序号	样品号	样品地貌位置	地质年龄(ka B P)
1	STL-2	谷露桑曲第Ⅲ级阶地	19.77±1.68
2	NTL-4	金达尼洋河第Ⅳ级阶地	21.78±1.85
3	ZTL-2	仲达拉萨河第Ⅳ级阶地	22.43±1.91
4	RS1501-2	潘果麦地藏布河第Ⅴ级阶地	38.92±3.31
5	RS1636	谷露一带河流第Ⅶ级阶地	101.25±8.61

由表2-7可见,本测区主要河流的第Ⅲ级阶地至第Ⅶ级阶地上的堆积物为晚更新世堆积。也就是说本测区主要河流的第Ⅲ级至第Ⅶ级阶地均形成于晚更新世。可见测区晚更新世期间新构造运动的频度是很大的。测区各阶段堆积物的上述年龄对于讨论测区新构造运动发生的时间和阶段性,对于计算新构造运动的幅度和速度提供了重要的时间标尺。

测区调查表明,上更新统以砂砾石和砾石层堆积物为主。下面以潘果河一带麦地藏布河地貌及第四纪地质剖面为例说明上更新统堆积物特征。

麦地藏布河潘果河段Ⅲ—Ⅶ级阶地上均有堆积物发育(图版Ⅸ-6)。堆积物厚度大于7m。Ⅲ—Ⅶ级阶地上的堆积物均为冲积砂砾石层和砾石层,松散透水,砾石具有倾向河流上游的定向排列,砾径大小混杂,磨圆程度差别大,从次棱角状到圆状都有,成分复杂,主要砾石成分见有粗安质熔结凝灰岩、粗安质凝灰岩、黑云母花岗岩、石灰岩、生物碎屑灰岩等。每级阶地表面的中更新统堆积发育为现代土壤层,堆积物颗粒变细,有机质含量增加,松散、大空隙,含植物根系等,麦地藏布河潘果河段上更新统地貌及第四纪地质剖面见图2-38。

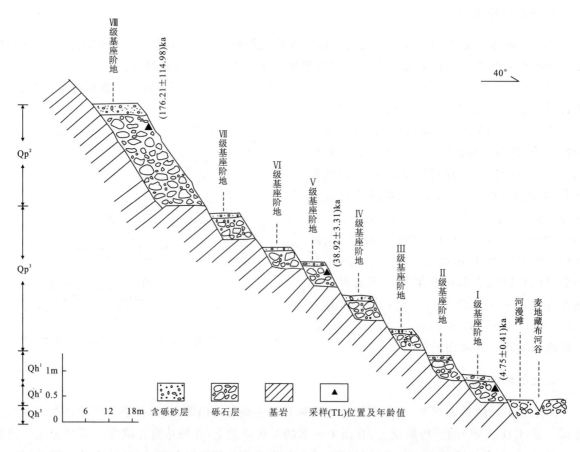

图2-38 麦地藏布河潘果河段地貌及第四纪地质河谷横剖面图

3. 全新统

测区全新统普遍发育,主要分布于测区沟谷的Ⅱ级和Ⅰ级堆积阶地、河漫滩、河床等地貌部位。在主要河流的Ⅱ级和Ⅰ级阶地堆积物中采集热释光年龄样品4件,^{14}C年龄样品1件,采集部位及测定结果见表2-8。

表 2-8 全新统测年结果

序号	样品号	样品地貌位置	地层年龄(ka B P)
1	RS1501-3	潘果麦地藏布河Ⅰ级阶地	4.75±0.41
2	D528	尼洋河桑色河段Ⅰ级阶地	4.842±0.8
3	ZTL-1	仲达拉萨河Ⅱ级别阶地	10.47±0.89
4	STL-1	谷露桑曲支流河谷Ⅱ级阶地	10.77±0.92
5	NTL-1	金达尼洋河Ⅱ级阶地	11.72±0.99

由表 2-8 可以看出,测区主要河流Ⅰ级阶地堆积物为中全新世堆积,Ⅱ级阶地堆积物为早全新世堆积,上述堆积形成的年代也可以看做是相应的阶地形成的年代。由上述可以认为测区现代河床河漫滩堆积物形成于晚全新世。据此可以将测区全新统划分为下、中、上全新统。

1) 下全新统(Qh^1)

测区下全新统普遍出露于主要河流的Ⅱ级阶地上,沿河流两侧呈条带状分布,厚度大于 2.5m。下全新统岩性主要为一套冲积黄褐色砂砾石层和砾石层,松散透水,砾石具有一定分选和倾向上游的定向排列,砾石砾径 10～20cm 居多,成分因河流流域基岩类型而有差别,一般较复杂。在仲达拉萨河、金达尼洋河及桑曲一带支流河谷的Ⅱ级河流阶地上取 3 个热释光年龄样品,测年结果表明,上述各阶地堆积物为下全新统堆积(年龄见表 2-8)。

2) 中全新统(Qh^2)

测区中全新统普遍出露于主要河流的Ⅰ级冲积阶地上,沿河流两侧呈条带状分布,厚度大于 22.7m。在尼洋河同果河段(D523)和桑色河段分别测制中全新统地质剖面,各剖面分述如下。

尼洋河同果河段(D523)点中全新统剖面 该剖面位于尼洋河右岸(南岸),坐标位置为 E92°58′56″,N30°00′56″;海拔 3 600m,为尼洋河冲积物剖面,剖面高于现代尼洋河河床约 20m。剖面自下而上可分 12 层,厚度大于 22.70m,各层岩性如下(图 2-39)。

12. 黑灰色亚砂土层:含有机质,松散、大孔隙,为现代土壤层	0.20m
11. 浅黄褐色亚砂土层:松散、中等分选,具有不明显的层理	1.30m
10. 含砾砂层:砾石含量小于 15%,砾径一般为 1～5cm,中等分选	0.45m
9. 黄褐色砾石层:砾石大小混杂,砾石具有倾向上游的定向排列,砾石扁平面产状 310°∠8°,砾径 1～10cm 居多,大砾石具有明显磨圆,呈叠瓦状排列,中等分选	5.00m
8. 黄褐色细砾石层:砾石含量大于 50%,砾径一般 1～5cm,具有一定分选和磨圆,厚 0.55m	
7. 黄褐色砾石层:砾石大小混杂,未见明显的层理,砾石磨圆度差,分选不好,成分复杂,砾径以 1～15cm 的居多	6m
6. 含砾粗砂层:砾石含量小于 15%,小砾径砾石居多,具有水平层理,单层厚 3～5cm	0.15m
5. 灰褐色细砾石层:砾径以 3cm 者居多,具有分选,砾石含量大于 50%,成分较复杂,砾石次圆状	0.30m
4. 灰褐色粗砂层:具有水平层理和分选,粗砂中等磨圆,成分以石英砂为主,其次主要为长石砂	0.25m
3. 灰褐色细砾石层:砾石含量大于 55%,砾石次圆和次棱角状,具有中等分选,成分比较复杂	0.10m
2. 灰色粗砂层:具有中等分选,砂次棱角状,未见明显的层理,成分主要为石英,长石少次之	0.40m
1. 灰褐色砾石层:砾石层无分选,砾石大小混杂,未见层理,砾石磨圆差别大,砾径 1～10cm 不等,成分复杂	8.00m

(未见底)

尼洋河桑色河段(D528 点)中全新统剖面 该剖面位于尼洋河右岸(北岸)桑色河段(D528 点),坐标位置为 E92°57′36″,N30°01′36″,海拔 3 678m,为天然冲积物剖面,构成尼洋河Ⅰ级阶地,剖面成层性好,各层分界较清楚,具有冲积物的二元结构特征,剖面自下而上可分 13 层,厚度大于 6.2m,各层岩性剖面如下(图 2-40)。

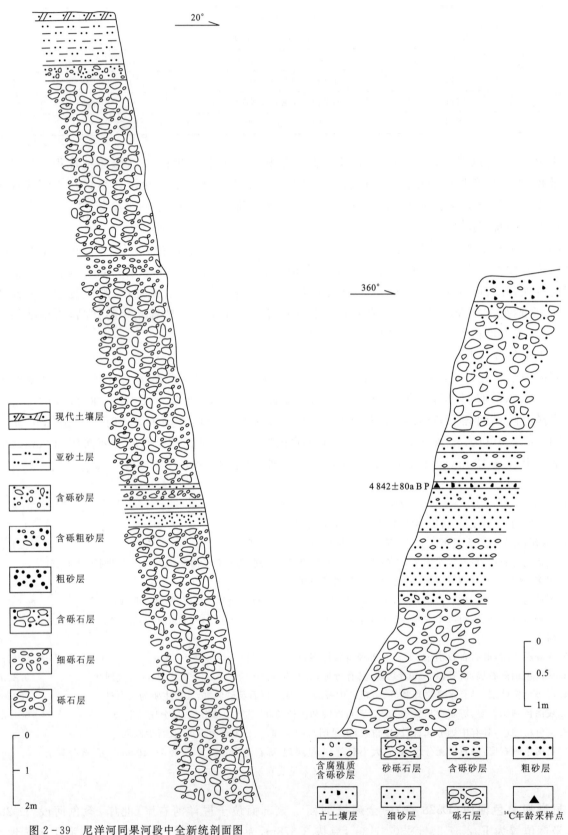

图 2-39 尼洋河同果河段中全新统剖面图

图 2-40 尼洋河桑色河段中全新统剖面图

13. 深灰色含砾砂层:砾石含量 10% 左右,松散,大孔隙,含有腐殖质,表层植被发育,土壤剖面结构清楚,可见土壤 A 层和 B 层　　0.35m

12. 灰褐色砂砾石层:分选不好,砾石大小混杂,含量不均匀,具有透镜状层理,砾石含量 2% 左右,砾石成分主要见有石英岩和较多的花岗岩等,砾石次圆状,砾径 1~15cm 居多,最大砾径可达 30cm 左右　　2.00m

11. 褐灰色含砾砂层:砾石含量小于 10%,砾径以 0.5~3cm 居多,次圆状。具有中等分选,砾石成分主要见有石英岩和花岗岩。砂以粗砂为主,次棱角状,以石英砂为主,也见有复成分砂　　0.20m

10. 灰褐色粗砂层:分选差,次棱角状,未见层理,砂以石英砂为主,长石砂和复成分砂次之　　0.13m

9. 黄褐色含砾粗砂层:砾石含量 15% 左右,砾石大小不等,次圆和次棱角状,砾径 0.5~4.0cm 居多。砂以粗砂为主,次棱角状,中等分选,以石英砂为主,长石砂次之　　0.25m

8. 黄褐色含砾粗砂层和粗砂层互层:具有水平层理,层厚 4~8cm 不等,中等分选,砾石砾径 1~2cm 居多,砂以粗砂为主,次棱角状,石英砂和长石砂居多　　0.20m

7. 灰黑色含砾含粗砂亚砂土层:埋藏古土壤层,松散、大孔隙,具有较丰富的有机质,与上覆层位界线清楚,分界截然,与下伏层分界凸凹不平。古土壤层厚度大小不等,其中含有少量砾石和粗砂,含量均小于 5%。该层采集 ^{14}C 样一件,经东北师范大学泥炭研究所 ^{14}C 实验室测定,获取了(4 842±0.80)a B P 的年龄值,可见该层古土壤形成于中全新统大西洋期,为湿热环境下形成(图版Ⅸ-5)　　0.05m

6. 灰褐色细砂层与粗砂层互层:具有水平层理,单层厚 3~5cm 不等,砂分选好,中等磨圆,以石英砂为主,见有少量长石砂　　0.30m

5. 褐灰色中细粒砂层:中等分选,砂次棱角状,以石英砂为主,见有较多的长石砂和复成分砂　　0.40m

4. 黄褐色含砾砂层:砾石含量 10% 左右,砾径以 3~8cm 者居多,砾石成分主要有石英岩和花岗岩。分选中等,砾石呈次圆和次棱角状,含量不均　　0.40m

3. 灰褐色中细粒砂层:分选较好,具有不明显水平层理和透镜状层理,砂呈次棱角状,以石英砂和长石砂为主,中等分选　　0.50m

2. 含砾粗砂层:黄褐色,砾石含量小于 15%,砾径一般为 5cm,砾石成分主要见有石英岩和花岗岩等,砾石和砂呈次圆状和次棱角状,砂以粗砂为主,主要成分为石英砂和长石砂　　0.20m

1. 黄褐色砾石层:砾石含量大于 50%,砾径大小悬殊,5~30cm 的砾石居多,砾石中尤以 20~30cm 大小的砾石占优势,砾石多呈扁平状,磨圆较好,砾石倾向尼洋河上游,产状 330°∠17°,未见层理,分选不好,砾石成分主要为花岗岩和石英岩　　>2.00m

(未见底)

3)上全新统(Qh^3)

测区上全新统出露于现代河床、河漫滩和边滩等位置,组成堆积河漫滩和边滩地貌,呈条带状沿河谷分布,根据其空间分布的位置很容易将其划分出来,厚度 3~5m 不等。

上全新统主要为一套河床相砂砾石层和砾石层堆积;河漫滩相含细砾砂层堆积,二者组成明显的二元结构。此外,也见有边滩相砂层堆积。上全新统砂砾石层具有分选,砾石呈圆状和次圆状,成分随河流流域基岩成分的不同多有差异,一般较为复杂。上全新统砂砾石松散透水;河漫滩堆积物表面有细颗粒砂的堆积,含有植物根系和腐殖质。

第三章　岩浆岩[①]

测区内岩浆岩分布较广泛，主要分布于近东西向3条岩浆岩带上和1条北东向的岩浆带上。出露总面积约5 662.11km²，占图幅总面积的35.5%。其中侵入岩约为4 593.99km²，占岩浆岩出露总面积的81.1%；喷出岩出露面积约为1 068.12km²，占岩浆岩总出露面积的18.9%（图3-1）。超镁铁质岩和镁铁质岩则主要分布于嘉黎断裂带中。3条近东西向的岩浆岩带分别为图幅南部的扎雪-金达岩浆岩带、图幅中部的科波熊-巴嘎岩浆岩带、图幅北部的建多-桑巴岩浆岩带。北东向的花岗岩带是指当雄-那曲沿青藏公路两侧分布的岩浆岩带。从本区岩浆岩的分布特点上看，它们受区域大地构造环境控制是十分明显的，而主要的岩浆活动时期为印支期-喜马拉雅期。

第一节　超镁铁质—镁铁质岩

区内的超镁铁质岩和镁铁质岩主要分布于嘉黎断裂带内的凯蒙沟和查给一带的山头上，沿嘉黎断裂呈线形断续分布。嘉黎断裂是测区二级构造单元的分界断裂，它的南侧是冈底斯火山岩浆弧带弧背断隆的一部分，发育浅变质的、较稳定的、浅海沉积的上古生界和中新生代火成岩；北侧为中生代的桑巴（比如）盆地，其内发育中、上侏罗统陆屑建造和碳酸盐建造及白垩系碎屑岩建造，并被中新生代中酸性花岗岩破坏。由此可以确定嘉黎断裂早期曾控制了桑巴盆地的形成和充填。嘉黎断裂在地质图上和遥感图像上非常清晰。在地球物理方面，该断裂表现为两侧重磁场的显著界线，断裂以北磁场相当平静，而断裂以南由岩体引起的磁异常极为发育，明显高于北侧（500～1 000Ωm），显示出该断裂对区域磁场的分割性。亚东-格尔木地学大断面大地电磁测深研究成果显示，该断裂为一条直抵莫霍面的岩石圈断裂，其南、北两侧的岩石圈壳内上下低阻层有错断，存在着贯穿两个低阻层的垂直电性差异，而且其南侧上地幔低阻层上隆，岩石圈厚度显著减薄，仅110km。这清楚地表明，该断裂南北应分属不同的岩石圈块体。嘉黎断裂一般被认为是与青藏高原隆升过程中，由块体挤出形成的大型走滑带（Arnlijo et al.，1986，1989；Tapponnier et al.，1986），事实上该断裂是一条多期活动并有着长期发展历史的深大断裂。

区内的蛇绿岩主要分布于嘉黎断裂内的凯蒙沟和查给一带的山脊上，面积约1.0km²，沿嘉黎断裂带呈线状断续分布。蛇绿岩岩石均发生强烈的蛇纹石化、滑石化等，各类岩石经断裂构造作用，原生构造已不保存，呈数平方米至数百平方米的小型岩块混杂堆积。岩块表面多呈碎裂状，各种擦痕、镜面等错动构造十分发育。蛇绿岩与中、晚侏罗世拉贡塘组（$J_{2-3}l$）呈断层接触，蛇绿岩逆冲于晚侏罗世拉贡塘组的灰色、灰黄色粉砂岩和页岩之上。

[①] 本章所用的矿物代号：Bit. 黑云母；Mt. 磁铁矿；Sep. 蛇纹石；Cpx. 单斜辉石；Gt. 石榴石；Kfs. 钾长石；Mic. 微斜长石；Pl. 斜长石；Q. 石英；St. 十字石；Ser. 绢云母；Or. 正长石；Ab. 钠长石；An. 钙长石；Ne. 软玉；Lc. 白榴石；Di. 透辉石；Hy. 紫苏辉石；Ap. 磷灰石；He. 赤铁矿；En. 顽火辉石；Fs. 正铁辉石；Ol. 橄榄石；Fo. 镁橄榄石；Fa. 铁橄榄石；Tl. 钛铁矿；C. 刚玉；Wo. 硅灰石。

第三章 岩浆岩

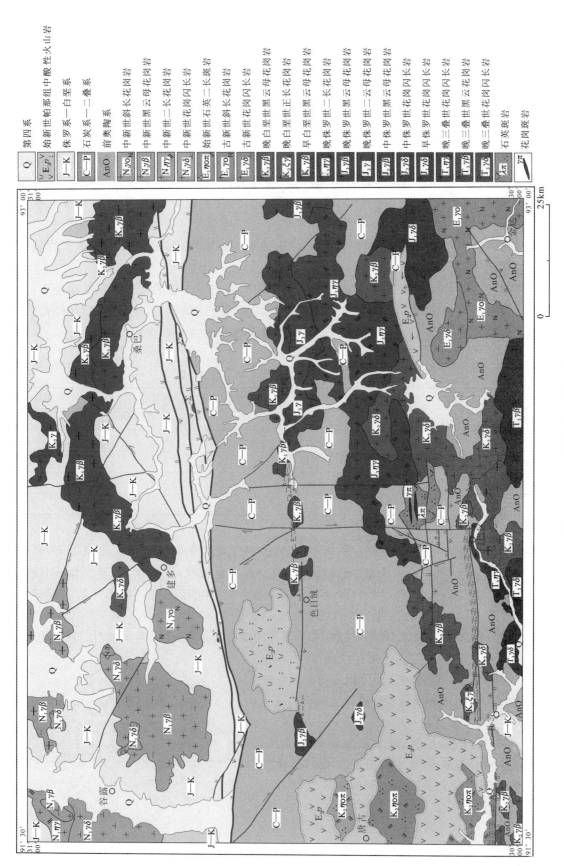

图 3-1 门巴区幅岩浆岩分布图

一、岩石学特征

区内的超镁铁质—镁铁质岩石呈透镜状或不规则状冷侵位于侏罗纪地层中。岩石类型较多，但是各岩石类型之间多呈渐变过渡关系，只有辉长岩局部地段可见其呈脉状侵入于超镁铁质岩石中。主要的岩石类型有蛇纹石化纯橄岩、方辉橄榄岩、单辉橄榄岩、橄辉岩和辉长岩（图版 XIII-1 至图版 XIII-4）。值得说明的是，前人在此地区工作时曾认定该岩体是蛇绿岩套（赵政璋等，2001）。本次在凯蒙沟测制了超镁铁质—镁铁质岩体剖面。实测剖面研究结果显示，该岩体的出露宽度（平距）只有 550.4m，而非 2km，东西向延长约 2.0km；岩石类型上，除上述的岩石类型外，在本地没有发现玄武岩和硅质岩。鲍佩声（1986）曾指出，有两个岩石组合很重要，一个是方辉橄榄岩-纯橄岩-二辉橄榄岩超镁铁质岩组合，一个是细碧角斑岩组合。即使它们单独产出，也可以据此鉴别为蛇绿岩系的成员。因此，我们认为该地出露的超镁铁质—镁铁质岩体是发育不全的蛇绿岩。在此岩体中也发育交错的小型断层，但是很少有外来岩块的加入，是被嘉黎深大断裂破坏了的超镁铁质—镁铁质岩体的残留。

蛇纹石化纯橄岩 岩石呈绿黑色，常具滑感，蛇纹石化强，可见少量的橄榄绿色的橄榄石，其余均为蛇纹石。显微镜下观察，可见网状蛇纹石集合体中间未蚀变的橄榄石，这些橄榄石沿解理和裂纹也均有不同程度的蛇纹石化（图版 XIII-1）。其矿物含量统计见表 3-1。

表 3-1   超镁铁质—镁铁质岩类矿物含量统计表   （%）

岩石名称	样品数	蛇纹石	橄榄石	单斜辉石	斜方辉石	斜长石	金属矿物
蛇纹石化纯橄岩	3	74～64	20～30	5			少量
方辉橄榄岩	2	70	个别		30		少量
单辉橄榄岩	5	76～74	2～4	21			少量
橄辉岩	2	36.5	<1	62.5			少
辉长岩	3	5		38.3		56.7	少

方辉橄榄岩 岩石呈黑色或绿黑色，手标本具滑感，可见细粒的辉石颗粒。显微镜下，橄榄石几乎全部蛇纹石化，个别颗粒中间还残留有橄榄石；斜方辉石呈粒状、短柱状，解理发育，一级黄干涉色，呈平行消光，在岩石中分布较均匀，部分辉石边部有纤闪石化现象（图版 XIII-3）。其矿物含量统计见表 3-1。

单辉橄榄岩 岩石呈黑色或绿黑色，块状，可见黑色的辉石晶体，其余的为蛇纹石。显微镜下，单斜辉石呈粒状或短柱状，最高干涉色可达二级黄绿，斜消光 Ng'∧C=40°～44°，分布比较均匀。大部分橄榄石已全部蛇纹石化，少量蛇纹石中还残留着橄榄石。副矿物主要为不透明的铁质物质。矿物含量统计见表 3-1。

橄辉岩：岩石呈黑色，块状，可见细粒的辉石晶体，多呈短柱状。在辉石颗粒中间还可见蛇纹石。显微镜下可见蛇纹石呈浑圆状的集合体，分布于辉石颗粒中间，橄榄石已全部蛇纹石化。辉石呈半自形短柱状、粒状，解理发育，沿解理可见微粒的铁质，斜消光，并发育简单双晶。在辉石和蛇纹石（Sep）的接触部位，还见发育辉石的再生边（图 3-2）。这种现象可能与岩石受后期热扰动有关。其矿物含量统计见表 3-1。

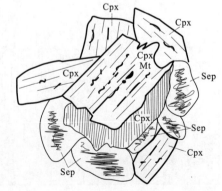

图 3-2   辉石再生边；沿解理析出的磁铁矿
(—)×40($P_{10}B_{12-2}$)

辉长岩 岩石呈灰黑色,块状,手标本上可分辨出半自形的辉石和斜长石。显微镜下,辉石呈半自形短柱状、粒状,多为中细粒,解理发育,最高干涉色可达二级黄绿,斜消光,消光角约为41°,在岩石中分布比较均匀。斜长石呈半自形板状、粒状,双晶清楚,双晶纹较稀疏,An=67,为拉长石。部分辉长岩中含有少量的橄榄石,虽已蛇纹石化,但其晶形仍可分辨。该类岩石在其产出地带与围岩(超镁铁质岩石)界线清楚,具侵入接触的特征。

二、岩石地球化学特征

区内的蛇绿岩岩石化学分析结果及CIPW值的计算结果列于表3-2中。从表中可以看出,此类岩石贫硅、贫碱,而富铁、镁、钙。Al_2O_3的含量不稳定。从CIPW值的计算结果看,基本不含石英,只有$P_{10}B_{7-2}$号样品出现计算的标准矿物石英,说明该类岩石多为SiO_2不饱和的岩石。标准矿物计算主要出现的是不饱和矿物橄榄石(有两个样品还出现霞石和白榴石)与饱和矿物辉石、长石类矿物。只有$P_{10}B_{7-2}$不同,该岩石受变形作用较强,出现过饱和矿物石英,而无不饱和矿物橄榄石,其标准矿物组合为过饱和矿物加饱和矿物。该岩石的SiO_2过饱和可能与变形过程中沿裂隙充填的石英和方解石脉有关。

表3-2 超镁铁质—镁铁质岩岩石化学分析及CIPW值计算结果 (%)

样品号	P10B10-2	P10B7-2	P10B5-2	P10B12-2	YQ1239	P10B3-1	YQ1643
岩石名称	辉长岩	橄长岩	单辉橄榄岩	橄榄辉长岩	辉长岩	橄榄岩	方辉橄榄岩
SiO_2	46.68	39.98	42.58	39.46	39.24	41.60	37.10
TiO_2	0.17	0.09	0.10	0.06	0.02	0.06	0.03
Al_2O_3	18.25	14.21	16.16	23.98	17.71	4.40	0.48
Fe_2O_3	1.12	1.15	0.96	0.79	1.34	6.14	3.44
FeO	1.92	1.86	2.20	1.56	3.88	2.97	3.60
MnO	0.057	0.072	0.074	0.056	0.074	0.140	0.010
MgO	10.31	10.03	14.13	9.25	18.01	30.18	41.77
CaO	16.96	19.41	17.92	18.22	9.80	2.87	0.40
Na_2O	0.75	0.07	0.20	0.24	0.38	0.06	0.02
K_2O	0.02	0.06	0.03	0.10	0.01	0.01	0.02
P_2O_5	0.02	0.02	0.02	0.02	0.02	0.02	0.02
H_2O	2.18	6.10	5.24	6.25	9.12	11.26	12.69
CO_2	0.76	6.29	0.12	0.25	0.20	0.15	0.24
Q	—	2.94	—	—	—	—	—
C	—	—	—	—	—	—	0.34
Or	0.12	0.38	—	—	0.07	0.07	0.14
Ab	6.53	0.63	—	—	3.54	0.57	0.19
An	47.74	41.01	45.57	68.08	51.39	13.20	0.40
Ne	—	—	0.97	1.17	—	—	—
Lc	—	—	0.15	0.49	—	—	—
Di	26.65	15.37	37.38	20.68	0.62	1.31	—
DiWo	14.17	8.17	19.88	11.00	0.33	0.70	—
DiEn	11.41	6.56	16.03	8.84	0.26	0.60	—
DiFs	1.07	0.64	1.46	0.85	0.03	—	—

续表 3-2

样品号	P10B10-2	P10B7-2	P10B5-2	P10B12-2	YQ1239	P10B3-1	YQ1643
岩石名称	辉长岩	橄长岩	单辉橄榄岩	橄榄辉长岩	辉长岩	橄榄岩	方辉橄榄岩
Hy	11.59	22.32	—	—	6.61	48.71	17.67
HyEn	10.59	20.33	—	—	5.82	48.37	17.06
HyFs	1.00	1.98	—	—	0.79	0.35	0.61
Ol	3.53	—	16.44	12.20	35.07	25.53	74.79
OlFo	3.20	—	14.94	11.04	30.50	25.33	71.95
OlFa	0.33	—	1.50	1.17	4.57	0.20	2.84
Mt	1.67	1.79	1.47	1.22	2.14	10.05	5.72
Hm	—	—	—	—	—	—	—
Il	0.33	0.18	0.20	0.12	0.04	0.13	0.07
Ap	0.05	0.05	0.05	0.05	0.02	0.05	0.05
Mg′	0.86	0.87	0.86	0.89	0.89	0.86	0.91

注：由河北地矿局廊坊实验室分析。

方辉橄榄岩和单辉橄榄岩均遭受强烈的蛇纹石化和滑石化，其化学成分特点为：SiO_2含量低，平均为39.35%；全碱含量（K_2O+Na_2O）平均为0.055%，较低；Al_2O_3含量低，平均为2.24%；CaO含量也很低，平均只有1.62%；$FeO+Fe_2O_3$较高，平均为8.1%；MgO含量高，在30.18%～41.77%之间；Mg′为0.91；MgO/FeO比值平均为10.88。

橄长岩的化学成分特点为：SiO_2为39.24%～39.46%，平均为39.35%；全碱含量（K_2O+Na_2O）平均为0.37%，较低；Al_2O_3含量较高，平均为20.8%；CaO含量也较高，平均为14.01%；$FeO+Fe_2O_3$较低，平均为3.79%；MgO含量高，平均为13.63%；Mg′为0.86；MgO/FeO比值平均为5.46。

辉长岩的化学成分特点表现为：SiO_2为39.98%～46.68%，平均为43.08%；全碱含量（K_2O+Na_2O）平均为0.38%，比世界和中国辉长岩的平均值（4.15%）要低；Al_2O_3为14.21%～18.25%，含量较高，平均为16.2%；CaO含量也较高，平均为18.10%；$FeO+Fe_2O_3$较低，平均为3.07%；MgO含量高，平均为11.49%；Mg′为0.86～0.89；MgO/FeO比值平均为5.72。

从上述特点可以看出：本区蛇绿岩的岩石组合从残余地幔岩的方辉橄榄岩、单辉橄榄岩到堆积的橄长岩、辉长岩，它们的化学成分发生有规律的变化，即SiO_2、Al_2O_3、CaO、K_2O+Na_2O的含量逐渐增加，而$FeO+Fe_2O_3$、MgO、Mg′、MgO/FeO的含量逐渐减少，具有明显的岩浆结晶分异演化趋势。

蛇绿岩的稀土元素分析结果列于表3-3中。从表中可以看出，所有稀土元素含量均很低，稀土总量很低，ΣREE值从0.415～3.272，从方辉橄榄岩—单辉橄榄岩—橄长岩—辉长岩有稀土总量增加的趋势，从稀土元素配分图上可以看出（图3-3），区内的橄榄岩（两个样）的稀土配分曲线呈平坦型，轻稀土略有亏损，轻稀土曲线稍有右倾，这种现象可能与混有少量地壳物质有关。重稀土相对富集，具有明显的正铕异常，δEu值都较高，在2.03以上，曲线上凸明显。橄长岩与橄榄岩的稀土配分形式基本一致，只有其铕的正异常不太明显，这可能是由于岩石中含斜长石的数量较少而造成的。辉长岩（3个样品）则都表现为左倾式的曲线形式，轻稀土亏损，重稀土相对富集，具有较明显的正铕异常。本区的蛇绿岩稀土元素含量及配分形式图与Trodos蛇绿岩基本一致，区内的蛇绿岩的原岩可能来源于亏损地幔岩。

第三章 岩浆岩

表 3-3 超镁铁质—镁铁质岩稀土元素分析结果 (×10⁻⁶)

样品号	La	Ce	Pr	Nd	Sm	Eu	Gd	Tb	Dy	Ho	Er	Tm	Yb	Lu	ΣREE	$(La/Yb)_N$	δEu
P10B10-2	0.11	0.41	0.069	0.397	0.17	0.15	0.29	0.074	0.46	0.127	0.41	0.07	0.46	0.075	3.272	0.16	2.03
P10B7-2	0.09	0.15	0.027	0.129	0.062	0.06	0.12	0.030	0.21	0.060	0.21	0.043	0.24	0.041	1.472	0.25	2.35
P10B5-2	0.05	0.14	0.024	0.142	0.074	0.08	0.14	0.031	0.18	0.047	0.14	0.023	0.12	0.025	1.216	0.28	2.18
P10B12-2	0.23	0.38	0.048	0.216	0.075	0.12	0.08	0.019	0.12	0.024	0.09	0.013	0.09	0.017	1.522	1.71	2.36
YQ1239	0.16	0.25	0.035	0.181	0.048	0.08	0.06	0.010	0.06	0.014	0.04	0.009	0.06	0.012	1.019	1.80	2.07
P10B3-1	0.12	0.18	0.014	0.084	0.028	0.03	0.06	0.130	0.11	0.028	0.08	0.018	0.11	0.025	1.017	0.74	2.46
YQ1643	0.09	0.16	0.012	0.04	0.017	0.01	0.01	0.003	0.02	0.004	0.01	0.004	0.03	0.005	0.415	2.02	2.21

注:岩石名称同表3-2,由廊坊地球物理地球化学勘查研究所分析。

区内蛇绿岩的微量元素分析结果列于表3-4中。从表中可以看出,区内蛇绿岩的微量元素丰度特征明显,与地壳平均含量相比较,Ba、Rb、Sr、Ga、Ta、Zr、Th、U 等均处于亏损状态,而 Cr、Ni、Co 有不同程度的富集,其中 Cr 最大富集达地壳平均值的 22 倍,Ni 可高出地壳平均值的 56 倍,Co 则与地壳平均值相当,最高高出地壳平均值的 7 倍,微量元素蛛网图示于图 3-4 中。除 Rb、Ba、Sr 外,其余的微量元素与原始地幔相比均呈亏损状态,也说明本区的蛇绿岩的原岩可能来自亏损的地幔岩。

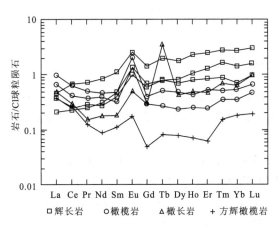

图 3-3 超镁铁质—镁铁质岩稀土元素配分图

表 3-4 超镁铁—镁铁质岩的微量元素分析结果 (×10⁻⁶)

样品号	Ba	Rb	Sr	Ga	Ta	Nb	Hf	Zr	Ti	Y	Th	U	Cr	Ni	Co	Ba/Nb	Th/Nb
P10B10-2	43	2	68	10.7	0.04	0.21	0.43	11	1 019	3.5	0.07	0.03	1 890	247	22	204.8	0.33
P10B7-2	19	3	28	8.7	0.05	0.17	0.42	11	540	1.8	0.04	0.04	566	205	23	166.7	0.23
P10B5-2	42	3	95	6.8	0.07	0.18	0.54	10	599	1.2	0.05	0.02	996	367	30	153.0	0.38
P10B12-2	35	3	118	9.4	0.08	0.21	0.31	10	360	0.8	0.06	0.03	166	336	25	233.3	0.28
YQ1239	32	3	115	9.1	0.06	0.2	0.37	9	120	0.4	0.05	0.03	94	756	67	111.8	0.24
P10B3-1	20	2	9	3.5	0.04	0.08	0.45	10	360	0.7	0.05	0.02	1 903	2 284	145	160.0	0.25
YQ1643	12	2	7	2.3	0.02	0.15	0.71	10	180	0.1	0.05	0.03	1 139	3 283	150	80.0	0.33

三、副矿物特征

本区超镁铁质—镁铁质岩中,橄榄岩副矿物主要有铬铁矿、锆石等。显微镜下所见到的多为铬铁矿,而锆石、磷灰石等少见。人工重砂分析结果(RZ_{1239})表明:橄榄岩中所含副矿物主要为铬铁矿(3 370mg)、黄铁矿(78mg)、锆石(40mg)、黄铜矿(26mg),还有少量的磷灰石和金红石。锆石的晶型为岩浆型锆石(图 3-5)。超镁铁质岩中锆石呈自形晶,粉色,金刚光泽,呈透明状。伸长系数在 1.8~3.0 之间,个别可达 4.5 左右。锆石由柱面{100}、{110},锥面{111}和偏锥{311}、{131}聚型组成,为岩浆型锆石。

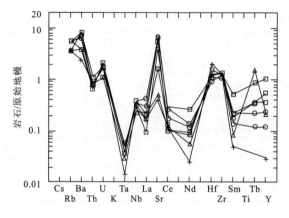

图 3-4 超镁铁质—镁铁质岩微量元素蛛网图
（图例同图 3-3）

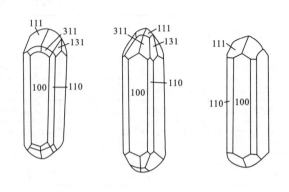

图 3-5 橄榄岩中锆石晶型（RZ_{1239}）

四、成因讨论

区内的蛇绿岩出露面积很小，不到岩浆岩出露面积的 0.04%，主要沿嘉黎断裂带呈断续分布。前人对该断裂带的研究表明，嘉黎断裂带的地质特征和遥感图像特征以及重磁异常特征都十分明显。

凯蒙沟蛇绿岩的发现验证了嘉黎断裂带的确为一条重要的板块缝合带，尽管该蛇绿岩套由于后期断层的破坏出露并不完整。凯蒙蛇绿岩系由蛇纹石化纯橄岩、方辉橄榄岩、单辉橄榄岩、橄辉岩、橄长岩和辉长岩等组成，在 Coleman（1977）的 $Al_2O_3 - CaO - MgO(w_B\%)$ 图解中（图 3-6），区内的橄榄岩投影点落于不同的位置，其中的方辉橄榄岩投影点落入变质橄榄岩区内；单辉橄榄岩的投影点落于超镁铁质堆积岩区内；而蚀变橄榄岩投影点则落入镁铁质堆积岩区附近。说明区内的橄榄岩是以堆晶橄榄岩为主。3 个辉长岩样品无一例外地落入镁铁堆积岩区内，表明了该类岩石的

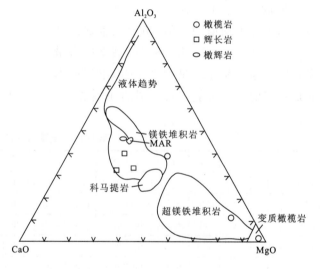

图 3-6 $Al_2O_3 - CaO - MgO(w_B\%)$ 图解
（据 Coleman,1977）

堆积成因。橄长岩样品的投影点亦落入了镁铁堆积岩区内，说明其堆积成因。因此，从图 3-6 的图解中可以初步判断，本区的蛇绿岩可能主要为堆积成因。

利用不相容元素成岩构造环境判别图（图 3-7；李曙光，1993）可以大致确定基性熔岩和辉长岩的成岩构造环境，由图 3-7 可以看出，本区的蛇绿岩为界于岛弧-弧后盆地构造环境下的地幔岩。在玄武岩的 $Hf/3 - Th - Nb/16$ 判别图解上（图 3-8），所有点均落入岛弧拉斑玄武岩区。所有稀土元素含量均很低，稀土总量很低，ΣREE 值从 0.415～3.273。从稀土元素配分图上表现为左倾式的曲线形式，轻稀土亏损，重稀土相对富集，具有较明显的正铕异常。蛇绿岩稀土元素的这些特征也表明，区内的蛇绿岩的原岩可能来源于亏损的地幔岩。大离子亲石元素 Rb、Ba、Sr 等的富集说明岩浆在上升过程中受到俯冲洋壳析出的熔体和上地壳物质的同化混染。

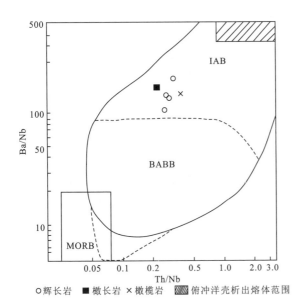
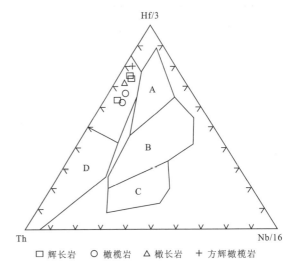

图 3-7 Ba/Nb-Th/Nb 图解
IAB.岛弧玄武岩;BABB.弧后盆地玄武岩;
MORB.洋中脊拉斑玄武岩

○辉长岩 ■橄榄岩 ×橄长岩 ▨俯冲洋壳析出熔体范围

图 3-8 Hf/3-Th-Nb/16 图解
A.大洋玄武岩;B.大洋玄武岩、板内玄武岩;
C.板内玄武岩;D.岛弧玄武岩

□辉长岩 ○橄榄岩 △橄长岩 ＋方辉橄榄岩

五、蛇绿岩的形成时代

1. 采样位置及测试方法

所选锆石的母岩为橄长岩（TW1239），野外采样于凯蒙沟 P_{10} 剖面。将野外所采样品破碎至 80～120 目，用水淘洗粉尘后，先用磁铁除去磁铁矿等磁性矿物，再用重液选出锆石，然后在双目镜下精选，将样品锆石在玻璃板上用环氧树脂固定、抛光，再进行反射光和透镜光照射，并进行背散射图像分析，以确定单颗粒锆石的形态、结构来标点测年点，同时进行阴极发光图像分析，以确定单颗粒锆石晶体的形态、结构来标定测年点，最后用超声波在去离子水中清洗约 10min 后镀金膜并上机测年。锆石 U-Pb 同位素分析由中国地质科学院地质研究所的 SHRIMP-Ⅱ 离子探针完成，详细流程参考宋彪等（2002）的文献进行，用 Isoplot 软件处理数据，用 ^{204}Pb 进行普通 Pb 校正，同位素比值为 1δ 相对误差，年龄加权平均值为 95% 置信度误差。

2. 锆石 SHRIMP U-Pb 定年结果

背散电子图像研究显示（图 3-9），分离出来的单颗粒锆石为柱状自形晶，长度 100～200μm，长宽比为（2∶1）～（5∶1），柱面发育，具明显的环带结构，显示岩浆结晶成因特点（Paterson B A 等,1992）。其分析结果见表 3-5。所获年龄除点 TW1239-9.1、TW1239-19.1 较大外，其余均较稳定（图 3-10），14 个样品的加权平均值为（218.2±4.6）Ma，MSWD=4.61。测年结果表明凯蒙沟蛇绿岩形成于晚三叠世。

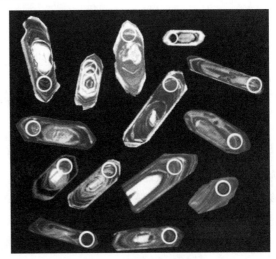

图 3-9 样品背散射影像

表 3-5 凯蒙沟蛇绿岩(TW1239)的 SHRIMP 锆石 U-Pb 年龄分析结果

TW1239	$^{206}Pb_c$ (%)	U ($\times 10^{-6}$)	Th ($\times 10^{-6}$)	$^{232}Th/^{238}U$	^{206}Pb ($\times 10^{-6}$)	$^{206}Pb/^{238}U$ Age		$^{207}Pb/^{206}Pb$ Age		$^{208}Pb/^{232}Th$ Age		$^{238}U/^{206}Pb$	±%	$^{207}Pb/^{206}Pb$	±%	$^{207}Pb/^{235}U$	±%	$^{206}Pb/^{238}U$	±%
1.1	0.43	1 879	613	0.34	57.1	223.3	±3.2	430	±74	227	±12	28.37	1.4	0.055 5	3.3	0.269 5	3.6	0.035 25	1.4
4.1	1.22	788	287	0.38	23.2	216.4	±3.4	661	±62	241.2	±7.5	29.29	1.6	0.061 6	2.9	0.290 1	3.3	0.034 14	1.6
3.1	1.17	1 522	755	0.51	45.5	219.6	±3.2	370	±78	239.6	±7.3	28.86	1.5	0.054 0	3.5	0.257 9	3.8	0.034 65	1.5
6.1	0.43	704	344	0.50	20.7	214.7	±4.6	243	±150	204	±13	29.52	2.2	0.051 1	6.7	0.238	7.0	0.033 87	2.2
7.1	1.72	587	176	0.31	16.8	208.7	±3.8	478	±250	241	±36	30.38	1.9	0.056 6	11	0.257	11	0.032 91	1.9
8.1	0.24	1 798	206	0.12	56.1	229.1	±3.1	73	±95	210	±28	27.64	1.4	0.047 5	4.0	0.237	4.2	0.036 18	1.4
9.1	0.24	1 248	538	0.45	44.5	261.1	±4.9	765	±62	254.6	±8.7	24.20	1.9	0.064 7	2.9	0.369	3.5	0.041 33	1.9
11.1	0.45	1 147	1 128	1.02	35.2	224.8	±3.1	397	±78	223.6	±9.5	28.18	1.4	0.054 6	3.5	0.267 2	3.7	0.035 48	1.4
13.1	0.87	492	148	0.31	13.9	207.1	±3.3	300	±81	213.8	±8.3	30.63	1.6	0.052 3	3.6	0.235 6	3.9	0.032 65	1.6
14.1	1.20	640	169	0.27	19.7	224.3	±3.8	240	±44	221	±29	28.25	1.7	0.045 2	9.9	0.221	10	0.035 40	1.7
15.1	1.85	702	255	0.38	20.1	208.9	±4.0	550	±190	242	±23	30.35	1.9	0.058 5	8.9	0.266	9.1	0.032 94	1.9
16.1	1.28	1 012	460	0.47	31.8	224.5	±3.4	469	±140	247	±12	28.22	1.6	0.056 4	6.3	0.276	6.5	0.035 44	1.6
17.1	1.20	1 026	315	0.32	31.6	226.3	±3.2	517	±51	264.7	±7.8	27.99	1.4	0.057 7	2.3	0.284 1	2.7	0.035 73	1.4
18.1	0.26	919	256	0.29	27.3	218.2	±3.3	290	±71	211.7	±6.7	29.05	1.5	0.052 1	3.1	0.247 3	3.5	0.034 42	1.5
19.1	0.78	512	257	0.52	26.7	378.8	±8.9	570	±54	396	±13	16.52	2.4	0.059 1	2.5	0.493	3.5	0.060 5	2.4
20.1	1.15	669	146	0.23	18.7	204.6	±4.8	318	±150	214	±27	31.02	2.4	0.052 7	6.7	0.234	7.1	0.032 24	2.4

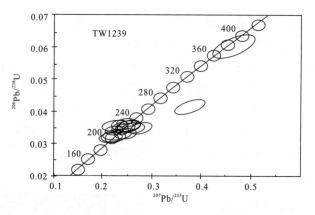

图 3-10 锆石 U-Pb 年龄谐和图(TW1239)

第二节 花岗质侵入岩

区内的花岗质侵入岩极为发育,约占岩浆岩出露总面积的 80%(见图 3-1)。从分布上看,可分为南、中、北 3 条近东西向的岩浆岩带,还有 1 条是图幅西北角的北东向的花岗岩带(图幅内只出露该带的一小部分)。从侵入时代上看,区内从晚三叠世开始直到中新世几乎都有花岗岩的侵入活动,只有早、中侏罗世花岗岩在本区出露较少。从岩石类型上看,主要为花岗岩类岩石,斜长花岗岩—钾长花岗岩均有出露。下面按侵入时代分别叙述各时代花岗岩的岩石学、岩石地球化学及形成的构造环境方面的特征。

一、晚三叠世花岗岩

区内晚三叠世花岗岩主要分布于图幅的南部,仲达—门巴一带,出露面积约为 $279km^2$,其岩石类型主要有黑云母花岗岩、花岗闪长岩和二长花岗岩类,还见有一小块闪长玢岩的小岩体。

1. 岩石学特征

该时代的侵入岩均侵入于前奥陶纪、二叠纪地层中,其中部分岩体又被晚白垩世的花岗岩侵入。在与前奥陶纪松多群的接触带附近,可明显看见侵入体切断岩石片理,并见有花岗质脉岩侵入于该地层中(图版Ⅻ-1),岩体中也可见到变质岩的小捕虏体。但是,岩体的外接触带上,由于前奥陶纪松多群岩石为变质岩,加之岩体较小,多为较小的岩株状,因此接触变质现象不明显,局部可见硅化现象。后期花岗岩(晚白垩世)又侵入于晚三叠世花岗岩中,并在晚白垩世花岗岩中发现有二长花岗岩的包体,证实它们的侵入关系是正确的。

角闪黑云二长花岗岩 岩石呈深灰色或灰黑色,块状构造,岩体边部局部亦可见弱片麻状构造。其中常含有暗色大小不等的浑圆形包体,包体岩性多为闪长质或石英闪长质的岩石块,边界与二长花岗岩多呈渐变过渡状。岩相学的研究结果表明,二长花岗岩的矿物成分主要由黑云母、角闪石、石英、斜长石和钾长石组成,其矿物含量统计见表3-6。岩石中的石英多呈它形粒状,粒度大小不等,多呈长石之间填隙物式产出。长石呈半自形、板状晶形,斜长石较钾长石自形程度稍高些。钾长石以条纹长石和微斜长石为主,格子状双晶和条纹结构均较发育,一般均为正条纹长石,少量条纹长石呈斑晶产出。条纹长石中常可见有细粒斜长石的包体并出现交代净边结构[图3-11(a)]。斜长石双晶发育,双晶纹细而密,多为酸性斜长石。在钾长石中包裹的斜长石有的部分被溶蚀呈不规则状[图3-11(b)]。大部分斜长石均有不同程度的绢云母化。岩石中的黑云母和角闪石则有不同程度的绿泥石化。

表3-6 晚三叠世花岗岩矿物含量统计表

岩石名称	样品数	矿物含量(%)					副矿物
		钾长石	斜长石	石英	黑云母	角闪石	
角闪黑云二长花岗岩	7	32.1	33.1	28.6	5.7	2.1	锆石、磁铁矿、榍石等
花岗闪长岩	7	11.4	46.5	29.1	8.0	5.0	
黑云母花岗岩	3	54.3	15.0	25.0	5.7	—	

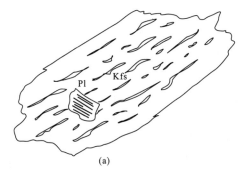
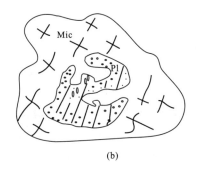

图3-11 条纹长石中斜长石包体的交代净边结构[(a),(+)×40]和微斜长石中包含的斜长石被部分溶蚀[(b),(+)×40(P_4B_{30-2})]

花岗闪长岩 岩石多呈灰白色,块状构造。主要矿物成分为石英、钾长石、斜长石、黑云母和角闪石。其矿物含量统计见表3-6。岩石中的石英呈它形粒状,多充填于长石间的孔隙中,形态不规则,粒度大小不等。钾长石呈半自形板状,多为微斜长石,少数含条纹长石。钾长石表面常具有不同程度的高岭石化。斜长石双晶发育,呈半自形板状,大部分与钾长石接触边界处均有轻微的交代作用,少数颗粒边缘还见有蠕英结构[图3-12(a)]。岩石中的部分斜长石具有清楚的环带结构[图3-12(b)]。大部分斜长石都有不同程度的绢云母化,表面较脏。黑云母呈褐—淡黄褐色多色性,一般无定向排列,沿其边部或解理缝有不同程度的绿泥石化。角闪石呈绿—淡黄绿色多色性,常和黑云母一起产出,分布不均匀,其边部常见有绿泥石化或纤闪石化(图版XIII-7、图版XIII-8)。

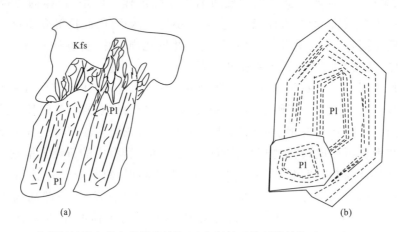

图3-12 花岗闪长岩中的交代蠕英结构(a)和斜长石的环带结构(b),(+)×40(P_4B_{22-1})

黑云母花岗岩 岩石呈灰白色,块状构造。岩相学研究表明,岩石主要由石英、长石和黑云母组成。石英呈它形粒状,粒度大小不等,常以大小不等的颗粒充填于长石的孔隙中,局部相对集中呈团块状分布。矿物含量统计见表3-6。钾长石呈半自形粒状,以条纹长石为主,偶见微斜长石。其中常含有少量的细粒斜长石包体,构成包含结构。钾长石的表面常有不同程度的高岭石化,条纹结构比较发育。斜长石呈半自形板状,双晶比较发育,双晶细而密,多为酸性斜长石,斜长石表面常有不同程度的绢云母化。黑云母呈褐绿色,具较明显的褐绿—淡黄色的多色性,在岩石中分布不太均匀,常集中呈团块状分布。沿黑云母边部和解理常有不同程度的绿泥石化,部分黑云母已全部蚀变为绿泥石(图版XIV-3)。

2. 岩石地球化学特征

对区内的二长花岗岩及花岗闪长岩进行了岩石化学分析,分析数据及CIPW计算结果列于表3-7中。从表中可以看出,岩石富硅、铝和碱质。SiO_2含量在66.97%~74.1%之间;Al_2O_3含量在13.27%~15.27%之间,K_2O+Na_2O的含量在5.88%~7.15%之间。贫铁、镁、钙:ΣFeO含量在1.17%~4.52%之间,MgO在0.46%~2.02%之间,CaO的含量则在1.71%~4.33%之间。CIPW计算结果显示,岩石样品均含有过饱和矿物石英,且含量较高,在25.5%~35.92%之间,说明晚三叠世花岗岩均为二氧化硅过饱和岩石。另外出现的则均为饱和矿物长石和辉石类矿物。其中有5个样品出现刚玉标准分子,而3个样品的刚玉标准分子在1.17%~1.44%之间;其余两个样品不含刚玉标准分子而含有透辉石标准分子。上述计算结果表明,含有刚玉分子的5个样品属二氧化硅过饱和、铝过饱和类型;而两个含透辉石标准分子的样品则属二氧化硅过饱和的正常类型花岗岩。分异指数DI的计算结果在70.15%~86.20%之间,说明该时代的花岗质侵入岩各类岩石的分异程度都较好。

表 3-7 晚三叠世花岗岩岩石化学分析及 CIPW 值计算结果 (%)

样品号 成分\岩石名称	B125 花岗闪长岩	B127-1 花岗闪长岩	P4B13-1 二长花岗岩	P4B18-1 二长花岗岩	P4B23-1 二长花岗岩	P4B29-1 二长花岗岩	TW2 二长花岗岩
SiO_2	74.10	66.97	68.64	70.72	68.96	73.63	72.42
TiO_2	0.21	0.63	0.53	0.35	0.35	0.22	0.34
Al_2O_3	14.27	14.15	14.18	14.53	15.27	13.64	13.27
Fe_2O_3	0.32	1.74	1.37	0.45	0.53	0.42	0.47
FeO	0.85	2.78	1.82	2.58	2.35	1.38	2.55
MnO	0.03	0.09	0.07	0.08	0.09	0.05	0.08
MgO	0.46	2.02	1.70	0.95	1.10	0.61	0.85
CaO	2.05	4.33	3.39	3.17	2.81	1.71	2.53
Na_2O	4.49	3.08	3.80	2.81	2.91	3.17	2.70
K_2O	2.33	3.08	3.17	3.07	4.24	3.81	3.67
P_2O_5	0.04	0.14	0.29	0.14	0.14	0.07	0.12
H_2O	0.63	0.72	0.73	0.90	0.97	1.05	0.75
CO_2	0.04	0.08	0.08	0.04	0.04	0.04	0.04
Q	34.05	25.50	25.67	33.48	27.38	35.92	34.98
C	0.81	—	—	1.21	1.17	1.44	0.59
Or	13.89	18.39	18.93	18.36	25.39	22.82	21.92
Ab	38.26	26.27	32.43	24.02	24.90	27.13	23.04
An	9.77	15.79	12.35	14.83	13.03	7.29	11.71
Ne	—	—	—	—	—	—	—
Lc	—	—	—	—	—	—	—
Di	—	3.70	1.93	—	—	—	—
DiWo	—	1.90	1.01	—	—	—	—
DiEn	—	1.16	0.69	—	—	—	—
DiFs	—	0.64	0.24	—	—	—	—
Hy	2.17	6.11	4.84	6.38	6.29	3.48	6.06
HyEn	1.16	3.94	3.60	2.40	2.78	1.54	2.15
HyFs	1.01	2.18	1.24	3.97	3.50	1.94	3.91
Mt	0.47	2.55	2.01	0.66	0.78	0.62	0.69
Hm	—	—	—	—	—	—	—
Il	0.40	1.21	1.02	0.67	0.67	0.42	0.65
Ap	0.09	0.31	0.64	0.31	0.31	0.15	0.26
CI	3.04	13.57	9.80	7.71	7.74	4.52	7.40
DI	86.20	70.15	77.03	75.86	77.66	85.87	79.94

注：由武汉综合岩矿测试中心分析。

晚三叠世花岗岩的微量元素及稀土元素分析结果列于表 3-8 中。从表中可以看出，区内晚二叠世花岗岩的微量元素中，Ba、Rb、Nb、Zr、Y 的含量与地壳同类元素平均值比较，呈相对亏损状态，Ga、Sr 和 U 则与地壳平均值相当或略有亏损，而 Hf 和 Th 则有弱的富集。

表 3-8 晚三叠世花岗岩微量元素和稀土元素分析结果 (×10⁻⁶)

样品号 微量元素		B125	B127-1	P4B13-1	P4B18-1	P4B23-1	P4B29-1	TW2
	岩石名称	花岗闪长岩	花岗闪长岩	二长花岗岩	二长花岗岩	二长花岗岩	二长花岗岩	二长花岗岩
K		19 334	25 391	26 304	25 474	38 183	31 615	30 453
Ba		314	502	385	431	750	427	525
Rb		106	101	128	115	134	106	138
Sr		274	261	592	304	367	315	261
Ga		22.90	20.90	29.70	19.30	18.50	13.80	20
Ta		1.10	1.20	0.70	0.90	1.10	1.50	0.90
Nb		11.90	14.50	14.40	14.40	11.90	14.60	15
Hf		3.40	4	4.40	3.70	3.90	3.90	4.60
Zr		100	128	138	146	108	87	140
Ti		1 259	3 777	3 177	2 098	2 098	1 319	2 038
Y		10.02	20.68	11.95	17.73	15.28	18.56	18.50
Th		23.40	16.70	27.20	16.70	23.60	15.40	18.30
U		1.70	2.90	3.00	1.60	2.60	3.60	1.90
样品号 稀土元素		B125	B127-1	P4B13-1	P4B18-1	P4B23-1	P4B29-1	TW2
	岩石名称	花岗闪长岩	花岗闪长岩	二长花岗岩	二长花岗岩	二长花岗岩	二长花岗岩	二长花岗岩
La		21.18	31.36	47.99	30.95	46.81	18.13	36.18
Ce		37.82	62.18	88.04	75.35	78.57	31.08	63.87
Pr		4.35	7.38	10.04	7.16	8.76	3.57	7.45
Nd		14.93	26.07	34.38	22.55	28.37	11.89	27.11
Sm		2.96	5.00	5.36	4.21	4.59	2.53	5.17
Eu		0.63	1.2	1.29	1.06	1.03	0.73	1.06
Gd		2.33	4.36	3.68	3.37	3.31	2.42	3.87
Tb		0.36	0.69	0.53	0.56	0.52	0.45	0.61
Dy		1.98	4.05	2.7	3.29	2.82	3.09	3.62
Ho		0.37	0.84	0.48	0.69	0.58	0.66	0.68
Er		1.05	2.34	1.26	1.92	1.6	20.3	1.92
Tm		0.17	0.37	0.19	0.32	0.25	0.35	0.30
Yb		1.17	2.31	1.15	2.12	1.64	2.45	1.90
Lu		0.19	0.34	0.17	0.32	0.26	0.39	0.29
ΣREE		89.49	148.49	197.26	153.87	179.11	98.04	154.03

注:分析单位同表 3-7。

以此结果作微量元素蛛网图(图 3-13)。从图中可以清楚地看出,区内晚三叠世花岗岩与洋中脊花岗岩比较,Rb 和 Th 表现出强烈富集,而 Hf、Zr、Sm、Y、Yb 表现为亏损状态。

其蛛网图的总体形态与同碰撞花岗岩基本一致。

晚三叠世花岗岩的稀土元素分析结果见表 3-8,稀土元素配分形式图见图 3-14。从表中可以看出,区内晚三叠世花岗岩稀土元素的总量中等偏低。稀土配分形式表现为右倾型曲线,轻稀土相对富集,而重稀土相对亏损,具有较明显或不明显的负铕异常。

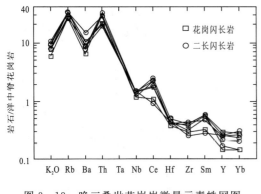

图 3-13 晚三叠世花岗岩微量元素蛛网图
(据 Pearce,1984)

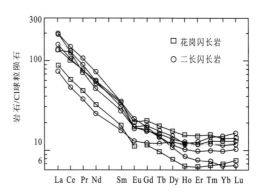

图 3-14 晚三叠世花岗岩稀土配分形式图

3. 副矿物特征

在仲达的花岗闪长岩中采集了人工重砂样品,经河北地质调查院实验室分析,该样品的副矿物组合主要为磁铁矿、褐帘石和锆石,还含有少量的磷灰石、黄铁矿等。锆石呈粉色,自形—半自形柱状,多数晶体为透明—半透明,弱金刚—金刚光泽,表面多凹凸不平,常见凹坑、沟槽及断口溶蚀等现象。裂隙发育,沿裂隙有铁染现象或有胶结物充填。气液包体较普遍,常见锥面不对称的歪晶。少数晶体透明,金刚光泽,表面光滑明亮,晶棱晶面平直、完整。

锆石的粒径在 0.05~0.5mm 之间,伸长系数主要为 2~5 或 5~8 之间,少数在 1.5~2 之间(图 3-15)。由{100}、{110}、{111}、{311}、{131}聚形组成。总体看来,该样品的锆石颜色单一,晶群集中,自形程度较高,为同源岩浆的产物。

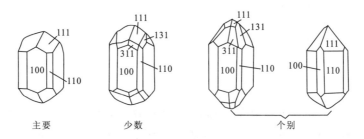

图 3-15 花岗闪长岩中锆石的形态

4. 花岗岩形成环境讨论

根据晚三叠世花岗岩的岩石化学分析结果,在 SiO_2-(Na_2O+K_2O) 图解上(图 3-16),本区晚三叠世花岗岩投影点均落入钙质花岗岩区内,说明本区该时代花岗岩均为钙碱性花岗岩类。

在 Pearce(1984)的 $(Y+Nb)$-Rb 和 Y-Nb 图解中(图 3-17、图 3-18),晚三叠世花岗岩无一例外地投影于火山弧花岗岩区内,说明本区晚三叠世的花岗岩类形成于岛弧构造环境。

在 Batchelor 和 Bawdon(1985)的 R_1-R_2 花岗岩形成环境判别图上(图 3-19),本区晚三叠世花岗岩类大部分投影点落入板块碰撞前花岗岩区内,两个样品投影点落入地幔重熔花岗岩区内,这可能暗示,本区的晚三叠世花岗岩形成于板块碰撞前的岛弧构造环境。

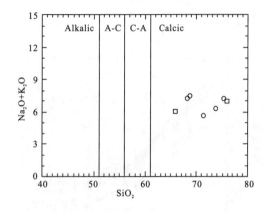

图 3-16 晚三叠世花岗岩 SiO_2-(Na_2O+K_2O) 图解

Alkalic. 碱性；A-C. 碱钙性；C-A. 钙碱性；Calcic. 钙性

（图例同图 3-13）

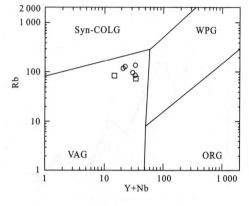

图 3-17 花岗岩 (Y+Nb)-Rb 图解

Syn-COLG. 同碰撞花岗岩；WPG. 板花岗岩；
VAG. 火山弧花岗岩；ORG. 洋中脊花岗岩

（图例同图 3-13）

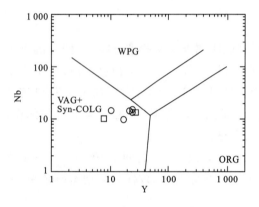

图 3-18 花岗岩 Y-Nb 图解

Syn-COLG. 同碰撞花岗岩；WPG. 板花岗岩；
VAG. 火山弧花岗岩；ORG. 洋中脊花岗岩

（图例同图 3-13）

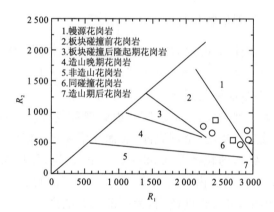

图 3-19 花岗岩 R_1-R_2 图解

（图例同图 3-13）

5. 花岗岩的年代学

区内晚三叠世花岗岩产于冈底斯花岗岩带的弧背断隆上，在仲达和门巴附近分别采集了同位素年龄样品，应用单颗粒锆石 SHRIMP U-Pb 法和角闪石 $^{40}Ar/^{39}Ar$ 法进行了同位素测年。锆石的母岩为二长花岗岩和黑云母花岗岩（TW2、TW7），所选锆石均为自形晶，阴极发光照片下具有明显的环带结构（图 3-20），锆石的 $^{232}Th/^{238}U$ 的比值大于 0.1，具岩浆锆石特点。所获得的同位素年龄比较稳定（图 3-21），平均为 $(207.5±5.4)Ma$（TW2）和 209.5Ma（TW7），测得的结果表明，仲达—门巴一带的花岗岩形成于晚三叠世。

用于 $^{40}Ar/^{39}Ar$ 年龄测定的矿物是黑云角闪花岗闪长岩中的角闪石，测试方法为快中子活化法，得出了很好的坪年龄值 $(215.2±1.1)Ma$（图 3-22），此年龄代表了仲达花岗闪长岩的年龄。上面的测试结果表明，门巴地区存在晚三叠世侵入的花岗岩类。这一事实表明，冈底斯岩浆岩带上，在晚三叠世已经存在火山岩浆弧。这就揭示了新特提斯洋在晚三叠世或更早已开始消减、俯冲，至少在门巴地区内，晚三叠世已经俯冲，而门巴地区的晚三叠世花岗岩的存在就是很好的例证。门巴地区晚三叠世钙碱性花岗岩的发现也暗示，晚三叠世时期该区的冈底斯火山-岩浆弧的东段已成雏型。

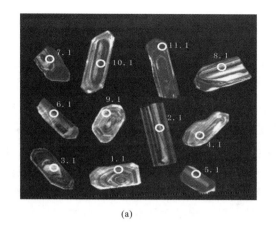
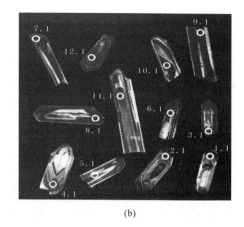

图 3-20 锆石形态阴极发光特征 TW2(a)和 TW7(b)

（圆圈为测点，数字为编号）

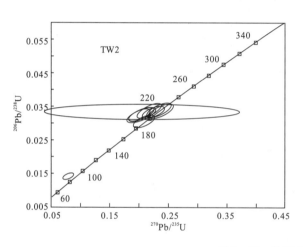
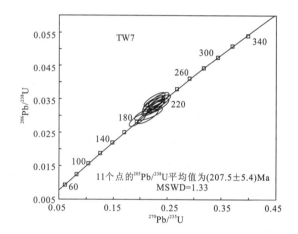

图 3-21 锆石 U-Pb 年龄谐和图

二、早侏罗世花岗岩

早侏罗世花岗岩在图幅内分布十分局限，只分布于图幅东南部的金达地区。该期花岗岩由两个花岗闪长岩的岩基组成，平面形态呈近东西向延长的透镜状。该岩基侵入于二叠系地层中，二者呈侵入接触关系，花岗闪长岩中常见有云母片岩的包体，然而在岩体的外接触带中，由于围岩为变质岩，所以没见接触变质带，但可见有花岗岩的细脉进入变质岩中。

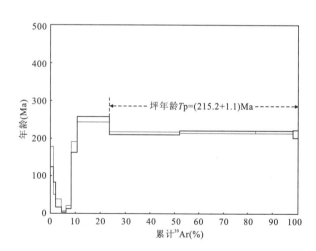

图 3-22 角闪石 $^{40}Ar/^{39}Ar$ 年龄图谱(TW4)

1. 岩石学特征

早侏罗世花岗岩的岩性为花岗闪长岩，岩石呈灰白色或黑灰色，块状构造。岩石中常可见少量呈浑圆状或透镜状产出的细晶闪长岩包体，包体边部与花岗闪长岩呈不清楚的分界，亦见有渐变过渡的关系（图版 XIII-7）。这些包体可能是岩体侵入时从深部带上来的深源包体。从标本上可以看出,靠近包体的边部,暗色矿物含量明显增多,远离包体处则各矿物含量比较均匀。岩相学研究表明,岩石呈半自形中细粒结构,块状构造,主要由石英、斜长石、钾长石、黑云母和角闪石组成,其矿物含量统计结果见表3-9。石英呈它形粒状,粒度变化于0.2～2.5mm之间,大部分石英呈细粒充填于长石组成的空隙中;钾长石呈半自形板状,粒度较均匀,粒度一般在1.2～3.5mm之间,个别颗粒的粒度可达5.0mm左右,主要为条纹长石,条纹结构发育,其中常含有少量细粒斜长石包体,并常出现交代净边结构,钾长石的表面常有不同程度的高岭石化;斜长石呈半自形板状,粒度在0.5～4.0mm之间,聚片双晶发育,多为中更长石,An=25—32,斜长石常有不同程度的绢云母化;黑云母呈褐色,具褐—淡黄褐色多色性,呈反吸收性,在岩石中分布不太均匀,常与角闪石一起构成团块状分布特点;角闪石呈绿色,具绿色—淡黄绿色多色性,解理发育,呈二级蓝绿—二级黄绿的最高干涉色,斜消光,$Ng'\wedge C$ 为 21°～24°,在岩石中常与黑云母一起呈团块状产出,分布不均匀。

表3-9　早侏罗世花岗闪长岩矿物含量统计表

岩石名称	样品数	矿物含量(%)					
		钾长石	斜长石	石英	黑云母	角闪石	副矿物
花岗闪长岩	2	12.5	50.0	27.5	3.5	6.5	锆石和磁铁矿

2. 岩石地球化学特征

对区内的早侏罗世花岗闪长岩进行了岩石化学全分析,其分析和 CIPW 计算结果示于表3-10中。从表中可以看出,与中国主要岩浆岩平均化学成分比较,区内的花岗闪长岩的 SiO_2、Fe_2O_3、Na_2O、K_2O 等氧化物含量稍低,而 FeO、MgO 和 CaO 含量稍有升高。标准矿物计算结果表明,该花岗闪长岩计算的标准矿物分子含石英标准分子,属 SiO_2 过饱和型;不含刚玉分子,属次铝型;含饱和矿物透辉石、紫苏辉石和长石类矿物,属正常类型的花岗岩,分异程度较低。

表3-10　早侏罗世花岗闪长岩岩石化学分析及 CIPW 值计算结果　　(%)

样品号	岩石名称	SiO_2	TiO_2	Al_2O_3	Fe_2O_3	FeO	FeO^*	$Fe_2O_3^*$	MnO	MgO	CaO
B553-1	花岗闪长岩	62.76	0.61	15.53	1.66	3.82	5.31	5.90	0.12	3.04	5.73
样品号	岩石名称	Na_2O	K_2O	P_2O_5	H_2O	CO_2	Q	C	Or	Ab	An
B553-1	花岗闪长岩	2.49	2.53	0.18	1.28	0.04	21.20	—	15.19	21.36	24.04
样品号	岩石名称	Ne	Lc	Di	DiWo	DiEn	DiFs	Hy	HyEn	HyFs	Ol
B553-1	花岗闪长岩	—	—	2.86	1.46	0.85	0.54	11.25	6.86	4.38	—
样品号	岩石名称	OlFo	OlFa	Mt	Hm	Il	Ap	CI	DI		
B553-1	花岗闪长岩	—	—	2.44	—	1.18	0.40	17.72	57.75		

注:由武汉岩矿测试中心分析。

根据上述分析结果,投影于硅-碱图中(图3-23),投影点落入钙碱性花岗岩中,说明其形成可能与构造挤压环境有关。在 A/CNK-ANK 图解中(图3-24),区内早侏罗世花岗闪长岩的投影点落入次铝质花岗岩区内,为 I 型花岗岩类。综合上述,区内早侏罗世花岗闪长岩为钙碱性、次铝质、分异程度较差的、可能形成于挤压环境的 I 型花岗岩。

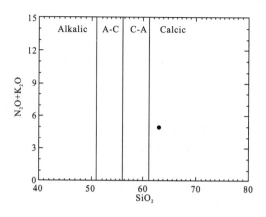 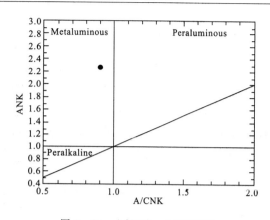

图 3-23 SiO$_2$-(Na$_2$O+K$_2$O)图解

Alkalic. 碱性；A-C. 碱钙性；C-A. 钙碱性；Calcic. 钙性

图 3-24 A/CNK-ANK 图解

Metaluminous. 次铝质；Peraluminous. 过铝质；Peralkaline. 过碱质

该花岗闪长岩的微量元素和稀土元素分析结果见表 3-11。从表中可以看出，微量元素与地壳元素丰度比较，富 Ga 和 Hf，其余元素均呈持平或略有亏损。如果与洋中脊花岗岩比较，则显示为 K$_2$O、Rb、Ba、Th、Ta 呈不同程度的富集状态，而 Hf、Zr、Sm、Y、Yb 呈亏损形式。微量元素蛛网图见图 3-25。从图中可以清楚地看出，曲线呈右倾形式出现 Rb 和 Th 两个峰值，其曲线的形式与 Pearce(1984)的同碰撞花岗岩相似，因此，可以认为本区的早侏罗世花岗闪长岩的形成可能与新特提斯洋的消减作用有关。

表 3-11 早侏罗世花岗岩微量元素和稀土元素分析结果 （×10^{-6}）

样品号	岩石名称	K	Ba	Rb	Sr	Ga	Ta	Nb	Hf	Zr	Ti	Y	Th	U
B553-1	花岗闪长岩	20 994	390	89	381	22.50	—	13.50	3.70	108	3 657	18.08	7.80	1.80

样品号	岩石名称	La	Ce	Pr	Nd	Sm	Eu	Gd	Tb	Dy	Ho	Er	Tm	Yb	Lu	ΣREE
B553-1	花岗闪长岩	19.26	36.05	4.70	17.63	4.08	1.13	3.54	0.57	3.56	0.71	1.93	0.30	1.93	0.29	95.68

注：分析单位同表 3-10。

稀土元素配分曲线形式示于图 3-26 中，该岩石的稀土总量中等，曲线呈右倾形式，轻稀土相对富集，而重稀土相对亏损，铕基本上无异常，这可能与该岩石含有较多的斜长石有关。

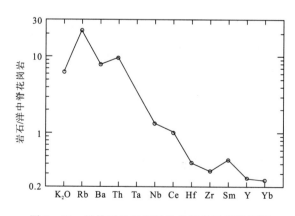 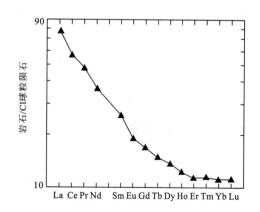

图 3-25 早侏罗世花岗闪长岩微量元素蛛网图

图 3-26 早侏罗世花岗闪长岩稀土配分形式图

3. 形成环境讨论

从岩石地球化学特征上看,早侏罗世花岗闪长岩可能形成于挤压的环境。据分析结果,投影于 Y-Nb 图上(图 3-27),本区早侏罗世花岗闪长岩的投影点均落入火山弧花岗岩区内,说明其形成于火山弧环境。在 R_1-R_2 图解中(图 3-28),早侏罗世花岗闪长岩的投影点落入地幔重熔型花岗岩和板块碰撞前花岗岩之间的界线上。根据本区大地构造发展的特点,该花岗闪长岩应属板块碰撞前消减俯冲阶段岛弧构造环境的产物,是组成早期冈底斯岩浆岩带的成分之一。

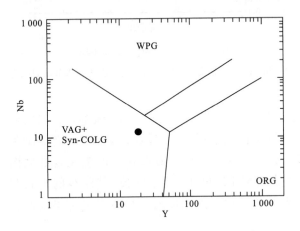

图 3-27 早侏罗世花岗闪长岩 Y-Nb 图解
Syn-COLG. 同碰撞花岗岩;WPG. 板花岗岩;
VAG. 火山弧花岗岩;ORG. 洋中脊花岗岩

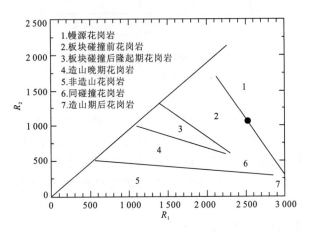

图 3-28 早侏罗世花岗闪长岩 R_1-R_2 图解

4. 关于年代学的讨论

在本区的花岗闪长岩中采集了同位素年龄样品,利用角闪石的 $^{40}Ar/^{39}Ar$ 测定其年龄,利用快中子活化法,得出了较好的坪年龄值 $(198.17±0.3)Ma$(图 3-29)。这个年龄值代表了角闪石的生成年龄,即该花岗闪长岩的形成年龄。

这一年代学资料与其西部的门巴花岗岩的年龄相差很小,并且处于同一条近东西向的岩浆岩带上,前述的资料显示了它们是在相同的构造环境下先后形成的,它们共同构成了冈底斯岩浆岩带的雏型。

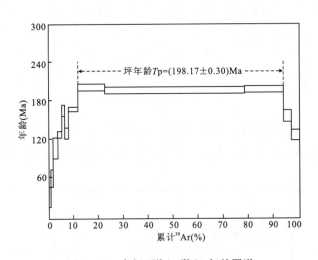

图 3-29 角闪石 $^{40}Ar/^{39}Ar$ 年龄图谱

三、中侏罗世花岗岩

中侏罗世花岗岩主要分布于色绒藏布北岸的科波熊一带,呈岩株状产出,出露面积约 $31km^2$,岩体侵入于石炭系—二叠系来姑组的大理岩和砂质板岩、片岩中。

1. 岩石学特征

中侏罗世花岗岩的岩石类型主要为黑云母花岗岩和花岗闪长岩,区内只出露两个岩株,它们分别侵入于石炭系—二叠系来姑组[$(C_2-P_1)l$]的大理岩和砂质板岩、片岩中。岩体斜切片理面或岩石变余层理。由于岩体较小,在花岗岩的内接触带可见岩石粒度变细,岩体边部偶尔可见少量的围岩捕虏体。外接触带上,在与大理岩的接触边界上,大理岩重结晶比较明显,并可见有轻微的硅化现象,接触变质带不明显。在与砂质板岩、云母片岩的接触带上,围岩的热接触变质现象不明显,岩相学研究发现云母片岩中黑云母的绿泥石化较强,可能与岩体的侵入有关。在砂质板岩中见有轻微的硅化,偶见云英岩化现象。偶尔可见花岗闪长岩的细脉穿入变质岩中。

岩相学研究表明,花岗闪长岩的主要矿物成分为石英、钾长石、斜长石、黑云母和角闪石,黑云母花岗岩则不含角闪石而含有白云母。其矿物含量统计见表3-12。

表3-12 中侏罗世花岗岩矿物含量统计表

岩石名称	样品数	矿物含量(%)						副矿物
		钾长石	斜长石	石英	黑云母	角闪石	白云母	
黑云母花岗岩	2	53.5	12.5	24.0	8.5	—	1.5	锆石、磁铁矿等
花岗闪长岩	4	15.0	50.0	25.0	6.0	4.0	—	

花岗闪长岩 岩石呈灰色、灰白色,块状构造。其中常含有少量浑圆状的细晶闪长岩的包体。显微镜下研究表明,该岩石由黑云母、角闪石、石英、斜长石和钾长石组成。石英呈它形粒状,常呈块状集合体分布;斜长石呈半自形板状,双晶比较发育,少量斜长石具环带结构(图3-30),在斜长石与钾长石的接触处常发育蠕英结构;钾长石主要为条纹长石,呈半自形板状,有的粒度较粗,呈似斑状结构。黑云母和角闪石常集中在一起,分布不均匀。黑云母常沿边部或解理面有不同程度的绿泥石化;而角闪石的边部则常见绿泥石化或纤闪石化现象。

黑云母花岗岩 岩石呈灰白色,块状构造。岩石中可见少量大理岩的捕虏体。矿物成分主要由黑云母、白云母、石英、钾长石和斜长石组成。石英均呈它形粒状,粒度不均匀,大小不一,大部分均充填于长石颗粒的孔隙中,局部多个石英颗粒聚集在一起呈团块状;斜长石呈半自形板状,双晶比较发育,双晶纹较细密,主要为酸性斜长石;钾长石主

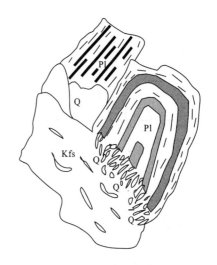

图3-30 斜长石的环带结构及边部的蠕英结构(+)×40

要为条纹长石,有少量的微斜长石,呈半自形板状,发育条纹结构和格子状双晶,表面有不同程度的高岭石化;黑云母和白云母均呈片状,岩体边部可见其定向排列,构成弱片麻状构造。在断层附近除见少量长石发生碎裂外,还见云母呈定向、半定向排列,显然与断层作用有关。黑云母常沿解理和边部有不均匀的绿泥石化。

2. 岩石地球化学特征

对区内的黑云母花岗岩作了岩石化学分析,分析结果及CIPW计算结果列于表3-13中。从表中可以看出,岩石的化学成分中,富硅和碱质,贫镁和钙,在SiO_2-(Na_2O+K_2O)图中(图3-31),该岩石的投影点落入钙碱性花岗岩区内,岩石属钙碱性花岗岩类。在A/CNK-ANK图解中(图3-32),该岩石的投影点落于过铝质花岗岩区内,说明该岩石为过铝质岩石。从CIPW计算结果也

可以看出,出现了标准矿物刚玉(2.33)分子,亦证实该岩石为过铝质岩石。标准矿物计算结果,出现过饱和矿物石英与饱和矿物紫苏辉石及长石类矿物,说明此岩石为铝过饱和类型的花岗岩。

表3-13 中侏罗世花岗闪岩岩石化学分析及CIPW值计算结果 (%)

样品号	岩石名称	SiO₂	TiO₂	Al₂O₃	Fe₂O₃	FeO	FeO*	Fe₂O₃*	MnO	MgO	CaO
P7B79-1	黑云母花岗岩	73.51	0.23	13.69	0.08	1.32	1.39	1.55	0.03	0.53	0.95

样品号	岩石名称	Na₂O	K₂O	P₂O₅	H₂O	CO₂	Q	C	Or	Ab	An
P7B79-1	黑云母花岗岩	2.17	6.04	0.13	1.02	0.08	35.01	2.33	36.17	18.57	3.49

样品号	岩石名称	Ne	Lc	DiWo	DiEn	DiFs	Hy	HyEn	HyFs	Ol	OlFo
P7B79-1	黑云母花岗岩	—					3.4	1.34	2.06	—	

样品号	岩石名称	OlFa	Mt	Hm	Il	Ap	CI	DI			
P7B79-1	黑云母花岗岩	—	0.12	—	0.44	0.29	3.96	89.75			

注:由武汉综合岩矿测试中心分析。

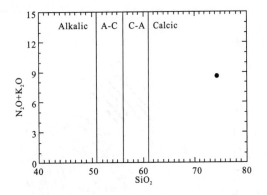

图3-31 花岗岩 SiO₂-(Na₂O+K₂O)图解
Alkalic. 碱性;A-C. 碱钙性;C-A. 钙碱性;Calcic. 钙性

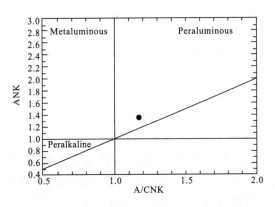

图3-32 花岗岩 A/CNK-ANK 图解
Metaluminous. 次铝质;Peraluminous. 过铝质;Peralkaline. 过碱质

中侏罗世黑云母花岗岩的微量元素和稀土元素分析结果见表3-14。从表中可以看出,微量元素含量与地壳平均含量比较,富 Rb、Th 和 Hf,Ga 和 U 与地壳平均值相当或稍高些,其余分析的元素均呈亏损状态。与洋中脊花岗岩比较,则 Rb、Ba、Th、Ta、Nb、Ce 均呈富集状态,而 Hf、Zr、Sm、Y、Yb 则呈亏损状态(图3-33)。在蛛网图上,曲线呈"M"形,Rb 和 Th 均显示强烈富集的特点,与同碰撞花岗岩的微量元素蛛网图一致,暗示了本区的中侏罗世花岗岩可能为同碰撞花岗岩类。稀元素分析结果表明,稀土总量较高(ΣREE=178.29),稀土配分曲线图(图3-34)呈右倾形式,轻稀土元素富集,重稀土元素相对亏损,具有不太明显的负铕异常。显示了正常型花岗岩的特点。

表3-14 中侏罗世花岗岩微量元素及稀土元素分析结果 (×10⁻⁶)

样品号	微量元素\岩石名称	K	Ba	Rb	Sr	Ga	Ta	Nb	Hf	Zr	Ti	Y	Th	U
P7B79-1	黑云母花岗岩	50 119	562	250	97	19.8		14	3.1	111	1 379	10.5	32.3	2.8

样品号	微量元素\岩石名称	La	Ce	Pr	Nd	Sm	Eu	Gd	Tb	Dy	Ho	Er	Tm	Yb	Lu	ΣREE
P7B79-1	黑云母花岗岩	37.81	77.89	9.36	33.42	7.16	1.32	4.95	0.67	2.89	0.47	1.11	0.16	0.94	0.14	178.29

注:分析单位同表3-13。

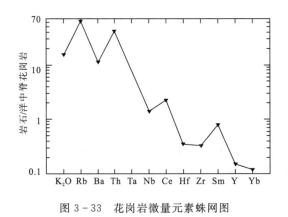

图 3-33 花岗岩微量元素蛛网图

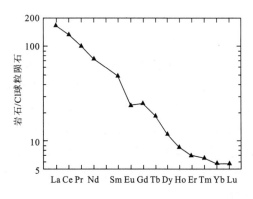

图 3-34 黑云母花岗岩稀土配分形式图

3. 形成环境分析

根据前述的分析结果，在 Rb-(Y+Nb) 和 Nb-Y 图解上(图 3-35)，本区中侏罗世花岗岩的投影点均落入同碰撞花岗岩区内；在 R_1-R_2 图解中(图 3-36)该岩体投影点也同样落入同碰撞花岗岩区内。由此认为，区内中侏罗世花岗岩应属同碰撞花岗岩，其形成与新特提斯洋闭合、碰撞有关。

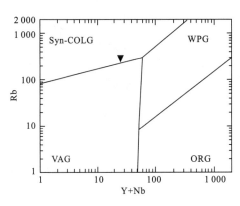
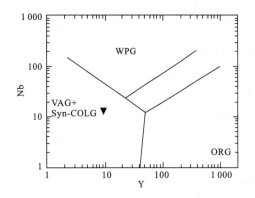

图 3-35 中侏罗世黑云母花岗岩 Rb-(Y+Nb) 和 Nb-Y 图解

Syn-COLG. 同碰撞花岗岩；WPG. 板花岗岩；VAG. 火山弧花岗岩；ORG. 洋中脊花岗岩

4. 中侏罗世花岗岩年代学资料

在科波熊黑云母花岗岩体中采集了样品，经粉碎后选取了岩石中的黑云母矿物，作 K-Ar 同位素年龄分析。经中国地质科学院同位素实验室测试，取得 161.16Ma 的年龄值。该岩体附近没有后期花岗岩体，后期的热扰动不明显，因此，该年龄就代表了该岩体的形成年龄。

四、晚侏罗世花岗岩

区内晚侏罗世花岗岩出露于图幅的中东部，从门巴区北部的科里儿到巴嘎区东南部的

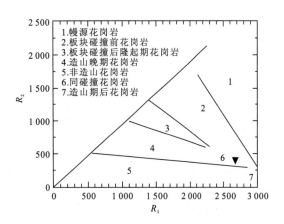

图 3-36 花岗岩 R_1-R_2 图解

桑木一带,呈北东东向延伸,东西向延伸长度约80km。岩体多呈岩基状产出。岩体侵入于石炭系—二叠系来姑组[$(C_2—P_1)l$]变质岩层中,部分岩体又被后期的花岗岩侵入,出露面积约1 252.95km²。在岩体与变质岩层的内接触带可见少量大小不一、形态各异的变质岩捕虏体,二者界线清楚,同化作用不强;外接触带上可见不同程度的硅化作用,由于围岩为变质岩,因此,热接触变质作用现象不明显,只见到变质岩中的部分黑云母蚀变为绿泥石现象。在与晚期花岗岩接触带上,两岩体的界线常不明显,但可见早期花岗岩的边部有较强的硅化和暗色矿物较强的蚀变作用。如在巴嘎区的那补共卓一带,早白垩世的含石榴石二云母花岗岩侵入于晚侏罗世二云母花岗岩中,二者的岩性基本一致,难以区分,只能通过接触带处的硅化带和早白垩世花岗岩中所含的石榴石进行区分。

1. 岩石学特征

区内的晚侏罗世花岗岩的岩石类型较简单,主要有巨斑黑云母花岗岩、二云母花岗岩和二长花岗岩。

巨斑黑云母花岗岩 岩石呈灰色或灰白色,块状构造,矿物成分由黑云母、石英、钾长石和斜长石组成,其矿物含量统计见表3-15。石英在岩石中呈它形粒状,粒度变化大,以细粒为主,主要充填于长石矿物之间的孔隙中,有时呈集合体状。钾长石主要为条纹长石,少量为斑晶,大部分为基质。条纹长石的斑晶巨大,一般在2~6cm之间,更大者可达8~10cm长。斑晶含量一般在20%左右。斑晶中常含有斜长石和黑云母的包体形成包含结构(图3-37),其中的斜长石包体还发育交代净边结构。包体黑云母的边部有轻微的绿泥石化现象。斜长石呈半自形板状,双晶较发育,双晶纹细而密,为酸性斜长石。大多数斜长石都有不同程度的绢云母化现象。黑云母呈片状,具绿褐—淡黄色的多色性。在岩中零散分布(图版XV-1)。

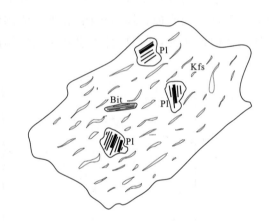

图3-37 条纹长石斑晶包含结构
(+)×40

表3-15 晚侏罗世花岗岩矿物含量统计表

岩石名称	样品数	矿物含量(%)						副矿物
		钾长石	斜长石	石英	黑云母	白云母	石榴石	
巨斑黑云母花岗岩	2	40.0	27.5	25.0	7.5	—	—	锆石、磁铁矿为主,少含榍石
二长花岗岩	7	33.9	34.0	24.0	7.1	1.1	极少	
二云母花岗岩	3	50.0	20.0	20.0	5.0	5.0	—	

黑云母二长花岗岩 岩石呈灰白色,块状构造,矿物成分主要由钾长石、斜长石、石英、黑云母和少量的白云母组成,矿物含量统计见表3-15。钾长石呈半自形板状,主要为微斜长石和条纹长石,粒度较均匀,条纹结构和格子状双晶均比较发育,其中也常含有细粒斜长石包体,形成包含结构。表面常有不同程度的高岭石化。部分地段的岩石中还含有极少量的石榴石。黑云母呈片状,

常具有褐—淡黄色的多色性,分布不太均匀。部分黑云母褪色变为白云母或部分蚀变为绿泥石。白云母呈片状,具有较明显的闪突起,最高干涉色达二级黄绿,分布零星。该岩石在岩体的不同部位,暗色矿物的含量稍有变化(图版XIV-7)。

二云母花岗岩 岩石呈灰白色,块状构造,主要由钾长石、斜长石、石英、黑云母和白云母组成,其矿物含量统计见表3-15。岩石中的石英呈它形粒状,粒度变化较大,多数呈细粒状,也常见多粒的集合体,常充填于长石颗粒的孔隙中。钾长石呈半自形板状,主要为条纹长石,条纹结构发育,其中可见少量的斜长石包体,个别颗粒中还包含有白云母片。钾长石的表面常见有不同程度的高岭石化。斜长石呈半自形板状,粒度相对较均匀,双晶比较发育,双晶纹细而密,主要为酸性斜长石。部分斜长石有较强的绢云母化(图版XIV-5)。

2. 岩石地球化学特征

在区内的晚侏罗世花岗岩中采集了各种岩石类型的岩石地球化学样品,其岩石化学全分析和CIPW 计算结果示于表3-16中。从表中可以看出,晚侏罗世花岗岩富SiO_2和K_2O,贫FeO、MgO、CaO,只有一个二长花岗岩样品(B519)情况不完全相同,SiO_2稍低,FeO、MgO、CaO稍高些。原因可能与样品靠近岩体边部有关。CIPW 标准矿物计算结果显示,岩石均由SiO_2过饱和矿物与饱和矿物组成,同时也都出现了标准矿物刚玉分子,且含量较高,在0.81~2.58之间,说明该时代花岗岩大部分为过铝质岩石。分异指数 DI 较高,在65.93~95.46之间,说明其分异程度高,只有一个样品的分异程度中等(B519)。

在岩石的硅-碱图中,本区的晚侏罗世花岗岩的投影点均落入钙碱性花岗岩区内,说明其为钙碱性花岗岩(图3-38)。在A/CNK - ANK 图解中(图3-39),该时代花岗岩的投影点均落于过铝质花岗岩区内,说明本时代花岗岩均为过铝质花岗岩类。

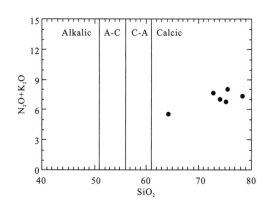 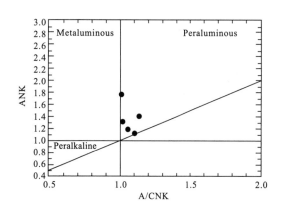

图3-38 晚侏罗世花岗岩硅-碱图 图3-39 A/CNK - ANK 图解

Alkalic. 碱性;A - C. 碱钙性;C - A. 钙碱性;Calcic. 钙性　　Metaluminous. 次铝质;Peraluminous. 过铝质;Peralkaline. 过碱质

晚侏罗世花岗岩的微量元素和稀土元素分析结果见表3-17。从表中可以看出,在微量元素的丰度上,与地壳平均值比较,该时代花岗岩富Rb、Hf、Th、U,亏损Ba、Sr、Nb、Ta、Zr,而Ga 和Y 显示出与地壳平均值相当或稍有富集的特征。在微量元素蛛网图上,经洋中脊花岗岩标准化后显示出 Rb、Ba、Th、Nb、Ce 的富集状态,而 Hf、Zr、Sm、Y、Yb 均呈不同程度的亏损状态(图3-40)。从图中也可以清楚地看出,由于Rb 和Th 的强烈富集,形成了一个"M"形的图形,这一形式与同碰撞花岗岩的蛛网图相似。

表 3-16 晚侏罗世花岗岩岩石化学全分析和 CIPW 值计算结果 (%)

样品号	B187	B188	B485-1	B496	B519
岩石名称 / 成分	巨斑花岗岩	巨斑花岗岩	二长花岗岩	二云母花岗岩	二长花岗岩
SiO_2	75.56	78.46	74.12	72.79	64.28
TiO_2	0.21	0.13	0.25	0.22	0.77
Al_2O_3	12.58	11.07	12.59	14.36	13.96
Fe_2O_3	0.15	0.28	0.63	0.19	1.77
FeO	1.28	1.08	1.65	1.48	4.10
FeO*	1.41	1.33	2.22	1.65	5.69
Fe_2O_3*	1.57	1.48	2.46	1.83	6.33
MnO	0.02	0.03	0.06	0.02	0.13
MgO	0.29	0.21	0.57	0.50	3.49
CaO	0.62	0.13	1.50	1.25	3.18
Na_2O	2.74	2.70	2.85	2.79	2.80
K_2O	5.45	4.75	4.32	5.02	2.93
P_2O_5	0.05	0.05	0.06	0.19	0.11
H_2O	0.74	0.81	1.10	0.93	1.95
CO_2	0.12	0.12	0.08	0.04	0.27
Q	36.94	44.04	36.81	33.90	24.01
C	1.43	1.53	0.81	2.58	1.27
Or	32.54	28.38	25.89	30.04	17.72
Ab	23.37	23.05	24.41	23.85	24.20
An	2.05	0.11	6.68	4.89	13.74
Hy	2.66	2.14	3.68	3.52	14.06
HyEn	0.73	0.53	1.44	1.26	8.92
HyFs	1.93	1.61	2.23	2.26	5.14
Ol	—	—	—	—	—
OlFo	—	—	—	—	—
OlFa	—	—	—	—	—
Mt	0.22	0.41	0.93	0.28	2.62
Hm	—	—	—	—	—
Il	0.40	0.25	0.48	0.42	1.50
Ap	0.11	—	0.13	0.42	0.25
CI	3.29	2.80	5.08	4.22	18.18
DI	92.86	95.46	87.12	87.80	65.93

注：由武汉综合岩矿测试中心分析。

表 3-17　晚侏罗世花岗岩微量元素及稀土元素分析结果　　　　　　　　　　　　($\times 10^{-6}$)

样品号	B187	B188	B485-1	B496	B519
岩石名称 微量元素	巨斑花岗岩	巨斑花岗岩	二长花岗岩	二云母花岗岩	二长花岗岩
K	45 223	39 415	35 847	41 655	24 313
Ba	300	86	502	349	487
Rb	317	386	207	310	114
Sr	54	26	89	122	150
Ga	29.70	28.20	17.50	23.10	16.90
Ta	2.30	2.60	1.00	1.20	1.47
Nb	15.60	17.30	15.80	22.50	15.00
Hf	4.60	4.30	4.80	4.30	9.70
Zr	114	94	138	125	193
Ti	1 259	779	1 499	1 319	4 616
Y	34.64	58.92	39.29	12.04	33.00
Th	34.00	40.80	42.00	31.60	15.10
U	4.30	4.70	4.40	7.10	2.18
样品号	B187	B188	B485-1	B496	B519
岩石名称 稀土元素	巨斑花岗岩	巨斑花岗岩	二长花岗岩	二云母花岗岩	二长花岗岩
La	36.35	33.30	42.72	36.88	31
Ce	77.73	78.82	82.76	70.30	62
Pr	9.51	9.51	9.94	8.70	7
Nd	29.59	31.35	36.29	28.28	28
Sm	6.53	7.39	7.64	5.78	6.10
Eu	0.59	0.22	0.94	0.99	1.20
Gd	5.78	7.57	6.77	4.69	5.70
Tb	1.07	1.48	1.18	0.69	1.01
Dy	6.53	9.72	7.07	3.07	6.00
Ho	1.33	2.02	1.51	0.48	1.20
Er	3.75	6.16	4.31	1.02	3.60
Tm	0.60	0.95	0.68	0.13	0.59
Yb	3.87	5.91	4.22	0.72	3.70
Lu	0.57	0.90	0.64	0.10	0.62
ΣREE	183.80	195.30	206.67	161.83	157.72

注:分析单位同表 3-16。

晚侏罗世花岗岩的稀土配分形式见图 3-41。从表 3-17 中可以看出稀土元素总量较高,曲线图呈轻微的右倾形式,但斜率较小,出现很明显的负铕异常。轻稀土相对富集,重稀土相对亏损,但曲线均呈平坦状,只有 B519 样品出现较强的亏损,斜率也较大,这可能与混入地壳物质有关。

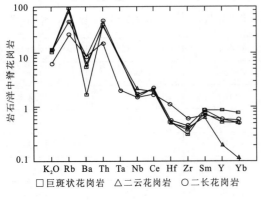

图 3-40　晚侏罗世花岗岩微量元素蛛网图

□巨斑状花岗岩　△二云花岗岩　○二长花岗岩

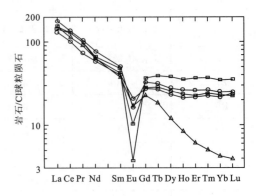

图 3-41　晚侏罗世花岗岩稀土配分形式图

(图例同图 3-40)

3. 形成环境分析

晚侏罗世花岗岩分布于图幅中部的东端、嘉黎断裂以南,其构造部位是处于背斜构造的南翼。在 Rb-(Y+Nb) 和 Nb-Y 图解中(图 3-42),本区的晚侏罗世花岗岩的投影点比较分散。在 Rb-(Y+Nb) 图解中,投影点落入同碰撞的火山弧花岗岩区内,但距板内花岗岩(WPG)都很近,而在 Nb-Y 图解中,该时代花岗岩的投影点落入同碰撞花岗岩和板内花岗岩交界处附近,更有两个样品进入板内花岗岩区域内,似乎说明该时期的花岗岩具有同碰撞花岗岩和板内花岗岩两重性质。在 Al_2O_3-SiO_2 图解中(图 3-43),该花岗岩的投影点均落入了后造山花岗岩区域内,证实其形成与造山作用有关。

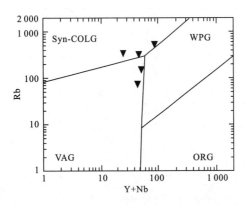
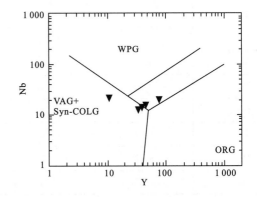

图 3-42　晚侏罗世花岗岩的 Rb-(Y+Nb)和 Nb-Y 图解

Syn-COLG. 同碰撞花岗岩;WPG. 板花岗岩;VAG. 火山弧花岗岩;ORG. 洋中脊花岗岩

在 R_1-R_2 图解中,本区的晚侏罗世花岗岩投影点落入图中 2 区和 6 区内,说明它们属于板块碰撞前花岗岩或同碰撞花岗岩(图 3-44)。

综合晚侏罗世花岗岩的特点,出现钙碱性的二云母花岗岩,地球化学特征显示其为过铝质花岗岩,在一系列图解中又显示出具有同碰撞和碰撞前花岗岩的特点。根据这些特征,认为该时代的花岗岩可能为板块俯冲阶段的产物。由于该时期内的冈底斯带地壳已有相当厚度,因此出现了含白云母的过铝质花岗岩。它们是板块俯冲阶段陆内汇聚作用的产物。

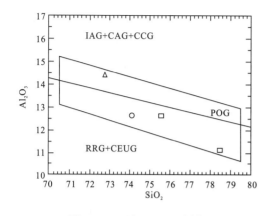

图 3-43 Al_2O_3-SiO_2 图解

IAG+CAG+CCG. 岛弧花岗岩；RRG+CEUG. 非造山花岗岩；
POG. 碰撞后花岗岩

（图例同图 3-40）

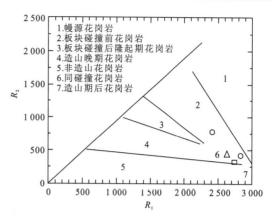

图 3-44 R_1-R_2 图解

（图例同图 3-40）

4. 年代学讨论

在区内的二云母花岗岩中采取了锆石 U-Pb 年龄样品，取得了较好的岩浆锆石样品（图 3-45）。锆石为自形晶，阴极发光照片上，锆石具有明显的环带结构，为岩浆成因的锆石。应用单颗粒锆石 SHRIMP U-Pb 法进行了同位素测年，获得年龄为 139.2Ma（图 3-46），该年龄应为锆石的形成年龄，从而也代表了该岩体的形成年龄，为晚侏罗世。

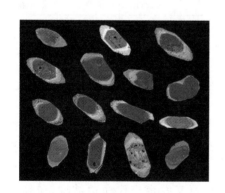

图 3-45 锆石阴极发光照片

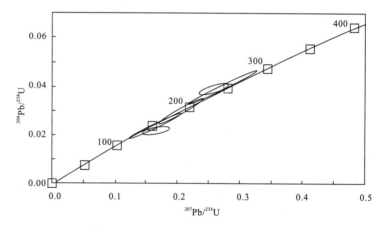

图 3-46 锆石 U-Pb 年龄谐和图（B496）

五、早白垩世花岗岩

区内早白垩世花岗岩主要分布于图幅中部的色日绒-巴嘎的近东西向条带上，次为图幅北部桑巴地区的近东西向延伸的条带上。出露面积约为 974.3km²，占岩浆岩出露总面积的 17.2% 左右。在桑巴地区，岩体均呈岩基状产出，出露面积都在 100km² 以上。图幅中部东西向分布的花岗岩体则多为岩株状，总体上呈串珠状排列，构成东西向的岩浆岩带。该岩浆岩带侵入于石炭系—二叠系来姑组[$(C_2-P_1)l$]中（图版 XVI-4），岩体明显斜切片理，并见有少量脉岩穿插于地层中。岩体接触带附近，变质地层中有不同程度的硅化，但没见新生变质矿物。在内接触带，可见有形态各异、大小不等的变质岩块的捕虏体。桑巴岩体侵入于侏罗系马里组中，岩体明显切穿岩石板理或千枚理（图版 XVI-5）。在接触带附近常可见花岗岩细脉贯入浅变质的围岩中，围岩也遭受了热接触变质作用的改造。在麦地藏布大桥南岩体边部的千枚岩中，可见大小不等的瘤状物，千枚理面上尤为清楚。经岩相学研究确定，这些瘤状物一部分为新生成的变质矿物十字石，一部分仍为石英、绿泥石和黑云母的集合体。同时岩石中都有不同程度的硅化现象。在内接触带里，见有少量板状千枚岩的捕虏体。捕虏体呈棱角状，同化混染作用很弱。

1. 岩石学特征

早白垩世花岗岩的岩石类型主要有含石榴石二云母花岗岩、巨斑黑云母花岗岩、含石榴石二长花岗岩及斑状花岗闪长岩等。

含石榴石二云母花岗岩 岩石呈灰白色，块状构造，岩体中节理发育。矿物成分主要有钾长石、斜长石、石英、黑云母、白云母和石榴石。钾长石呈肉红色，半自形板状，解理清楚，在阳光照射下可见卡氏双晶。主要为条纹长石，也见有少量的正长石和微斜长石。条纹结构较发育，在岩石中分布比较均匀，其矿物含量统计见表3-18。偶见钾长石的斑晶。斜长石呈半自形板状，聚片双晶发育，双晶纹细而密，多为酸性斜长石，在岩石中分布不太均匀，大部分斜长石均有不同程度的绢云母化。黑云母和白云母均呈片状，在岩石中无定向排列，分布较均匀，但黑云母常沿边部和解理缝有绿泥石化现象。石榴石呈自形—半自形粒状，粒度均在1.0mm以下。手标本上呈肉红色，半透明状。显微镜下无色，全消光，分布不太均匀，沿边部或裂理有轻微的绿泥石化或黑云母化（图版XVI-6）。

表3-18 早白垩世花岗岩矿物含量统计表

岩石名称	样品数	矿物含量(%)						副矿物
		钾长石	斜长石	石英	黑云母	白云母	石榴石	
含石榴石二云母花岗岩	4	50.0	14.0	26.7	4.6	4.7	>1.0	以锆石、磁铁矿为主
含石榴石二长花岗岩	4	32.3	30.0	25.0	4.8	4.3	不均匀	
巨斑黑云母花岗岩	11	39.6	25.9	27.1	6.8	—	—	
斑状花岗闪长岩	3	25.2	38.9	28.7	7.0	角闪石个别		

巨斑黑云母花岗闪长岩 岩石呈灰色或灰白色，块状构造。斑晶为钾长石，个体较大，一般在1.0～5.0cm之间，个别大者可达10cm长。在阳光反射下可见卡氏双晶。基质呈中细粒状。岩相学研究表明，岩石由钾长石、斜长石、黑云母和石英组成。钾长石斑晶主要为条纹长石，属正条纹长石，其中常含有斜长石和黑云母的包体构成包含结构，而包体斜长石又发育交代净边结构，包体矿物均有不同程度的蚀变。基质中的钾长石主要为条纹长石和微斜长石，条纹结构较发育，格子状双晶多发育不完整，表面有不同程度的高岭石化。斜长石呈半自形板状，粒度变化较大，包体斜长石和钾长石孔隙中的斜长石常常粒度较小，而无交代现象的斜长石粒度大些，双晶发育，双晶纹细而密，多为酸性斜长石。大部分斜长石都有不同程度的绢云母化。斜长石的分布不太均匀，局部呈细粒集合体状产出。石英呈它形粒状，粒度不均匀，多呈它形粒状充填于长石矿物的孔隙中。黑云母呈片状，具红褐—淡黄色多色性，在岩石中无定向排列，沿解理和边部常有不同程度的绿泥石化，分布不太均匀（图版XV-2）。

含石榴石二长花岗岩 岩石呈灰白色或淡肉红色，块状构造，局部可见较粗颗粒的钾长石，呈不等粒结构。岩相学研究表明，矿物成分主要由石英、钾长石、斜长石、黑云母、白云母和少量的石榴石组成。石英呈它形粒状，粒度不均匀，分布也不均匀，多充填于半自形长石的孔隙中。钾长石呈半自形板状，主要为条纹长石，个别薄片中见含有少量的微斜长石。条纹长石中常包含有斜长石的细粒包体，构成包含结构，属正条纹长石，其表面均有不同程度的高岭石化。斜长石呈半自形板状,双晶发育,双晶纹细而密,多为更长石,镜下测得 An=24—28。分布较均匀,有不同程度的绢云母化。黑云母和白云母呈片状,具多色性或不太明显的闪突起,在岩石中无定向排列,黑云母边部常有轻微的绿泥石化。石榴石呈细小的自形—半自形粒状,粒度极小,呈肉红色,分布极不均匀。在该岩石有的薄片中石榴石含量可达 4% 左右,而大部分岩石薄片中不含石榴石或只含 1~2 粒。石榴石都较新鲜,个别颗粒边部有轻微的黑云母化。

斑状花岗闪长岩 岩石呈灰色,局部暗色矿物相对集中时,色率更高些($M=15$),岩石中常含有浑圆状大小不等的细晶闪长岩包体,沿包体的边部可见暗色矿物明显增多,这是由于同化作用不彻底的结果(图版 XV-8)。岩石中含有钾长石和少量斜长石斑晶,斑晶大小多在 2.0~5.0cm 之间,分布也不太均匀,局部斑晶含量可达 40% 左右。在阳光照射下可见钾长石斑晶具有卡氏双晶。岩相学研究表明,该岩石由石英、钾长石、斜长石和黑云母组成,局部可见极少量的角闪石。石英呈它形粒状,粒度变化较大,个别石英具波状消光现象。钾长石呈半自形板状,多为条纹长石和微斜长石,条纹结构和格子状双晶比较发育,也见有较好卡氏双晶的正长石,但含量少,只在斑晶中出现。钾长石在岩石中分布较均匀,常有不同程度的高岭石化。斜长石呈半自形板状,粒度大小不均匀,除斑晶以外,基质中的斜长石也大小不等,部分作为包裹体存在于钾长石中的斜长石粒度更细些。黑云母呈片状,具褐—淡黄(褐)色多色性,在岩石中无定向排列,但在岩体边部则略有定向,构成弱片麻状构造。岩石中局部还可见个别的角闪石颗粒,特别是在细晶闪长岩包体的边部更容易找到,但此种角闪石往往有较强的黑云母化现象。

2. 岩石地球化学特征

对区内的早白垩世花岗岩进行了采样分析,岩石化学分析结果及 CIPW 计算结果列于表 3-19 中。从表中可以看出,区内早白垩世花岗岩在岩石化学上富 SiO_2 和 K_2O、Na_2O、Al_2O_3,SiO_2 的含量均在 71.86% 以上,K_2O+Na_2O 的含量在 7.4% 以上,Al_2O_3 均在 10.73% 以上;而贫铁、镁、钙,其含量均在 2.16% 以下。CIPW 计算结果表明,早白垩世花岗岩均含有过饱和矿物石英标准分子,另外还含有饱和矿物长石和紫苏辉石标准分子,说明该时代的花岗岩均为二氧化硅过饱和岩石。所有样品都含有标准矿物刚玉分子,除两个样品外,其余样品均超过 1.1,说明该时代花岗岩多为过铝质花岗岩。

在 SiO_2-(Na_2O+K_2O) 图上,本区早白垩世花岗岩投影点均落于钙碱性花岗岩区内(图 3-47),说明该时代的花岗岩均为钙碱性花岗岩类。而在 A/CNK - ANK 图解中(图 3-48),该时代的花岗岩除两个样品外,均落入过铝质花岗岩区内,说明本区早白垩世花岗岩大多数属过铝质花岗岩类。

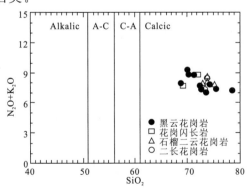

图 3-47 SiO_2-(Na_2O+K_2O) 图解

Alkalic. 碱性;A-C. 碱钙性;C-A. 钙碱性;Calcic. 钙性

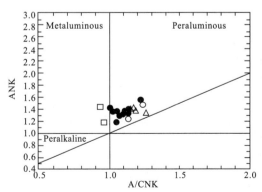

图 3-48 花岗岩 A/CNK - ANK 图解

Metaluminous. 次铝质;Peraluminous. 过铝质;Peralkaline. 过碱质

(图例同图 3-47)

表 3-19 早白垩世花岗岩岩石化学分析及 CIPW 值计算结果

(%)

样品号	B191-1	B198-1	B661	B664	B902-1	P12YQ17	P12YQ8	S-8	YQ1044	YQ1318	YQ1530	YQ1405	YQ1427	YQ1590	YQ1637	YQ1667	YQ1677	YQ1693
岩石名称	糜化二长花岗岩	二长花岗岩	石榴二云花岗岩	石榴二云花岗岩	石榴二云花岗岩	巨斑黑云花岗岩	含斑黑云花岗岩	巨斑黑云花岗岩	石榴二云花岗岩	斑状黑云花岗岩	斑状花岗闪长岩	黑云母花岗岩	花岗闪长岩	斑状黑云花岗岩	黑云母花岗岩	巨斑黑云花岗岩	巨斑黑云花岗岩	巨斑黑云花岗岩
SiO_2	73.63	73.24	73.66	72.71	75.07	73.42	75.34	74.12	72.84	72.50	71.86	70.18	68.92	72.24	78.50	69.80	71.26	68.62
TiO_2	0.20	0.25	0.17	0.26	0.03	0.30	0.15	0.28	0.13	0.36	1.32	0.25	0.67	0.40	0.09	0.27	0.23	0.41
Al_2O_3	13.65	13.84	14.13	13.99	14.81	13.27	12.75	13.15	14.53	13.39	13.01	15.22	14.33	13.36	10.73	15.59	14.69	15.58
Fe_2O_3	0.49	0.66	0.37	0.26	0.11	0.55	0.48	0.07	0.73	0.73	0.53	0.50	1.03	1.18	0.51	0.44	0.47	0.68
FeO	1.22	1.17	0.85	1.55	0.35	1.84	1.37	1.78	0.86	2.16	1.75	1.63	2.44	1.94	1.17	1.68	1.37	2.32
MnO	0.03	0.05	0.02	0.04	0.06	0.03	0.03	0.03	0.05	0.05	0.03	0.03	0.06	0.04	0.03	0.04	0.03	0.04
MgO	0.42	0.50	0.33	0.53	0.12	0.40	0.43	0.39	0.40	0.63	0.46	0.88	1.22	0.48	0.14	0.66	0.71	1.03
CaO	0.57	0.98	0.88	1.12	0.38	2.02	1.07	1.14	1.07	1.66	1.31	1.35	2.85	1.55	0.63	1.35	1.11	1.51
Na_2O	3.14	2.55	2.76	2.63	4.60	2.88	2.74	2.74	3.09	3.00	2.74	2.20	3.01	2.81	2.06	2.62	2.55	2.39
K_2O	5.30	4.75	5.27	5.23	3.18	4.24	4.66	5.15	4.84	4.50	6.00	6.62	4.66	4.8	5.15	6.62	6.20	5.55
P_2O_5	0.19	0.26	0.23	0.20	0.16	0.06	0.07	0.14	0.06	0.06	0.07	0.16	0.09	0.07	0.01	0.15	0.15	0.25
H_2O	0.91	0.82	1.03	1.03	0.90	0.62	0.64	0.68	0.85	0.80	0.63	0.92	0.57	0.93	0.58	0.78	0.74	1.00
CO_2	0.04	0.60	0.12	0.24	0.08	0.13	0.15	0.12	0.24	0.24	0.26	0.31	0.09	0.1	0.08	0.25	0.42	0.26
Q	33.51	38.89	35.96	34.77	35.91	35.21	38.65	35.18	34.29	33.09	30.26	28.27	25.38	33.38	45.17	25.49	30.22	29.04
C	2.22	4.14	3.08	2.97	3.67	0.69	1.75	1.57	2.97	1.24	0.36	3.04	—	1.10	0.82	2.55	3.07	4.07
Or	31.70	28.42	31.55	31.32	19.01	25.30	27.77	30.74	28.96	26.81	35.72	39.42	27.74	28.69	30.74	39.37	36.97	33.28
Ab	26.84	21.80	23.61	22.51	39.29	24.55	23.33	23.37	26.42	25.54	23.31	18.72	25.60	24.00	17.57	22.26	21.73	20.48
An	1.48	1.09	2.29	2.91	0.45	8.93	3.98	4.12	3.48	6.42	3.83	11.85	4.48	6.72	2.59	4.26	1.99	4.45
Di	—	—	—	—	—	—	—	—	—	—	—	1.05	—	—	—	—	—	—
DiWo	—	—	—	—	—	—	—	—	—	—	—	0.53	—	—	—	—	—	—
DiEn	—	—	—	—	—	—	—	—	—	—	—	0.28	—	—	—	—	—	—
DiFs	—	—	—	—	—	—	—	—	—	—	—	0.24	—	—	—	—	—	—
Hy	2.64	2.56	1.86	3.64	0.92	3.51	3.02	3.81	1.87	4.47	4.45	5.19	1.81	3.24	2.00	4.01	3.60	5.75
HyEn	1.06	1.26	0.84	1.34	0.30	1.01	1.08	0.98	1.01	1.59	2.21	2.79	1.16	1.21	0.35	1.66	1.79	2.61
HyFs	1.58	1.30	1.02	2.30	0.62	2.50	1.94	2.82	0.86	2.88	2.23	2.40	0.66	2.02	1.64	2.35	1.81	3.14
Mt	0.72	0.97	0.54	0.38	0.16	0.80	0.70	0.10	1.07	1.07	0.73	1.5	0.77	1.73	0.75	0.64	0.69	1.00
Hm	—	—	—	—	—	—	—	—	—	—	—	—	—	—	—	—	—	—
Il	0.38	0.48	0.33	0.50	0.06	0.57	0.29	0.54	0.25	0.69	0.48	1.28	2.52	0.77	0.17	0.52	0.44	0.79
Ap	0.42	—	0.51	0.44	0.35	0.13	0.15	0.31	0.13	0.13	0.35	0.20	0.15	0.15	0.02	0.33	0.33	0.55
CI	3.74	4.01	2.73	4.52	1.14	4.89	4.01	4.45	3.20	6.22	5.66	9.03	5.11	5.73	2.91	5.17	4.73	7.54
DI	92.05	89.12	91.12	88.60	94.21	85.06	89.76	89.28	89.67	85.44	86.41	78.72	89.30	86.06	93.47	87.12	88.92	82.79

注：由河北地矿局廊坊实验室分析。

早白垩世花岗岩的微量元素和稀土元素分析结果列于表 3-20 中。从表中可以看出,微量元素与地壳的平均含量比较,Rb、Hf 较富集,Ga、Ta、Nb、U、Th 与地壳平均值相当或稍高,而 Zr、Y 含量在大部分样品中均显示较贫的特点,但个别样品的含量则较高,Ba、Sr 显示出比地壳平均值低的特点。在微量元素蛛网图上(图 3-49)上,显示出右倾形曲线,其中的 Rb 和 Th 强烈富集,构成曲线的峰点,Ba、Ta、Nb、Ce 均有不同程度的富集,Hf、Zr、Sm、Y、Yb 呈不同程度的亏损状态。整个蛛网图形成拖尾状的"M"形,与同碰撞花岗岩的微量元素蛛网图相似。从表 3-20 中可以看出,早白垩世花岗岩的稀土总量变化极大,大部分岩石的稀土总量都较高,大于 152.39×10^{-6},而有两个含石榴石的花岗岩稀土总量只有 10.0×10^{-6} 和 55.11×10^{-6},其原因可能是岩浆房深度极大或者是由地幔玄武岩浆分异的结果。稀土配分曲线形式见图 3-50。从图中可以清楚地看出,区内早白垩世花岗岩的稀土配分曲线呈平缓的右倾形式,且斜率较小,轻稀土相对富集,重稀土相对亏损,但富集和亏损都不十分明显。具有明显的负铕异常是该时代花岗岩的明显特点。

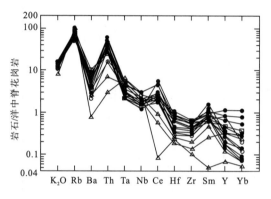

图 3-49 早白垩花岗岩微量元素蛛网图
(图例同图 3-47)

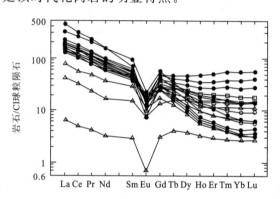

图 3-50 早白垩花岗岩稀土配分曲线图
(图例同图 3-47)

据王中刚(1989)对花岗岩 δEu 值的论述,区内早白垩世花岗岩的 δEu 值大部分在 0.53 以下,据此认为,该时代的花岗岩主要为地壳不同程度部分熔融形成的,少数可能为岩浆演化后形成的偏碱性花岗岩。

3. 副矿物特征

在该时代的斑状花岗闪长岩中采集了人工重砂样品,并进行了详细的鉴定。副矿物主要由锆石、磷灰石、毒砂、电气石、石榴石和黄铁矿。其中石榴石在薄片中没有看到,而副矿物中石榴石含量占总量的 10%,说明岩石中也含有石榴石。锆石含量占重矿物的 58% 左右,其丰度较高。岩石中的锆石呈黄粉色,透明—半透明状,呈自形及半自形晶(图 3-51),并含有不定量气液和

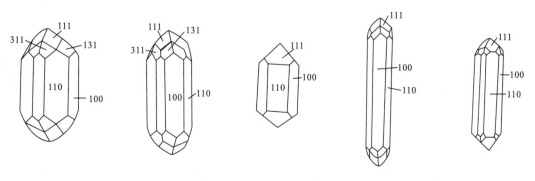

图 3-51 斑状花岗闪长岩中锆石的形态(RZ_{1530})

表 3-20 早白垩世花岗岩微量元素和稀土元素分析结果 ($\times 10^{-6}$)

样品号	B191-1	B198-1	B661	B664	B902-1	P12YQ17	P12YQ8	S-8	YQ1044	YQ1318	YQ1405	YQ1427	YQ1530	YQ1590	YQ1637	YQ1667	YQ1677	YQ1693
岩石名称	糜化二长花岗岩	二长花岗岩	石榴二云花岗岩	石榴二云花岗岩	石榴二云花岗岩	巨斑黑云花岗岩	含斑黑云花岗岩	巨斑黑云花岗岩	石榴二云花岗岩	斑状黑云花岗岩	黑云花岗岩	花岗闪长岩	斑状花岗闪长岩	斑状黑云花岗岩	黑云花岗岩	巨斑黑云花岗岩	巨斑黑云花岗岩	巨斑黑云花岗岩
K	43 979	39 415	43 730	43 398	26 387	35 183	38 668	42 734	40 162	37 340	54 932	38 668	49 787	39 830	42 734	54 932	51 447	46 053
Ba	372	108	184	292	39	278	131	266	133	206	393	390	514	376	194	356	355	279
Rb	351	352	371	414	314	224	382	363	296	285	331	268	289	246	225	370	357	379
Sr	109	46	67	67	7	96	51	69	66	79	128	132	110	101	43	119	120	108
Ga	19.20	20.60	38.70	32.40	35.30	20.40	20.50	28.10	17.20	19.20	18.10	18.00	19.20	20.40	15.90	19.00	19.00	21.60
Ta	3.60	4.23	2.60	2.80	4.30	1.53	2.25	1.80	3.14	2.00	1.67	1.75	1.51	1.99	1.59	2.26	2.13	3.21
Nb	22.00	26.00	23.10	22.30	27.90	14.80	14.80	20.40	19.00	17.00	18.00	14.50	13.10	17.60	12.00	17.90	16.80	30.50
Hf	3.10	2.70	2.40	3.90	2.20	8.05	5.48	5.80	1.73	7.92	4.04	7.78	7.20	9.54	8.03	3.94	3.21	6.26
Zr	99	99	68	122	35	214	137	159	47	217	143	207	182	219	190	132	114	202
Ti	1 199	1 499	1 019	1 559	180	1 798	899	1 679	779	2 158	1 499	417	7 913	2 398	540	1 619	1 379	2 458
Y	58.92	19.00	8.74	14.35	4.89	45.20	33.30	32.12	23.80	58.40	12.20	24.30	33.10	79.00	24.20	12.20	10.20	21.30
Th	23.20	13.40	13.00	34.00	2.40	27.30	26.50	38.70	5.80	34.10	36.20	22.90	21.60	30.20	36.10	27.60	25.90	45.80
U	3.70	10.51	2.90	3.30	1.80	1.10	2.40	1.80	3.90	6.00	5.50	2.70	4.30	5.00	2.00	4.60	4.70	8.30

样品号	B191-1	B198-1	B661	B664	B902-1	P12YQ17	P12YQ8	S-8	YQ1044	YQ1318	YQ1405	YQ1427	YQ1530	YQ1590	YQ1637	YQ1667	YQ1677	YQ1693
岩石名称	糜化二长花岗岩	二长花岗岩	石榴二云花岗岩	石榴二云花岗岩	石榴二云花岗岩	巨斑黑云花岗岩	含斑黑云花岗岩	巨斑黑云花岗岩	石榴二云花岗岩	斑状黑云花岗岩	黑云花岗岩	花岗闪长岩	斑状花岗闪长岩	斑状黑云花岗岩	黑云花岗岩	巨斑黑云花岗岩	巨斑黑云花岗岩	巨斑黑云花岗岩
La	30.80	33.00	18.46	42.76	1.55	46.00	30.00	47.71	10.00	52.00	45.00	44.00	38.00	44.00	106.00	40.00	36.00	77.00
Ce	64.42	69.00	33.97	84.31	3.04	91.00	61.00	98.49	20.00	105.00	91.00	88.00	74.00	89.00	194.00	82.00	74.00	158.00
Pr	7.93	7.50	4.57	10.84	0.40	10.60	7.20	12.02	2.20	12.30	11.00	9.30	8.70	10.40	21.30	9.80	8.90	19.70
Nd	26.81	28.00	17.38	37.14	1.50	38.70	25.90	43.33	7.80	44.40	39.50	33.10	31.30	38.20	71.80	35.00	32.10	70.80
Sm	6.25	6.80	4.42	7.19	0.45	8.08	5.68	8.48	2.31	9.42	7.96	6.07	6.63	8.26	10.66	7.01	6.56	14.02
Eu	0.86	0.56	0.62	0.84	0.04	0.99	0.43	0.70	0.44	0.83	1.13	1.12	1.13	0.97	0.72	0.98	1.00	1.29
Gd	5.49	5.60	3.52	5.11	0.64	8.20	5.90	7.62	2.80	9.70	6.30	5.80	6.50	9.20	9.10	5.60	5.20	11.40
Tb	0.78	0.92	0.48	0.71	0.15	1.29	0.97	1.14	0.58	1.54	0.70	0.78	1.00	1.67	1.03	0.64	0.59	1.30
Dy	4.28	4.00	2.14	3.21	0.96	7.78	5.69	6.05	3.92	9.64	3.03	4.42	6.05	11.72	5.11	2.79	2.47	5.41
Ho	0.79	0.55	0.32	0.56	0.19	1.54	1.02	1.13	0.70	1.94	0.41	0.81	1.17	2.66	0.86	0.37	0.34	0.73
Er	1.92	1.30	0.76	1.33	0.49	4.52	2.67	2.89	1.87	5.79	0.99	2.32	3.32	8.24	2.49	0.91	0.82	1.75
Tm	0.26	0.18	0.10	0.19	0.07	0.72	0.40	0.40	0.29	0.97	0.12	0.36	0.49	1.39	0.35	0.11	0.10	0.20
Yb	1.57	1.00	0.57	1.12	0.45	4.49	2.37	2.49	1.92	6.37	0.72	2.35	3.06	8.98	2.27	0.60	0.55	1.13
Lu	0.23	0.15	0.08	0.16	0.07	0.71	0.35	0.37	0.28	1.01	0.11	0.37	0.46	1.40	0.36	0.09	0.08	0.16
∑REE	152.39	158.56	87.39	195.47	10.00	224.62	149.58	232.82	55.11	260.91	207.97	198.80	181.81	236.09	426.05	185.90	168.71	362.89

注：由廊坊地球物理地球化学勘察研究所分析。

固体包裹体,伸长系数在0.05～0.5之间。锆石由柱面{110}、{100}及锥面{111},偏锥面{311}、{131}组成。从重砂矿物组合上看,早白垩世花岗岩具有特殊性,含有较多的石榴石,间接证明岩石比较富铝。

4. 形成环境分析

区内的早白垩世花岗岩主要分布于嘉黎深大断裂带的两侧,与断裂带一样呈近东西向分布,其形成环境可能受其影响较大。在SiO_2-$FeO^*/(FeO^*+MgO)$和SiO_2-Al_2O_3图解中(图3-52),本区的早白垩世花岗岩投影点大部落入后造山花岗岩区内,属后造山带花岗岩类,与陆内碰撞作用有关。在Nb-Y和Rb-(Y+Nb)图解中(图3-53),早白垩世花岗岩的投影点均落入同碰撞花岗岩和板内花岗岩的交界线附近,更有一部分样品投影点落入板内花岗岩区内,说明该时期的花岗岩既有同碰撞花岗岩的特征,又有板内花岗岩的特征,可能与陆内汇聚作用有关。

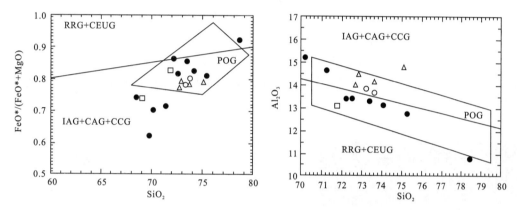

图3-52 SiO_2-$FeO^*/(FeO^*+MgO)$和SiO_2-Al_2O_3图解
IAG+CAG+CCG.岛弧花岗岩;RRG+CEUG.非造山花岗岩;POG.碰撞后花岗岩
(图例同图3-47)

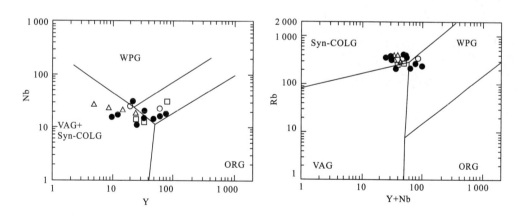

图3-53 早白垩世花岗岩Rb-(Y+Nb)和Nb-Y图解
WPG.板花岗岩;VAG.火山弧花岗岩;Syn-COLG.同碰撞花岗岩;ORG.洋中脊花岗岩
(图例同图3-47)

在R_1-R_2图解中(图3-54),早白垩世花岗岩无一例外地投影于同碰撞花岗岩区内,说明该时代花岗岩的形成与碰撞造山作用有密切的关系。综合上述岩体的矿物组合、岩石地球化学特征,结合上述构造环境判别图,认为区内早白垩世花岗岩具有同碰撞和板内花岗岩的特点,矿物组合中又含有白云母和石榴石矿物,均为过铝质花岗岩类,这些特点反映了该时期花岗岩的特殊性。它们的形成与陆内汇聚作用有关,可能该时期的地壳厚度较厚,因此形成了一套过铝质的地壳熔融花岗岩。

5. 年代学讨论

在本区的巨斑黑云母花岗岩和石榴二云母花岗岩中,采集了同位素年龄样品,分别进行了锆石 SHRIMP U-Pb 年龄和全岩 K-Ar 年龄的测试。

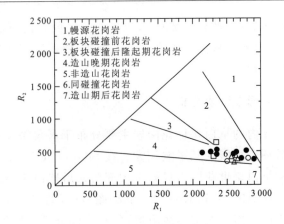

图 3-54　早白垩世花岗岩 R_1-R_2 图解
(图例同图 3-47)

巨斑黑云母花岗岩中的锆石呈自形晶,阴极发光下的照片见图 3-55。利用锆石 SHRIMP U-Pb 法对其年龄进行了测试,获得锆石 U-Pb 年龄为 123.4Ma(图 3-56),这一年龄较准确地代表了该岩体的形成年龄。在石榴二云母花岗岩中采集的样品作了 K-Ar 同位素年龄的测定,获得 128Ma 的坪年龄。虽然 K-Ar 年龄往往偏小,但在本区内是比较可靠的。以岩石的矿物组合、含有石榴石矿物及岩石化学上均属过铝质花岗岩这些共同点看,该年龄可能是比较真实的岩石形成年龄。因此,将这些岩体的时代确定为早白垩世。

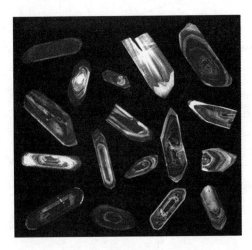

图 3-55　阴极发光下锆石形态

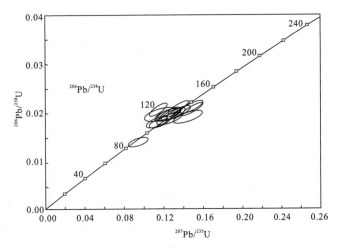

图 3-56　巨斑黑云母花岗岩锆石 U-Pb 年龄图谱

在采集的巨斑花岗闪长岩样品中,锆石为粉色,呈自形—半自形晶,阴极发光下见其环带结构发育(图 3-57),为典型的岩浆型锆石。经中国地质科学院实验室测定,获得了同位素 121Ma 的成岩年龄(图 3-58),这一年龄代表了该花岗闪长岩的形成年龄。

在图幅西北部的谷露地区的黑云母花岗岩中,采集了 SHRIMP U-Pb 年龄样品,将野外所采样品破碎至 80~120 目,用水淘洗粉尘后,先用磁铁除去磁铁矿等磁性矿物,再用重液选出锆石,然后在双目镜下精选,将样品锆石 TW1637 和标准 TEM(年龄为 417Ma)在玻璃板上用环氧树脂固定、抛光,再进行反射光和透镜光照射,并进行背散射图像分析以确定单颗粒锆石的形态、结构来标点测年点。背散射电子图像研究显示(图 3-59),样品 TW1637 的锆石多为自形晶,粒径长度在 100~250μm 之间,长宽比为 5∶1,为柱状,具有明显的环带,根据这些特征,基本可以确定其为岩浆结晶成因。SHRIMP 锆石 U-Pb 同位素分析由北京离子探针中心完成,详细流程参考宋彪等(2002)的文献,用 Isoplot 软件处理数据,用 ^{204}Pb 进行普通铅校正,年龄加权平均值为 95% 置信度误差。获得了117Ma的成岩年龄,其年龄图谱示于图3-60中。测试结果表明,该黑云母花岗岩形成于早白垩世。

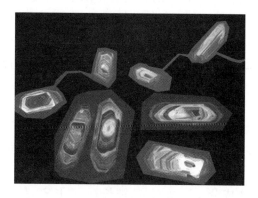

图3-57 巨斑花岗闪长岩中锆石形态

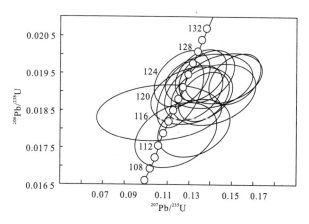

图3-58 巨斑花岗闪长岩年龄图谱

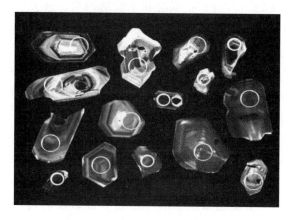

图3-59 黑云母花岗岩锆石形态

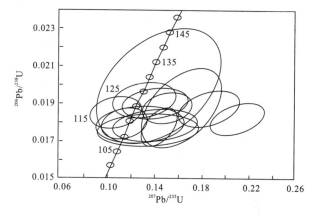

图3-60 黑云母花岗岩锆石U-Pb年龄图谱

纵观上述年龄测试结果可以看出,在128～117Ma期间,本区的花岗岩浆作用较三叠纪、侏罗纪有所增强,而且其分布范围逐渐北移。早白垩世花岗岩主要分布于嘉黎断裂以北,这种分布特征可能也是对区域大地构造演化的一种响应。

六、晚白垩世花岗岩

晚白垩世花岗岩类主要分布于图幅的东北部和西南部,大部分岩体均呈岩株状产出,少数岩体呈岩基状产出。在图幅内的出露面积约为199.69km²,约占花岗岩出露总面积的14%。在图幅的东北部,该时代花岗岩侵入于侏罗纪马里组中,并侵入于早白垩世花岗岩中。在与围岩的接触带附近,可见较强的硅化及热接触变质现象。在岩体附近的千枚岩中,可见其表面有大小不等的瘤状物,岩相学研究表明,其中的部分瘤状物为新生的十字石(图3-61),这些十字石多为自形晶,斜切岩石千枚理,证实它是变形后的产物,是热接触变质作用形成的。而内接触带除岩石粒度较细外,还常见有

图3-61 接触变质形成的十字石
(一)×100

侏罗纪马里组砂岩、板岩、千枚岩的捕虏体。捕虏体大小不等、形态各异，同化及混染作用较弱。在图幅的西南部，晚白垩世花岗岩侵入于前奥陶纪松多群中，同时也侵入于早期（T_3和J_1）形成的花岗岩中。在与松多群接触带附近，地层中可见不同程度的硅化及轻微的云英岩化现象，而接触变质作用不明显。其原因之一是岩体相对较小；其二是围岩本身就是绿片岩相-低角闪岩相的变质岩，经受轻微的变质作用难以识别。内接触带则含有少量的围岩捕虏体，但同化和混染作用均较弱。在与早期花岗岩的接触带处，虽两种岩石较难区分，但是，岩相学研究表明，晚白垩世的黑云母花岗岩中还含有二长花岗岩的捕虏体。

1. 岩石学特征

晚白垩世花岗岩的主要岩石类型有花岗闪长岩、钾长花岗岩、巨斑黑云母花岗岩、含斑（或斑状）黑云母花岗岩及二云母花岗岩。

花岗闪长岩 岩石呈灰色或灰白色，块状构造。矿物成分主要由石英、钾长石、斜长石、黑云母和角闪石组成，其矿物含量统计见表3-21。石英呈它形粒状、粒度大小不等，部分石英由于韧性变形的关系发育波状消光，并沿糜棱叶理方向压扁拉长，在岩石中多充填于长石晶体的孔隙中。钾长石呈半自形板状，粒度不太均匀，主要为微斜长石和条纹长石，格子状双晶和条纹结构均比较发育。条纹长石中常含有少量的斜长石包体，构成包含结构，矿物表面常有不同程度的高岭石化。斜长石呈半自形板状，双晶发育，个别斜长石具有环带结构，属正环带结构，多为中酸性斜长石，少量呈包体存在的斜长石还发育净边结构，表面都有不同程度的绢云母化。黑云母呈片状，在岩石中无定向排列，沿其边部和解理有绿泥石化现象。角闪石呈半自形长柱状，具绿—淡黄绿色多色性，常与黑云母分布在一起，无定向构造，边部或解理中常见有不透明的铁质小颗粒。

钾长花岗岩 岩石呈肉红色或灰白色，块状构造。矿物成分主要由钾长石、斜长石、石英和黑云母组成，个别部位含少量的白云母，其矿物含量统计结果见表3-21。石英呈它形粒状，粒度不均，中粗细粒均有，多充填于长石晶体的孔隙中。钾长石呈半自形板状，主要为微斜长石，含少量的条纹长石。格子状双晶发育，同时发育条纹结构，实际上主要是微纹长石。岩石中分布较均匀，其中常含有细粒斜长石的包体，形成包含结构，表面有不同程度的高岭石化。斜长石呈半自形板状或呈浑圆状，粒度一般较细，双晶发育，双晶纹细而密，多为酸性斜长石。包体的斜长石发育净边结构，表面均有不同程度的绢云母化。黑云母呈片状，具褐绿—淡黄色多色性，在岩石中无定向排列，沿边部和解理可见轻微的绿泥石化。局部岩石中还含有少量的白云母。

表3-21 晚白垩世花岗岩矿物含量统计

岩石名称	样品数	矿物含量（%）						副矿物
		钾长石	斜长石	石英	黑云母	白云母	石榴石	
花岗闪长岩	4	23.0	40.1	26.7	8.0	—	2.0	锆石、磁铁矿等
钾长花岗岩	2	51.6	12.3	33.3	1.7	1.0	—	
巨斑黑云母花岗岩	1	35.0	25.0	35.0	5.0	—	—	
含斑黑云母花岗岩	7	40.4	22.9	28.4	4.7	0.7	—	
二云母花岗岩	3	37.0	27.7	28.7	1.4	5.3	—	

巨斑黑云母花岗岩和含斑黑云母花岗岩 岩石呈灰白色，块状构造，岩石矿物组成基本相同，其区别是巨斑黑云母花岗岩所含斑晶巨大，而含斑黑云母花岗岩中含有白云母，其矿物含量统计见表3-21。岩石中的斑晶均为钾长石，呈半自形板状，粒度一般在2～3cm之间，巨斑则可达8cm左

石,主要为条纹长石。斑晶中还常见有斜长石和黑云母的包体构成包含结构,斜长石包体发育净边结构。斑晶在岩石中分布不太均匀。基质中的钾长石主要为条纹长石和微斜长石,条纹结构和格子状双晶均比较发育,与斜长石接触的矿物边部可见少量交代形成的蠕英结构。大部分钾长石都有不同程度的高岭石化。斜长石呈半自形板状,多为基质矿物,双晶发育,双晶纹细密,为酸性斜长石。斜长石有较强的绢云母化。黑云母呈片状,具红褐—淡黄色多色性,沿解理和边部有不同程度的绿泥石化。

二云母花岗岩 岩石呈灰白色,细粒结构,块状构造,矿物组成主要为石英、钾长石、斜长石、黑云母和白云母,矿物含量统计见表3-21。石英呈它形粒状,粒度不均匀,多充填于长石晶体的孔隙中。钾长石主要为条纹长石,可见少量的微斜长石,呈半自形板状,条纹结构和格子状双晶比较发育,在岩石中分布较均匀,常有较强的高岭石化。斜长石呈半自形板状,双晶发育,An=23—28,为更长石。部分斜长石呈包体状被包含于钾长石中形成包含结构,斜长石本身则形成净边结构,大部分斜长石有较强的绢云母化。黑云母亦有绿泥石化。白云母呈无色片状,常具有较明显的闪突起,正交偏光镜下呈鲜艳的二级黄绿干涉色,在岩石中分布比较均匀。

2. 岩石地球化学特征

在区内晚白垩世花岗岩中,采集了各类岩石的岩石化学样品并进行了岩石化学分析,分析结果及CIPW计算结果列于表3-22中。从表中可以看出,晚白垩世花岗岩在岩石化学上富硅、铝、碱,SiO_2含量在63.04%以上,Al_2O_3在11.3%以上,K_2O+Na_2O值在4.8%以上;贫铁、镁、钙,全铁含量多在1.7%以下,只有3个花岗闪长岩的样品在4.57%以上,MgO大部分在0.29%以下,同样是3个花岗闪长岩样品的MgO含量较高,在1.93%以上;CaO的含量都在1.11%以下,同样只有3个花岗闪长岩的CaO含量在2.73%以上。CIPW计算结果显示,晚白垩世花岗岩都含有SiO_2过饱和矿物石英和饱和矿物长石、辉石等矿物,除一个花岗闪长岩样品外,其余样品都出现了标准矿物刚玉分子,说明该时代花岗岩较富Al_2O_3,多属过铝质花岗岩类。在硅-碱图上(图3-62),本区晚白垩世花岗岩投影点均落入钙碱性花岗岩区,说明该时代花岗岩都是钙碱性花岗岩类。在A/CNK-ANK图上,本区晚白垩世花岗岩的投影点大部分落入过铝质花岗岩区内,少数为次铝质花岗岩(图3-63)。

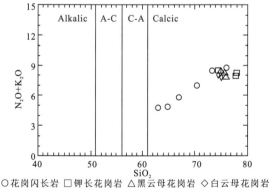

○花岗闪长岩 □钾长花岗岩 △黑云母花岗岩 ◇白云母花岗岩

图3-62 晚白垩世花岗岩硅-碱图解

Alkalic.碱性;A-C.碱钙性;C-A.钙碱性;Calcic.钙性

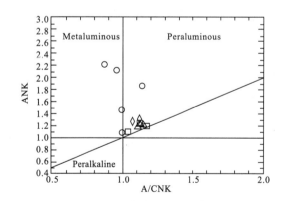

图3-63 晚白垩世花岗岩A/CNK-ANK图解

Metaluminous.次铝质;Peraluminous.过铝质;Peralkaline.过碱质

(图例同图3-62)

表 3-22 晚白垩世花岗岩岩石化学分析及 CIPW 计算结果

(%)

样品号	B139	B307	B430	B432	B566	P12YQ3	P2B19-1	P2B23-1	P2B59	YQ1039	YQ1585	YQ1589	YQ1622
岩石名称	花岗闪长岩	钾长花岗岩	钾长花岗岩	钾长花岗岩	含斑花岗闪长岩	斑状黑云花岗岩	花岗闪长岩	花岗闪长岩	花岗闪长岩	斑状黑云花岗岩	白云母花岗岩	含斑二云母花岗岩	白云母花岗岩
SiO_2	64.74	77.92	74.73	78.00	70.38	75.82	63.04	76.00	66.88	75.44	74.94	75.04	74.52
TiO_2	0.89	0.06	0.24	0.14	0.51	0.05	0.62	0.11	0.50	0.02	0.02	0.03	0.01
Al_2O_3	14.15	12.40	13.01	11.33	13.79	12.90	14.51	12.41	14.73	13.30	13.68	13.29	13.76
Fe_2O_3	0.77	0.05	0.30	0.96	0.44	0.72	0.87	0.43	1.77	0.36	0.48	0.49	0.53
FeO	5.47	0.22	1.22	0.55	3.12	1.01	4.26	0.69	2.80	0.67	0.36	1.03	0.48
MnO	0.11	0.01	0.02	0.01	0.06	0.03	0.13	0.03	0.09	0.02	0.01	0.03	0.02
MgO	2.50	0.10	0.29	0.18	1.05	0.26	3.43	0.10	1.93	0.28	0.14	0.26	0.06
CaO	4.46	0.10	0.61	0.31	2.45	0.55	5.53	0.55	2.73	0.55	0.95	0.59	1.11
Na_2O	2.41	2.84	2.71	3.26	3.22	3.05	2.40	3.50	2.80	3.26	3.46	2.91	3.42
K_2O	2.48	5.31	5.60	4.62	3.79	4.96	2.40	5.25	3.08	5.15	4.44	5.46	4.84
P_2O_5	0.20	0.04	0.07	0.03	0.12	0.05	0.10	0.02	0.15	0.11	0.16	0.06	0.13
H_2O	1.32	0.75	0.96	0.40	0.72	0.68	1.69	0.50	2.16	0.69	0.97	0.69	1.08
CO_2	0.28	0.04	0.04	0.04	0.12	0.16	0.79	0.58	0.16	0.19	0.15	0.10	0.21
Q	25.92	41.19	35.77	40.86	29.15	37.72	22.94	35.59	30.25	35.80	36.74	35.58	34.67
C	0.46	1.98	1.63	0.55	0.46	1.99	—	1.30	2.56	2.04	2.16	1.88	1.64
Or	14.90	31.70	33.51	27.48	22.63	29.47	14.47	31.16	18.66	30.66	26.58	32.53	28.89
Ab	20.69	24.22	23.17	27.71	27.48	25.89	20.68	29.68	24.24	27.73	29.60	24.77	29.17
An	19.50	0.01	2.39	1.12	10.80	1.43	22.11	−0.94	11.94	0.89	2.86	1.96	3.45
Di	—	—	—	—	—	—	0.16	—	—	—	—	—	—
DiWo	—	—	—	—	—	—	0.08	—	—	—	—	—	—
DiEn	—	—	—	—	—	—	0.04	—	—	—	—	—	—
DiFs	—	—	—	—	—	—	0.03	—	—	—	—	—	—
Hy	14.60	0.54	2.38	0.46	7.32	1.88	15.10	1.04	8.03	1.64	0.61	2.15	0.61
HyEn	6.35	0.25	0.73	0.45	2.65	0.65	8.70	0.25	4.94	0.70	0.35	0.65	0.15
HyFs	8.26	0.28	1.65	—	4.67	1.23	6.40	0.79	3.09	0.94	0.26	1.50	0.46
Mt	1.13	0.07	0.44	1.40	0.64	1.05	1.29	0.63	2.63	0.53	0.70	0.72	0.78
Il	1.72	0.12	0.46	0.27	0.98	0.10	1.20	0.21	0.97	0.04	0.04	0.06	0.02
Ap	0.44	0.09	0.15	0.07	0.26	0.11	0.22	—	0.34	0.24	0.35	0.13	0.29
Cl	17.46	0.72	3.28	2.12	8.94	3.03	17.74	1.87	11.63	2.20	1.36	2.92	1.40
DI	61.50	97.11	92.45	96.05	79.26	93.08	58.09	96.42	73.15	94.19	92.92	92.88	92.73

注：由武汉综合岩矿测试中心、廊坊实验室分析。

晚白垩世花岗岩的微量元素和稀土元素分析结果见表3-23。从表中可以看出，微量元素同地壳平均值比较，Hf、U含量较高，Rb、Ga、Th与地壳平均值相当或偏高，而Ba、Sr、Nb、Zr、Y等均显示亏损。在微量元素蛛网图中（图3-64），相对于洋中脊花岗岩来说，本区早白垩世花岗岩的Rb、Th显示出强烈的正异常，Ba、Ta、Nb显示出轻微的富集，Ce显示出有亏损和轻微的富集。曲线形式呈拖尾的"M"形，与同碰撞花岗岩的微量元素蛛网图相似，暗示该期花岗岩的形成可能与同碰撞作用有关。从表3-23中可以看出，该时代花岗岩的稀土总量可分两部分，图幅北部桑巴一带花岗岩的稀土总量偏低，在$(23.16\sim91.43)\times10^{-6}$之间，而图幅南部门巴一带花岗岩的稀土总量则较高，均在87.12×10^{-6}以上，大部分在200×10^{-6}以上，这可能与源区位置或重熔程度有关。在稀土配分形式图上（图3-65），曲线基本呈右倾形式，但斜率不大，个别样品出现较高的斜率，轻稀土相对富集，重稀土相对亏损，但曲线呈平坦状，亏损较小。大部分样品均有明显或极明显的负铕异常，只有一个花岗闪长岩的样品出现不太明显的负铕异常，可能与该岩石斜长石含量高有关。

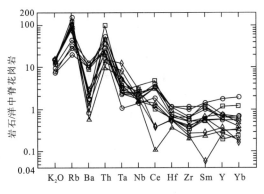

图3-64　晚白垩世花岗岩微量元素蛛网图
（图例同图3-62）

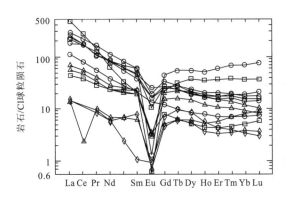

图3-65　晚白垩世花岗岩稀土配分形式图
（图例同图3-62）

3. 形成构造环境分析

根据区内晚白垩世花岗岩的岩石地球化学资料，进行形成构造环境的讨论。在Nb-Y和Rb-(Y+Nb)图解上（图3-66），我们看到本区的晚白垩世花岗岩投影点大部分落入同碰撞花岗岩区内，个别样品的投影点落入板内花岗岩区内，说明它们的形成与碰撞作用有关。在R_1-R_2图解

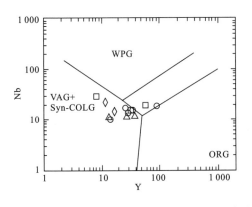
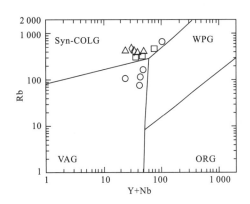

图3-66　晚白垩世花岗岩Nb-Y和Rb-(Y+Nb)图解

Syn-COLG.同碰撞花岗岩；WPG.板花岗岩；VAG.火山弧花岗岩；ORG.洋中脊花岗岩

（图例同图3-62）

表 3-23 晚白垩世花岗岩微量元素、稀土元素分析结果

(×10⁻⁶)

样品号	B139	B307	B430	B432	B566	P12YQ3	P2B19-1	P2B23-1	P2B59	YQ1039	YQ1585	YQ1589	YQ1622
岩石名称 微量元素	花岗闪长岩	钾长花岗岩	钾长花岗岩	钾长花岗岩	含斑花岗闪长岩	斑状黑云花岗岩	花岗闪长岩	花岗闪长岩	花岗闪长岩	斑状黑云花岗岩	白云母花岗岩	含斑二云母花岗岩	白云母花岗岩
Ba	470	41	354	64	526	70	415	27	398	19	78	106	50
Rb	116	484	323	313	168	427	75	658	106	441	403	385	472
Sr	221	9	64	27	123	25	215	26	275	19	29	33	26
Ga	24.90	27.00	27.10	28.70	25.80	20.60	16.50	23.10	26.10	19.80	26.60	19.20	25.20
Ta	1.20	2.00	1.60	1.40	1.30	2.06	1.21	2.74	0.50	3.08	7.10	2.02	4.47
Nb	16.60	18.50	15.00	27.80	15.10	11.70	13.00	18.00	9.70	11.00	22.20	11.60	14.30
Hf	7.20	3.50	4.00	4.70	7.20	3.23	7.00	5.80	4.00	2.21	3.16	3.44	3.44
Zr	276	72	141	110	227	80	148	129	111	44	47	87	54
Ti	5 336	360	1 439	839	3 057	300	3 717	659	2 997	120	120	180	60
Y	25.80	57.50	31.20	7.96	33.10	37.00	29.00	87.00	14.00	13.30	11.80	26.80	16.20
Th	16.90	26.20	33.30	81.80	26.70	17.10	20.40	41.70	16.70	6.80	10.60	16.30	9.50
U	2.70	8.10	2.60	11.20	2.80	2.20	3.99	8.50	2.80	14.00	14.70	2.50	4.90

样品号	B139	B307	B430	B432	B566	P12YQ3	P2B19-1	P2B23-1	P2B59	YQ1039	YQ1585	YQ1589	YQ1622
岩石名称 稀土元素	花岗闪长岩	钾长花岗岩	钾长花岗岩	钾长花岗岩	含斑花岗闪长岩	斑状黑云花岗岩	花岗闪长岩	花岗闪长岩	花岗闪长岩	斑状黑云花岗岩	白云母花岗岩	含斑二云母花岗岩	白云母花岗岩
La	45.29	10.58	42.32	89.29	57.13	16.00	49.00	37.00	23.84	4.00	4.00	13.00	4.00
Ce	84.50	24.20	87.40	134.00	110.00	34.00	91.00	89.00	146.50	2.03	8.00	29.00	8.00
Pr	10.60	2.93	10.60	11.60	13.20	4.00	9.40	9.50	5.27	1.20	1.00	3.40	1.10
Nd	38.40	12.30	36.10	29.10	46.90	14.20	34.00	35.00	18.50	4.10	3.60	12.30	3.70
Sm	6.90	3.66	7.33	3.32	8.90	4.04	6.20	8.90	3.63	1.32	0.27	3.34	1.55
Eu	1.59	0.06	0.74	0.26	1.25	0.24	1.07	0.12	0.93	0.08	0.09	0.28	0.07
Gd	6.18	5.01	6.15	2.08	7.32	4.70	5.70	9.20	3.01	1.40	1.30	3.70	1.90
Tb	0.97	1.28	1.08	0.31	1.14	0.92	0.96	2.05	0.46	0.31	0.30	0.71	0.45
Dy	5.47	10.00	6.28	1.72	6.61	60.30	5.60	13.90	2.67	2.03	1.81	4.47	2.74
Ho	1.09	2.10	1.23	0.34	1.30	1.10	1.11	2.96	0.57	0.40	0.30	0.81	0.41
Er	2.92	6.40	3.37	0.97	3.69	2.93	3.30	9.60	1.53	1.26	0.80	2.17	0.98
Tm	0.47	1.01	0.52	0.16	0.56	0.43	0.55	1.71	0.24	0.24	0.13	0.33	0.14
Yb	2.85	6.58	3.12	1.17	3.41	2.51	3.60	11.40	1.60	1.72	0.88	1.92	0.85
Lu	0.43	0.96	0.49	0.20	0.50	0.33	0.60	1.85	0.25	0.28	0.13	0.27	0.11
ΣREE	207.66	87.07	206.73	274.52	261.91	145.70	212.09	232.19	209.00	20.37	22.61	75.70	26.00

注：分析单位同表 3-22。

上(图3-67),本区的晚白垩世花岗岩大部分投影点落入同碰撞花岗区内,个别样品投影点落入深熔花岗岩区内。从本区的实际情况分析,结合岩石地球化学特征,我们认为区内的晚白垩世花岗岩属同碰撞花岗岩类,形成于碰撞造山阶段。部分样品显示出板内花岗岩的特征,可能与当时的地壳较厚和陆内碰撞作用有关。

4. 关于年代学的讨论

野外工作期间,我们在晚白垩世花岗岩的门巴一带(南带)和图幅北部的桑巴一带分别采集了同位素测试样品,其中南带的各样品利用

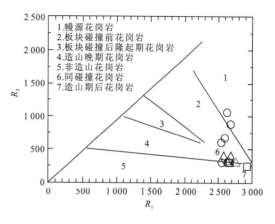

图3-67 R_1-R_2图解

(图例同图3-62)

黑云母单矿物测得K-Ar年龄分别为:78.19Ma、81.54Ma、76.28Ma和65.31Ma。北部桑巴一带的花岗岩进行了全岩K-Ar年龄的测试,取得90.08Ma和91.2Ma的K-Ar年龄。在金达北部的含斑花岗闪长岩中,采集了锆石年龄样(TW566)。岩石中的锆石多呈自形晶(图3-68),也常出现环带结构,为典型的岩浆结晶锆石。经中国地质科学院同位素实验室分析,其年龄图谱见图3-69。获得锆石SHRIMP U-Pb年龄为68.8Ma,确定其形成年龄为晚白垩世。

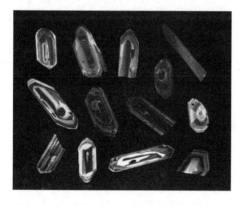

图3-68 阴极发光下锆石形态(TW566)

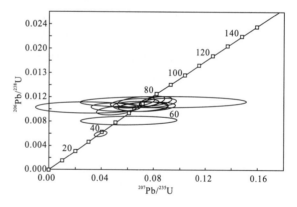

图3-69 锆石U-Pb年龄图谱(TW566)

七、古新世花岗岩

古新世花岗岩分布局限,只分布于金达区附近,呈近东西向延伸,岩体呈岩基状产出。岩体出露面积约370.49km²。岩性为斜长花岗岩,局部为花岗闪长岩。岩体侵入于前奥陶纪松多群中,同时也侵入于侏罗纪花岗岩中。在与松多群接触带附近,可见内接触带包含有片岩的捕虏体;外接触带上只见轻微的硅化现象。由于围岩为变质岩,所以热接触变质很难识别。与侏罗纪花岗岩的接触处,可见岩体边部粒度变细。该岩体最明显的特点是岩体中包含有数量较多的细晶闪长岩包体。包体多呈浑圆状、透镜状,大小不等,大者可达1.0m²左右的面积,多数较小。在包体附近可见岩石中的暗色矿物较多,且多为角闪石,这可能与同化不彻底有关。岩基东部含包体更多些,金达的北西和西部含量较少。

1. 岩石学特征

区内古新世花岗岩岩石类型较简单,主要为斜长花岗岩,局部有花岗闪长岩。岩石的矿物含量

统计结果表明,4 个样品矿物平均含量为:石英 25%、钾长石 1%～16%、斜长石 43%～58%、黑云母 12.5%、角闪石 3.5%。其中,岩石中的钾长石、黑云母不同地点含量有一定的变化。在岩体的东部,钾长石含量很少,甚至不含钾长石,演变为斜长花岗岩,角闪石和黑云母的含量增加可达 23% 以上;而在岩体西部则呈反向增长,钾长石可达 20% 左右,黑云母和角闪石只占 8% 以下(图版 XIV-8、图版 XV-7)。这种变化在岩体中呈渐变状态,在几千米至几十千米范围内连续变化,因此,在它们之间也极难形成一条真正的界线,所以划为一个岩体。岩石中的石英呈它形粒状,粒度大小不等,多充填于长石构成的孔隙中。斜长石呈半自形板状,粒度比较均匀,聚片双晶发育,也经常见到具环带结构的斜长石,An=25—34。斜长石普遍有不同程度的绢云母化。钾长石呈半自形板状,以微斜条纹长石为主,少量微斜长石。发育条纹结构和格子状双晶,在岩石中分布不很均匀。钾长石常有轻微的高岭石化。黑云母呈片状,具绿褐—淡黄绿色多色性。在岩石中分布不均匀,局部呈半定向状。沿边部和解理常有绿泥石化。角闪石呈半自形柱状,呈绿—淡黄绿色多色性,解理较发育,最高干涉色为二级蓝,斜消光,$Ng'^{\wedge}C$ 为 $21°\sim24°$。沿边部可见少量蚀变形成的绿色黑云母。角闪石分布不均匀,常与黑云母一起呈集合体产出。副矿物主要为锆石、磁铁矿等。

2. 岩石化学特征

在该岩体中采集了岩石样品,进行了岩石地球化学分析,其结果及 CIPW 计算结果列于表 3-24 中。由表中可以看出,古新世花岗岩化学成分上富硅、铝和碱,贫铁、镁、钙。在 SiO_2-(K_2O+Na_2O) 图(图 3-70)上,本区古新世花岗岩投影点落入钙性花岗岩区内,属钙碱性花岗岩类。在 A/CNK-ANK 图上(图 3-71),古新世花岗岩的投影点落入次铝质花岗岩和过铝质花岗岩交界线附近,应属次铝质花岗岩类。CIPW 计算结果表明,古新世花岗岩中出现过饱和标准矿物石英、饱和矿物长石标准矿物和紫苏辉石标准矿物,是 SiO_2 过饱和岩石。同时出现铝过饱和标准矿物刚玉,而无透辉石标准矿物分子,说明该岩石属铝过饱和类型。

表 3-24 古新世花岗岩的岩石化学分析结果及 CIPW 计算结果 (%)

样品号	岩石名称	SiO_2	TiO_2	Al_2O_3	Fe_2O_3	FeO	FeO*	Fe_2O_3*	MnO	MgO	CaO
B501-1	花岗闪长岩	71.7	0.33	14.06	0.49	1.88	2.32	2.58	0.06	0.84	2.31
B502-2	花岗闪长岩	72.1	0.28	14.5	0.56	1.37	1.87	2.08	0.07	0.72	2.39
B546	斜长花岗岩	72.48	0.33	13.63	0.79	1.37	2.05	2.28	0.07	0.92	2.20

样品号	岩石名称	Na_2O	K_2O	P_2O_5	H_2O	CO_2	Q	C	Or	Ab	An
B501-1	花岗闪长岩	3.37	3.69	0.1	0.86	0.08	31.42	0.71	22.07	28.8	10.49
B502-2	花岗闪长岩	3.8	3.6	0.07	0.7	0.21	30.12	0.63	21.36	32.22	10.16
B546	斜长花岗岩	3.13	4.28	0.07	0.36	0.29	32.31	0.66	25.44	26.58	8.72

样品号	岩石名称	Ne	Lc	Di	DiWo	DiEn	DiFs	Hy	HyEn	HyFs
B501-1	花岗闪长岩	—	—	—	—	—	—	4.76	2.12	2.64
B502-2	花岗闪长岩	—	—	—	—	—	—	3.53	1.81	1.72
B546	斜长花岗岩	—	—	—	—	—	—	3.71	2.31	1.40

样品号	岩石名称	Ol	OlFo	OlFa	Mt	Hm	Il	Ap	CI	DI
B501-1	花岗闪长岩	—	—	—	0.72	—	0.63	0.22	6.11	82.28
B502-2	花岗闪长岩	—	—	—	0.81	—	0.53	0.15	4.88	83.70
B546	斜长花岗岩	—	—	—	1.15	—	0.63	0.15	5.49	84.32

注:由武汉综合岩矿测试中心分析。

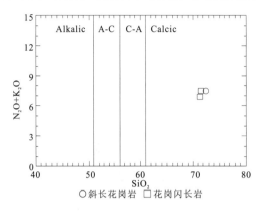

图 3-70 SiO_2-(K_2O+Na_2O) 图解

Alkalic. 碱性；A-C. 碱钙性；C-A. 钙碱性；Calcic. 钙性

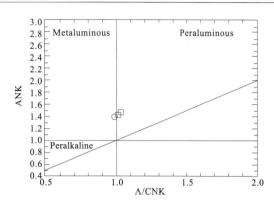

图 3-71 古新世花岗岩 A/CNK-ANK 图解

Metaluminous. 次铝质；Peraluminous. 过铝质；Peralkaline. 过碱质

（图例同图 3-70）

古新世花岗岩的微量元素和稀土元素分析结果列于表 3-25 中。从表中可以看出，该时代岩石的微量元素与地壳平均值比较，富 Hf、Th，而 Rb 与地壳平均值大致相当，其余的 Ba、Sr、Ga、Ta、Nb、Zr、Y、U 均呈亏损状态。微量元素蛛网图（图 3-72）上，本区古新世花岗岩显示出一个拖尾的"M"形，强烈富集 Rb 和 Th（与洋中脊花岗岩比较），而 K_2O、Ba、Ta、Nb、Ce 也有不同程度的富集，Hf、Zr、Sm、Y、Yb 呈亏损状态，这一曲线形式与同碰撞花岗岩的蛛网图极其相似，暗示了本区古新世花岗岩的形成可能与碰撞作用有关。

表 3-25　古新世花岗岩的微量元素和稀土元素分析结果　　　　　　　　　　　　　　　（$\times 10^{-6}$）

样品号	微量元素 岩石名称	K	Ba	Rb	Sr	Ga	Ta	Nb	Hf	Zr	Ti	Y	Th	U
B501-1	花岗闪长岩	30 619	484	156	230	20.9	—	14.6	3.4	134	1 978	20.29	29.0	3.00
B502-2	花岗闪长岩	29 872	389	139	192	14.9	1.36	13.0	5.2	118	1 679	21.00	15.3	1.58
B546	斜长花岗岩	35 515	652	157	239	14.9	1.03	12.0	5.0	142	1 978	17.00	13.3	2.29

样品号	稀土元素 岩石名称	La	Ce	Pr	Nd	Sm	Eu	Gd	Tb	Dy	Ho	Er	Tm	Yb	Lu	ΣREE
B501-1	花岗闪长岩	42.82	75.8	9.21	29.09	5.31	1.01	4.07	0.64	3.77	0.74	2.08	0.34	2.21	0.35	177.44
B502-2	花岗闪长岩	57.00	104.0	10.50	36.00	5.50	1.03	4.50	0.70	3.8	0.71	2.20	0.36	2.30	0.40	229.00
B546	斜长花岗岩	48.00	88.0	9.00	31.00	4.90	0.94	4.00	0.58	3.20	0.57	1.70	0.27	1.80	0.28	194.24

注：由武汉综合岩矿测试中心分析。

稀土元素分析结果表明，稀土总量较高，在稀土元素配分形式图上，曲线呈右倾的形式，斜率较大，说明轻稀土强烈富集，而重稀土相对亏损（图 3-73）。具有较明显的负铕异常。

3. 副矿物特征

对古新世花岗岩作了人工重砂分析，其副矿物主要有锆石、磷灰石、榍石、黄铁矿和电气石，含量均较高。其中锆石呈自形晶（图 3-74），淡粉红色，其中含有固体和气液包体。

锆石由柱面{100}、{110}，锥面{111}以及偏锥面{131}和{311}组成。锆石的伸长系数在 2~3.5 之间，个别颗粒的伸长系数可达 5.0 左右。在该副矿物组合中，富含磷灰石和黄铁矿是该时代花岗岩副矿物的一个突出特点。

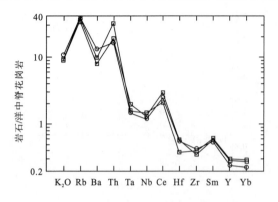

图 3-72 古新世花岗岩微量元素蛛网图
（图例同图 3-70）

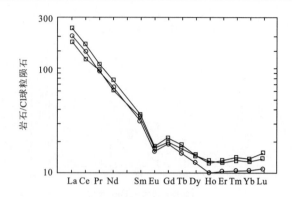

图 3-73 古新世花岗岩稀土配分形式图
（图例同图 3-70）

4. 形成环境分析

区内的古新世花岗岩与早期的花岗岩一起构成了冈底斯岩浆岩带。在 Rb-(Y+Nb) 和 Nb-Y 图解中，区内的古新世花岗岩投影点落入火山弧和同碰撞花岗岩区内（图 3-75）。在 R_1-R_2 图解中，古新世花岗岩的投影点均落入同碰撞花岗岩区内（图 3-76）。这说明古新世花岗岩的形成与碰撞造山作用有关。由于该时期冈底斯地区早已隆起，但雅江蛇绿岩带仍处于碰撞造山作用中，因此伴随着该造山作用过程，形成了古新世少量的花岗岩侵入。

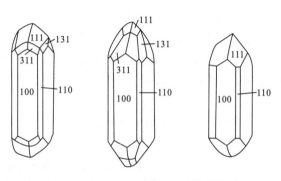

图 3-74 古新世花岗岩中锆石形态

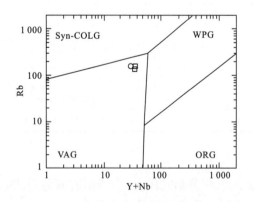
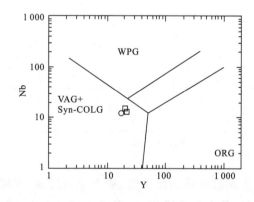

图 3-75 古新世花岗岩 Rb-(Y+Nb) 和 Nb-Y 图解

Syn-COLG. 同碰撞花岗岩；WPG. 板花岗岩；VAG. 火山弧花岗岩；ORG. 洋中脊花岗岩

（图例同图 3-70）

5. 花岗岩的同位素年代

在岩体的中部采集了同位素年龄样品，选取花岗闪长岩中的角闪石作了同位素年龄测定，获得单矿物角闪石 K-Ar 年龄为 57.59Ma，确定该花岗闪长岩的形成时代为古新世。

八、始新世侵入岩

始新世花岗岩分布比较局限,只分布于本图幅的西南边缘,也是林周盆地的东部边缘。区内出露面积约 311.66km²,约占幅内岩浆岩出露总面积的 5.5%。主要岩性为石英二长斑岩,局部出现石英二长岩和二长花岗岩。该岩石侵入于石炭系—二叠系来姑组中,后又被同时代的火山岩呈火山沉积不整合覆盖。在接触带附近可见石英二长斑岩斜切来姑组的片理(板理)。在外接触带,可见来姑组片岩(板岩)中有不太明显的硅化和云英岩化现象,但由于围岩是变质岩,因此,围岩的接触变质不易识别。在内接触带可见石英二长岩中有少量变质岩的捕虏体,但同化和混染作用均较弱。在石英二长岩与其晚期的火山岩接触带附近,可见石英二长岩表面有小于 1cm 的氧化膜,火山碎屑岩中偶见石英二长岩的岩块。岩相学的研究中也发现,少数火山岩的薄片中发现其中含有石英二长斑岩的岩块,这也充分证明了它们之间的火山沉积接触关系。而帕那组火山岩直接覆盖在石英二长斑岩之上。

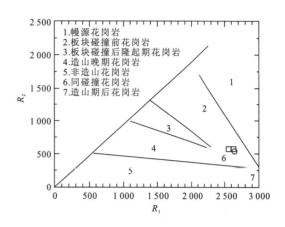

图 3-76 R_1-R_2 图解

(图例同图 3-70)

1. 岩石学特征

始新世侵入岩的岩性单一,主要为石英二长斑岩,局部因为石英含量的增高过渡为二长花岗岩,二者之间呈渐变过渡关系。石英二长斑岩多呈灰白色、肉红色,斑状结构,基质多为微晶结构或隐晶质结构。矿物成分主要由斑晶和基质组成,斑晶平均占 30% 左右,而基质占 70% 左右,斑晶由钾长石、斜长石、石英、黑云母、角闪石和辉石组成,其中石英和辉石斑晶只在个别岩石中出现,其平均含量小于 1.0%。11 个样品的矿物含量统计结果表明,钾长石斑晶约占 13.1%,斜长石斑晶占 13.4%,黑云母斑晶占 2.6%,角闪石斑晶占 0.5% 左右。基质主要由微晶的长英质矿物和黑云母构成,平均含量在 70% 左右。钾长石呈半自形板状,粒度在 1.0~1.5mm 或 2.0mm 左右,可见卡氏双晶并常见熔蚀结构,还见有新生的钾长石与基质一起构成的"镶边"结构。钾长石表面比较干净,蚀变较弱。斜长石呈板状的半自形—自形晶,粒度多在 1.0~1.5mm 之间,少数在 0.4~0.6mm 之间。矿物表面较干净,裂隙较发育,聚片双晶清楚,常具熔蚀结构,并常见其边部由钾长石和基质构成的"镶边"结构[图 3-77(a)]。斜长石的蚀变较弱。黑云母呈片状,具深褐—淡黄白色的多色性。黑云母边部常见有反应生长晶[图 3-77(b)],在原黑云母片的边部又生长出新鲜的黑云母,新、老黑云母之间由铁质加微粒石英相隔。这种反应生长晶可能是黑云母与基质矿物反应后生成黑云母又析出铁质和石英的结果。角闪石呈不规则的柱状,具有深绿—浅黄绿色多色性,粒径在 0.2mm 左右,边部也常不整齐,斜消光,$Ng'{\wedge}C$ 为 22°,含量较少。单斜辉石极少,部分薄片中可见到,多被包围于角闪石中间而残留下来,没见有独

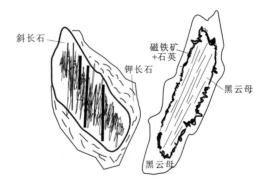

图 3-77 石英二长斑岩中斜长石的钾长石镶边(a)
和黑云母边部的反应生长晶(b)

(P5B 18-1、P8B 5-1)

立存在的辉石矿物。由于其边部形成了较厚的角闪石反应边而保存下来,多呈淡绿—无色,呈浑圆状的晶体。基质由钾长石、斜长石、石英的微晶构成显微晶质结构。根据斑晶边部常不规则、有时并有基质插入等情况分析,斑晶和基质的结晶时间相近。

二长花岗岩分布面积很小,与石英二长岩呈渐变过渡关系,其矿物成分基本相同,唯石英粒度大且含量超过20%。结构上则由石英二长岩的斑状结构转为半自形细粒结构。

2. 岩石地球化学特征

对始新世的二长花岗岩和石英二长斑岩进行了岩石地球化学分析,分析结果及 CIPW 计算结果列于表3-26中。

表3-26 始新世侵入岩的岩石化学全分析和 CIPW 计算结果 (%)

样品号	岩石名称	SiO_2	TiO_2	Al_2O_3	Fe_2O_3	FeO	FeO*	Fe_2O_3*	MnO	MgO	CaO
B634-1	二长花岗岩	72.43	0.29	14.12	0.94	0.95	1.80	2.00	0.03	0.69	1.69
P8B13-1	石英二长斑岩	67.98	0.51	15.58	1.15	1.05	2.08	2.32	0.08	0.58	1.84
P8B13-2	石英二长斑岩	69.75	0.45	14.85	1.06	0.98	1.93	2.15	0.07	0.50	1.50
P8B7-1	石英二长斑岩	67.04	0.45	16.75	0.86	1.15	1.92	2.14	0.07	0.52	2.12

样品号	岩石名称	Na_2O	K_2O	P_2O_5	H_2O	CO_2	Q	C	Or	Ab	An
B634-1	二长花岗岩	3.72	3.92	0.09	0.83	0.08	31.5	0.87	23.45	31.8	7.95
P8B13-1	石英二长斑岩	3.48	6.50	0.07	0.52	0.95	18.57	—	38.91	29.76	7.73
P8B13-2	石英二长斑岩	3.27	6.44	0.07	0.61	0.16	22.47	—	38.50	27.93	6.84
P8B7-1	石英二长斑岩	3.65	6.63	0.07	0.23	0.39	15.15	—	39.49	31.06	9.75

样品号	岩石名称	Ne	Lc	Di	DiWo	DiEn	DiFs	Hy	HyEn	HyFs
B634-1	二长花岗岩	—	—	—	—	—	—	2.29	1.74	0.55
P8B13-1	石英二长斑岩	—	—	0.87	0.46	0.34	0.07	1.34	1.12	0.22
P8B13-2	石英二长斑岩	—	—	0.22	0.11	0.08	0.02	1.47	1.18	0.29
P8B7-1	石英二长斑岩	—	—	0.36	0.18	0.11	0.07	1.93	1.2	0.73

样品号	岩石名称	Ol	OlFo	OlFa	Mt	Hm	Il	Ap	CI	DI
B634-1	二长花岗岩	—	—	—	1.38	—	0.56	0.20	4.23	86.75
P8B13-1	石英二长斑岩	—	—	—	1.69	—	0.98	0.15	4.88	87.24
P8B13-2	石英二长斑岩	—	—	—	1.55	—	0.86	0.15	4.11	88.90
P8B7-1	石英二长斑岩	—	—	—	1.26	—	0.86	0.15	4.40	85.70

注:由武汉岩矿测试分析中心分析。

从表3-26中可以看出,始新世侵入岩较富 SiO_2,含量在67.04%以上,富铝和碱质,Al_2O_3 含量在14.12%以上,而 Na_2O+K_2O 含量也都在7.64%以上。相对贫铁镁和钙。标准矿物计算结果显示,岩石中出现过饱和矿物石英、饱和矿物长石和辉石类矿物,属正常类型花岗岩。二长花岗岩则出现铝过饱和矿物刚玉标准分子,说明该花岗岩属铝过饱和型岩石。分异指数(DI)较高,均在85.70以上,说明始新世侵入岩的分异程度较好。在 SiO_2-(K_2O+Na_2O) 图上,区内始新世侵入岩均投影于钙性花岗岩区内(图3-78),说明它们均属于钙碱系列的岩石。在 A/CNK-ANK 图解中(图3-79),始新世侵入岩的投影点均落于过铝质和次铝质交接带附近,说明二长斑岩为次铝质岩石,而一个二长花岗岩样品落在过铝质花岗岩区内,为过铝质花岗岩。

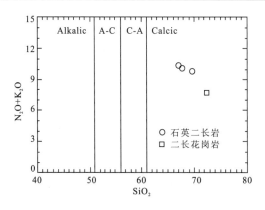

图 3-78 始新世侵入岩 SiO$_2$-(K$_2$O+Na$_2$O)图解

Alkalic. 碱性；A-C. 碱钙性；C-A. 钙碱性；Calcic. 钙性

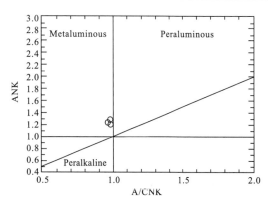

图 3-79 始新世侵入岩 A/CNK-ANK 图解

Metaluminous. 次铝质；Peraluminous. 过铝质；Peralkaline. 过碱质

（图例同图 3-78）

始新世侵入岩的微量元素和稀土元素分析结果列于表 3-27 中。从表中可以看出,微量元素的含量与地壳各元素平均值比较,Ba、Sr、Ga、Nb 基本与地壳平均值相当,个别样品较高,而 Rb、Hf、Zr、Y、Th、U 均显示富集,只有 Y 和 Ta 显示亏损状态。与洋中脊花岗岩比较(图 3-80),Rb、Th 强烈富集,图中呈峰状,而 K$_2$O、Ba、Ta、Nb、Ce 也有不同程度的富集,石英二长斑岩的 Hf 呈富集状,而二长花岗岩的 Hf 则有轻微的亏损。其余元素 Zr、Sm、Y、Yb 则有不同程度的亏损。整个图形呈拖尾的"M"形,反映了始新世侵入岩的形成与碰撞造山作用有关。稀土元素配分形式示于图 3-81 中。从表 3-27 和图 3-81 中均可以看出,石英二长斑岩的稀土总量较高,均在 246×10^{-6}以上,而二长花岗岩的稀土总量相对较低。配分曲线呈右倾形式,而且曲线的斜率较大,轻稀土强烈富集,而重稀土相对亏损,具有较明显和不太明显的负铕异常。这种配分形式与二长岩的稀土配分模式完全一致。

表 3-27 始新世侵入岩的微量元素和稀土元素分析结果 （×10^{-6}）

样品号	微量元素 岩石名称	Ba	Rb	Sr	Ga	Ta	Nb	Hf	Zr	Ti	Y	Th	U
B634-1	二长花岗岩	481	130	441	26.3	—	10.7	4.6	110	—	9.05	19.8	2.50
P8B13-1	石英二长斑岩	715	300	276	17.1	1.57	22.0	16.5	372	—	28.00	33.3	5.84
P8B13-2	石英二长斑岩	616	303	279	26.8	—	23.0	9.8	361	—	26.42	55.8	6.30
P8B7-1	石英二长斑岩	932	296	344	17.5	1.52	21.0	14.2	343	—	22.00	33.3	4.09

样品号	稀土元素 岩石名称	La	Ce	Pr	Nd	Sm	Eu	Gd	Tb	Dy	Ho	Er	Tm	Yb	Lu	ΣREE
B634-1	二长花岗岩	24.76	45.8	5.71	19.25	3.32	0.65	2.53	0.37	1.84	0.36	0.95	0.14	0.89	0.13	106.73
P8B13-1	石英二长斑岩	69.00	135.0	13.80	50.00	8.60	1.57	6.90	1.04	5.80	0.99	2.90	0.47	2.90	0.46	299.43
P8B13-2	石英二长斑岩	71.23	130.8	15.44	50.18	8.73	1.37	6.82	0.98	5.75	1.10	3.12	0.48	3.11	0.46	299.57
P8B7-1	石英二长斑岩	50.00	122.0	10.40	38.00	6.80	1.71	5.40	0.83	4.50	0.80	2.30	0.38	2.50	0.38	246.00

注：分析单位同表 3-26。

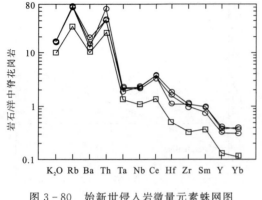

图 3-80 始新世侵入岩微量元素蛛网图

（图例同图 3-78）

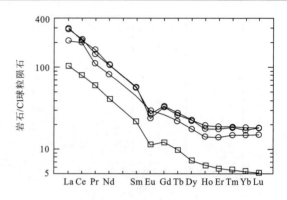

图 3-81 始新世侵入岩稀土元素配分形式图

（图例同图 3-78）

3. 形成环境分析

从上述岩石地球化学特征的论述可以看出，始新世侵入岩既具地壳重熔花岗岩的性质，又与本区的碰撞造山作用有关。在 Nb-Y 和 Rb-(Y+Nb) 图解中（图 3-82）可以清楚地看出，区内始新世的二长花岗岩投影于同碰撞和火山弧花岗岩区内，而二长斑岩则投影于同碰撞和板内花岗岩的分界线附近，这可能暗示了区内的二长斑岩的形成既与碰撞造山作用有关，又显示了它们形成时地壳相对稳定的特点。在 $SiO_2-FeO^*/(FeO^*+MgO)$ 图解中，始新世侵入岩的投影点落入岛弧和后碰撞花岗岩区交界处（图 3-83），说明它们的形成与碰撞作用有关。在 R_1-R_2 图解中（图 3-84），区内始新世二长斑岩落入晚造山花岗岩区内，而二长花岗岩则落入同碰撞花岗岩区内。综合上述分析，结合区域大地构造发展的特点，我们认为始新世石英二长斑岩形成于晚造山阶段，为晚造山花岗岩。

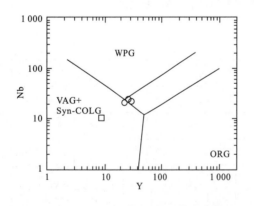
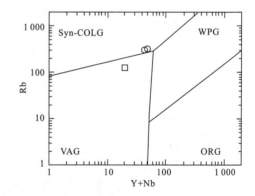

图 3-82 始新世侵入岩 Nb-Y 和 Rb-(Y+Nb) 图解

Syn-COLG. 同碰撞花岗岩；WPG. 板花岗岩；VAG. 火山弧花岗岩；ORG. 洋中脊花岗岩

（图例同图 3-78）

4. 石英二长斑岩的年代学

在扎雪北部的长木杠岗地区采集了石英二长斑岩的同位素年龄样品，选取岩石中的黑云母进行了 K-Ar 年龄的测定。经中国地质科学院测试，获得 54.42Ma 的 K-Ar 年龄值。这一年龄值比较准确地确定了该石英二长斑岩的年龄，可信度较高。如果与覆盖其上的火山岩比较，火山岩呈火山沉积不整合于石英二长斑岩之上，这种与野外地质实际的吻合是非常可信的。因此，这一带伴随火山岩产出又早于火山岩的石英二长斑岩的时代可定为始新世早期。

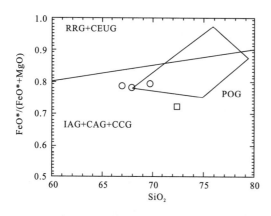

图 3-83 始新世侵入岩 $SiO_2-FeO^*/(FeO^*+MgO)$ 图解
IAG+CAG+CCG.岛弧花岗岩;RRG+CEUG.非造山花岗岩;
POG.碰撞后花岗岩
(图例同图 3-78)

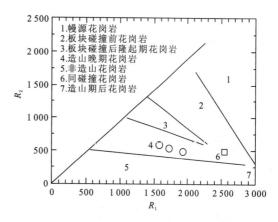

图 3-84 始新世侵入岩 R_1-R_2 图解
(图例同图 3-78)

九、中新世花岗岩

图幅内中新世花岗岩分布比较局限,主要分布于图幅西北角的谷露地区。该花岗岩体严格沿拉萨-当雄大型北东向走滑断裂两侧分布。图幅内的其他地区没有发现该时代的花岗岩。从其产出的位置上看,与该走滑断裂应有密切的联系。中新世花岗岩多以岩基或岩株状产出,分布面积较大,约 $790km^2$,占区内花岗岩出露总面积的 14% 左右。在本图幅内是一次很重要的岩浆事件。岩体主要侵入于侏罗纪地层中。在与围岩的接触带附近,内接触带中,可见数量不多的围岩捕虏体,而在外接触带中,可见围岩具有较强的硅化作用,局部还有云英岩化。围岩的热接触变质作用不明显,由于原岩已经受变质作用的改造,因此,经受热接触变质作用的岩石中只可在显微镜下见围岩中的黑云母、斜长石等矿物蚀变较强。另外,在野外调查中,还见同时代的含石榴石花岗岩侵入于巨斑花岗闪长岩中,并见含石榴石花岗岩边部带有细脉贯入花岗闪长岩中。

1. 岩石学特征

图幅内的中新世花岗岩岩石类型较复杂,区内见有黑云母花岗岩、斑状黑云母花岗岩、含石榴石花岗岩、黑云二长花岗岩、花岗闪长岩、巨斑花岗闪长岩及含石榴石斜长花岗岩等。

黑云母花岗岩 岩石呈灰白色或肉红色,多为半自形中粒结构,个别岩体中含有斑晶,块状构造。矿物成分以钾长石、斜长石、石英和黑云母为主要成分,其矿物含量统计见表 3-28。钾长石呈半自形板状,粒度比较均匀,主要为条纹长石和少量的微斜长石,条纹结构和格子状双晶均较发育,其中常含有细粒斜长石和黑云母的包体。包体的细粒斜长石发育交代净边结构(图 3-85)。当少量的钾长石粒度大而呈斑晶状时,该岩石则为斑状或巨斑黑云母花岗岩。斜长石呈半自形板状,粒度较均匀,双晶较发育,双晶纹细密,均为酸性斜长石,$An=24—27$。斜长石的表面常有不同程度的绢云母化。石英呈它形粒状,粒度也不均匀,常充填于长石孔隙中。黑云母呈片状,常具有褐—淡黄褐色多色性,在岩石分布不太均匀,沿边部或解理有轻微的绿泥石化。巨斑黑云母花岗岩与黑云母花岗岩的成分基本一致,只是岩石中含有约 15% 的钾长石斑晶,斑晶大者粒径可达 8cm 左右(图版 XV-4、图版 XV-5)。

表 3-28 中新世花岗岩矿物含量统计

岩石名称	样品数	矿物含量(%)						副矿物
		钾长石	斜长石	石英	黑云母	白云母	石榴石	
黑云母花岗岩	6	41.0	25.0	27.0	7.0	个别	—	以锆石、磁铁矿、褐帘石等为主
巨斑黑云母花岗岩	3	45.7	22.3	25.3	6.7	—	—	
黑云二长花岗岩	1	30.0	25.0	30.0	15.0	少量	—	
含石榴石花岗岩	2	35.0	29.0	27.5	7.0	—	1.5	
花岗闪长岩	2	15.0	42.0	30.0	13.0	—	—	
巨斑花岗闪长岩	2	10.0	50.0	26.0	12.0	个别	—	
含石榴石斜长花岗岩	1	个别	55.0	30.0	10.0	—	5.0	

含石榴石花岗岩 岩石呈灰白色,半自形细粒结构,块状构造。主要矿物成分为石英、钾长石、斜长石和黑云母,其中含有不均匀分布的石榴石。钾长石呈半自形粒状,主要为条纹长石和微斜长石,它们的格子状双晶和条纹结构均比较发育,在岩石中分布比较均匀,表面均有不同程度的高岭石化。斜长石呈半自形板状,粒度不太均匀,具有清楚的聚片双晶,双晶纹细而密,大部分为酸性斜长石,在岩石中分布比较均匀。黑云母呈细小片状,具褐—淡黄色多色性,岩石中的大部分黑云母已经全部绿泥石化。石榴石呈半自形—自形晶,粒状,粒度均在0.5mm左右(图3-86),正高突起,全消光。在岩石中分布零星,局部含量稍多些。在谷露东部的建多沟中,还见有石榴斜长花岗岩,该岩石几乎不含钾长石,而以斜长石为主。

图 3-85 条纹长石中包体及斜长石的净边结构

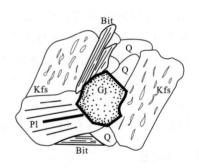

图 3-86 花岗岩中石榴石形态

花岗闪长岩 岩石呈灰白色、灰色,块状构造。矿物成分主要由钾长石、斜长石、石英和黑云母组成。钾长石含量较少,主要为条纹长石,部分条纹长石的条纹结构不太发育。微斜长石少,钾长石的表面均有不同程度的高岭石化。斜长石呈半自形板状,粒度不太均匀,大小均有,聚片双晶发育,双晶纹细而密,大部分为酸性斜长石,也见少量具有环带结构的斜长石,可能为中长石。石英呈它形粒状,粒度也不均匀,常充填于长石颗粒的孔隙中。黑云母呈片状,具绿褐—淡黄色多色性,在岩石中分布也不太均匀,常呈集合体状、团块状分布,部分黑云母有轻微的绿泥石化(图版XV-6)。

2. 岩石地球化学特征

对区内花岗岩进行了岩石地球化学分析,岩石化学全分析和 CIPW 计算结果列于表 3-29 中。从表中可以看出,中新世花岗岩富硅、铝和碱,贫铁、镁、钙。标准矿物计算结果显示,出现过饱和矿物石英和饱和矿物长石及辉石类矿物,大部分样品中均出现标准矿物刚玉分子,属过铝型花岗岩,只有3个样品没有出现刚玉标准矿物分子,而出现透辉石标准分子,属正常型花岗岩类。分异指数较高,均在72以上,说明中新世花岗岩的分异情况较好。在 SiO_2-(Na_2O+K_2O) 和 A/CNK-ANK 图解中(图3-87),中新世花岗岩的投影点分别落入钙性花岗岩和过铝质花岗岩中,只有3个样品属次铝质花岗岩。中新世花岗岩的微量元素和稀土元素分析结果见表3-30。从表中可以看出,微量元素含量与地壳同种元素比较:Rb、Th、Hf 强烈富集,U 和 Zr 也较富集,但有个别样品出现亏损,Ba、Sr、Nb、Y 呈亏损状态,Ga 与地壳中的含量相当或略有亏损。区内中新世花岗岩的微量元素与洋中脊花岗岩比较则显示出极富 Rb 和 Th,在蛛网图中(图3-88),显示出拖尾的大"M"形,而 K_2O、Ba、Ta、Nb、Ce 也有不同程度的富集,Sm、Zr、Hf、Y、Yb 有不同程度的亏损。该蛛网图与同碰撞花岗岩的蛛网图相似。

表3-29　中新世花岗岩的岩石化学分析和 CIPW 计算结果　　　　　　　　(%)

样品号	YQ1364	YQ1365	YQ1370	YQ1409	YQ1464	YQ1631	YQ1641-1
岩石名称	斑状花岗闪长岩	含石榴石花岗岩	含石榴石花岗岩	斑状黑云花岗岩	黑云母花岗岩	斑状二长花岗岩	巨斑黑云花岗岩
SiO_2	68.45	75.20	69.06	74.26	68.80	78.08	70.04
TiO_2	0.33	1.32	0.3	0.16	0.67	0.19	0.37
Al_2O_3	15.31	12.32	15.03	13.41	14.41	11.05	14.68
Fe_2O_3	1.15	0.35	1.21	0.33	0.98	0.17	0.97
FeO	2.06	0.57	2.16	1.03	2.56	1.08	1.94
MnO	0.075	0.11	0.09	0.02	0.06	0.02	0.03
MgO	1.52	0.13	1.68	0.43	1.31	0.28	0.91
CaO	3.96	1.09	3.37	0.99	2.93	0.83	1.51
Na_2O	2.70	3.25	2.91	2.70	3.25	2.39	2.50
K_2O	3.42	5.50	3.10	5.50	4.42	4.68	5.62
P_2O_5	0.04	0.03	0.06	0.11	0.09	0.06	0.26
H_2O	0.70	0.06	0.74	0.74	0.63	0.56	1.07
CO_2	0.27	0.23	0.29	0.39	0.10	0.29	0.31
Q	28.85	33.19	30.53	35.70	24.43	44.71	30.16
Or	20.37	32.50	18.47	32.75	26.26	27.93	33.53
C	0.66	—	1.55	2.35	—	1.34	3.02
Ab	22.98	27.44	24.78	22.97	27.58	20.38	21.31
An	17.85	2.74	14.65	1.82	11.68	1.95	4.05
Di	—	0.89	—	—	1.45	—	—
DiWo	—	0.43	—	—	0.74	—	—
DiEn	—	0.11	—	—	0.38	—	—
DiFs	—	0.34	—	—	0.33	—	—
Hy	6.27	0.83	6.88	2.48	5.47	2.29	4.52
HyEn	3.83	0.21	4.23	1.08	2.91	0.71	2.29
HyFs	2.44	0.62	2.64	1.39	2.56	1.58	2.23
Mt	1.68	0.51	1.77	0.48	1.43	0.25	1.42
Il	0.63	—	0.57	0.31	1.28	0.36	0.71
Ap	0.09	0.07	0.13	0.24	0.20	0.13	0.57
CI	8.58	2.23	9.22	3.26	9.62	2.90	6.65
DI	72.21	93.13	73.78	91.43	78.27	93.01	85.00

注:由廊坊地球物理地球化学勘查研究所分析。

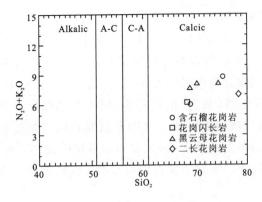 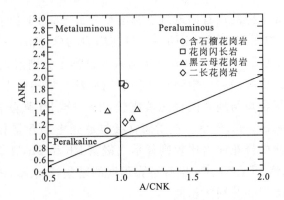

图 3-87 中新世花岗岩 $SiO_2-(Na_2O+K_2O)$ 图解和 A/CNK-ANK 图解

Alkalic. 碱性；A-C. 碱钙性；C-A. 钙碱性；Calcic. 钙性。Metaluminous. 次铝质；Peraluminous. 过铝质；Peralkaline. 过碱质

稀土元素分析结果见表 3-30。从表中可以看出，中新世花岗岩的稀土总量较高，在 $(123.67\sim426.05)\times10^{-6}$ 之间。稀土配分形式图示于图 3-89 中。从图中可以看出，配分曲线呈右倾形式、曲线斜率较大，轻稀土强烈富集，重稀土相对亏损，具有较明显的负铕异常，其中有两个样品的负铕异常不太明显。

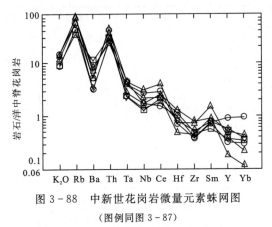

图 3-88 中新世花岗岩微量元素蛛网图

(图例同图 3-87)

表 3-30 中新世花岗岩的微量及稀土元素分析结果 $(\times10^{-6})$

样品号	微量元素 岩石名称	K	Ba	Rb	Sr	Ga	Ta	Nb	Hf	Zr	Ti	Y	Th	U
YQ1364	斑状花岗闪长岩	28 379	530	158	269	15.1	1.41	10.0	7.88	116	1 978	17.5	25.9	4.5
YQ1365	含石榴石花岗岩	45 638	128	267	67	14.1	2.83	13.8	6.64	93	7 913	48.7	21.3	4.9
YQ1370	含石榴石花岗岩	25 723	223	198	187	19.4	2.43	23.8	4.87	88	1 798	15.4	36.9	6.9
YQ1409	斑状黑云母花岗岩	45 638	221	335	90	17.3	2.43	18.8	3.16	108	959	8.5	26.2	4.1
YQ1464	黑云母花岗岩	36 677	369	263	134	18.0	1.69	14.1	9.20	203	4 017	25.4	20.6	2.4
YQ1631	斑状二长花岗岩	38 834	142	260	61	17.1	1.41	11.1	5.60	124	1 139	27.0	21.0	1.3
YQ1641-1	巨斑黑云母花岗岩	46 634	311	362	113	20.2	2.79	27.0	5.07	182	2 218	19.0	41.6	9.3

样品号	稀土元素 岩石名称	La	Ce	Pr	Nd	Sm	Eu	Gd	Tb	Dy	Ho	Er	Tm	Yb	Lu	ΣREE
YQ1364	斑状花岗闪长岩	36	64	6.8	22.7	3.77	0.92	3.6	0.47	2.85	0.55	1.66	0.27	1.85	0.32	145.76
YQ1365	含石榴石花岗岩	23	44	5.3	18.9	5.05	0.41	5.4	1.01	6.91	1.48	4.71	0.84	5.72	0.97	123.70
YQ1370	含石榴石花岗岩	46	86	9.1	29.8	4.84	0.75	4.2	0.51	2.73	0.48	1.42	0.23	1.63	0.29	187.98
YQ1409	斑状黑云母花岗岩	34	67	8.0	28.1	5.84	0.74	4.5	0.50	2.04	0.27	0.68	0.09	0.56	0.08	152.40
YQ1464	黑云母花岗岩	41	79	9.0	32.3	6.27	1.22	6.0	0.80	4.55	0.85	2.41	0.38	2.47	0.38	186.63
YQ1631	斑状二长花岗岩	27	54	6.5	23.4	5.32	0.60	5.4	0.83	5.01	0.90	2.39	0.37	2.20	0.33	134.25
YQ1641-1	巨斑黑云母花岗岩	62	127	15.3	55.2	11.2	1.11	8.9	1.02	4.48	0.62	1.56	0.20	1.17	0.18	289.94

注：由廊坊地球物理地球化学勘查研究所分析。

3. 副矿物特征

在中新世花岗岩中采集的人工重砂样经详细鉴定表明,重矿物组合为锆石、褐帘石、独居石和磷灰石,以褐帘石和锆石为主,这一重矿物组合与始新世及以前的花岗岩均不相同。其中的锆石呈自形晶(图3-90),黄粉色,透明—半透明,其中的固相包体较发育,伸长系数在1.5~2.5之间,个别可达5.0左右。大部分锆石均由柱面{100}、{110}和锥面{111}构成的聚形,个别锆石颗粒具有{131}和{311}偏锥面。

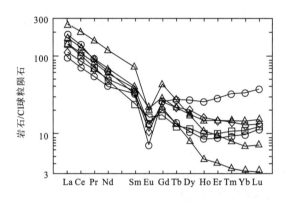

图3-89 中新世花岗岩的稀土配分形式图

(图例同图3-87)

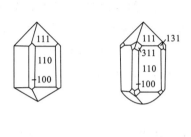

图3-90 中新世花岗岩的锆石形态

4. 形成构造环境分析

中新世花岗岩在区内主要沿拉萨-当雄北东向断裂带两侧分布,而其他地区根本不存在该时期的花岗岩,显然,中新世花岗岩的形成与该断裂的活动有关。在Rb-(Y+Nb)和Nb-Y图上(图3-91),中新世花岗岩的投影点均落在同碰撞花岗岩和板内花岗岩的分界线附近,按Pearce(1996)修改的图解,该花岗岩应属后碰撞花岗岩。它们可能具有同碰撞和板内花岗岩的两重性。在R_1-R_2(图3-92)图解中,中新世花岗岩的投影点均落入靠近同碰撞花岗岩的晚造山花岗岩区内,亦说明了该花岗岩的形成环境具有二重性。结合前述的中新世花岗岩产出位置的特点,岩石化学上表现为分异指数较大,钙碱指数(CA)在54左右,K_2O+Na_2O值很高,$CaO/(Na_2O+K_2O)$值小的特点,我们认为该区的中新世花岗岩形成于较稳定的造山晚期。由于该时期的地壳已有相当厚

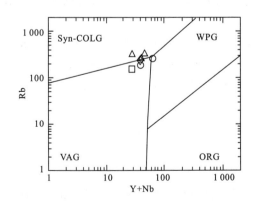 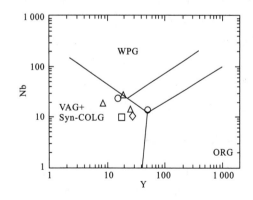

图3-91 中新世花岗岩的Rb-(Y+Nb)和Nb-Y图解

Syn-COLG.同碰撞花岗岩;WPG.板花岗岩;VAG.火山弧花岗岩;ORG.洋中脊花岗岩

(图例同图3-87)

度,加之北东向具有张扭性质的大型走滑断裂的影响,使该花岗岩具有裂谷花岗岩的一些岩石化学特征,所以,中新世花岗岩是形成于造山晚期并与陆内深大断裂作用有关。

5. 中新世花岗岩的年代学

在中新世不同类型花岗岩中采集了同位素测试样品,经成都地质矿产研究所分析测试中心测试,获得 K-Ar 法年龄值分别为斜长花岗岩(18.2±0.5)Ma,巨斑花岗闪长岩为(11.0±0.8)Ma,含石榴石花岗岩为(10.5±1.4)Ma。上述年龄值也获得野外地质资料的支持,其年代学资料是准确的。

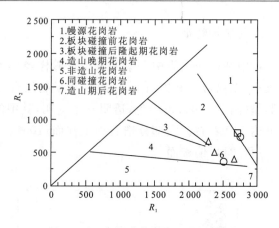

图 3-92 中新世花岗岩 R_1-R_2 图解
(图例同图 3-87)

十、脉岩

区内的脉岩比较发育,大部分脉岩均分布于各类侵入体的边部及其附近,主要的脉岩类型是花岗细晶岩和花岗斑岩脉,还见有少量的伟晶岩、辉绿岩和细晶闪长岩脉。

1. 岩石学特征

花岗细晶岩 岩石呈灰白色或白色,呈细脉状产出,脉宽一般不超过 1.0m。细粒半自形结构,块状构造。矿物成分主要由它形石英,半自形的钾长石、斜长石组成,有的岩脉中含有少量的黑云母,但其含量一般不超过 3‰,因此,此种岩脉的色率均很低。这些岩脉大部分是岩体边部沿裂隙或节理贯入的,因此其岩性多与主岩体的岩性一致。如图幅北西部的含石榴石花岗岩,沿早期节理贯入到巨斑花岗闪长岩中的细脉只有 5.0cm 宽,其岩性也与主岩体相同。

花岗斑岩 岩石呈肉红色或灰白色,斑状结构,基质常为隐晶质或显微晶质结构,块状构造。斑晶由钾长石、斜长石和石英组成,见有个别的黑云母,这些岩石的脉一般较大,有时呈小岩枝状产出,它们是岩浆演化后期的产物。

细晶闪长岩或闪长玢岩 岩石呈灰黑色或绿灰色,细粒(斑状)半自形结构,块状构造。矿物成分主要由角闪石和斜长石组成,有的岩石中含有一定量的黑云母。当部分角闪石和斜长石形成斑晶时,基质则多为显微晶质结构,形成闪长玢岩。这类岩石多呈脉状、小的岩枝状产出。部分细晶闪长岩也呈深源包体被包含于花岗岩体中。

辉绿岩 岩石呈黑色或绿黑色,辉绿结构,块状构造。主要由单斜辉石和斜长石组成。斜长石晶体杂乱分布,它们组成的格架中充填有辉石颗粒。也见有少量的斜长石嵌于辉石晶体中构成嵌晶含长结构。岩石中含有较多的磁铁矿。该类岩石呈脉状产出,个别呈岩枝状产出。它们大部分沿东西方向延伸,受区域构造控制。

2. 岩石地球化学特征

我们在区内有代表性的脉岩中采集了少量样品,其岩石化学全分析结果及 CIPW 计算结果见表 3-31。从表中可以看出,闪长岩和辉绿岩的 SiO_2 含量均较低,钾、钠也较低。而铁、镁、钙、铝均较高。CIPW 计算结果表明细晶闪长岩出现饱和矿物长石和辉石与不饱和矿物橄榄石标准分子,说明该岩石属 SiO_2 不饱和类型;而辉绿岩则不同,计算出过饱和矿物石英与饱和矿物长石和辉石的标准分子,同时还出现铝过饱和矿物刚玉标准分子,说明其为铝过饱和类型岩石。

表 3-31 脉岩的岩石化学全分析和 CIPW 计算结果 (%)

样品号	岩石名称	SiO₂	TiO₂	Al₂O₃	Fe₂O₃	FeO	FeO*	Fe₂O₃*	MnO	MgO	CaO
YQ1626-1	细晶闪长岩	46.60	0.72	15.53	3.64	8.41	11.69	12.98	0.22	8.97	9.90
B190-1	辉绿岩	47.82	2.45	15.86	5.84	6.30	11.55	12.84	0.16	6.02	6.78

样品号	岩石名称	Na₂O	K₂O	P₂O₅	H₂O	CO₂	Q	C	Or	Ab	An
YQ1626-1	细晶闪长岩	2.60	0.69	0.04	1.66	0.52	—	—	4.17	22.46	29.26
B190-1	辉绿岩	2.98	0.81	0.26	3.66	0.92	5.89	0.44	4.98	26.18	27.36

样品号	岩石名称	Ne	Lc	Di	DiWo	DiEn	DiFs	Hy	HyEn	HyFs
YQ1626-1	细晶闪长岩	—	—	14.06	7.25	4.49	2.33	6.05	3.98	2.07
B190-1	辉绿岩	—	—	—	—	—	—	18.75	15.64	3.10

样品号	岩石名称	Ol	OlFo	OlFa	Mt	Hm	Il	Ap	CI	DI
YQ1626-1	细晶闪长岩	15.91	10.12	5.79	5.39	—	1.40	0.09	42.82	26.63
B190-1	辉绿岩	—	—	—	8.80	—	4.84	0.59	32.39	37.05

注：由河北地矿局廊坊实验室分析。

在 SiO₂-(Na₂O+K₂O)图解中,两个岩石样品投影点落入碱性和次碱性界线上(图 3-93),说明该岩石具偏碱性岩石的特征。其稀土元素和微量元素的分析结果列于表 3-32 中。从表中可以看出,与地壳平均值比较,微量元素 Hf、Cr、Ni、Co 相对富集,Y、Ga 和 Zr 相当或相对亏损,而 Ba、Rb、Sr、Ta、Nb、Th 和 U 均表现为相对亏损。在微量元素蛛网图上(图 3-94),脉岩的微量元素与洋中脊花岗岩比较,Rb 极度富集,出现峰值,而 K₂O、Ba、Th 也有不同程度的富集,其余元素均显示出不同程度的亏损状态。其曲线形式相似于火山弧花岗岩。稀土元素的总量较低,而辉绿岩的稀土总量较超基性岩高些。在稀土配分形式图上(图 3-95),曲线呈平坦状,辉绿岩的曲线稍有右倾,轻稀土略有富集,重稀土相对亏损,具不明显的正铕异常。而闪长岩的稀土配分曲线也呈平坦状,轻稀土元素相对亏损,而重稀土元素呈相对富集的形式,具有不明显的正铕异常,这种曲线的形式与大陆拉斑玄武岩的曲线形式相似,可能与区域上的局部伸展构造有关。

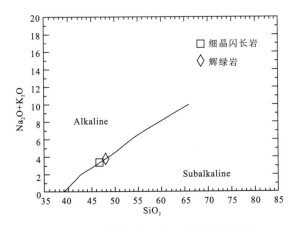

图 3-93 脉岩 SiO₂-(Na₂O+K₂O)图解

Alkaline.碱质；Subalkaline.次碱质

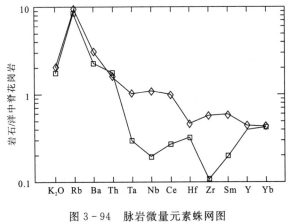

图 3-94 脉岩微量元素蛛网图

(图例同图 3-93)

表 3-32 脉岩的微量和稀土元素分析结果 (×10⁻⁶)

样品号	微量元素 岩石名称	K	Ba	Rb	Sr	Ga	Ta	Nb	Hf	Zr	Ti	Y	Th	U	Cr	Ni	Co
YQ1626-1	细晶闪长岩	6 721	153	39	323	21.5	0.72	11.00	4.20	196	14 688	31.0	1.30	0.30	—	—	—
B190-1	辉绿岩	5 726	112	34	234	17.3	0.21	1.94	2.96	35	4316	28.2	1.42	0.21	176	151	46

样品号	稀土元素 岩石名称	La	Ce	Pr	Nd	Sm	Eu	Gd	Tb	Dy	Ho	Er	Tm	Yb	Lu	ΣREE
YQ1626-1	细晶闪长岩	16.00	35.00	4.70	22.00	5.30	1.93	5.80	1.05	6.30	1.23	3.50	0.56	3.50	0.60	107.47
B190-1	辉绿岩	4.75	9.59	1.25	5.50	1.76	0.77	2.58	0.61	4.03	1.04	3.13	0.54	3.38	0.58	39.50

注：由中国地质科学院地球物理地球化学勘查研究所分析。

3. 形成环境讨论

区内的脉岩分布广泛，特别是在花岗岩体的附近，花岗斑岩、花岗细晶岩、伟晶岩均有发育，它们是伴随同时代岩浆活动后期的产物。在 CaO-(FeO*+MgO) 图解中（图 3-96），辉绿岩和闪长岩投影点均落入后碰撞花岗岩区内，表明它们的形成与碰撞造山作用关系不密切。在 Zr-Zr/Y 图解中（图 3-97），辉绿岩的投影点落入板内玄武岩区内，而闪长岩的投影点落入岛弧玄武岩区内。由于这两种脉岩的时代难以确定，因此我们认为，闪长岩可能形成于后碰撞造山的岛弧或陆缘环境，而辉绿岩则形成于后碰撞的地壳相对稳定的环境，但它们都与区域构造的发展演化关系密切。

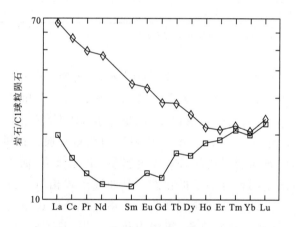

图 3-95 脉岩稀土元素配分形式图
（图例同图 3-93）

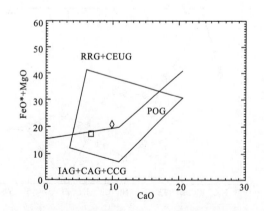

图 3-96 脉岩 CaO-(FeO*+MgO) 图解
（图例同图 3-93）

IAG+CAG+CCG. 岛弧花岗岩；RRG+CEUG. 非造山花岗岩；
POG. 碰撞后花岗岩

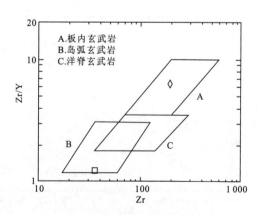

图 3-97 脉岩 Zr-Zr/Y 图解
（图例同图 3-93）

第三节 火山岩

图幅内出露的火山岩面积不太大,出露面积约 1 068.12km², 占岩浆岩出露总面积的 18.9% 左右。本区的火山岩分布上很不均匀。从时代上讲,从石炭系—二叠系地层中有少量变质火山岩夹层,侏罗系马里组中含有火山岩夹层;白垩系竟柱山组中含有多层火山岩夹层,而古近系帕那组则主要为火山岩,夹少量的火山沉积岩层。平面分布上,本区的火山岩主要分布于图幅的西南角,而图幅的南部和中北部的火山岩则多为沉积岩中的夹层。

一、侏罗纪火山岩

1. 岩石学特征

区内侏罗纪火山岩见于桑巴乡附近的马里组一段中,出露厚度不超过 30cm,延长约 1km。其上为砂岩、砂砾岩和砾岩层,其下伏地层为变质细砂岩。其岩性为变质的流纹质(熔结)凝灰岩。岩石呈灰黑色,凝灰结构,块状构造。成分主要由晶屑、岩屑、塑性玻屑及火山灰组成,其含量分别为 40%、10%、20% 和 30%。晶屑由石英、钾长石和斜长石组成;岩屑为变粉砂质泥岩;塑性玻屑只是局部岩石中有,并构成假流动构造。部分玻屑已重结晶为微晶石英。火山灰已经有相当一部分变为绢云母。

2. 岩石化学特征

变质流纹质凝灰岩的岩石化学全分析及 CIPW 计算结果列于表 3-33 中。从表中可以看出,岩石富 SiO_2 和 K_2O,贫 FeO^*、MgO 和 CaO。CIPW 计算结果显示,岩石中出现 SiO_2 过饱和矿物石英标准分子,饱和矿物长石与紫苏辉石,同时还出现铝过饱和矿物刚玉标准分子,说明该岩石属铝过饱和类型。在 SiO_2-(Na_2O+K_2O) 图解中,该凝灰岩的投影点落于亚碱性火山岩区内(图 3-98)。而在 A-F-M[(Na_2O+K_2O)-FeO^*-MgO] 图解中(图 3-99),侏罗纪火山岩的投影点落入钙碱性火山岩区内,说明该凝灰岩为钙碱性系列的火山岩。侏罗纪火山岩的微量元素及稀土元素分析结果见表 3-34。从表中可以看出,该岩石的微量元素含量与地壳平均值比较,富 Ba、Rb、Hf、Th,而 Ga、Zr 基本与地壳平均含量相当,Sr、Ta、Nb、Y、U 则显示有些亏损。微量元素蛛网图如图 3-100 所示。从图中可以看出,与大洋玄武岩比较,曲线呈单峰式,Rb 强烈富集,Ba、Th、Nb、

表 3-33 侏罗纪火山岩岩石化学分析及 CIPW 计算结果 (%)

样品号	岩石名称	SiO_2	TiO_2	Al_2O_3	Fe_2O_3	FeO	FeO^*	$Fe_2O_3^*$	MnO	MgO	CaO
YQ1602	流纹质凝灰岩	74.84	0.46	11.49	0.65	2.97	3.55	3.95	0.059	1.45	1.39
样品号	岩石名称	Na_2O	K_2O	P_2O_5	H_2O	CO_2	Q	C	Or	Ab	An
YQ1602	流纹质凝灰岩	0.98	3.78	0.02	1.70	0.31	48.56	3.35	22.79	8.44	6.92
样品号	岩石名称	Ne	Lc	Ac	Ns	Di	DiWo	DiEn	DiFs	Hy	HyEn
YQ1602	流纹质凝灰岩	—								8.04	3.70
样品号	岩石名称	HyFs	Ol	OlFo	OlFa	Mt	Hm	Il	Ap	CI	DI
YQ1602	流纹质凝灰岩	4.34	—			0.96		0.89	0.04	9.89	79.80

注:由河北地矿局廊坊实验室分析。

Ce、Zr、Hf、Sm 则表现为亏损,这种曲线的形式与火山弧火山岩的地球化学型式相似,因此,它的形成可能与火山弧的形成和发展有关。稀土元素分析结果显示,侏罗纪火山岩的稀土总量较高,达 156.02×10^{-6}。稀土配分曲线呈右倾型,轻稀土相对富集,而且曲线的斜率较大,而重稀土相对亏损,出现较明显的负铈异常(图 3-101),具有弧后盆地火山岩的稀土配分型式特征。

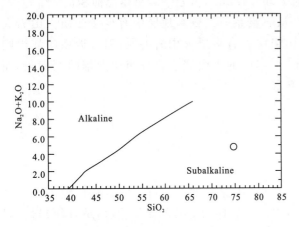

图 3-98 侏罗纪火山岩 $SiO_2-(Na_2O+K_2O)$ 图解

Alkaline.碱质;Subalkaline.次碱质

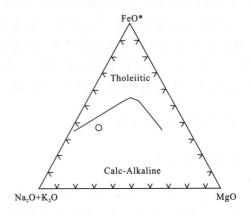

图 3-99 侏罗纪火山岩 A-F-M 图解

Tholeiitic.拉斑玄武岩;Calc-Alkaline.钙碱性玄武岩

表 3-34 侏罗纪火山岩微量元素及稀土元素分析结果 ($\times10^{-6}$)

样品号	微量元素 岩石名称	K	Ba	Rb	Sr	Cs	Li	Ga	Tl	Ta	Nb	Hf	Zr	Ti	Y	Th	U
YQ1602	流纹质凝灰岩	3	753	213	67	—	—	17	—	1.26	14.5	5.6	156	—	23	16.30	1.60

样品号	稀土元素 岩石名称	La	Ce	Pr	Nd	Sm	Eu	Gd	Tb	Dy	Ho	Er	Tm	Yb	Lu	ΣREE
YQ1602	流纹质凝灰岩	34	65	7.60	28	5	0.87	4.73	0.76	4.60	0.77	2.20	0.34	1.90	0.25	156.02

注:由中国地质科学院地球物理地球化学研究所分析。

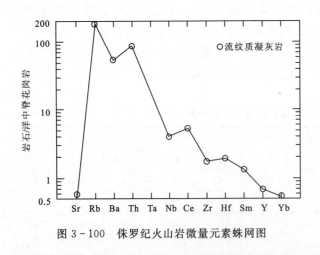

图 3-100 侏罗纪火山岩微量元素蛛网图

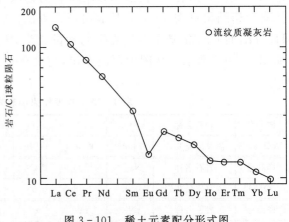

图 3-101 稀土元素配分形式图

3. 形成环境分析

侏罗纪火山岩产于马里组地层中,夹于含砾砂岩和变质砂岩之间,在 Th-Hf/3-Ta 和

Th-Hf/3-Nb/16图解中(图3-102),该火山岩的投影点均落入岛弧火山岩区内。在 TiO_2-$MnO×10$-$P_2O_5×10$ 图解中(图3-103),该样品的投影点落入岛弧火山岩区内。说明区内侏罗纪火山岩形成于岛弧环境,可能是弧后盆地型火山岩。

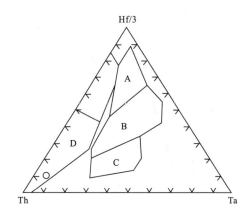
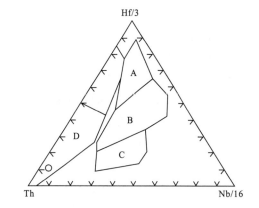

图 3-102　侏罗纪火山岩 Th-Hf/3-Ta 和 Th-Hf/3-Nb/16 图解
A.洋中脊玄武岩;B.洋中脊+板内玄武岩;C.板内玄武岩;D.岛弧拉斑玄武岩

二、白垩纪火山岩

图幅内的白垩纪火山岩分布面积较小,主要夹杂于晚白垩世竟柱山组紫红色碎屑岩中。火山岩呈层状、似层状产出,与紫红色碎屑岩均呈整合接触关系,无明显的沉积间断,偶见薄层的火山沉积岩。主要岩石类型有安山岩、流纹岩和石英粗安岩,英安岩。

1. 岩石学特征

流纹岩　岩石呈灰色、灰白色或暗褐色,斑状结构,块状构造,斑晶为石英、斜长石、钾长石,矿物含量统计见表3-35。

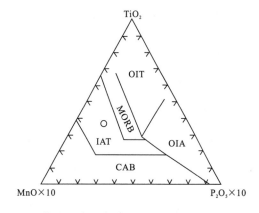

图 3-103　侏罗纪火山岩 TiO_2-$MnO×10$-$P_2O_5×10$ 图解
OIT.洋岛拉斑玄武岩;MORB.洋脊玄武岩;IAT.岛弧拉斑玄武岩;
OIA.洋岛碱性玄武岩;CAB.钙碱性玄武岩

石英呈浑圆状,局部有溶蚀,呈港湾状,分布不太均匀。斜长石呈半自形板状,可见清楚的聚片双晶,表面有不同程度的绢云母化。钾长石呈半自形板状,主要为正长石,可见较清楚的卡氏双晶,个别颗粒有轻微的溶蚀,分布不太均匀,常与斜长石一起呈聚晶状产出,表面有较强的高岭石化。基质由显微晶质的长英质矿物组成,局部还可见少量的隐晶质物质。

表 3-35　白垩纪火山岩矿物含量统计表　　　　　　　　　　　　　　　(%)

岩石名称	样品数	斑晶					基 质
		石英	斜长石	钾长石	黑云母	角闪石	
流纹岩	3	10.3	5.2	7.5	个别	—	显微晶质长英质矿物
安山岩	2	—	15	—	3	1	微晶斜长石、角闪石、黑云母
石英粗安岩	3	—	15	10	个别	—	微晶长英质矿物
英安岩	1	5	12	—	个别	—	微晶长英质矿物

安山岩 岩石呈暗灰色，斑状结构，块状构造。斑晶由斜长石、黑云母和角闪石组成。矿物含量统计见表3-35。斜长石呈半自形板状，粒度不均匀，大小不等，可见不太清楚的聚片双晶。个别斜长石斑晶见有不太完整的环带结构，表面有较强的绢云母化。黑云母呈片状，具明显的暗化边，沿解理缝亦可见有析出的少量磁铁矿。大部分黑云母解理已不清楚，暗化较强，少数黑云母还可见清楚的解理。角闪石斑晶含量较少，呈半自形板状晶体，其边部也强烈暗化（图3-104）。个别角闪石几乎全部暗化，只保留着角闪石的晶形，还可见到解理。角闪石有不同程度的纤闪石化。基质为交织结构，由斜长石和角闪石及磁铁矿组成，斜长石微晶呈定向或半定向排列，其中充填着微晶角闪石和磁铁矿。

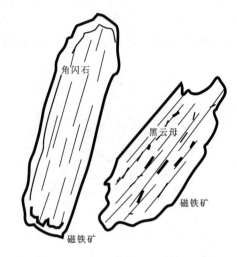

图3-104 安山岩中黑云母和角闪石的暗化边

石英粗安岩 岩石呈褐色、红褐色，斑状结构，块状构造，矿物成分主要由斑晶和基质组成。斑晶由斜长石和钾长石组成，有时可见个别的黑云母斑晶。长石斑晶呈半自形板状，可见较清楚的聚片双晶和卡氏双晶，它们均有不同程度的蚀变。在岩石中分布不太均匀，常呈聚晶状产出。个别黑云母斑晶可见不太厚的暗化边。基质由微晶的长英质矿物组成，可以清楚地分辨出石英颗粒。

英安岩 岩石呈灰白色、灰色，斑状结构，块状构造。斑晶由石英和斜长石组成。石英呈浑圆状、溶蚀状，分布零星。斜长石为半自形板状，可见较清晰的聚片双晶，表面有不同程度的绢云母化。基质由微晶长英质矿物组成。

2. 岩石地球化学特征

白垩纪火山岩的岩石化学全分析及CIPW计算结果列于表3-36中。从表中可以看出，除安山岩外，其余岩石都富硅和碱质及铝，而贫铁、镁、钙。CIPW计算结果出现过饱和矿物石英，饱和矿物长石和紫苏辉石标准分子，同时都出现铝过饱和矿物刚玉标准分子，说明这些岩石均为过铝质火山岩。它们的分异指数都较高，在86.52以上，说明它们的分异程度较高。安山岩岩石化学上显示出较贫硅和钾，较富铝、铁、镁、钙。标准矿物计算结果出现SiO_2过饱和矿物石英，饱和矿物长石、单斜辉石和斜方辉石，而不出现过铝质矿物刚玉，说明其属正常类型的火山岩。分异指数为57.28，说明其分异程度较差。在SiO_2-(Na_2O+K_2O)图解上（图3-105），白垩纪火山岩投影点均落入是亚碱性火山岩区内，说明它们为亚碱性火山岩。在A-F-M[(Na_2O+K_2O)-FeO^*-MgO]图解中（图3-106），白垩纪火山岩投影点均落入钙碱性火山岩区内，并且显示出较好的钙碱性演化趋势，证实本区白垩纪火山岩为钙碱性系列的火山岩。

测区内白垩纪火山岩的微量和稀土元素分析结果见表3-37。从表中可以看出，大部分白垩纪火山岩的微量元素含量与地壳平均值比较，富Ba、Nb、Hf、Zr、Th、U、Rb、Ga与地壳平均值相当，而其中安山岩则显示出亏损状态。从蛛网图（图3-107）中可以看出，白垩纪火山岩与大洋玄武岩比较，富Rb和Th、Ba、Ta、Nb、Ce、Zr、Hf、Sm均有不同程度的富集，而Y和Yb则略有亏损。从稀土元素的分析结果表3-37中看出，白垩纪火山岩的稀土总量较高，均在118.92×10^{-6}以上。稀土配分形式图示于图3-108中。从图中可以看出，稀土配分形式呈右倾型，且曲线的斜率较大，轻稀土相对富集，而重稀土相对亏损，具较明显的负铕异常，安山岩的负铕异常稍弱一些，反映出白垩纪火山岩稀土分馏作用较好。

表 3-36 白垩纪火山岩岩石化学全分析和 CIPW 计算结果

(%)

样品号	岩石名称	SiO_2	TiO_2	Al_2O_3	Fe_2O_3	FeO	FeO^*	$Fe_2O_3^*$	MnO	MgO	CaO	Na_2O	K_2O	P_2O_5	H_2O	CO_2	Q	C
P16Yq10	流纹岩	72.26	0.40	14.35	1.76	0.05	1.63	1.83	0.037	0.17	0.55	3.32	5.05	0.02	1.23	0.58	32.93	2.50
P16Yq13	石英粗安岩	73.90	0.28	13.58	1.83	0.02	1.67	1.85	0.050	0.17	0.52	1.98	6.18	0.10	1.13	0.49	38.15	2.93
P16Yq2	英安岩	74.62	0.24	13.49	2.29	0.26	2.32	2.58	0.007	0.34	0.20	2.75	3.52	0.04	1.53	0.23	45.35	4.98
P16Yq21	安山岩	54.96	1.09	17.14	3.52	2.97	6.14	6.82	0.096	3.10	4.96	4.42	1.08	0.08	3.52	2.87	10.45	—
P16Yq3	流纹岩	69.74	0.40	15.35	3.40	0.41	3.47	3.86	0.015	0.23	0.95	4.20	2.78	0.04	1.54	0.71	33.25	3.88

样品号	岩石名称	Or	Ab	An	Di	DiWo	DiEn	DiFs	Hy	HyEn	HyFs	Ol	Mt	Hm	Il	Ap	CI	DI
P16Yq10	流纹岩	30.49	28.64	2.67	—	—	—	—	0.43	0.43	—	—	0.29	1.60	—	0.04	0.72	92.06
P16Yq13	石英粗安岩	37.07	16.97	2.02	—	—	—	—	0.43	0.43	—	—	0.23	1.70	—	0.22	0.66	92.19
P16Yq2	英安岩	21.30	23.78	0.78	—	—	—	—	0.87	0.87	—	—	0.17	2.23	0.47	0.09	1.50	90.42
P16Yq21	安山岩	6.84	39.99	25.37	0.38	0.20	0.16	0.02	9.10	8.14	0.97	—	5.46	—	2.22	0.19	17.16	57.28
P16Yq3	流纹岩	16.86	36.40	4.60	—	—	—	—	0.59	0.59	—	—	0.22	3.34	0.78	0.09	1.58	86.52

注：由河北地矿局廊坊实验室分析。

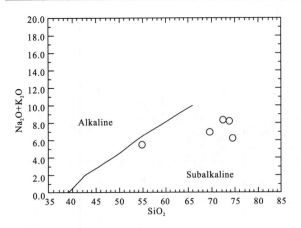

图3-105 白垩纪火山岩 SiO_2-(Na_2O+K_2O)图解

Alkaline. 碱质；Subalkaline. 次碱质

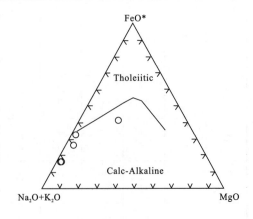

图3-106 白垩纪火山岩 A-F-M 图解

Tholeiitic. 拉斑玄武岩；Calc-Alkaline. 钙碱性玄武岩

表3-37 白垩纪火山岩的微量和稀土元素分析结果 ($\times 10^{-6}$)

样品号	微量元素 岩石名称	K	Ba	Rb	Sr	Ga	Ta	Nb	Hf	Zr	Ti	Y	Th	U
P16Yq10	流纹岩	4	490	186	220	16	2.22	29.8	11.1	382	—	29.2	47.1	5.3
P16Yq13	石英粗安岩	5	261	226	135	15	1.89	24.5	7.8	247	—	25.5	36.9	3.3
P16Yq2	英安岩	3	223	172	47	16	1.15	9.7	5.7	158	—	22.7	20.9	2.9
P16Yq21	安山岩	1	310	60	203	19	1.05	12.2	4.2	147	1	23.9	11.2	1.9
P16Yq3	流纹岩	2	300	134	103	25	1.60	18.3	10.5	367	—	48.6	17.2	3.2
样品号	稀土元素 岩石名称	La	Ce	Pr	Nd	Sm	Eu	Gd	Tb	Dy	Ho	Er	Tm	Yb	Lu	ΣREE
P16Yq10	流纹岩	67	135	15.2	53	8.8	1.07	7.19	1.04	5.9	0.97	2.9	0.47	3.1	0.44	302.08
P16Yq13	石英粗安岩	67	124	14.1	49	7.8	1.02	6.55	0.95	5.3	0.86	2.5	0.38	2.5	0.37	282.33
P16Yq2	英安岩	34	62	6.5	23	3.9	0.57	3.82	0.63	4.1	0.75	2.3	0.37	2.5	0.36	144.80
P16Yq21	安山岩	23	46	5.5	22	4.4	0.99	4.26	0.74	4.7	0.86	2.7	0.44	2.9	0.43	118.92
P16Yq3	流纹岩	47	93	11.1	43	8.3	1.32	8.06	1.44	9.4	1.77	5.1	0.79	5.2	0.74	236.22

注：由中国地质科学院地球物理地球化学勘查研究所。

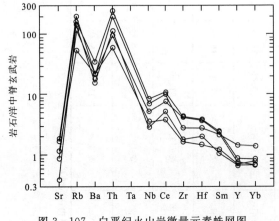

图3-107 白垩纪火山岩微量元素蛛网图

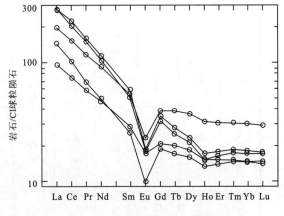

图3-108 白垩纪火山岩稀土配分形式图

3. 形成环境分析

白垩纪火山岩是作为竟柱山组紫红色碎屑岩的夹层产出的,与上、下岩层又没发现明显的沉积间断,本区大地构造发展到这时,陆内汇聚作用使本区地壳已经加厚,而中生界的沉积作用可能是属于弧后盆地的沉积。在 Th-Hf/3-Nb/16 和 Th-Hf/3-Ta 图解中(图3-109),本区的火山岩投影点均落入岛弧火山岩区内,说明白垩纪火山岩形成于弧后盆地的构造环境。

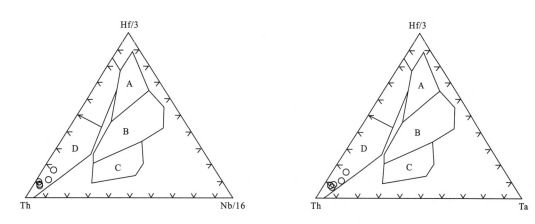

图3-109 白垩纪火山岩 Th-Hf/3-Nb/16 和 Th-Hf/3-Ta 图解
A.洋中脊玄武岩;B.洋中脊+斑内玄武岩;C.板内玄武岩;D.岛弧拉斑玄武岩

三、始新世火山岩

始新世火山岩分布比较局限,主要分布于图幅西南部的扎雪乡北部,它们以火山沉积不整合关系覆盖于古生代地层及早期侵入岩之上,是林周火山岩盆地的一部分。根据其岩石组合情况,将其划归为林子宗群的帕那组。帕那组火山岩岩石类型比较复杂,主要为一套中酸性火山岩及火山碎屑岩,在金达乡北部出露的火山岩中还见有玄武岩。

1. 岩石学特征

始新世帕那组火山岩的岩石类型较复杂,主要有玄武岩、安山岩、(石英)粗安岩、流纹岩以及相应的火山碎屑岩类。

玄武岩 岩石呈灰黑色、黑色,斑状结构,块状构造。斑晶由斜长石组成,呈半自形板状,粒度在3.0mm左右,由于强烈的钠黝帘石化,双晶不清楚。基质由单斜辉石和斜长石组成。斜长石呈半自形板状、长板状,粒度在0.5mm左右,少数颗粒可见双晶,长板状斜长石在岩石中呈半定向排列,其间充填有细小的辉石颗粒和绿泥石,构成间粒结构。单斜辉石呈粒状、短柱状,正高突起,二级黄绿的最高干涉色,多充填于斜长石板条状晶体之间。还见有充填于气孔中的绿帘石和绿泥石,该岩石只在金达区北部的火山岩中发现。矿物含量统计见表3-38。

安山岩 岩石呈灰黑色、灰色,斑状结构,块状构造。斑晶由斜长石、黑云母和少量的角闪石组成(图版Ⅻ-3、图版Ⅻ-4)。斜长石呈半自形板状,可见清楚的聚片双晶,大部分斜长石斑晶均有不同程度的绢云母化,分布不均匀,常呈聚晶状分布。黑云母呈片状,具明显的铁质暗化边,部分黑云母已全部暗化,其中还含有少量暗化的角闪石斑晶。矿物含量统计见表3-38。

表 3-38 始新世火山岩矿物含量统计 (%)

岩石名称	样品数	斑晶(晶屑)				岩屑	角砾	火山灰	塑性玻屑	基质	
		斜长石	钾长石	石英	黑云母(角闪石)					斜长石	单斜辉石
玄武岩	1	5	—	—	—	—	—	—	—	60	35
安山岩	3	15	10	—	3.3	—	—	—	—	50+隐晶质	
(石英)粗安岩	11	10	9	0.6	4.0	—	—	—	—	霏细长英矿物	
流纹岩	4	10	12	10	0.5	—	—	—	—	霏细质长英矿	
安粗质熔结凝灰岩	2	15	16	—	4.0	22.5	—	—	42.5		
英安质(角砾)凝灰岩	2	15	1	14	2.5	19.0	10,不均	38.5	—		
流纹质(角砾)(熔结)凝灰岩	9	6	10	12	1.0	13.9	5,不均	17.7	17.2		

(石英)粗安岩 这类岩石包括粗安岩、安粗岩和石英粗安岩(图版Ⅻ-2、图版Ⅻ-7)。岩石呈灰色、褐色、红褐色,斑状构造,块状构造。斑晶由斜长石、钾长石、黑云母组成,石英粗安岩中有时含少量石英斑晶。斜长石呈半自形板状,双晶不太发育,常有熔蚀现象(图 3-110),使斜长石形态不规则,形成港湾状的熔蚀边。斜长石斑晶在岩石中分布不甚均匀。钾长石呈半自形板状,以正长石和条纹长石为主,没有透长石,可见较清楚的卡氏双晶和条纹结构,部分钾长石双晶不发育。钾长石有不同程度的高岭石化。黑云母呈片状,多具有铁质的暗化边,但还可见其中心部分的黑云母具褐—淡黄色多色性,分布零星。在石英粗安岩中,有的岩石中可见到几粒石英斑晶,呈浑圆状,粒度比长石斑晶小,含量极少,常呈熔蚀的港湾状。基质多呈隐晶质或由霏细质的长英质矿物组成。

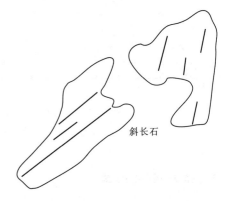

图 3-110 粗安岩中斜长石斑晶熔蚀结构 (P9B1-1)

流纹岩 岩石呈灰色、灰白色或红褐色,斑状结构,块状构造。斑晶由石英、钾长石、斜长石组成,有时可见少量的黑云母斑晶。石英呈浑圆粒状,粒度不均匀,常具有熔蚀结构(图版Ⅻ-1)。斜长石斑晶呈半自形板状,可见清楚的聚片双晶,表面有不同程度的绢云母化。钾长石呈半自形板状,也常见熔蚀现象,可见较清楚的卡氏双晶和条纹结构,表面有不同程度的高岭石化。在岩石中分布不均匀,常呈聚晶状产出。个别岩石中含极少量的黑云母斑晶,片状,较小,无暗化现象,大部分已强烈绿泥石化。基质由霏细质的长英质矿物组成,或呈隐晶质状和球粒状,球粒状基质常有不同程度的重结晶现象。矿物含量统计见表 3-38。

安粗质(或粗安质)熔结凝灰岩 岩石呈灰褐色、褐色或灰黑色,熔结凝灰结构,块状构造。岩石由晶屑、岩屑和玻屑(塑性玻屑)组成。晶屑主要由斜长石、钾长石组成,个别岩石中也见有黑云母。它们均呈各种不规则的形状,甚至是尖棱角状,分布不甚均匀,含量一般在 35%左右。岩屑呈小碎块状,岩屑主要成分是变质砂岩、千枚岩的细碎屑,只有一块标本中还见有石英二长斑岩的岩屑。岩屑在此类岩石中的含量约在 22%。玻屑呈不规则形态,由玻璃质组成,常呈尖棱角状,塑性玻屑呈拉长的条纹状、分叉状等(图 3-111),有的塑性玻

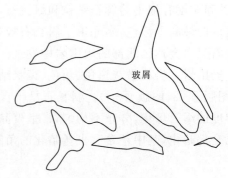

图 3-111 粗安质凝灰岩中玻屑形态(B167)

屑具定向排列构成假流纹构造。各种成分含量统计见表3-38。

英安质（角砾）凝灰岩 岩石呈灰色、褐色、灰黑色，凝灰结构，块状构造。岩石由晶屑、岩屑（角砾）和火山灰组成。晶屑主要有石英和斜长石晶屑，个别岩石中见有极少的钾长石和黑云母晶屑。晶屑呈各种不规则的形态，斜长石晶屑有少量的半自形晶，石英则呈浑圆状、熔蚀的港湾状、棱角状等，分布较均匀。岩屑呈不规则状，大部分呈棱角状，个别粒度大的则成为砾石，但分布常不均匀。岩屑和角砾的成分主要为千枚岩、变质砂岩（图版Ⅻ-5）。

流纹质（含角砾）熔结凝灰岩 岩石呈灰色、灰白色、褐色，凝灰结构或熔结凝灰结构，块状构造或假流纹构造（图3-112）。岩石中的物质成分由晶屑、岩屑（角砾）、塑性玻屑（玻屑）及火山灰组成。晶屑主要有石英、钾长石、斜长石和少量的黑云母，晶屑均呈各种不规则的形态，棱角状、熔蚀状、碎块状（图3-113），石英也常呈浑圆状。岩屑主要为变砂岩、千枚岩及少量花岗质岩石的岩屑，大块的则构成角砾，但分布很不均匀。玻屑呈各种尖棱角状、长条状等（图3-114）。这些刚性玻屑在岩石中分布相对较均匀。岩石中也常见塑性玻屑，它们大部分已被拉长，并定向排列，在晶屑边部呈弯曲状并绕晶屑而过（图3-112）构成假流纹构造。

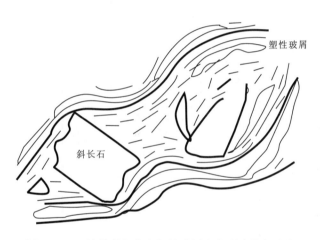

图3-112 熔结凝灰岩中塑性玻屑定向形成的假流纹构造（P5B17-1）

图3-113 凝灰岩中呈碎块状斜长石（P5B16-1）

2. 岩石地球化学特征

图幅内的始新世火山岩是西部林周古近纪火山岩盆地的一小部分。位于盆地的东北角，因此将其定为帕那组（E_2p）。我们在其中采集了各种不同岩石类型的样品，其岩石化学全分析及CIPW计算结果列于表3-39中。从表中可以看出，始新世火山岩大部分为富硅、碱，贫铁、镁、钙；安山岩则相对贫硅、碱，而富铁、镁、钙。CIPW计算结果显示，始新世火山岩均出现过饱和矿物石英，饱和矿物长石和紫苏辉石，其中有7个样品出现饱和矿物辉石，说明它们属正常型火山岩。另外8个样品出现过铝质标准矿物刚玉，说明这些岩石（流纹岩和粗安岩）为铝过饱和类型岩石。分异指数大部分较高，在86.95以上，说明始新世中酸性火山岩分异程度较高；

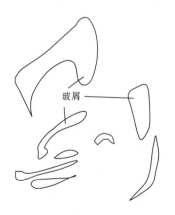

图3-114 玻屑形态图（P5B16-1）

表 3-39　始新世火山岩岩石化学全分析及 CIPW 计算结果 (%)

样品号	岩石名称	SiO_2	TiO_2	Al_2O_3	Fe_2O_3	FeO	FeO^*	$Fe_2O_3^*$	MnO	MgO	CaO	Na_2O	K_2O	P_2O_5	H_2O	CO_2	Q	C
B328-1	流纹岩	76.40	0.19	12.28	0.37	0.93	1.26	1.40	0.07	0.38	0.55	3.43	4.9	0.02	0.56	0.34	35.64	0.36
B329-1	流纹岩	76.22	0.19	12.13	0.25	0.96	1.18	1.32	0.07	0.47	1.10	3.13	4.9	0.02	0.46	0.49	36.02	—
P5B11-1	流纹岩	71.10	0.25	14.67	1.18	0.41	1.47	1.64	0.08	0.33	1.22	2.70	6.5	0.07	0.71	1.20	28.01	1.12
P5B12-1	安山岩	63.51	0.71	16.30	4.42	0.78	4.76	5.29	0.08	0.83	4.67	3.31	3.5	0.24	1.23	0.12	21.14	—
P5B15-1	流纹斑岩	66.46	0.39	16.94	2.58	0.23	2.55	2.84	0.09	0.55	1.10	3.58	6.5	0.12	1.03	0.41	18.17	2.29
P5B17-1	流纹质熔结凝灰岩	73.24	0.26	13.21	0.88	0.62	1.41	1.57	0.08	0.31	0.88	2.15	7.3	0.05	0.65	0.12	30.83	0.26
P5B3-1	流纹质熔结凝灰岩	72.67	0.28	13.87	1.53	0.18	1.56	1.73	0.05	0.39	0.59	2.82	5.9	0.06	1.12	0.28	32.54	1.91
P5B5-1	流纹岩	74.10	0.24	13.24	1.18	0.27	1.33	1.48	0.20	0.21	0.39	2.88	5.4	0.03	0.87	0.52	36.30	2.03
P8B2-2	流纹岩	66.96	0.49	15.37	0.99	0.88	1.77	1.97	0.05	0.67	1.51	1.79	9.2	0.08	0.98	0.64	17.69	1.23
P8B21-1	粗安岩	68.73	0.48	15.36	1.61	0.82	2.27	2.52	0.05	0.59	1.10	3.41	6.2	0.09	1.17	0.08	22.52	—
P8B5-2	粗安质熔结凝灰岩	68.06	0.50	15.52	1.33	1.05	2.25	2.50	0.05	0.62	1.75	3.25	6.6	0.09	0.68	0.16	19.65	0.02
P8B9-1	粗安岩	68.23	0.53	15.36	1.27	1.15	2.29	2.55	0.05	0.62	1.81	3.41	6.5	0.10	0.53	0.12	19.27	—
P9B29-1	玄武安山岩	53.88	0.95	17.34	6.04	2.30	7.73	8.60	0.17	4.38	7.29	3.10	2.9	0.28	0.64	0.29	5.47	—
YQ1653	英安质熔结凝灰岩	71.56	0.25	12.77	0.90	0.22	1.03	1.14	0.06	0.66	2.18	3.50	4.1	0.01	1.23	1.85	32.00	—
Q1685	流纹质凝灰岩	74.68	0.15	12.14	0.92	0.72	1.55	1.72	0.05	0.66	1.39	3.09	4.5	0.01	0.96	0.49	36.04	—

样品号	岩石名称	Or	Ab	An	Di	DiWo	DiEn	DiFs	Hy	HyEn	HyFs	Ol	Mt	Hm	Il	Ap	CI	DI
B328-1	流纹岩	29.12	29.13	2.63	—	—	—	—	2.18	0.95	1.22	—	0.54	—	0.36	0.04	3.08	93.89
B329-1	流纹岩	29.15	26.60	4.56	0.68	0.34	0.16	0.18	2.22	1.03	1.20	—	0.36	—	0.36	0.04	3.63	91.77
P5B11-1	流纹岩	39.03	23.16	5.73	—	—	—	—	0.84	0.84	—	—	0.87	0.60	0.48	0.16	2.19	90.21
P5B12-1	安山岩	21.05	28.44	19.56	2.01	1.08	0.93	—	1.18	1.18	—	—	0.73	3.99	1.37	0.53	5.29	70.63
P5B15-1	流纹斑岩	39.02	30.71	4.83	—	—	—	—	1.40	1.40	—	—	1.05	1.89	—	0.27	2.45	87.89
P5B17-1	流纹质熔结凝灰岩	43.62	18.36	4.12	0.29	0.16	0.13	0.01	0.91	0.78	0.13	—	1.29	—	0.50	0.11	2.70	92.81
P5B3-1	流纹质熔结凝灰岩	35.49	24.24	2.62	—	—	—	—	0.99	0.99	—	—	0.76	1.03	—	0.13	1.75	92.27
P5B5-1	流纹岩	32.55	24.80	1.79	—	—	—	—	0.53	0.53	—	—	0.84	0.62	0.46	0.07	1.84	93.64
P8B2-2	粗安质熔结凝灰岩	55.53	15.44	6.79	0.84	0.44	0.33	0.06	1.65	1.58	0.08	—	1.46	—	0.95	0.18	4.36	88.67
P8B21-1	粗安岩	37.25	29.28	5.01	—	—	—	—	1.50	1.50	—	—	1.44	0.65	0.93	0.20	3.86	89.05
P8B5-2	粗安质熔结凝灰岩	39.50	27.8	8.26	—	—	—	—	1.67	1.57	0.10	—	1.95	—	0.96	0.20	4.58	86.95
P8B9-1	流纹岩	38.82	29.10	7.42	0.84	0.44	0.33	—	1.45	1.23	0.22	—	1.86	—	1.02	0.22	5.16	87.19
P9B29-1	玄武安山岩	17.39	26.56	25.13	7.69	4.13	3.56	—	7.54	7.54	—	—	5.28	2.48	1.83	0.62	22.35	49.43
YQ1653	英安质熔结凝灰岩	25.09	30.75	7.32	3.00	1.61	1.39	—	0.32	0.32	—	—	0.18	0.81	0.49	0.02	4.00	87.84
Q1685	流纹质凝灰岩	27.30	26.55	5.90	0.84	0.44	0.32	0.08	1.70	1.36	0.34	—	1.36	—	0.29	0.02	4.18	89.90

注：由武汉岩矿测试实验中心分析。

而安山岩和玄武安山岩的分异指数较低,分别为 70.63 和 49.43。在火山岩分类图中(图 3-115),除流纹岩和一个英安质凝灰岩外,其余样品均落入次碱性岩石区,粗安岩及其火山碎屑岩均投影于粗面英安岩区内,玄武安山岩则落入玄武粗安岩区内,与岩相学鉴定结果基本一致。在 SiO_2-(Na_2O+K_2O) 图解中(图 3-116),始新世火山岩的投影点均落入亚碱性火山岩区内,部分样品更靠近碱性与亚碱性分界线处。在 A-F-M(图 3-117)中,始新世火山岩均落入钙碱性火山岩区内,并且具有较好的钙碱性演化趋势。上述岩石化学特点表明,区内始新世火山岩属钙碱性系列火山岩。

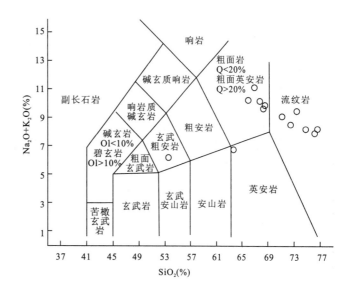

图 3-115 火山岩 SiO_2-(Na_2O+K_2O) 分类图

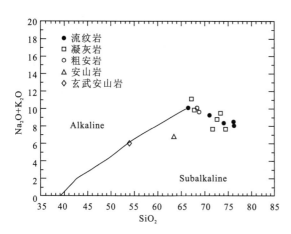

图 3-116 火山岩 SiO_2-(Na_2O+K_2O) 图解

Alkaline. 碱质;Subalkaline. 次碱质

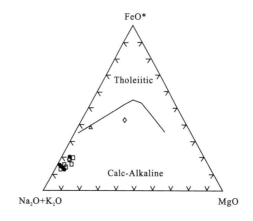

图 3-117 火山岩 A-F-M 图解

(图例同图 3-116)

Tholeiitic. 拉斑玄武岩;Calc-Alkaline. 钙碱性玄武岩

始新世火山岩的微量元素和稀土元素分析结果见表 3-40。从表中可以看出,始新世火山岩的微量元素与地壳平均值比较,富 Rb、Hf、Th 和 U,少数样品与地壳平均值相当。Ba、Ga、Nb、Zr、Y 与地壳平均值相当,少数样品稍有亏损;Sr 和 Ta 则显示亏损状态,唯有两个安山岩样品较高。微量元素蛛网图示于图 3-118 中。从图中可以看出,始新世火山岩的微量元素与大洋玄武岩比较,曲线呈双峰式,Rb 和 Th 强烈富集,Nb、Ce、Zr、Hf、Sm 有不同程度的富集,而 Y 和 Yb 略有亏损。整个曲线的样式相似于板内玄武岩的地球化学形式。稀土元素分析结果表明,始新世火山岩的稀土总量普遍较高,均在 163.31×10^{-6} 以上,高者可达 400.43×10^{-6}。稀土配分图解示于图 3-119 中。从图中可以看出,始新世火山岩稀土元素配分曲线呈右倾形式,斜率较大,轻稀相对富集,重稀土相对亏损,具有较明显的负铕异常,个别样品铕异常不明显。

表 3-40 始新世火山岩微量元素、稀土元素分析结果

($\times 10^{-6}$)

样品号	微量元素 岩石名称	Ba	Rb	Sr	Ga	Ta	Nb	Hf	Zr	Ti	Y	Th	U
B328-1	流纹岩	476	207	83	14.6	1.32	17.0	4.5	119	—	35.0	12.8	1.89
B329-1	流纹岩	452	194	87	15.9	1.43	18.0	4.3	115	—	31.0	16.4	3.17
P5B11-1	流纹岩	309	315	98	16.9	1.56	21.0	8.3	230	—	31.0	31.2	4.95
P5B12-1	安山岩	970	123	710	26.9	1.10	13.9	5.4	216	—	23.4	25.5	6.10
P5B15-1	流纹斑岩	629	241	258	17.9	1.55	20.0	9.7	286	—	27.0	27.9	4.65
P5B17-1	流纹质熔结凝灰岩	313	309	198	22.6	1.30	23.2	5.6	223	—	27.5	37.0	7.40
P5B3-1	流纹质熔结凝灰岩	355	274	150	15.7	1.30	24.0	6.1	251	—	27.9	37.4	5.30
P5B5-1	流纹岩	256	238	68	14.8	2.67	23.0	8.9	233	—	32.0	41.7	5.37
P8B2-2	粗安质熔结凝灰岩	1 259	412	322	19.4	2.00	24.6	9.9	395	—	24.4	40.3	7.00
P8B21-1	粗安岩	746	283	266	30.5	1.80	22.7	8.6	361	—	27.9	48.2	6.80
P8B5-2	粗安质熔结凝灰岩	870	280	411	35.6	1.30	22.8	9.7	364	—	23.1	47.8	7.70
P8B9-1	粗安岩	858	274	362	24.7	1.80	22.4	9.0	355	—	25.8	50.3	5.20
P9B29-1	玄武安山岩	514	99	710	19.8	0.63	9.0	4.1	137	1	23.0	5.8	1.06
YQ1653	英安质熔结凝灰岩	1 250	127	295	13.7	1.09	12.5	6.2	207	—	20.0	18.7	2.40
Q1658	流纹质凝灰岩	285	189	76	14.5	1.04	13.9	4.6	115	—	30.2	21.6	4.50

样品号	稀土元素 岩石名称	La	Ce	Pr	Nd	Sm	Eu	Gd	Tb	Dy	Ho	Er	Tm	Yb	Lu	ΣREE
B328-1	流纹岩	46.00	92.0	10.30	39.00	7.90	1.19	7.00	1.19	6.60	1.22	3.60	0.59	3.70	0.63	220.92
B329-1	流纹岩	44.00	88.0	9.80	38.00	7.40	1.06	6.50	1.06	6.20	1.13	3.30	0.52	3.30	0.55	210.82
P5B11-1	流纹岩	70.00	124.0	14.00	51.00	8.50	1.25	6.90	1.08	5.80	1.06	3.10	0.49	3.30	0.52	291.00
P5B12-1	安山岩	54.97	104.7	12.36	43.82	7.66	1.77	6.55	0.93	5.09	1.01	2.72	0.43	2.81	0.41	245.23
P5B15-1	流纹斑岩	97.00	136.0	16.90	60.00	10.10	1.79	7.90	1.17	6.00	1.00	2.80	0.42	2.60	0.41	344.09
P5B17-1	流纹质熔结凝灰岩	67.08	120.0	14.73	47.36	8.26	1.12	6.62	0.98	5.68	1.13	3.06	0.48	3.09	0.48	280.07
P5B3-1	流纹质熔结凝灰岩	50.79	91.1	11.35	43.34	7.99	1.12	6.56	0.97	5.78	1.12	3.02	0.47	3.09	0.44	227.10
P5B5-1	流纹岩	145.00	97.0	25.40	88.00	12.80	1.54	11.40	1.58	7.80	1.35	3.80	0.58	3.60	0.58	400.43
P8B2-2	粗安质熔结凝灰岩	64.41	116.3	13.80	45.09	7.78	1.50	6.58	0.93	5.28	1.05	2.90	0.45	3.05	0.44	269.56
P8B21-1	粗安岩	73.00	123.8	15.21	51.71	8.43	1.62	6.86	0.94	5.60	1.08	3.09	0.44	2.97	0.44	295.19
P8B5-2	粗安质熔结凝灰岩	62.25	117.4	13.46	45.26	8.17	1.49	6.38	0.89	5.02	1.00	2.81	0.44	2.77	0.40	267.74
P8B9-1	粗安岩	68.96	129.7	15.48	49.86	8.78	1.65	6.55	0.94	5.39	1.07	2.93	0.45	2.78	0.41	294.95
P9B29-1	玄武安山岩	35.00	72.0	8.50	34.00	6.50	1.76	5.90	0.91	4.90	0.85	2.40	0.36	2.90	0.31	176.29
YQ1653	英安质熔结凝灰岩	52.00	97.0	10.50	37.60	6.10	2.11	5.60	0.71	3.77	0.66	1.87	0.28	1.78	0.30	220.28
Q1658	流纹质凝灰岩	34.00	67.0	7.70	28.00	5.95	0.77	5.90	0.87	5.09	1.00	2.92	0.47	3.13	0.51	163.31

注：中国地质科学院地球物理地球化学勘查研究所。

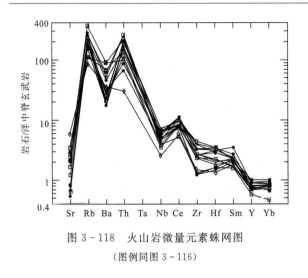

图 3-118 火山岩微量元素蛛网图

(图例同图 3-116)

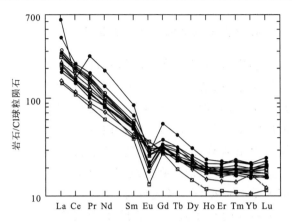

图 3-119 始新世火山岩稀土配分形式图

(图例同图 3-116)

3. 火山喷发韵律的划分

区内始新世火山岩主要分布于图幅的西南部,是林周古近纪火山岩盆地东北角的一小部分,相当于该火山岩盆地晚期火山作用的产物,出露的岩石主要为中酸性的熔岩和火山碎屑岩,夹有火山沉积岩夹层。从物质成分上看,均以流纹岩、粗安岩为主,底部夹有英安岩及安山岩类岩石;从喷发方式上看,则以爆发相和喷溢相为主,爆发和喷溢相间进行;从喷发强度来看,区内的火山地层从底到顶,中部喷发强度较强,向上逐渐减弱。根据上述特点,我们将区内始新世火山岩划分为 8 个喷发韵律,其中第五个韵律喷发强度最强。所有喷发韵律都是以爆发相开始,而以喷溢相结束(图 3-120),其中第二韵律爆发相后又有一薄层的火山沉积岩夹层,夹层厚度只有 8.0m,火山活动似有暂短的间歇期。从物质成分上看,多以流纹质凝灰岩开始,而以粗安质或流纹质溢流相结束一个韵律。区内出露的火山岩虽然厚度大,但毕竟是火山盆地的边缘,可能不能全面地反映火山活动状况,如果划分旋回的话,只能说本区出露的始新世帕那组火山岩为一个火山旋回的一部分。

组	韵律	柱状图	厚度(m)	岩性描述
帕那组 (E_2p)	8		705	石英粗安岩
			184	粗安岩
			146	角闪粗安岩
			171	流纹岩
			254	流纹质凝灰岩
			127	流纹质角砾凝灰岩(含角砾)
	7		1 041	粗安岩
			73	英安质凝灰岩(含角砾)
	6		275	粗安岩夹安山岩
			94	粗安岩夹安山岩
			274	粗安岩夹安山岩
	5		505	流纹质凝灰岩
			127	粗安质火山角砾岩
			310	粗安质凝灰岩
			91	流纹质凝灰岩
	4		275	粗安岩
			380	流纹质凝灰岩
	3		335	粗安岩夹英安岩
			190	流纹质凝灰岩(含角砾)
	2		431	流纹岩夹英安岩
			8(放大)	凝灰质粉砂岩
			634	流纹质凝灰岩
	1		1 033	英安岩
			288	粗安岩

图 3-120 始新世火山岩剖面柱状(简化)及韵律划分示意图

4. 火山岩形成物化条件的估算

利用区内流纹质火山岩标准矿物计算结果,投影于 Ab-Or-Q-H_2O 相图中,可以近似地了解其结晶温度和形成深度(图 3-121)。将区内 6 个流纹质火山岩样品的标准矿物分子投影于该图中,近似地得到流纹岩的结晶温度为 700～900℃,形成深度为 1.98～2.64km,而喷出地表的流纹质凝灰岩的结晶温度在 3 000～4 000℃。

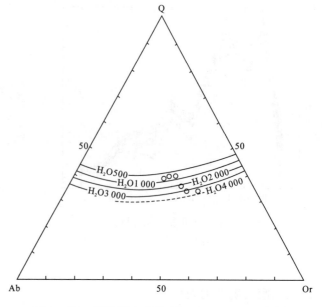

图 3-121 流纹质火山岩 Ab-Or-Q-H_2O 相图

5. 形成环境分析

始新世火山岩从区域上看呈中心式喷发形式,其中心应在林周县境内。本区的火山岩为该火山岩盆地最上部层位,其形成环境的判断也是不全面的。在 Th-Hf/3-Nb/16 判别图上,本区始新世火山岩均落入岛弧钙碱性火山岩区内(图 3-122),而在 Zr-Zr/Y 图解中(图 3-123),始新世火山岩则大都落入板内玄武岩区内,说明其形成环境与岛弧和板内的构造环境有关。结合前述的岩石地球化学特点,我们认为该火山岩是形成于造山后期的火山岩盆地的构造环境。

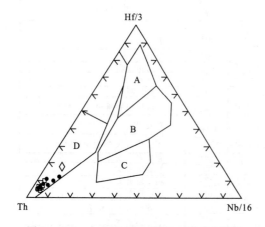

图 3-122 火山岩 Th-Hf/3-Nb/16 图解
(图例同图 3-116)
A. 洋中脊玄武岩;B. 洋中脊+斑内玄武岩;
C. 板内玄武岩;D. 岛弧拉斑玄武岩

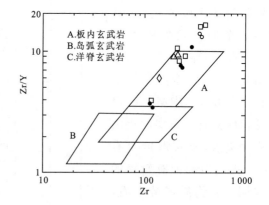

图 3-123 火山岩 Zr-Zr/Y 图解
(图例同图 3-116)

6. 同位素年代学

在火山岩中采集了同位素样品,利用全岩 K-Ar 法进行了同位素年龄测试,获得了 38.18～45.60Ma 的 K-Ar 年龄,5 个样品测试结果一致性相当好,证实该套火山岩形成的年代为始新世。

第四章 变质岩及变质作用[①]

门巴区幅内的变质岩分布比较广泛,图幅内除白垩系外,所有地层均遭受了不同程度变质作用的改造。从变质作用类型来看,区内除区域变质作用外,还叠加有热接触变质作用和动力变质作用;在变质作用强度上,主要为低绿片岩相到低角闪岩相的变质作用。变质作用时代为加里东期和燕山期。

第一节 变质地层及变质岩类型

一、变质地层

区内受变质的地层包括前奥陶纪松多岩群的岔萨岗、马布库、雷龙库3个岩组,石炭纪—二叠纪的来姑组,二叠纪的洛巴堆组和侏罗纪地层。受变质地层的原岩主要为一套陆源碎屑岩和内碎屑岩,局部含有少量的火山岩夹层(图4-1)。

二、变质岩类型

区域变质岩类型主要有千枚岩、板岩、石英岩、变质砂岩、云母片岩、片麻岩、结晶灰岩或大理岩,以及板岩和千枚岩、千枚岩和片岩之间的过渡类型。

接触变质岩类型主要为角岩类岩石。

动力变质岩的类型主要为碎裂岩、碎斑岩和糜棱岩。

第二节 岩石学特征

一、板岩

本区的板岩主要发育在侏罗纪地层中,原岩主要为细碎屑岩。其主要特征是板理特别发育,板理面上可见丝绢光泽,部分泥质物质已重结晶为绢云母片,而大部分没有变质,只是发育板理构造。说明该区遭受应力作用较强。本区马里组的细碎屑岩中还发育膝折构造。岩相学研究表明,区内的板岩还可分为碳质板岩和钙质板岩,它们是由原岩碳质泥岩、粉砂岩和钙质泥岩等变质而成。该类岩石是侏罗系马里组和拉贡塘组的主要岩性。值得说明的是,拉贡塘组由于原岩为页岩或粉砂质页岩类,经轻微变质后,仍是页片状产出,板理面与层理基本一致。

[①] 本章所用的矿物代号:Mus.白云母;Bit.黑云母;Q.石英;St.十字石;Pl.斜长石;Chl.绿泥石;Cc.方解石;Zo.黝帘石;Kfs.钾长石;Hb.角闪石;Di.透辉石;Epi.绿帘石;Phe.金云母;Ser.绢云母;Gt.石榴石;Gro.钙铝榴石;Anr.钙铁榴石;Uv.钙铬榴石;Alm.铁铝榴石;Spe.锰铝榴石;Pyr.镁铝榴石;Hy.紫苏辉石;Ky.蓝晶石;Sill.矽线石;Cord.堇青石;Opx.斜方辉石。

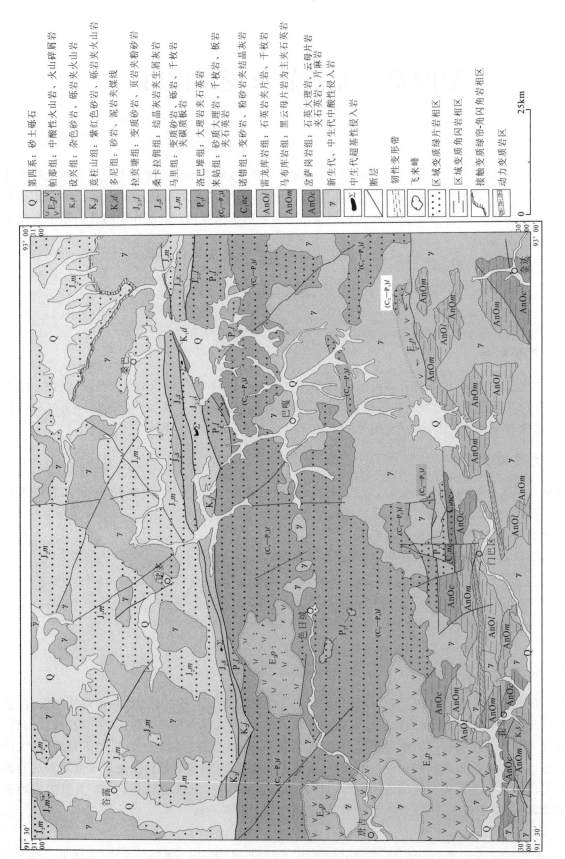

图 4-1 门巴区幅变质地质图

二、千枚岩

千枚岩主要赋存于侏罗系中,石炭系—二叠系也有广泛出露。其主要特点是:岩石丝绢光泽强,千枚状构造比较发育,主要为板状构造。矿物成分主要由绢云母和石英组成。6个样品的矿物含量统计表明,该类岩石中的绢云母含量平均在50%左右,石英平均含量在41.7%左右,另外还常含有少量的白云母、黑云母、绿泥石、斜长石和岩屑等(图版Ⅹ-1、图版Ⅺ-1)。该类岩石有部分是属过渡类型,岩石发育板理,但大部分原岩物质已经重结晶为绢云母,我们称它们为板状千枚岩;有少量岩石除绢云母外还含有一定量的白云母、黑云母等矿物,岩石构造仍呈千枚状构造,这类岩石我们称它们为片状千枚岩。部分岩石中,虽然主要矿物仍为绢云母和细粒石英,但其中因生成十字石、石榴石等矿物,这类岩石亦属千枚岩与片岩的过渡类型,基本名称仍用千枚岩,其附加命名加上特征变质矿物——十字石或石榴石等。

三、云母片岩

区内的云母片岩分布较广泛,是主要变质岩类型之一。从矿物成分上看,又可分为白云片岩、黑云片岩、二云片岩和云母石英片岩等。主要赋存于前奥陶纪松多岩群中,侏罗纪地层中含量极少,其矿物含量统计见表4-1。

表4-1 云母片岩矿物含量统计表

岩石名称	样品数	矿物含量(%)								
		Mus	Bit	Q	Gt	St	Pl	Chl	Cc	Zo
黑云母片岩	9	3.3	41.4	50.8	少	少	少	少	—	少
白云母片岩	9	50.0	7.1	36.6	少	—	少	—	少	少
二云母片岩	12	26.2	24.3	48.9	少	少	—	—	—	—
云母石英片岩	9	11.7	13.3	70.0	少	—	少	—	少	—

岩相学研究表明,该类岩石中的云母类矿物均呈定向排列,构成岩石片理,常呈细粒片状粒状变晶结构。当岩石中含有石榴石、十字石变斑晶矿物时,岩石则多为斑状变晶结构。变斑晶矿物石榴石和十字石多推开片理生长,说明变晶和变形作用是同时进行的。部分石榴石变斑晶为变形前的产物,而在变形中发生旋转,石榴石中常含有细粒的石英和黑云母包体,构成包含变晶结构。岩石中还常含有碳质物质,它们是没有重结晶的原岩残留。少数片岩中含有少量的绿泥石。部分岩石中含有少量的斜长石,这种斜长石多呈浑圆状,可能是原岩的残留物。部分含钙质的泥质岩石变质后生成少量的方解石(图版Ⅹ-2、图版Ⅹ-5、图版Ⅹ-7、图版Ⅹ-8)。

四、片麻岩类

区内的片麻岩主要分布于前奥陶纪松多岩群中,主要岩石类型为黑云斜长片麻岩和角闪斜长片麻岩。此类岩石的矿物含量统计见表4-2。

表4-2 片麻岩类矿物含量统计表

岩石名称	样品数	矿物含量(%)						
		Mus	Bit	Q	Pl	Kfs	Hb	Gt
黑云斜长片麻岩	6	1.5	12.1	48.5	29	8.5	个别	个别
角闪斜长片麻岩	3	—	10.1	45.6	36.0	少量	12.7	—

黑云斜长片麻岩 黑云母呈片状,在岩石中定向排列构成片麻理;石英则常呈粒状或透镜状,长轴沿片麻理方向排列,石英也常具波状消光现象,说明它们均遭受过应力作用的改造。斜长石多呈粒状,板状斜长石一般没有,这些斜长石均为变质作用的产物,含量在25%~40%之间。岩石中还经常含有少量的白云母和钾长石。个别岩石中含有少量的石榴石。岩石中大部分矿物为变质成因的矿物,部分斜长石和钾长石呈浑圆状,似有搬运的痕迹,可能是原岩残留的矿物。

角闪斜长片麻岩 岩石多呈灰黑色,矿物成分主要由角闪石、黑云母、斜长石和石英组成。黑云母和角闪石在岩石中多呈定向排列,构成片麻理。岩石中的角闪石多呈绿—淡黄绿色的多色性,但均有不同程度的绿泥石化。斜长石呈粒状,双晶比较发育,在岩石中常与石英一起构成浅色条带,含量在3%~45%。岩石中常含有少量的透辉石(图版X-3、图版X-4)。

五、结晶灰岩和大理岩类

图幅区内的变质碳酸盐岩石主要赋存于石炭系—二叠系洛巴堆组、来姑组及前奥陶纪松多岩群中,而侏罗系桑卡拉佣组的灰岩重结晶程度较低。主要岩石类型有石英大理岩、金云母大理岩、绿帘石大理岩和绿泥石大理岩。其矿物含量统计见表4-3。

表4-3 大理岩类矿物含量统计表

岩石名称	样品数	矿物含量(%)				
		Cc	Q	Chl	Epi	Phe
石英大理岩	7	73.1	20.1	<1	2.5	—
绿帘石大理岩	2	72.5	10.0	—	17.5	—
绿泥石大理岩	2	75.0	20.0	5.0	—	—
金云母大理岩	2	95.0				5.0

岩相学研究表明,大理岩中的方解石多呈细粒状,即重结晶程度不高。其中的石英多呈浑圆状,具有明显的磨圆痕迹,主要为原岩中石英的残留,重结晶现象不明显。岩石中的绿帘石均呈细粒状,常集中呈团块状分布,或呈条带状分布,这种现象并非变质作用形成,而是与原岩成分上的差异有关。金云母呈片状,具有淡黄褐—淡黄色的多色性,常呈波状起伏,分布比较均匀。

侏罗系桑卡拉佣组的碳酸盐岩大部分仍为灰岩,局部有重结晶现象,部分灰岩层重结晶为细晶结构的结晶灰岩,其中也常含有石英砂屑和生物碎屑等。

六、角岩类

图幅区内较大的花岗岩体边部常出现角岩,主要岩石类型为黑云母角岩(图版XI-2)。岩石中的黑云母呈细小片状,分布一般较均匀,完全没有定向构造。其次为细粒石英,这类石英的特点是常具有锯齿状的边缘,粒度多在0.2mm以下。岩石中也常含有少量的绿泥石和绢云母等矿物。此类岩石定向构造不发育,只产出在较大花岗岩体的边部,是热接触变质作用的产物。一些在原区域变质岩中叠加的热接触变质作用不易识别。

七、动力变质岩类

图幅区内的动力变质岩比较发育,在一些较大的断裂构造附近,均可见不同类型的动力变质岩。主要岩石类型有碎裂岩、碎斑岩和糜棱岩(图版XI-3至图版XI-8)。

碎裂岩 一般均发育在较小断裂构造附近或较大断层稍远的地带。由于片岩和千枚岩类的碎裂构造主要表现在片理或千枚理面上,不易分辨,所以见到的碎裂岩多为花岗岩类。在断裂构造附近,由于受应力的作用,早期的花岗岩发生碎裂,其成分不变,岩石中裂隙发育,有时可见长英质矿物的碎裂现象。

碎斑岩 区内碎斑岩的原岩也主要为花岗质岩类和长英质片麻岩类。此类岩石在手标本上可见定向构造,显微镜下可见清楚的细粒化现象。一般由碎斑和碎基组成。碎斑多为长石类矿物,或大或小,或呈集合体状。在岩石中,这些碎斑均有不同程度的变形,以碎裂状和透镜状为主,其长轴方向多与定向构造方向一致。碎基多由细粒的长英质物质和云母、绿泥石等矿物组成,一般情况下,碎基矿物具有明显的细粒化现象,但重结晶现象不明显,局部重结晶的石英呈拉长的长条状,并呈定向分布,与片状矿物一起构成岩石的定向构造。此类岩石多发育在韧性变形带的附近,如在门巴区西部的近东西向韧性变形带中大量出现。此类岩石的碎斑一般占 40%~75%。碎基在 25%~60%之间。

碎斑糜棱岩 这类岩石的原岩亦多为花岗质岩石和片麻岩类。矿物含量的统计结果表明,碎斑含量一般在 15%~35%之间,而碎基在 65%~85%之间。碎斑成分一般为长英质矿物,有的为聚晶长石。岩石中的碎斑多呈碎裂状和透镜状等,长石晶体也常呈阶梯状晶格错动,其长轴方向均与糜棱叶理定向一致,糜棱叶理绕碎斑而过,足见这些碎斑均为变形前的产物。

碎基主要由长英质矿物微粒和绢云母组成,这些矿物大部分为重结晶的产物。石英在岩石中呈拔丝状,最大的长宽比可达 15∶1 左右;绢云母等矿物则呈条带状的集合体,与石英一起构成极好的、定向的糜棱叶理。这类岩石在扎雪和门巴附近的韧性变形带中比较发育。

除上述变质岩类型外,区内的侏罗系地层中还发育一套轻微变质的变质砂岩及石英岩等。

第三节 原岩特征

区内分布的变质岩的原岩较容易识别,这是因为本区变质岩石的地层属性比较清楚,地质特征明显,变质程度较低,所以其原岩特点清楚。

一、地质特征

区内变质岩的地质特征明显,大部分变质岩的原岩较易恢复。

1. 云母片岩

野外地质调查结果表明,区内出露的云母片岩均呈层状产出,其中常夹有石英岩薄层等,这种岩性的差别是由原岩物质组成不同而造成的,而这种不同成分岩石的条带状分布则代表了原岩的地质产状。云母片岩本身及砂质岩夹层显示了它们属层状岩石,其片理的产状与原岩层理产状基本一致。该类岩石的共生岩石组合常是石英岩、千枚岩、板岩和大理岩(灰岩),它们之间也多为整合接触关系。因此,此类岩石的原岩应为沉积的黏土岩或粉砂质黏土岩。

2. 板岩、千枚岩、变砂岩、大理岩等岩石

岩石在野外呈层状产出,虽经变质变形作用的改造,原岩的层理构造仍清晰可见。板岩、千枚岩中所夹的变砂岩层,大理岩中夹的钙质砂岩层以及板岩中夹的灰、灰岩透镜体,都反映了原岩具层状构造的特征。由于这些岩石遭受变质变形作用较弱,因此,岩石中也常见变余砂质结构、变余粉砂结构等。这些特征都反映了这些岩石的原岩均为沉积岩。

3. 角闪斜长片麻岩类岩石

该岩石在野外的产出状态也是呈似层状产出。多产于片岩、千枚岩和大理岩中间,与这些岩石共生,它们之间的接触关系又都为整合接触关系。岩石中的矿物已全部重结晶或经变质结晶作用已生成新矿物,原岩不存在变余结构。从岩石的矿物共生组合分析,这类岩石的原岩可能是钙质杂砂岩或铁质泥灰岩类。

二、岩石化学特征

区内部分变质岩岩石化学分析结果列于表4-4。

表4-4 变质岩岩石化学、微量元素和稀土元素分析结果 (%)

样品号	岩石名称	SiO_2	TiO_2	Al_2O_3	Fe_2O_3	FeO	FeO^*	$Fe_2O_3^*$	MnO	MgO	CaO	Na_2O	K_2O	P_2O_5	H_2O	CO_2
B179	绿帘石变粒岩	57.44	0.52	9.37	0.28	2.88	3.13	3.48	0.05	7.18	15.96	0.69	2.68	0.23	0.92	1.51
B284	黑云母片岩	52.03	1.04	20.55	3.11	6.28	9.08	10.09	0.08	3.62	0.42	0.68	6.43	0.18	3.94	0.12
B563-2	石榴二云石英片岩	47.32	1.52	14.49	1.96	7.15	8.91	9.90	0.14	7.83	6.82	3.81	0.13	0.34	4.63	3.63
B564	石榴二云片岩	46.57	2.89	16.08	3.76	8.08	11.46	12.74	0.16	4.51	9.07	3.44	1.16	0.60	3.02	0.40
B570-5	黑云角闪斜长片麻岩	49.55	1.98	15.14	0.91	8.32	9.14	10.15	0.19	4.44	7.96	2.66	2.11	0.40	2.45	3.63
P1B33-2	绢云母千枚岩	79.76	0.23	10.11	0.90	0.55	1.36	1.51	0.03	0.31	0.48	2.84	3.19	0.05	1.05	0.32
P1B39-1	花岗质碎斑糜棱岩	68.90	0.63	15.72	1.44	2.28	3.58	3.97	0.08	1.42	0.33	0.80	5.37	0.13	2.50	0.12
P1B46-1	角闪斜长片麻岩	51.59	0.55	9.11	1.01	2.77	3.68	4.09	0.16	1.69	18.18	0.97	2.69	0.08	0.77	10.10
P2B18-1	角闪斜长片麻岩	46.52	2.55	14.80	2.16	10.20	12.14	13.49	0.21	6.94	8.14	2.51	1.45	0.43	3.73	0.12
S6-2	粉砂质泥质板岩	66.76	0.69	14.62	0.66	4.65	5.24	5.83	0.08	1.70	3.89	1.15	2.26	0.13	2.06	0.16

样品号	岩石名称	Ba	Rb	Sr	Ga	Nb	Hf	Zr	Y	Th	U
B179	绿帘石变粒岩	867	127	702	13.3	13.8	3.4	141	17.08	14.5	3.1
B284	黑云母片岩	1 213	256	59	36.7	26.8	5.1	208	48.94	42.6	3.0
B563-2	石榴二云石英片岩	146	3	329	21.6	12.2	5.1	191	23.97	1.8	0.6
B564	石榴二云片岩	285	21	372	33.5	15.4	6.8	300	40.97	2.8	0.9
B570-5	黑云角闪斜长片麻岩	751	78	174	23.3	51.5	7.3	280	37.70	11.1	1.6
P1B33-2	绢云母千枚岩	400	136	109	18.1	11.5	4.5	129	40.85	34.6	4.8
P1B39-1	花岗质碎斑糜棱岩	629	464	63	31.9	28.6	6.1	185	37.76	19.7	14.8
P1B46-1	角闪斜长片麻岩	978	121	793	12.6	13.6	4.3	156	25.25	22.0	2.6
P2B18-1	角闪斜长片麻岩	30	93	209	30.1	12.3	6.4	268	37.71	2.2	0.6
S6-2	粉砂质泥质板岩	284	143	117	31.6	15.7	5.2	230	28.37	19.5	1.9

样品号	岩石名称	La	Ce	Pr	Nd	Sm	Eu	Gd	Tb	Dy	Ho	Er	Tm	Yb	Lu	ΣREE
B179	绿帘石变粒岩	26.24	44.65	5.32	18.34	3.18	0.73	2.94	0.48	2.86	0.60	1.72	0.25	1.53	0.23	109.07
B284	黑云母片岩	97.40	206.20	22.55	79.77	13.85	2.58	11.28	1.85	9.77	2.04	5.55	0.84	5.18	0.76	459.62
B563-2	石榴二云石英片岩	16.99	37.94	5.20	22.04	5.05	1.84	5.53	0.85	5.36	1.07	2.87	0.44	2.63	0.39	108.20
B564	石榴二云片岩	28.32	62.82	9.17	36.57	8.37	2.92	8.73	1.46	8.47	1.62	4.60	0.69	3.97	0.59	178.30
B570-5	黑云角闪斜长片麻岩	47.39	88.57	10.92	40.92	8.00	2.86	8.35	1.37	8.30	1.63	4.49	0.67	4.23	0.62	228.32
P1B33-2	绢云母千枚岩	38.95	80.58	10.20	33.12	7.15	0.49	7.15	1.27	7.93	1.65	4.66	0.72	4.44	0.62	198.93
P1B39-1	花岗质碎斑糜棱岩	41.10	81.69	9.96	34.26	7.03	0.71	6.52	1.08	6.76	1.40	3.94	0.66	4.32	0.63	200.06
P1B46-1	角闪斜长片麻岩	52.31	103.00	12.26	41.66	7.53	1.36	6.36	0.98	5.43	1.02	2.77	0.42	2.67	0.39	238.16
P2B18-1	角闪斜长片麻岩	21.67	47.82	6.95	29.41	7.15	2.40	7.79	1.28	8.15	1.56	4.34	0.67	3.99	0.58	143.76
S6-2	粉砂质泥质板岩	42.90	84.30	10.07	35.51	6.96	1.42	6.22	1.00	5.75	1.20	3.22	0.51	3.29	0.49	202.84

注:由武汉综合岩矿测试中心分析。微量元素和稀土元素单位为$\times 10^{-6}$。

从表中可以看出,区内各变质类的 SiO_2 含量较低(花岗质碎斑糜棱岩较高)。砂质岩石的 SiO_2 和 K_2O 较高,SiO_2 含量可达 79.76%(如 P1B33-2 号样);粘土质岩石的 Al_2O_3 和 TiO_2 比较高;而 MgO 和 CaO 含量高的则可能为碳酸盐岩沉积岩。在图 4-2 上,各类岩性投影点的分布亦证实了上述结论。

稀土元素总量较高,多在 $(108.20 \sim 238.16) \times 10^{-6}$ 之间,只有一个黑云母片岩的样品稀土总含量达到 459.62×10^{-6},这一方面反映了沉积岩稀土含量较高的特点,同时也反映了不同岩石类型、不同沉积环境下稀土元素含量的较大差别。稀土配分曲线形式见图 4-3。从图中可以看出,曲线均呈右倾形式,轻稀土均为富集型,铕出现负异常或无异常到不明显的正异常,说明该区变质岩石类型的不同,铕的分馏程度有较大的差别。其中角闪斜长片麻岩的稀土配分曲线较平坦,轻稀土富集不明显,且具有不太明显的铕正异常,这些特点具有中基性

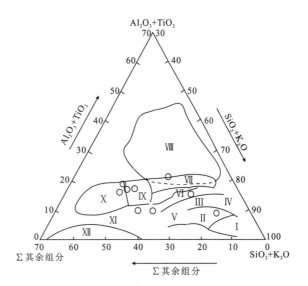

图 4-2 $(Al_2O_3+TiO_2)$-(SiO_2+K_2O)-Σ其余组分图解
Ⅰ.石英砂岩、石英岩区;Ⅱ.石英岩质砂岩区;Ⅲ.复矿物砂岩区;Ⅳ.长石砂岩区;Ⅴ.钙质砂岩和含铁矿岩区;Ⅵ.化学上弱分异的沉积物(a.主要为杂砂岩,b.主要为复矿物粉砂岩,c.泥质砂岩及寒带和温带气候的陆相粘土);Ⅶ.化学上中等分异的粘土、寒带和温带气候的海相及陆相粘土区;Ⅷ.潮湿气候带化学上强分异的粘土区;Ⅸ.碳酸盐质粘土和含铁粘土区;Ⅹ.泥灰岩区;Ⅺ.硅质泥灰岩和含铁砂岩区;Ⅻ.含铁石英岩(碧玉铁质岩)区

火山岩的特征,也就是说,斜长片麻岩的原岩性质还需进一步确定。该样品在图 4-2 中,投影点分别落入碳酸盐质粘土-含铁粘土区及硅质泥灰岩区内。

在西蒙南图解中(图 4-4),这两个斜长片麻岩样品的投影点落入钙质沉积物和中基性火山岩的重叠区内,因此,这几个斜长片麻岩的原岩特征还需进一步判定。在利克(1969)的 (al-alk)-c 图解中(图 4-5),本区的 3 个斜长片麻岩的样品投影点均落入粘土-白云岩混合物区内,由此可确定,斜长片麻岩的原岩为粘土-白云岩的混合物,相当于白云质泥灰岩类。

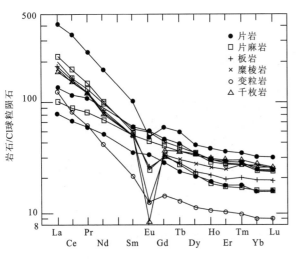

图 4-3 变质岩稀土元素配分形式图

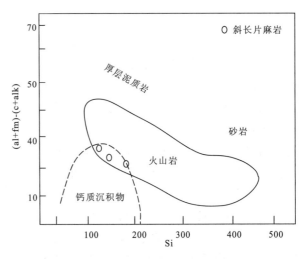

图 4-4 (al+fm)-(c+alk)-Si 图解
(据西蒙南,1953)

总之，区内各类变质岩的原岩为绿帘变粒岩的原岩是钙质杂砂岩类；云母片岩类和板岩类的原岩是泥岩和粉砂质泥岩类；千枚岩的原岩是砂质粘土岩及泥质粉砂岩类；角闪斜长片麻岩类的原岩则是白云质泥灰岩类。

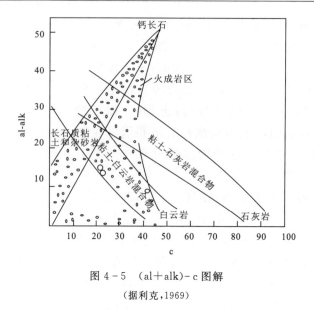

图 4-5 （al+alk）-c 图解
（据利克，1969）

第四节 变质作用特征

区内前奥陶系、晚古生界和侏罗系均发生了不同程度的区域变质作用，主要岩石类型为板岩、千枚岩、片岩和少量的斜长片麻岩类。热接触变质岩主要分布在较大型的岩体边部外接触带上，主要岩石类型为角岩，以及热变质叠加的千枚岩类；动力变质岩则主要发育在大型断裂带附近及韧性变形带中。

根据区域变质作用所产生变质岩的岩石组合、变质程度及与周围地质体的接触关系、同位素年龄等特征，我们认为，本区的变质作用又可分为两期，即加里东期变质作用和燕山期变质作用。

一、区域变质作用

（一）加里东期变质作用

加里东期变质作用的受变质地层主要是测区南部的前奥陶纪松多岩群，在野外工作中，采集了大量的岩石样品，室内作了岩石化学分析和单矿物电子探针分析。在此，根据室内、外综合研究结果，叙述加里东期变质作用的特征。

1.变质矿物及矿物化学特征

1）石榴石

石榴石是变质岩最常见的变质矿物之一，本区的石榴石主要赋存于云母片岩和片麻岩中。在岩石中，大部分石榴石呈变斑晶产出，少部分粒度较小，与基质相同。石榴石中常含有细粒石英包体，形成包含变晶结构。大部分石英包体均无定向构造，少部分包体石英呈定向排列构成残缕结构。石榴石在片理形成时发生旋转，片理与石榴石中的残缕呈斜交（图4-6），石榴石两端形成压力影。石榴石的电子探针分析结果见表4-5。从表4-5中可以看出，本区云母片岩和片麻岩中的石榴石在化学成分上相对较均匀，SiO_2 的含量在 35.51%～41.88% 之

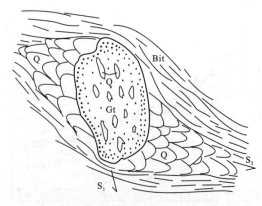

图 4-6 石榴石中残缕结构（B573-1）

表 4-5 石榴石电子探针分析及阴离子数计算结果 (%)

样品号	Analysis	Location	Mineral	SiO$_2$	TiO$_2$	Al$_2$O$_3$	Cr$_2$O$_3$	FeO	Fe$_2$O$_3$	MnO	MgO	CaO	Na$_2$O	F	Cl	Total	FeOcalc	Totalcalc	O_F_Cl	CTotal	TSi	TAl	Sum_T	Al^{VI}	Fe^3
B353-1	JLU	MB	Gar	40.23	0.04	22.33	—	25.33	—	8.62	2.06	1.40	0.02	—	—	100.03	25.33	100.03	—	100.03	3.23	—	3.230	2.111	—
B45-1	JLU	MB	Gar	38.34	—	23.00	—	29.62	—	5.81	2.24	0.95	—	—	—	99.96	29.62	99.96	—	99.96	3.083	—	3.083	2.178	—
B501-2	JLU	MB	Gar	41.88	0.13	21.52	—	26.76	—	1.60	2.16	5.92	0.02	—	—	99.99	26.76	99.99	—	99.99	3.329	—	3.329	2.014	—
B505-1	JLU	MB	Gar	40.44	—	22.68	0.02	23.42	—	2.37	1.57	9.28	0.05	—	—	99.83	23.42	99.81	—	99.81	3.199	—	3.199	2.113	—
B53-1	JLU	MB	Gar	36.80	—	24.33	—	26.17	—	9.14	2.55	0.92	—	—	—	99.91	26.17	99.91	—	99.91	2.948	0.052	3.000	2.243	—
B561-3	JLU	MB	Gar	38.84	0.15	23.40	0.13	25.57	—	2.41	2.73	7.43	—	—	—	100.66	25.57	100.53	—	100.53	3.044	—	3.044	2.160	—
B94-1	JLU	MB	Gar	36.08	0.07	22.66	0.02	27.70	—	10.24	1.65	1.79	0.02	—	—	100.23	27.70	100.21	—	100.21	2.913	0.087	3.000	2.067	—
P1B44-1	JLU	MB	Gar	35.51	—	23.35	—	30.32	—	8.08	2.02	1.05	—	—	—	100.33	30.32	100.33	—	100.33	2.86	0.14	3.000	2.074	—
P7B83-1	JLU	MB	Gar	38.85	0.04	23.36	0.08	29.74	—	5.42	1.53	0.64	0.06	—	—	99.64	29.74	99.64	—	99.64	3.139	—	3.139	2.223	—

样品号	Analysis	Location	Mineral	Ti	Cr	Sum_A	Fe^2	Mg	Mn	Ca	Na	Sum_B	Sum_cat	O	Alm	Gross	Pyrope	Spess	Uvaro	XCagnt	XFegnt	XMggnt	Fe_Mggnt	f
B353-1	JLU	MB	Gar	0.002	—	2.114	1.701	0.247	0.586	0.120	0.003	2.657	8	12	64.009	4.532	9.279	22.062	—	0.045	0.641	0.093	6.887	87.3
B45-1	JLU	MB	Gar	—	—	2.178	1.992	0.269	0.396	0.082	—	2.738	8	12	72.750	2.989	9.807	14.453	—	0.030	0.727	0.098	7.405	88.1
B501-2	JLU	MB	Gar	0.008	—	2.022	1.779	0.256	0.108	0.504	0.003	2.649	8	12	67.132	19.027	9.659	4.065	—	0.190	0.672	0.097	6.949	87.4
B505-1	JLU	MB	Gar	—	0.001	2.114	1.549	0.185	0.159	0.786	0.008	2.687	8	12	57.650	29.252	6.885	5.917	—	0.293	0.578	0.069	8.373	89.3
B53-1	JLU	MB	Gar	—	—	2.243	1.753	0.305	0.620	0.079	—	2.757	8	12	63.594	2.864	11.046	22.495	—	0.029	0.636	0.111	5.748	85.2
B561-3	JLU	MB	Gar	0.009	0.008	2.177	1.676	0.319	0.160	0.624	—	2.779	8	12	60.312	22.083	11.478	5.757	0.370	0.225	0.603	0.115	5.254	84.0
B94-1	JLU	MB	Gar	0.004	0.001	2.073	1.870	0.199	0.700	0.155	0.003	2.927	8	12	63.895	5.228	6.785	23.923	0.062	0.053	0.640	0.068	9.397	90.4
P1B44-1	JLU	MB	Gar	—	—	2.074	2.042	0.242	0.551	0.091	—	2.926	8	12	69.782	3.096	8.287	18.835	—	0.031	0.698	0.083	8.348	89.4
P7B83-1	JLU	MB	Gar	0.002	0.005	2.010	2.010	0.184	0.371	0.055	0.009	2.630	8	12	76.425	2.091	6.996	14.106	—	0.021	0.767	0.070	10.924	91.6

注：由吉林大学测试科学实验中心分析。

间,有一定的变化,但变化不大;FeO 的含量较高,在 23.42%～30.32%之间,变化较大;所有石榴石样品的分析结果显示,MnO 的含量较高,在1.60%～10.24%之间,变化也比较大,而 MgO 和 CaO 的含量相对较低,变化也比较大。从矿物化学成分上看,它们所反映的是本区变质温度较低,因此,矿物化学成分上显示 MgO 含量低而 MnO 含量较高。

在南蒂(1968)图解上(图 4-7),可以清楚地看出,本区石榴石的投影点均落入石榴石带和蓝晶石带中,说明本区石榴石形成的温度较低,最高可达蓝晶石带。

从计算出的矿物阳离子数,得出本区石榴石矿物的晶体化学式为:

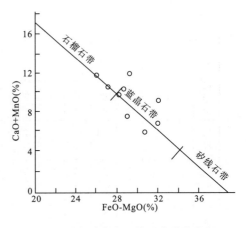

图 4-7 泥质变质岩中石榴石化学成分与变质程度关系图

B 353-1　$(Fe^{3+}_{1.701}Mg_{0.247}Mn_{0.586}Ca_{0.12}Na_{0.003})_{2.657}(Al^{VI}_{2.111}Ti_{0.002})_{2.114}[Si_{3.23}O_4]_{3.23}$

B 45-1　$(Fe^{2+}_{1.992}Mg_{0.269}Mn_{0.396}Ca_{0.082})_{2.738}(Al^{VI}_{2.178}Ti_0)_{2.178}[Si_{3.083}O_4]_{3.083}$

B 501-2　$(Fe^{2+}_{1.779}Mg_{0.256}Mn_{0.108}Ca_{0.504}Na_{0.003})_{2.649}(Al^{VI}_{2.014}Ti_{0.008})_{2.022}[Si_{3.329}O_4]_{3.329}$

B 505-1　$(Fe^{2+}_{1.549}Mg_{0.185}Mn_{0.159}Ca_{0.786}Na_{0.008})_{2.687}(Al^{VI}_{2.113}Ti_0)_{2.113}[Si_{3.199}O_4]_{3.199}$

B 53-1　$(Fe^{2+}_{1.753}Mg_{0.305}Mn_{0.62}Ca_{0.079})_{2.757}(Al^{VI}_{2.243}Ti_0)_{2.243}[Si_{2.948}Al^{IV}_{0.052}O_4]_3$

B 561-3　$(Fe^{2+}_{1.676}Mg_{0.619}Mn_{0.16}Ca_{0.624})_{2.779}(Al^{VI}_{2.16}Ti_{0.009}Cr_{0.008})_{2.177}[Si_{3.044}O_4]_{3.044}$

B 94-1　$(Fe^{2+}_{1.87}Mg_{0.199}Mn_{0.7}Ca_{0.155}Na_{0.003})_{2.927}(Al^{VI}_{2.067}Ti_{0.004}Cr_{0.001})_{2.073}[Si_{2.913}Al^{IV}_{0.087}O_4]_3$

P 1B 44-1　$(Fe^{2+}_{2.042}Mg_{0.242}Mn_{0.55}Ca_{0.091})_{2.926}(Al^{VI}_{2.074}Ti_0)_{2.074}[Si_{2.86}Al^{IV}_{0.14}]_3$

P 7B 83　$(Fe^{2+}_{2.01}Mg_{0.184}Mn_{0.371}Ca_{0.055}Na_{0.009})_{2.63}(Al^{VI}_{2.223}Ti_{0.002}Cr_{0.005})_{2.231}[Si_{3.139}O_4]_{3.139}$

从石榴石端元组分含量上看,本区变质岩中的石榴石均以铁铝榴石为主(>57.65%),锰铝榴石次之,钙铝榴石的变化较大,变化于 2.91%～29.25%之间,而镁铝榴石含量较低。在索波列夫(1970)的图解中(图 4-8),本区的石榴石的投影点大都落于 4 区内,只有一个样品投影点落入 2 区和 3 区的交界处附近,说明本区变质岩中的石榴石多为绿帘角闪岩相的产物,个别可能达低角闪岩相。

从表 4-5 中可以看出,本区石榴石的含铁度均较高,f 均在 84 以上。利用共生的石榴石-黑云母的含铁度的变化,可以估算岩石形成的温度条件(图4-9)。乌沙柯娃指出,KD=2～4 反映

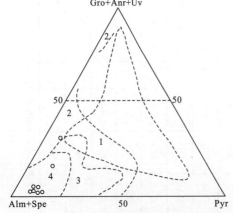

图 4-8　不同变质相的镁铝榴石-铁铝榴石系列
成分区间的综合图解

1.榴辉岩相;2.麻粒岩相;3.角闪岩相;4.绿帘角闪岩相和角岩相

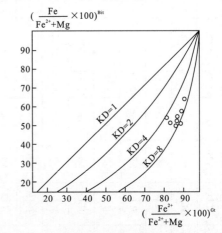

图 4-9　变质岩中石榴石-黑云母共生矿物对
含铁度的分配系数
(乌沙柯娃,1970)

了较高温度的变质作用,相当于麻粒岩相和角闪岩相,而 KD=4～8 则反映了较低温度下绿帘角闪岩相的变质作用。从图 4-9 中可以看出,本区石榴石的分配系数在 KD=4～8 之间,反映该区在加里东期经历了绿帘角闪岩相的变质作用。

2)黑云母

区内变质岩中的黑云母主要赋存于云母片岩、片麻岩中,少数的千枚岩中亦可作为变斑晶产出。黑云母矿物常与石榴石共生。云母片岩和片麻岩中的黑云母均呈片状,具绿褐(褐)—淡黄(褐)色多色性,多呈定向排列,构成片理,少部分黑云母呈变斑晶状。一组极完全解理,沿黑云母的边部或解理面常见有绿泥石化现象。黑云母与石榴石接触之间没有变质反应,二者为共生关系。

黑云母的电子探针分析和阳离子计算结果示于表 4-6 中。从表中可以看出,SiO_2 含量在 33.45%～38.95% 之间,Al_2O_3 含量在 19.47%～25.05% 之间,K_2O 在 5.38%～8.05% 之间,含量都比较均匀。水及挥发分含量较高,均在 5% 以上。在特罗戈娃(1965)的 TiO_2-Fe×100/(Fe+Mg) 与变质作用关系的图解中(图 4-10),本区的几个黑云母样品均投于角闪岩相区内,说明区内变质黑云母的变质程度为角闪岩相。

3)角闪石

区内变质岩中的角闪石含量较少,主要赋存于角闪斜长片麻岩和石榴角闪黑云片岩中。角闪石与斜长石、黑云母、单斜辉石和石榴石等共生。角闪石呈柱状或粒状,常具有绿或褐绿—淡绿色的多色性,解理发育。在岩石中常呈定向排列构成片麻理或与黑云母一起构成片理。角闪石电子探针分析及计算的阳离子数列于表 4-7 中。

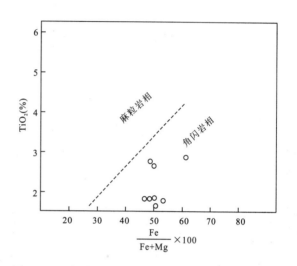

图 4-10 变质黑云母 TiO_2-Fe×100/(Fe+Mg)图解

从表 4-7 中可以看出,几个角闪石样品的 CaO 含量比较高,应属钙质角闪石类,其化学分类结果(图 4-11)分别为阳起石、阳起角闪石、镁角闪石和钙镁角闪石。

图 4-11 角闪石分类图

根据角闪石的化学成分及其计算的阳离子数,取得了本区角闪石的晶体化学式为:

B46-1 $(Na_{0.17}K_{0.091})_{0.23}(Ca_{1.882}Na_{0.118})_2(Al^{VI}_{0.81}Cr_{0.018}Ti_{0.026}Mg_{2.061}Fe^{2+}_{1.999}Mn_{0.031}Ca_{0.056})_5$
$(Si_{7.004}Al^{IV}_{0.996})_8O_{22.997}$

表 4-6 黑云母电子探针分析和阳离子计算结果 (%)

样品号	Analy	Loca	Mineral	SiO₂	TiO₂	Al₂O₃	Cr₂O₃	FeO	MnO	MgO	CaO	Na₂O	K₂O	Total	Al^{IV}	Al^{VI}	Ti	Fe^{2}	Cr	Mg	Ba	Na	K	Cations	O	Mg_FeMg
B353-1	JLU	XZ	Bit	36.39	0.82	21.99	—	18.97	0.45	10.42	—	0.05	5.80	94.89	2.361	1.652	0.096	2.458	—	2.407	—	0.015	1.147	15.834	24	0.49
B45-1	JLU	XZ	Bit	36.77	2.69	25.05	0.07	15.20	0.32	7.70	0.05	0.14	6.94	94.93	2.401	2.091	0.308	1.936	0.008	1.748	—	0.041	1.348	15.529	24	0.47
B501-2	JLU	XZ	Bit	38.89	1.09	19.68	0.12	17.93	0.11	10.93	0.11	0.12	5.66	94.64	2.020	1.543	0.126	2.306	0.015	2.505	—	0.036	1.110	15.673	24	0.52
B505-1	JLU	XZ	Bit	38.95	1.03	19.47	0.11	17.15	0.22	9.84	0.05	0.08	7.11	94.01	1.942	1.624	0.121	2.231	0.014	2.282	—	0.024	1.411	15.744	24	0.51
B53-1	JLU	XZ	Bit	35.77	2.74	21.52	—	16.65	0.23	9.68	0.09	0.22	8.05	94.94	2.430	1.516	0.321	2.168	—	2.247	—	0.066	1.599	15.962	24	0.51
B561-3	JLU	XZ	Bit	38.02	1.20	20.48	—	17.72	0.05	10.47	0.06	0.03	6.90	94.93	2.132	1.590	0.139	2.287	—	2.409	—	0.009	1.359	15.810	24	0.51
B94-1	JLU	XZ	Bit	33.45	0.96	21.77	—	22.26	0.16	10.64	0.16	0.16	5.38	94.94	2.702	1.359	0.114	2.949	—	2.512	—	0.049	1.087	16.118	24	0.46
P1B44-1	JLU	XZ	Bit	34.86	2.91	20.61	—	21.69	0.16	7.06	0.08	0.05	7.58	95.00	2.444	1.424	0.349	2.891	—	1.677	—	0.015	1.541	15.933	24	0.37

注：由吉林大学测试科学实验中心分析。

表 4-7 角闪岩电子探针分析及阴离子计算结果 (%)

样品号	Analysis	Location	Mineral	SiO₂	TiO₂	Al₂O₃	FeO	MnO	MgO	CaO	Na₂O	K₂O	Total
B46-1	JLU	XZ	Hb	47.37	0.23	10.37	16.17	0.25	9.35	12.23	0.90	0.48	97.50
B55-1	JLU	XZ	Hb	55.56	—	6.59	5.8	0.26	15.88	10.96	2.29	0.43	97.77
B561-3	JLU	XZ	Hb	44.18	0.34	16.45	14.33	0.16	9.45	11.27	1.74	—	97.92
P1B41-1	JLU	XZ	Hb	46.57	0.20	9.49	17.25	0.43	12.16	11.11	0.50	0.04	97.75

样品号	Analysis	Location	Mineral	CTi	CMg	CFe^{2}	CMn	Cca	Sum_C	BMg	BFe^{2}	BMn	BCa	BNa	Sum_B	TSi	TAl	TFe	TTi	Sum_T	ANa	ACa	AK	Sum_A	Sum_cat	Sum_oxy	CCr
B46-1	JLU	XZ	Hb	0.026	2.061	1.999	0.031	0.056	5	—	—	—	1.882	0.118	2	7.004	0.996	—	—	8	0.140	—	0.091	0.230	15.23	22.997	0.018
B55-1	JLU	XZ	Hb	—	3.281	0.672	0.031	0.222	5	—	—	—	1.405	0.595	2	7.701	0.299	—	—	8	0.021	—	0.076	0.097	15.097	22.998	0.016
B561-3	JLU	XZ	Hb	0.037	2.051	1.655	—	—	5	0.090	—	—	1.758	0.132	2	6.433	1.567	—	—	8	0.359	—	—	0.359	15.359	22.996	0.003
P1B41-1	JLU	XZ	Hb	0.022	2.678	1.756	—	—	5	0.376	—	—	1.571	—	2	6.880	1.120	—	—	8	0.143	0.188	0.008	0.339	15.339	22.998	0.013

注：由吉林大学测试科学实验中心分析。

Cr₂O₃ values for 表4-7: B46-1: 0.15; B55-1: 0.15; B561-3: 0.03; P1B41-1: 0.11

B55-1 $(Na_{0.021}K_{0.076})_{0.097}(Ca_{1.045}Na_{0.595})_2(Al^{VI}_{0.777}Cr_{0.016}Mg_{3.281}Fe^{2+}_{0.672}Mn_{0.031}Ca_{0.222})_5$
$(Si_{7.701}Al^{IV}_{0.299})_8O_{22.998}$

B561-3 $(Na_{0.359}K_0)_{0.359}(Fe^{2+}_{0.09}Mn_{0.02}Ca_{1.758}Na_{0.132})_2(Al^{VI}_{1.253}Cr_{0.003}Ti_{0.037}Mg_{2.051}Fe^{2+}_{1.655})_5$
$(Si_{6.433}Al^{IV}_{1.567})_8O_{22.996}$

P1B41-1 $(Ca_{0.188}Na_{0.143}K_{0.008})_{0.339}(Fe^{2+}_{0.376}Mn_{0.454}Ca_{1.571})_2(Al^{VI}_{0.531}Cr_{0.013}Ti_{0.022}Mg_{2.678}Fe^{2+}_{1.756})_5$
$(Si_{6.88}Al^{IV}_{1.12})_8O_{22.998}$

根据角闪石分析结果,计算出 Ti、Si 的数值,投影图 4-12 中,除一个样品的 Ti 为 0 外,其余 3 个角闪石落入变质闪石区内,说明这几个角闪石样品均为变质成因的角闪石。

索波列夫根据数理统计分析得出,变质作用压力的增加会使 Al^{VI} 的含量稍稍增加,而变质温度的增高会使角闪石的 Al^{IV} 含量和碱金属含量稍有增加。在图 4-13 中,本区的 4 个角闪石样品均落于绿片岩相-角闪岩相区内,同时也预示了它们形成的压力可能较高。

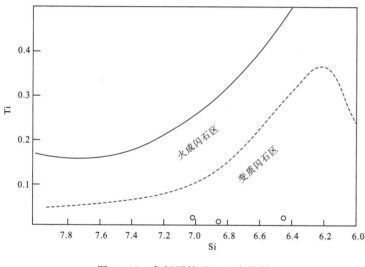

图 4-12 角闪石的 Ti-Si 变异图
(据 Leake,1965)

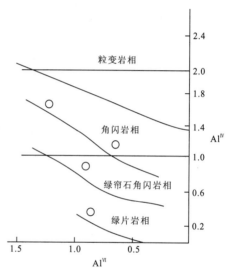

图 4-13 角闪石中 Al^{IV}-Al^{VI} 的变异图
(据萨克路特金,1968)

Raase(1974)根据钙质—钠钙质角闪石中 Al^{VI} 和 Si 的含量比,将角闪石划分为高压型和低压型。在图 4-14 中,本区的角闪石样品均投于高压角闪石区内,说明本区变质角闪石形成的压力比较高。

总之,本区变质角闪石电子探针分析结果表明,它们形成的温度较低,相当于绿片岩相-角闪岩相,而形成的压力是比较高的。

4) 单斜辉石

区内变质岩中单斜辉石的含量甚少,只在一个斜长片麻岩和一个大理岩样品中见到。辉石在片麻岩中呈粒状或短粒状,解理较发育,常具有淡绿—无色或淡黄色多色性。在岩石中与角闪石和斜长石共生,并常呈定向构成片麻理。

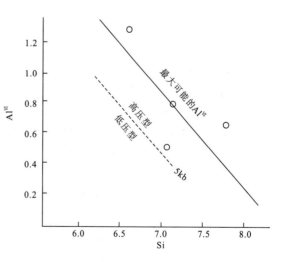

图 4-14 表示角闪石压力 Al^{VI}-Si 变异图
(Raase,1974)

单斜辉石的电子探针分析结果见表 4-8。从表中可以看出,该单斜辉石的化学成分中,FeO、MgO、CaO 含量较高。在 Poldervaart 和 Hess(1951)的分类图中(图 4-15),本区的辉石样品投于 5 区和 6 区边缘,为含钙较高的普通辉石和顽透辉石。

表 4-8 单斜辉石电子探针分析及阳离子计算结果   (%)

样品号	Analy	Loca	Mineral	SiO_2	TiO_2	Al_2O_3	FeO	Fe_2O_3	MnO	MgO	CaO	Na_2O
B55-1	JLU	XZ	辉石	50.5	—	0.21	8.26	—	0.29	16.51	24.03	0.07

样品号	K_2O	Total	TSi	TAl	TFe3	MlAl	MlTi	MlFe2	MlCr	MlNi	M2Mg	M2Fe2	M2Mn
B55-1	—	99.87	1.864	0.009	—	—	—	0.092	—	—	—	0.16	0.009

样品号	M2Ca	M2Na	M2K	Sum_cat	Ca	Fe2_Mn	JD1	CFTS1	CTTS1	CATS	WO1	EN1	FS1
B55-1	0.95	0.005	—	4.0	44.767	12.438	—	—	—	—	44.85	42.877	12.034

注:由吉林大学测试科学实验中心分析。

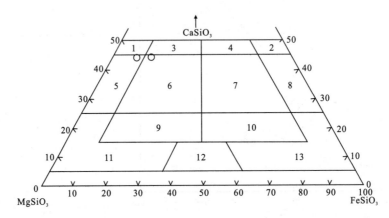

图 4-15 $CaMgSi_2O_6$-$CaFeSi_2O_6$-$Fe_2Si_2O_6$-$Mg_2Si_2O_6$ 体系中单斜辉石的命名

(据 Poldervaart 和 Hess,1951)

1.透辉石;2.钙铁辉石;3.次透辉石;4.铁次透辉石;5.顽透辉石;6.普通辉石;7.铁普通辉石;8.铁钙辉石;
9.次钙普通辉石;10.次钙铁普通辉石;11.镁易变辉石;12.过渡易变辉石;13.铁易变辉石

5)斜长石

本区内的变质斜长石主要赋存于斜长片麻岩中,有时在云母片岩中也可见到少量的斜长石。与其共生的矿物主要为单斜辉石、角闪石、黑云母和石英等矿物。斜长石在岩石中呈粒状,一般双晶比较发育,并有不同程度的绢云母化现象。

斜长石的化学成分及计算的阳离子数列于表 4-9 中。从表中可以看出,本区变质斜长石中的 CaO 含量较高,因此,长石中钙长石分子含量也比较高,An=55.4—80.5,为拉长石和培长石。从斜长石的牌号上看,其形成的温度较高。

表 4-9 斜长石电子探针分析及阳离子计算结果   (%)

样品号	Analys	Location	Mineral	SiO_2	TiO_2	Al_2O_3	Fe_2O_3	FeO	MnO	MgO	BaO	CaO
B46-1	JLU	XZ	Fel	53.76	0.05	28.97	—	0.08	0.06	0.03	—	12.23
B55-1	JLU	XZ	Fel	50.01	0.02	31.82	—	—	—	—	—	12.5
P1B41-1	JLU	XZ	Fel	45.59	—	35.11	—	—	0.08	—	—	16.37

续表 4-9

样品号	Analys	Location	Mineral	Na₂O	K₂O	Total	Si	Al	Ti	Fe²	Mn	Mg
B46-1	JLU	XZ	Fel	4.69	0.14	100.01	9.735	6.178	0.007	0.012	0.009	0.008
B55-1	JLU	XZ	Fel	5.54	0.04	99.93	9.139	6.848	0.003	—	—	—
P1B41-1	JLU	XZ	Fel	2.14	0.07	99.36	8.433	7.649	—	—	0.013	—

样品号	Analys	Location	Mineral	Ca	Na	K	Cation	X	Z	Ab	An	Or
B46-1	JLU	XZ	Fel	2.373	1.647	0.032	20.001	15.92	4.081	40.6	58.6	0.8
B55-1	JLU	XZ	Fel	2.447	1.963	0.009	20.409	15.99	4.419	44.4	55.4	0.2
P1B41-1	JLU	XZ	Fel	3.244	0.768	0.017	20.124	16.082	4.042	19.1	80.5	0.4

注：由吉林大学测试科学实验中心分析。

2. 变质变形特征

区内变质变形作用主要为 3 期，并与变晶作用符合。

第一期变形作用较弱，其表现为石榴石变斑晶中的包体定向构造——残缕结构。石榴石变斑晶中拉长的石英及少量的云母片包体呈定向排列，并且与岩石的片理斜交，见图 4-16。说明石榴石变斑晶形成前已发生过变形作用，而形成了定向构造，但变质结晶作用不强，现在从石榴石变斑晶中能见到的早期矿物组合只有石英和黑云母。该期变形的片理已经改变方向，它们与第二期变形（主期片理）呈一定的交角，其交角约为 42°。还有部分薄片中也见到第一期变形的痕迹，但大部分不明显，主要见于松多岩群中。

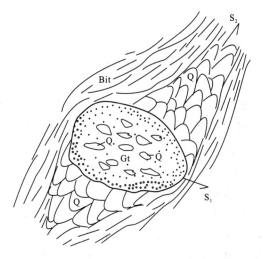

图 4-16 石榴石变斑晶中的残缕结构（B353-1）

第二期变形作用为本区的主变形期，区域变质岩的片理均为该期变形作用所形成。区域性的片理、片麻理产状均为东西向或接近东西向，它们代表了本区主变形期的变形特征。该期变形的主要特点是，大部分片理面与原岩的变余层理面平行或有较小的交角，但较大程度上改变了第一期变形作用形成的片理。两者之间形成了较大的交角。图 4-17 上表示出第一、第二期片理的交差及改造情况。从图中可以清楚地看出，第一期变形作用形成的片理受到了第二期变形作用的改造。由于其改造程度较低，残留的第一期变形形成的片理仍有部分残留，可以识别。其中的第一期与第二期片理的夹角在 60°～90°之间。与前述的有较大的差别，说明本区不同地带的变质变形作用有所差别。区内石榴云母片岩中的石榴石变斑晶是与第二期变形同时形成的，但由于石榴石生长较快，所以可见石榴石推开片理生长或发生旋转。这一方面说明本区的第二期变形较强，同时也说明石榴石变斑晶与变形同期形成的特点。在断层构造附近的片岩中（图 4-17、图 4-18），除可见石榴石推开片理生长以外，还见有 S₂ 片理改造 S₁ 片理的情况。以 S₁ 片理为变形面，由于第二期变形的改造，S₁ 片理在该段岩石中呈"W"状。大部分由于第二变形期的强度较大，而不见 S₁ 变形面的形迹，而此处残留的"W"形 S₁ 变形面则代表了第一期变形作用所形成的片理，是由于第二期变形改造不彻底而残留下来的。从该片理的变形特点分析，"W"变形的包络面代表了 S₁ 变形面的走向，因此,可估测 S_1 变形面与 S_2 变形面之间存在着约 60°～90°的夹角。第二期变形作用期间形成了区域上的片理(板理和片麻理),与其同时的变晶作用则在不同的岩石中有不同的变质矿物组合。

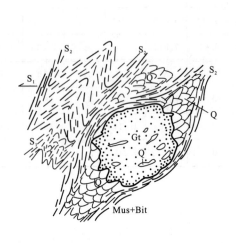

图 4-17 云母片岩中 S_1 和 S_2 变形面的交差和改造(B573-1)

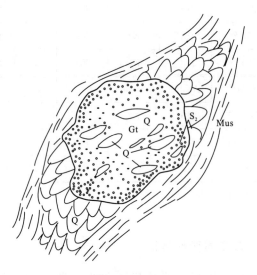

图 4-18 石榴石变斑晶推开片理生长及早期片理的残留(P4B5-1)

变泥砂质岩石的矿物共生组合:石榴石+黑(白)云母+石英±斜长石;

变质的粘土-白云岩的混合物形成的角闪斜长片麻岩的矿物组合:(普通辉石)+角闪石+斜长石+石英±石榴石;

变碳酸盐岩的矿物组合:方解石(白云石)±石英±透辉石±绿帘石±绿泥石;

变质砂岩和变泥质粉砂岩的矿物组合:绢云母+石英±黑云母±白云母±斜长石等。

第三期变形作用主要发生在片岩中,它们的特点是在区域主片理面上又叠加了折劈理(图 4-19)。这些折劈理的褶纹线理的倾伏向为北东向,约 20°～50°之间,倾伏角约 25°～45°之间。该期变形从区域上看,其变形强度不同。在本图幅的南半部变形较强,可见一些宏观的轴向北东的平卧褶皱等。而在图幅的北半部变形较弱,只见到板岩和千枚岩中的裂纹或膝折构造。

3.变质作用的温压条件

根据现有的地质温压计研究成果,结合本区变质岩的矿物组合特点,我们选用了石榴石-黑云母地质温压计、角闪石-石榴石地质温压计、角闪石-斜长石地质温度计,角闪石-单斜辉石地质温度计和

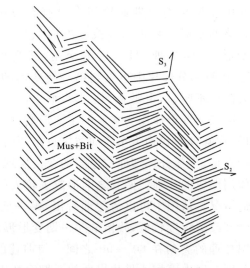

图 4-19 二云母片岩中折劈理(P4B5-1)

Thompson(1996)的共生的石榴石-黑云母地温计的计算公式,对区内的变质岩做了投影和计算。下面用于计算的样品均采自松多岩群中。

1)石榴石-黑云母地质温压计

利用该温压计,对区内的石榴黑(二)云母片岩形成的温度和压力进行了估算。

在别尔丘克(1970)共生的黑云母和石榴石之间 Mg-Fe 分配系数与变质温度关系图中(图

4-20),本区测试的含有共生的石榴石和黑云母的 8 个样品的投影点分别得到:490℃、495℃、510℃、485℃、510℃、560℃、450℃ 和 505℃ 的温度条件。

在共生的石榴石-黑云母 X_{Mg} 分配等温线图中(图 4-21),上述 8 个样品的投影点分别得出:525℃、550℃、550℃、530℃、550℃、605℃、520℃、595℃ 的温度条件。

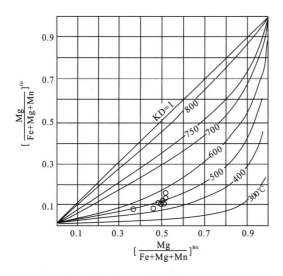

图 4-20 共生的石榴石和黑云母之间 Mg-Fe 分配系数与温度的关系图

(别尔丘克,1970)

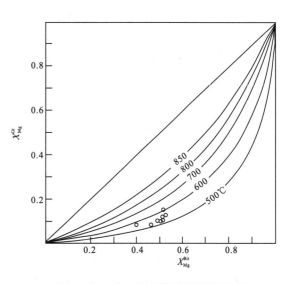

图 4-21 共生的石榴石-黑云母间 X_{Mg} 等温线图

(格列鲍维斯基,1977)

根据上述的温度条件和计算出的 $\overline{K}$ 值,投影于图 4-22 中(有两个样品的 $\overline{K}$ 值高,未入图),得出的压力分别为 1.1GPa、1.06GPa、1.15GPa、1.12GPa、0.93GPa、1.07GPa,说明本区主期变质的压力较高,而温度较低。

根据黑云母和石榴石电子探针分析结果,利用 Thompson(1976)的计算公式,对区内的石榴石-黑云母矿物对的温度进行计算,计算的温度条件分别为 563℃、543℃、591℃、600℃、562℃、542℃。上述石榴石-黑云母矿物对的温压条件估算结果表明,本区主期变质作用的温度较低,而压力较高。

2)角闪石-石榴石地质温压计

根据本图幅内石榴角闪斜长片麻岩中,石榴石和角闪石电子探针分析结果,投影于 X_{Mg} 分配等温线图中(图 4-23),其投影点落入 500℃ 线上,其形成温度大约为 500℃(区内只有一个样品含此矿物对)。

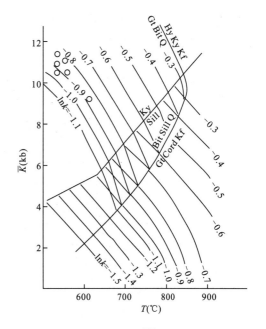

图 4-22 根据 T 和 $\overline{K}$ 确定压力图解

(据格列鲍维斯基,1977)

(1kb=10^8Pa)

根据电子探针分析结果,分别计算出 $\overline{K}_{Mg}^{Gt-Hb}$ 和 $\overline{K}_{Ca}^{Gt-Hb}$,再投影于图 4-24 中,其投影结果显示出 530℃ 和 1.01GPa 的温度压力条件,与石榴石-黑云母矿物对计算结果相符。

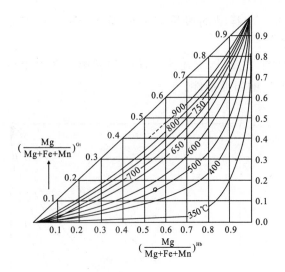 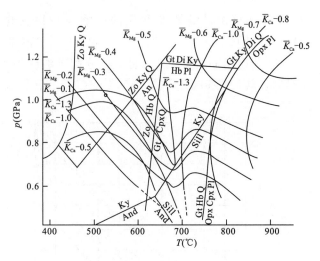

图 4-23 共存的石榴石-角闪石之间 Mg 分配等温线图
（据别尔丘克，1967）

图 4-24 石榴石-角闪石 $\overline{K}_{Mg}^{Gt-Hb}$ 和 $\overline{K}_{Ca}^{Gt-Hb}$ 与 T-p 的相关图
（据格列鲍维斯基，1977）

3) 角闪石-斜长石地质温度计

本图幅内，变质的角闪石-斜长石在角闪斜长片麻岩中共生。根据其电子探针分析结果，投影于图 4-25 中，其投影点显示出 550℃ 和 530℃ 的变质作用温度条件。与前述的温度条件也基本相符。

4) 角闪石-单斜辉石地温计

根据共生的角闪石和单斜辉石的电子探针分析结果，分别计算出 X_{Mg}^{Cpx} 和 X_{Mg}^{Hb}，投影于图 4-26 中，得到了 600℃ 的变质温度。

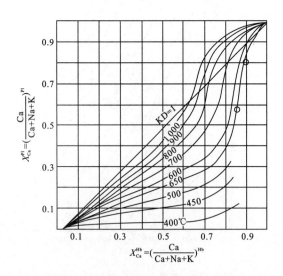 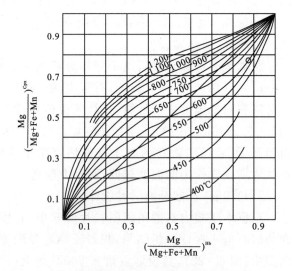

图 4-25 共存的角闪石和斜长石之间 Ca 分配等温线图
（据别尔丘克，1966）

图 4-26 除榴辉岩和蓝片岩以外各类岩石的角闪石和单斜辉石共生图解
（据别尔丘克，1969）

综上所述，用于计算的各种温压计的使用合理，估算结果显示区内的变质作用温度较低，而变质作用的压力较高。各种方法估算的温度、压力条件总结于表 4-10 中。

表 4-10 区域变质岩的温度、压力估算结果

样品号		温度(℃)				压力(GPa)	
	Thompson(1976)	别尔丘克(1966,1969,1970)			格列鲍维斯基(1977)	格列鲍维斯基(1977)	
	石榴石-黑云母	石榴石-黑云母	角闪石-斜长石	石榴石-角闪石	石榴石-黑云母	石榴石-黑云母	石榴石-角闪石
1 B353-1	563	490			525	1.10	
2 P1B45-1		495			550		
3 P1B46-1			550				
4 P1B53-1	600	510			550	1.12	
5 P1B55-1							
6 P1B94-1	542	450			520	1.07	
7 B561-3	560	560		500	605	0.93	1.01
8 B501-2	543	510			550	1.06	
9 B505-1	591	485			530	1.15	
10 P1B44-1		505			595		
11 P1B41-1			530				

从表中可以看出,本图幅内的区域变质作用的温度在 450～605℃ 之间,其各种估算温度的平均值为 536.4℃。压力在 0.93～1.15GPa 之间,其平均压力在 1.06GPa。从上述估算的温压条件可以看出,本区的区域变质作用中(特指主期变质作用),变质的温度较低,相当于绿帘角闪岩相-低角闪岩相的变质作用温度。但其变质作用压力较高,属中高压变质作用。因此,本区的变质作用应属于低温动力变质-低中温动力热流变质作用类型。

(二)燕山期变质作用

燕山期区域变质作用的受变质地层为石炭系—二叠系、侏罗系。主要为一套陆源碎屑岩、灰岩夹少量的火山岩,它们经受了燕山期区域变质作用的改造,变成了变质砂岩、石英岩、千枚岩、板状千枚岩和板岩。其矿物组合如下。

变砂岩和石英岩:石英+绢云母+少量长石

千枚岩及板状千枚岩:绢云母+石英+绿泥石(局部含黑云母雏晶)

结晶灰岩或大理岩:方解石+少量石英+生物碎屑

变质火山岩:晶屑+绢云母+火山灰

板岩:石英+绢云母+绿泥石

从上述的矿物组合可以看出,本区燕山期变质作用程度为绿片岩相。

二、热接触变质作用和动力变质作用

1. 接触变质作用

本图幅内的接触变质作用比较发育,但由于两方面的原因,使得其不易识别。第一是区域变质作用已达到绿片岩相-低角闪岩相,而叠加的热接触变质作用在绝大部分地区均不出现新的矿物组合,因此不易识别;第二是区内各时代的花岗质岩体较多,但发生热接触变质作用的强度较弱,一般没有新生矿物,因此也难于识别。

区内可以识别的热接触变质作用主要在图幅北部较大的岩体附近。在该地区内,区域变质作用的强度较弱,一般都在绿片岩相范围内,发育的是千枚岩或板岩,因此,叠加的热接触变质作用还可以识别。

热接触变质作用发育地区的代表是在桑巴岩体的外接触带内。代表性的岩石是黑云母角岩和十字绢云母千枚岩。

黑云母角岩 岩石呈黑灰色,野外露头上仍呈板状构造。矿物颗粒细小,但可见丝绢光泽。显微镜下则除绢云母、石英外,还有相当数量的黑云母雏晶(片度在 0.1mm 左右),虽片度小,但已可见其具有褐—绿褐色的多色性。在岩石中,黑云母分布均匀,无定向构造,形成较典型的角岩结构。矿物共生组合为黑云母+绢云母+石英±白云母。

十字绢云母千枚岩 岩石呈灰黑色,产于桑巴岩体边部,距岩体的内接触带很近,不超过 2.0m。由于形成了十字石的变斑晶,因此,岩石的表面出现很多不规则的瘤状物。这些瘤状物经镜下鉴定多为十字石雏晶,部分是绢云母和石英的集合体(图 4-27)。从图 4-27 中可以看出,十字石的生长丝毫没有影响千枚理的方向性,它在岩石中自由生长,说明该十字石变斑晶是千枚理形成以后才结晶的。就是说十字石是在区域性千枚理形成以后,受岩浆侵入的热接触变质作用而形成的。该岩石的共生矿物组合为十字石+绢云母+石英±黑云母。

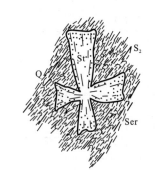

图 4-27 十字绢云母千枚岩
×100(P12B1-1)

从上述的矿物组合分析,区内的热接触变质作用强度大致相当于绿帘角岩相(外接触带)-角闪角岩相(岩体边部)。形成十字石的变质反应可能是通过绿泥石+绢云母+石英=十字石/堇青石+黑云母+石英+H_2O 来完成的。这一反应的结果生成了十字石,而没有形成堇青石,这可能暗示了在该地区的热接触变质作用中,压力相对稍高一些。

2. 动力变质作用

本区的动力变质作用主要发育于各时期的断裂带附近,主要的岩石类型为碎裂岩、碎斑岩和糜棱岩类。

碎裂岩主要由花岗质岩类组成,它们的表现是岩石中的粒状矿物碎裂、细粒化,但不发生重结晶作用,在一些脆性断裂附近都可以见到。其次是变质的片岩、板岩类发生破碎,但此类岩石中的矿物看不出大的变化。

碎斑岩 此类岩石发育在较大型断裂带附近或韧性剪切带中。岩石的特点是岩石中的矿物或矿物集合体的残留超过 1/3 以上,而细粒化部分在 1/3 以下。在本区发育的碎斑岩主要为长英质碎斑岩类。原岩为片岩或片麻岩的碎斑岩,其遭受变形作用以后,产生石英、长石或它们集合体的碎斑。这些碎斑形态不规则,一部分呈透镜状,其长轴方向与糜棱叶理定向一致,还可见少量的石英颗粒沿糜棱叶理拉长、定向,但石英拉长后的长宽比一般不超过 10:1。碎基,即细粒化的部分则多由细粒的长英质矿物和云母类矿物、绿泥石等组成。细粒化明显,但重结晶作用不明显或不易识别,但在部分碎斑岩压碎的长英质矿物中,出现绿泥石和绢云母,它们可能为细粒化后经恢复重结晶作用的产物。就是说,碎基有的部分已经发生重结晶作用,但重结晶作用不明显。这类岩石如果确定其矿物共生组合的话,应该是绢云母+绿泥石±石英。其变质作用程度相当于低绿片岩相。

糜棱岩 本书所指的糜棱岩是指碎斑含量在 1/3 以下的并具有明显细粒化作用、发育定向构造的岩石。本区内的糜棱岩主要发育在图幅南部的扎雪—门巴一带的韧性变形带和较大断裂的变质岩中。

在部分云母片岩中,可见的碎斑含量极少,局部可见长英质矿物的集合体呈透镜状或条带状分布,而白(黑)云母及细粒石英呈极好的定向构造。单颗粒石英沿糜棱叶理方向均有不同程度的压扁、拉长,甚至呈拔丝状,最大的长宽比可达15:1。这些石英和云母类矿物都是变形过程中恢复重结晶作用的结果。其中的石英几乎都具有波状消光(图4-28)。部分岩石中还可见有矩形石英。在此类糜棱岩或碎斑糜棱岩中,代表性的矿组合为白云母+石英±黑云母±毛发状矽线石。

长英质糜棱岩类是区内韧性变形带中最发育的。此类岩石中除含有少量的长石、石英个体或其集合体的碎斑外,大部分均为恢复重结晶的碎基。碎斑石英多呈透镜状或不规则的拉长状,常具有明显的波状消光,个别颗粒具有亚颗粒结构。斜长石碎斑在糜棱岩中也常见。多见斜长石呈拉长状,局部叶理可切穿斜长石的双晶。斜长石也常有晶格错动。碎基多为细粒化的石英及恢复重结晶的绢云母、白云母等。部分糜棱岩中还发育S-C组构(图4-29)。上述糜棱岩,在重结晶阶段形成的矿物组合为白云母+黑云母+石英+绢云母±绿泥石;形成的变质条件大致相当于低绿片岩相。

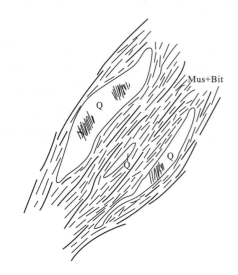

图4-28 糜棱岩中石英呈拔丝状,具波状消光
(×40)(B029-1)

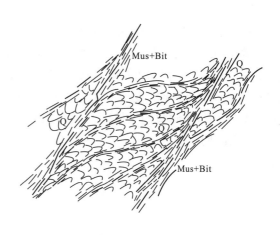

图4-29 糜棱岩中发育的S-C组构
(+)×40(B040-1)

第五节 变质作用时代讨论

西藏自治区地质矿产部门曾根据变质作用影响的地层范围和同位素定年资料,将该自治区内的变质作用划分为6期。将本图幅所在的地区划归为加里东期和燕山晚期—喜马拉雅期变质作用。本期变质作用所影响的地层包含前奥陶系、石炭系—二叠系、三叠系、侏罗系和白垩系。获得的变质岩的年龄为119Ma(K-Ar)(西藏自治区区域地质志,1993)。

1. 加里东期变质作用

加里东期变质作用受变质地层为前奥陶纪松多岩群,在绿片岩中采集的样品获得了466Ma的等时线年龄,因此,其变质时代为加里东期。同时还获得了1 516Ma的表面年龄,这一年龄可能代表了该岩石的原岩年龄。

本区变质变形作用的研究表明,区内变质变形作用可分为3期,其中第一期变质作用较弱,而第二期（变质主期）变质作用是本区最主要的一期,本区南部现在所见到的变质岩石均是该期变质作用的结果。燕山期变质作用较弱,但是变形作用较强。

2. 燕山期变质作用

该期变质作用影响的范围相当广泛,西藏自治区范围内大部分的石炭系—二叠纪、侏罗纪地层均发生了不同程度的变质作用。从本图幅内的具体情况出发,应该说保存下来的该期变质作用的产物比较广泛,图幅的中部、北部都是该期变质作用的产物。

该期变质作用所保留下来矿物组合为绢云母＋（黑云母）＋石英。从该矿物组合看,本期变质作用相当于绿片岩相。

本期变质作用时间的确定依据是该期变质作用发生于主期变质变形作用之后。而在本区内缺少三叠系的沉积,冈底斯中西部也发现在此阶段内为一古隆起。本区的门巴一带经过详细的工作,已鉴别出若干近东西向发育的花岗岩体,其时代为晚三叠世—早侏罗世。这些花岗岩体的发育说明了本区在晚三叠世—早侏罗世期内也是隆起区,所以我们将本区主期变形后的一期变质作用推测为燕山期变质期。

本期变质作用是本图幅内主要的变质变形作用,保留的岩石最完整。在这期变质作用中形成了千枚岩、板岩、结晶灰岩等岩石组合。该期变质变形作用的主要特点是变形作用较强,形成了几个韧性变形带。我们采取了花岗质糜棱岩中的变质黑云母作了 Ar-Ar 法同位素年龄测定,得到了(105.2±1.7)Ma 的变质年龄（图 4-30）。该年龄与《西藏自治区区域地质志》中所测的年龄(119Ma)相似;同时我们又发现与其同期有大量的花岗岩的侵入。因此,我们认为本区北部的变质期应为燕山期。

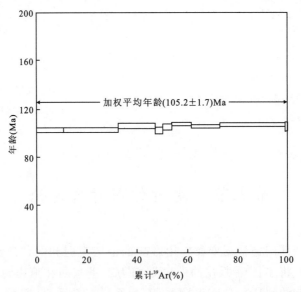

图 4-30 长英质片麻岩中黑云母 Ar-Ar 年龄图谱
（中国地质科学院测试）

第五章 区域地质构造

第一节 区域大地构造背景

位于班公湖-怒江缝合带和雅鲁藏布江缝合带之间的冈底斯-念青唐古拉板块具有与喜马拉雅板块相似的陆壳基底和陆表建造,因而它可能是早期冈瓦纳大陆北缘前陆的一部分。

研究区位于冈底斯-念青唐古拉板块之上(图5-1),伴随着新特提斯洋的张开、俯冲及消减,最终产生典型沟-弧-盆体系。根据沉积建造、构造特征、岩浆活动和变质作用特点,运用板块构造理论,以本区中部的纳木错-嘉黎断裂(F_{12})为界,将本测区分为两个二级构造单元(图5-2),即北部的桑巴弧后盆地和南部的念青唐古拉弧背断隆带。根据各构造单元内地层出露情况及其之间的接触关系,结合区域资料,将测区岩石地层分为前奥陶纪构造层(AnO)、石炭纪—二叠纪构造层(C—P)、侏罗纪构造层(J)、白垩纪构造层(K)和古近纪构造层(E)。

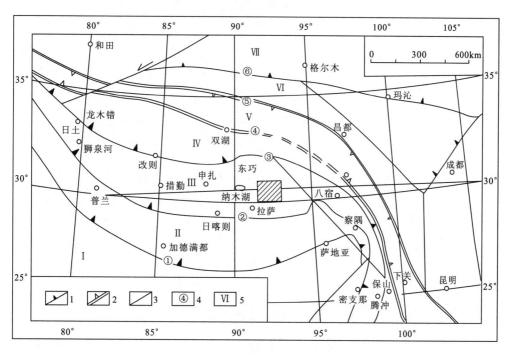

图5-1 测区及邻区大地构造图

1.新特提斯缝合带;2.古特提斯缝合带;3.主要断层;4.缝合带编号;5.构造板块及编号。①西瓦里克陆内俯冲带;②雅鲁藏布江板块缝合带;③班公湖-怒江板块缝合带;④西金乌兰-金沙江板块缝合带;⑤昆南-玛沁板块缝合带;⑥东昆仑块缝合带。Ⅰ.印度板块;Ⅱ.喜马拉雅板块;Ⅲ.冈底斯-念青唐古拉板块;Ⅳ.羌塘-保山板块;Ⅴ.羌北-昌都板块;Ⅵ.可可西里-巴颜喀拉板块;Ⅶ.塔里木-柴达木板块

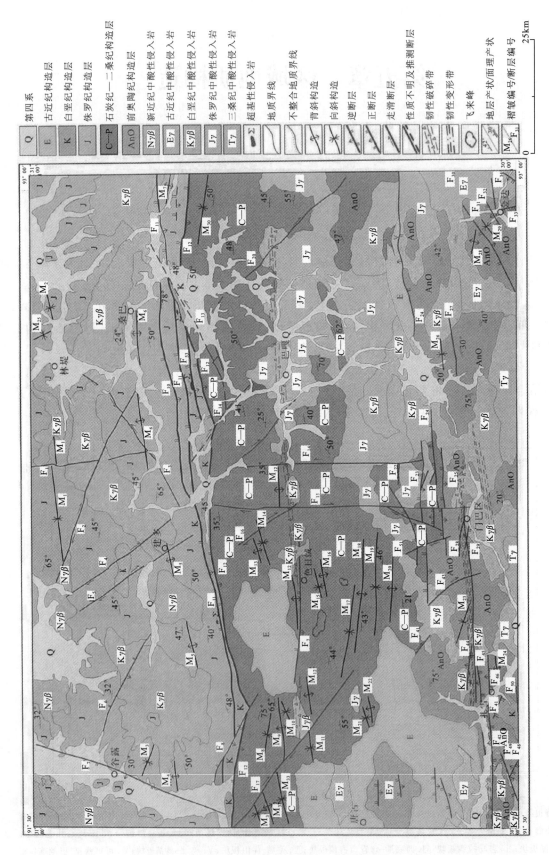

图 5-2 测区构造纲要图

第二节 各构造单元的构造建造基本特征

构造建造是指在一定构造发展阶段和构造背景下所形成的一套相应的岩石组合。集建造和改造于一体的构造建造单元是大地构造演化过程中的一系列地质事件的产物,它体现出不同的构造单元在沉积建造、岩浆活动、变形变质及构造演化方面存在明显的差异。

一、桑巴弧后盆地

该构造带在《西藏自治区区域地质志》上称为班戈-倾多拉退化弧(一部分),李金高等根据措勤-纳木错断裂带的性质将之称为弧后盆地(一部分),也有人认为它为弧间裂谷。本次研究根据盆地内的岩石充填序列及盆地所处的构造背景将其归属于弧后盆地。盆地内主体地层由中侏罗统马里组(J_2m)、桑卡拉佣组(J_2s)和中上侏罗统拉贡塘组($J_{2-3}l$)组成;白垩系多尼组(K_1d)和竟柱山组(K_2j)只局限于嘉黎断裂北侧。其中马里组在盆地大面积分布。根据岩性特点可分为两段:下段较粗,由(变)砾岩、含砾粗砂岩、中粗砂岩组成;上段较细,由变细砂岩、千枚岩和碳质板岩组成,整体构成一复式背斜(M_6)的核部。桑卡拉佣组主要由中厚层灰岩和生物碎屑灰岩组成,出露于复式背斜的南翼。拉贡塘组($J_{2-3}l$)为一套紫红色、灰色砂岩,页岩夹粉砂岩组合,也位于 M_6 复式背斜的南翼。下白垩统多尼组(K_1d)岩性为粉砂岩、细砂岩、泥岩夹煤线,受断层控制,出露于 F_{12}、F_{13} 断层之间,反映海、陆交互相的沉积环境。上白垩统竟柱山组局限于嘉黎断裂带内,由紫红色、灰紫色碎屑岩组成,并夹有多层中酸性火山岩。纵观桑巴盆地的充填序列,总体表现为粗—细—粗的沉积旋回,缺少下侏罗统,反映因受新特提斯洋俯冲消减作用的影响在冈底斯火山弧北侧形成弧后盆地的沉积环境。

桑巴盆地并非一个完整的沉积盆地,其内多处被早白垩世含斑黑云母花岗岩、斜长花岗岩和新近纪石榴二云母花岗岩、花岗闪长岩侵入(图 5-3)。

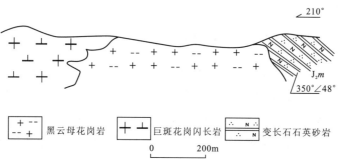

图 5-3 黑云母花岗岩与马里组之间侵入接触关系

二、念青唐古拉弧背断隆带

该构造带位于测区的嘉黎断裂带主断裂(F_{12})之南侧。对该构造带性质仍存在争议,《西藏自治区区域地质志》中将之称为念青唐古拉弧背断隆,有些学者根据岩浆、地层特征将之称为火山杂岩带,近年来也有人将其归为雅鲁藏布缝合带和嘉黎断裂之间的旁多地体。根据地层、岩石、变质变形特征及构造活动可将其分 4 个次一级的地质单元。

1. 松多岩群台拉张裂-陆缘海坳陷沉积变质碎屑岩建造

松多岩群(AnOSd)主要分布于多其木断层(F_{27})和得布约-错弄错断层(F_{23})两条近东西向断

层的南侧,多处被中新生代花岗岩体破坏。该套岩性为一套变质的碎屑岩夹碳酸盐岩,主要岩石类型为中厚层石英岩、石英片岩、云母片岩、黑云斜长片麻岩、大理岩等,其原岩应为一套细砂岩、砂岩夹薄层灰岩,反映滨浅海沉积环境。松多岩群内化石稀少,归属存在争议,根据该套岩石的变质变形特点,结合区域地质资料,本次研究将其时代置于前奥陶纪。

2. 冈瓦纳大陆北缘古生代滨浅海相沉积

古生界在测区仅出露下石炭统诺错组(C_1n)、上石炭统—下二叠统来姑组$[(C_2-P_1)l]$和中二叠统洛巴堆组(P_2l)。其中诺错组出露较少,受控于东西向断层,主要岩性为灰黑色板岩夹灰岩透镜体;来姑组出露面积较大,岩性为一套不等厚互层的板岩、砂质板岩、含砾砂质板岩,间夹石英岩和少量薄层灰岩。从岩性变化看,测区的来姑组可分3段:下段为薄层砂质条带大理岩,沿色日绒—措麦—巴嘎呈东西向展布,构成复式背斜的核部;中段为一套灰黑色板岩、千枚岩夹石英岩、石英片岩;上段为一套厚层的含砾砂质板岩、灰黑色板岩夹石英岩。它们构成色日绒-巴嘎复式背斜的两翼。洛巴堆组主要分布于嘉黎断裂之南及南侧的德宗附近,受控于近东西向断裂而呈岩片产出,在色日绒南呈飞来峰出现,主体岩性为灰—浅紫色块状含燧石团块灰岩、结晶灰岩、白云质灰岩,反映浅海碳酸盐台地沉积环境。

3. 中新生代中酸性侵入岩

在测区的冈底斯弧背断隆带上分布两条中酸性花岗岩带,南侧为扎雪-门马-金达复式岩浆岩带,北侧为色日绒-措麦复式岩浆岩带。根据所测同位素数据可分3组:第一组年龄为215~199Ma,其岩性主要为黑云角闪花岗闪长岩和黑云二长花岗岩,分布于南侧的门巴、金达附近。岩相学特征和地球化学研究表明该时期的岩石属Ⅰ型花岗岩,具壳幔混合特点;第二组为139~65.3Ma,岩性为二云母花岗岩、含巨斑黑云母花岗岩等,主要分布于色日绒—措麦一带,受断层控制明显,岩石为S型花岗岩,属壳源型花岗岩;第三组年龄在57.7~11.0Ma之间,岩性为斜长花岗岩、石榴二云母花岗岩,分布零散,侵入于前两期花岗岩之中。

4. 古近纪帕那组中酸性火山岩、火山碎屑岩建造

测区古近纪帕那组(E_2p)火山岩分布于嘉黎断裂之南的扎雪西—唐古、马拉岗日南、多其木等附近,其中扎雪西—唐古一带出露面积最大,而且岩性较全,主体岩性为流纹岩、流纹质凝灰岩、安山岩、玄武安山岩、安山质凝灰岩等。帕那组火山岩角度不整合在其下较老的地层之上(图5-4),采用K-Ar法对其测年,所获年龄值在54.42~38.18Ma之间,其时代为始新世。

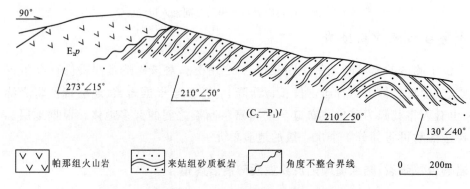

图5-4 帕那组火山岩与来姑组地层的角度不整合关系

第三节 褶皱构造特征

测区内褶皱构造主要发育在松多岩群(AnOSd)及石炭纪—二叠纪构造层(C—P)和侏罗纪构造层(J)中,由于岩浆活动频繁,断裂构造发育,很多褶皱受到一定改造和破坏。根据轴面和枢纽的产状,本区的褶皱构造以近东西向为主,与主区域构造方向基本一致,也有北东向、北西向和近南北向的褶皱,既有区域性贯穿全区的复式褶皱,也有规模较小受断层影响的从属褶皱和层间无根褶皱。这些形迹各异、主次分明的构造为研究本区的构造变形特征及构造应力场演化提供了重要线索。测区较大规模的褶皱构造如图 5-2、表 5-1。以下仅对主要的区域性褶皱构造和褶皱构造群进行描述。

一、区域性褶皱构造

1. 色日绒-巴嘎复式背斜(M_{12})

该褶皱构造沿色日绒、巴嘎近东西向贯横全区,为一规模较大的区域性复式背斜褶皱(图 5-5)。背斜的核部由来姑组一段的大理岩组成,转折端处产状平缓,倾角在 5°~10°之间,由于受背斜核部断续出露的二云母花岗岩及多期活动的近东西向大断层的破坏,核部形态多不完整,大理岩出露也断续分布,并为次级褶皱复杂化。褶皱的两翼主要由来姑组二段和三段的板岩、含砾板岩夹石英岩组成。由于南北向的持续挤压作用,在翼部形成多个次一级连续的背向斜褶皱。北翼代表性产状为 30°∠25°,南翼产状为 185°∠20°,轴面产状为 188°∠88°,近于直立,枢纽产状为 110°∠6°,翼间角为 134°,是一规模较大的开阔直立水平褶皱。

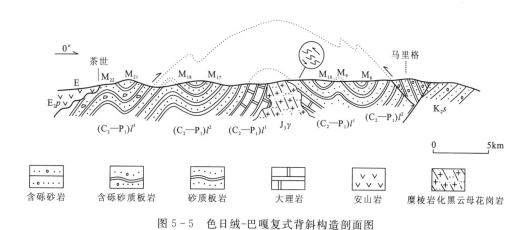

图 5-5 色日绒-巴嘎复式背斜构造剖面图

2. 桑巴背斜褶皱(M_5、M_6)

该背斜褶皱发育在嘉黎断裂之北的桑巴盆地,规模巨大,近东西向延伸几乎贯通全区(见图 5-2),由于受花岗岩体的侵入和北东向、北西向及南北向断层的截切分割,褶皱沿轴向并不连续。褶皱的核部由马里组一段的变质砂岩、含砾砂岩组成,翼部主要为马里组二段的变质粉细砂岩组成,其中南翼出露较全,有连续分布的桑卡拉拥组(J_2s)和拉贡塘组($J_{2-3}l$),而北翼在测区内仅出露马里组二段,褶皱两翼产状由于受后期构造活动和周围岩体的影响变化较大,但有些地段形态清

表 5-1 测区褶皱特征一览表

褶皱名称（编号）	类型	组成地层	代表性产状	轴面	枢纽	翼间角	规模（km）	特征
那木国向斜（M_1）	向斜	J_2m^2	南翼：330°∠50° 北翼：192°∠57°	342°∠84°	259°∠26°	81°	长:20 宽:4~5	向斜的核部和翼部均由马里组二段（J_2m^2）的岩层组成。向斜两翼基本对称，南翼产状为330°∠50°，近直立，北翼产状为192°∠57°。根据极射赤平投影结果，向斜枢纽产状为259°∠26°，翼间角为81°，为宽阔的直立倾伏褶皱。褶皱核部为北西走向被断层所截，并被黑云母花岗岩破坏，东部被第四系覆盖，东部被黑云母花岗岩破坏
林堤—琼果玛向斜（M_2）	向斜	J_2m	南翼：320°∠65° 北翼：160°∠50°	146°∠82°	238°∠16°	70°	长:30 宽:5~8	向斜北东东向延伸，核部压在地藏布被破坏，河两侧岩层倾向相对，主要由马里组地层组成。由于受后期北西西向褶皱叠加，该褶皱两翼产状变化较大，但褶皱形态清晰，褶皱轴面产状为146°∠82°，枢纽产状为238°∠16°，为一紧闭的直立倾伏褶皱
欧玛向斜（M_3）	向斜	J_2m^2	北翼：195°∠40° 南翼：10°∠35°	21°∠86°	283°∠3°	106°	长:8 宽:2.5~3	向斜核部为一近东西向的冲沟，沟两侧岩层倾向相近，褶皱轴面产状为21°∠86°，翼间角为106°，为一宽阔的水平褶皱。马里组二段，两翼产状相近，褶皱轴面产状为21°∠86°，翼间角为106°，为一宽阔的水平褶皱
甫果拉人背斜（M_4）	背斜	J_2m^2	北翼：355°∠45° 南翼：175°∠50°	4°∠86°	268°∠4°	86°	长:10 宽:5~6	该背斜西部的地层皆为马里组二段，东部被黑云母花岗岩破坏，组成褶皱核心，北部和西部被第四纪沉积覆盖。东部被黑云母花岗岩破坏，组成褶皱核心，倾角基本一致，倾角基本相等，近于水平。枢纽产状为268°∠4°，近于水平，翼间角为86°，为一开阔的直立水平褶皱
根定荣玛背斜（M_5）	背斜	J_2m J_2s	北翼：360°∠50° 南翼：150°∠40°	164°∠86°	77°∠14°	100°	长:15 宽:15	核部由J_2m^1组成，两翼由J_2m^2和J_2s组成两翼，南翼露部较宽，南翼被黎断裂破坏，为不完整的背斜构造，是嘉黎断裂北侧破坏的一部分，推测向东穿过花岗岩体与M_6褶皱为同一褶皱。东—东西向延伸，两翼倾向相反，倾角基本相等，褶皱轴面产状为164°∠86°，近于直立，枢纽产状为77°∠14°，翼间角为100°，为一开阔直立褶皱
低多来爬玛—庆乌久—桑巴南复式背斜（M_6）	背斜	J_2m J_2s	北翼：350°∠45°~65° 南翼：165°∠45°~63°	110°∠88°	77°∠3°	80°	长:35.5 宽:15	核部由J_2m^1组成，两翼由J_2m^2和J_2s组成两翼，为一复式大背斜褶皱。由于南北向第四系覆盖，其间多级背斜盖，分为3段，其中中、西两段特征证明在北两段断续，东段背皱由于花岗岩体的影响，两翼产状变化较大。并且翼部次级褶皱发育，但总体与中、西两段褶皱特征相似
东雄拉背斜（M_7）	背斜	J_2m	北翼：205°∠50° 北翼：340°∠50°	2°∠89°	272°∠26°	91°	长:81 宽:4	核部和两翼均由J_2m地层组成，核部在西部被第四系覆盖，两翼产状相反，倾角相等，褶皱轴面产状为2°∠89°，近于直立，枢纽产状为272°∠26°，倾角为91°，为开阔直立倾伏褶皱，褶皱形态在泽中沟比较清晰
委元纳向斜（M_8）	向斜	$(C_2-P_1)l$	北翼：180°∠40° 南翼：15°∠71°	189°∠74°	102°∠10°	72°	长:5 宽:2	核部和翼部均由来姑板岩组成，褶皱轴面为189°∠74°，南倾，枢纽产状为102°∠10°，翼间角比较平缓。轴面产状为189°∠74°，南倾，褶皱近水平，北翼产状为不对称褶皱，而南翼产状较陡，为72°，为一较紧闭的斜歪倾伏褶皱

第五章 区域地质构造

续表 5-1

褶皱名称（编号）	类型	组成地层	代表性产状	轴面	枢纽	翼间角	规模（km）	特 征
卡茅背斜（M_9）	背斜	$(C_2-P_1)l$	北翼:350°∠45° 南翼:170°∠58°	0°∠82°	260°∠2°	78°	长:10 宽:2	核部和两翼均由来姑组组成，褶皱为不对称褶皱，北翼比较平缓，而南翼较陡，褶皱轴面倾理发育，为一较紧闭水平褶皱。枢纽近水平，轴面产状340°∠55°
克丁向斜（M_{10}）	向斜	$(C_2-P_1)l$	南翼:305°∠40° 北翼:160°∠40°	333°∠88°	241°∠14°	105°	长:4.2 宽:2	核部和两翼均由来姑组组成，褶皱两翼倾向相对，而且倾角相等，近直平，产状为333°∠88°，枢纽产状为241°∠14°，翼间角为105°，为一开阔的直立褶皱，其形成可能与近古近纪火山岩覆盖
帕荣背斜（M_{11}）	背斜	$(C_2-P_1)l$	北翼:300°∠15° 南翼:150°∠20°	324°∠88°	226°∠6°	146°	长:2.5 宽:1.5	该褶皱由来姑组组成，两翼相向倾斜，轴向近北东，轴面产状为324°∠88°，为一规模较小的北东向直立宽阔褶皱，其形成可能与其东侧的北西向走滑断层有关
改觉库北向斜（M_{13}）	向斜	$(C_2-P_1)l$	南翼:340°∠75° 北翼:165°∠75°	349°∠88°	249°∠12°	31°	长:7.5 宽:1.5	核部和两翼均由来姑组的砂质板岩组组成，两翼相向倾斜，褶皱两翼产状为349°∠88°、北倾向为249°∠12°，翼间角31°，为一紧闭的直立倾伏褶皱
傻松多背斜（M_{14}）	背斜	$(C_2-P_1)l$	南翼:165°∠75° 北翼:330°∠45°	342°∠72°	250°∠14°	58°	长:74 宽:1	核部和两翼均由来姑组的砂质板岩组组成，褶皱北翼较陡，而南翼较缓，翼间角58°，为一较开阔的斜倾伏褶皱165°∠75°、北翼为330°∠45°。轴面北倾，产状为342°∠72°，为一较紧闭的开阔的斜倾伏褶皱
色日级巴嘎复式背斜（M_{12}）	背斜	$(C_2-P_1)l$	南翼:185°∠20° 北翼:0°∠28°	188°∠88°	110°∠6°	134°	长:57.5 宽:32.5	该背斜为一规模比较大的复式背斜。褶皱沿轴向不连续，由于被花岗岩、北北向及东西向断层破坏，褶皱轴特征明显，但两翼则由来姑组二段、三段的板岩、含砾板岩、大理岩组成，背斜的核部的石英岩，背斜在转折端产状平缓，而两翼又形成许多次级的向斜背斜，总体构成色日级一靖复背式背斜，视枢纽较小
郎朵东背斜（M_{16}）	背斜	$(C_2-P_1)l$	北翼:330°∠47° 南翼:180°∠37°	160°∠86°	252°∠14°	100°	长:5 宽:1.5	褶皱的核部和两翼均由来姑组组成，为不对称褶皱，轴向北东，为160°∠36°，枢纽产状252°∠14°，轴面南倾的直立倾伏褶皱，产状100°，为开阔的直立倾伏褶皱，与邓朵向斜一定构成色日级一靖复背式背斜的次级背斜，视规模较小
邛朵向斜（M_{15}）	向斜	$(C_2-P_1)l$	南翼:330°∠47° 北翼:175°∠63°	150°∠88°	352°∠38°	58°	长:3.7 宽:1	核部和两翼均由来姑组三段的含砾板岩组组成，向斜北翼陡，向斜北翼产状为175°∠63°，而南翼为150°∠88°，枢纽产状为150°∠88°，轴面南倾，为330°∠47°，轴面南倾58°，为一较紧闭的斜歪倾伏褶皱
知雄向斜（M_{17}）	向斜	$(C_2-P_1)l$	北翼:30°∠52° 南翼:175°∠25°	314°∠76°	292°∠12°	116°	长:75 宽:2.5~3	核部和两翼均由来姑组三段的石英岩组组成，两翼产状变化较大，但总体是北翼为110°，翼间角为110°，为一开阔的斜歪倾伏褶皱，产状为196°∠75°，枢纽产状为112°∠12°，翼

续表 5-1

褶皱名称（编号）	类型	组成地层	代表性产状	轴面	枢纽	翼间角	规模（km）	特征
章弄松多背斜（M_{18}）	背斜	$(C_2-P_1)l$	北翼：30°∠52° 南翼：175°∠25°	196°∠75°	112°∠12°	110°	长：25 宽：2.5～2	该背斜的核部和两翼均由来姑组三段的板岩、含砾板岩组成。褶皱形态清晰，为一不对称的宽缓线状褶皱。北翼总体较陡，南翼平缓，轴面南倾的产状为196°∠75°，板纽产状为112°∠12°，为一开阔的斜歪倾伏褶皱
郎牙格向斜（M_{19}）	向斜	$(C_2-P_1)l$	北翼：175°∠25° 南翼：20°∠46°	185°∠79°	103°∠8°	112°	长：28.7 宽：5	背斜核部的地层为来姑组三段的含砾砂质板岩，而两翼部地层为来姑组三段的板岩和石英岩，出露长度达28.7km，宽5km，向斜两翼较缓，北翼较缓，产状为175°∠25°，而南翼产状为20°∠46°，轴面南倾，产状为185°∠79°，枢纽近水平，为103°∠8°，翼间角为112°，为一开阔近水平褶皱，褶皱在东端被古近纪帕那组火山岩覆盖，向东被二长花岗岩破坏
玉弄松多背斜（M_{20}）	背斜	$(C_2-P_1)l$	北翼：20°∠46° 南翼：173°∠46°	160°∠88°	96°∠14°	92°	长：20 宽：2	背斜核部地层为来姑组三段的石英岩及砂、泥质板岩，而两翼部地层为来姑组三段的含砾砂质板岩。褶皱形态清晰，两翼基本对称，倾向相反，倾角近直立，轴面近直立，产状为160°∠88°，为一开阔的直立水平褶皱，褶皱西部被古近纪帕那组火山岩覆盖，褶皱出露长度20km，宽2km，为一线性褶皱
棍岗向斜（M_{21}）	向斜	$(C_2-P_1)l$	北翼：140°∠32° 南翼：350°∠37°	147°∠86°	66°∠10°	114°	长：6 宽：1.5	向斜核部和两翼地层均由来姑组三段构成，褶皱形态清晰，北翼较缓，两翼相对，倾角相等，产状为147°∠86°，褶皱北东向延伸，板纽产状为66°∠10°，两翼相对，倾角相等，为114°，是一开阔的直立水平褶皱，褶皱西部被古近纪帕那组火山岩覆盖，褶皱出露长6km，宽1.5km，为一短轴向斜褶皱
茶世北背斜（M_{22}）	背斜	$(C_2-P_1)l$	北翼：350°∠37° 南翼：167°∠45°	0°∠88°	80°∠2°	98°	长：5 宽：2	核部和两翼由来姑组砂板岩组成，褶皱形态清晰，北翼较缓，而南翼较陡。轴面近直立，产状为0°∠88°，板纽产状为80°∠2°，转折端向北东倾伏，西南两端为古近纪帕那组火山岩覆盖。褶皱出露长5km，宽2km，为一短轴背斜
达骑—舍嘎松多向斜（M_{23}）	向斜	AnOSd	北翼：210°∠75° 南翼：20°∠70°	26°∠87°	296°∠16°	36°	长：42 宽：4	主要位于扎雪—门巴逆冲断层之北，褶皱呈东西向延伸，沿核部多处被花岗岩体破坏，西端被古近纪帕那组火山岩覆盖，东部为门巴纪多岩群，出露长度约42km。卷入褶皱的地层主要为前奥陶纪松多岩群，其中核部由雷龙库岩组长石的石英岩，石英片岩组成，翼部由马布库岩组和岩体的影响变化较大，代表性产状为210°∠75°，北翼，产状为296°∠87°，枢纽产状为296°∠16°，为轴面南倾的复式向斜褶皱，其中南翼次级褶皱发育，次级褶皱的轴面与主褶皱轴面平行，并且多处被北倾的逆冲断层切割
扎雪北背斜（M_{24}）	背斜	AnOSd	北翼：350°∠50° 南翼：165°∠65°	352°∠85°	78°∠4°	66°	长：5 宽：3	该背斜的核部由松多岩群岔萨岗岩组组成，而两翼出露为马布库岩组，由于东、西两侧被第四系覆盖，褶皱出露不完整，产状为350°∠50°，近水平，北翼产状为352°∠85°，板纽产状为78°∠4°，翼间角为66°，为一轴面北倾的直立水平褶皱，宽3km，长5km，为一规模较小的短轴背斜褶皱

第五章 区域地质构造

续表 5-1

褶皱名称（编号）	类型	组成地层	代表性产状	轴面	枢纽	翼间角	规模(km)	特 征
昌天日向斜（M$_{25}$）	向斜	J$_2$m	北东翼:225°∠38° 南西翼:15°∠37°	247°∠88°	170°∠23°	120°	长:5 宽:3	该褶皱的核部和翼部均由马里组二段的变质粉细砂岩组成,东北翼产状为225°∠38°,南西翼产状为15°∠37°,向南倾伏,枢纽产状为247°∠88°,枢纽产状为170°∠23°,向南倾角为120°,为一宽缓的直立倾伏褶皱,褶皱向南被第四系覆盖,北西延出测区,出露长5km,宽3km,为一轴向斜褶皱
杭列拉向斜（M$_{26}$）	向斜	AnOSd	北翼:170°∠20° 南西翼:355°∠65°	174°∠67°	88°∠3°	96°	长:6 宽:2	该向斜由马布库岩组石英岩组成,板岩组成,为一不对称的向斜构造,北翼产状为170°∠20°,南翼产状为355°∠65°,轴面南倾,产状为174°∠67°,枢纽近水平,为88°∠3°,翼间角为96°,是一开阔的直立水平褶皱
各拉北背斜（M$_{27}$）	背斜	AnOSd	北翼:355°∠65° 南翼:195°∠35°	172°∠76°	270°∠10°	82°	长:6 宽:2	该褶皱核部和两翼均由松多岩群的石英片岩等组成,石英岩比较平缓,而南翼较陡,产状为355°∠65°,而南翼倾,产状为172°∠76°,枢纽向西倾伏,产状为270°∠10°,为一轴面南倾的开阔的斜歪水平褶皱
达组背斜（M$_{28}$）	背斜	AnOSd	北翼:20°∠15° 南翼:260°∠70°	20°∠89°	110°∠1°	96°	长:7 宽:2	该褶皱核部和两翼均由松多岩群的石英片岩组成,石英岩较陡,其中北翼较缓,产状为20°∠15°,而西南翼较陡,产状为260°∠70°,为一轴面北东向倾斜的斜歪水平褶皱。褶皱沿南北为斜长花岗岩所破坏,出露长为6km,宽2km,为一短轴向背斜
神假尼呀向斜（M$_{29}$）D507, D508	向斜	AnOSd	北翼 130°∠70° 南翼 140°∠40°	135°∠56°	215°∠13°	31°	长:6 宽:3	该褶皱的核部和翼部均由松多岩群组成,褶皱形态清晰,褶皱北翼倒转,产状为130°∠70°,南翼正常,产状为140°∠40°,轴面南东倾,产状为135°∠56°,轴面劈理发育,与其北侧的逆断层产状基本一致,是在南东-北西向挤压应力作用下形成的一规模较小的倒转背斜褶皱
爬多拉向斜（M$_{30}$）	向斜	P$_2$l	北翼:205°∠65° 南翼:15°∠50°	26°∠82°	292°∠8°	64°	长:32 宽:8	该褶皱的核部和翼部在东部表现清楚,两翼倾向相对,倾角为26°∠82°,枢纽形态在西部倾伏,产状为292°∠8°,翼间角为64°,是一较紧闭的直立水平褶皱。在西段,向斜核部被第四系覆盖,而区域填图结果表明两翼相对,两端极北东向断层所限,为一长约32km,宽8km的向斜盆地
江扎库向斜（M$_{31}$）	向斜	(C$_2$-P$_1$)l	北翼:160°∠40° 南翼:315°∠37°	322°∠88°	238°∠12°	106°	长:17.5 宽:2	褶皱核部和翼部均由来姑组组成,向斜形态清晰,向斜轴组成,轴面近直立,枢纽近水平,为一宽缓的水平褶皱。西部受北西走滑断层影响,沿轴断层错断
尼汤背斜（M$_{32}$）	背斜	(C$_2$-P$_1$)l	北翼:340°∠40° 南翼:160°∠45°	10°∠88°	250°∠2°	96°	长:14 宽:4	该背斜由来姑组组成,背斜近直立,枢纽近水平,产状为250°∠2°,翼间角为96°,为一宽缓的直立水平褶皱。两翼倾向相反,轴面近直立水平,中部受北西向走滑断层影响而沿中部向中断,具有一定的工业价值
拉那向斜（M$_{33}$）	向斜	(C$_2$-P$_1$)l	北翼:160°∠45° 南翼:350°∠40°	326°∠86°	74°∠4°	86°	长:8 宽:2	该向斜的核部和翼部均由来姑组组成,向斜形态清晰,两翼倾向相向,倾角近相等,轴面近直立,枢纽近水平,为一宽缓的直立水平褶皱,为一短轴向共用。向斜中部出现200m的透镜状石膏层,中部受北西侧向走滑断层影响向中部错断,出露长8km,宽2km,为尼汤背斜与尼汤褶皱发育相向,倾角近斜

晰(图 5-6),褶皱北翼代表性产状为 355°～360°∠45°～50°,南翼代表性产状为 150°～170°∠45°～50°,轴面产状为 164°∠86°,枢纽产状为 77°∠3°～14°,翼间角在 80°～100°之间。该褶皱为一开阔的直立水平褶皱。

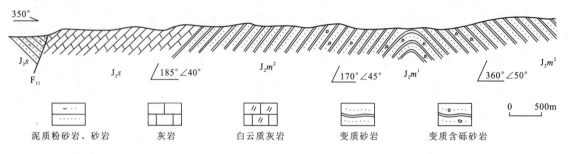

图 5-6 根定荣玛由 1658、1660 点控制的 M_6 褶皱剖面

3. 达躺-舍嘎松多向斜褶皱(M_{23})

该褶皱位于扎雪-门巴逆冲断层之北,呈近东西向延伸,沿核部多处被花岗岩体破坏,西端被古近纪帕那组火山岩覆盖,东部为门巴花岗岩体所截,出露长度约 42km。卷入褶皱的地层主要为松多岩群(AnOSd),其中核部由松多岩群上段的石英岩、石英片岩组成,翼部由松多岩群中段的薄层石英片岩、云母片岩、斜长片麻岩和下段的板岩、千枚岩组成。褶皱受断层和岩体的影响较大,沿轴向断续分布,两翼产状也不稳定,代表性产状:南翼产状为 20°∠70°,北翼产状为 210°∠75°,轴面产状为 26°∠87°,枢纽产状 296°∠16°,翼间角为 36°,为一轴面北倾的紧闭向斜褶皱,其中南翼次级褶皱发育,次级褶皱的轴面与主褶皱轴面平行,并且多处被北倾的逆冲断层切割。

4. 叶嘎花多-玉弄松多褶皱组合(M_{17}、M_{18}、M_{19}、M_{20})

该褶皱组合为色日绒-巴嘎复式背斜南翼的次级褶皱群,为一系列轴向近东西、枢纽近水平的连续的背斜和向斜褶皱(图 5-7)。卷入的地层为来姑组二段和三段的含砾板岩、板岩,夹中厚层石英岩。褶皱轴面总体产状 160°～196°∠75°～88°,枢纽向东倾伏,产状 96°～112°∠8°～14°,翼间角变化于 92°～112°,为一系列线状的、开阔的斜歪倾伏褶皱。褶皱的两端由于受北西向走滑断层的错动,M_{17}、M_{18} 褶皱沿轴向并不连续,而 M_{19}、M_{20} 褶皱的东部被晚侏罗世的二长花岗岩破坏,西端被古近纪火山岩不整合覆盖,出露也不完整。

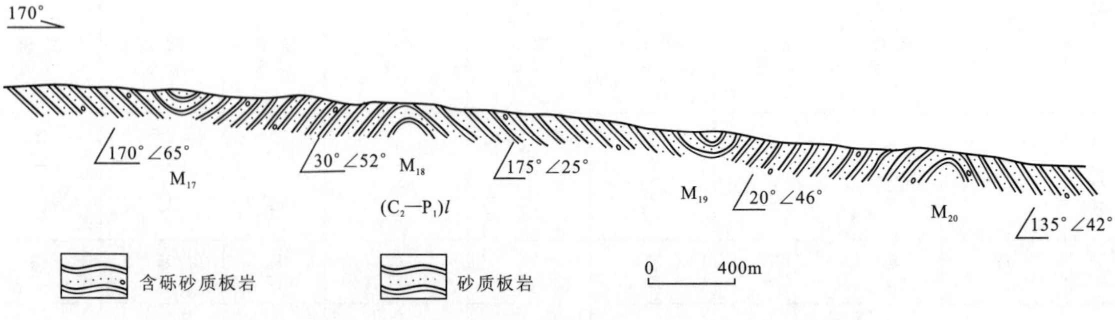

图 5-7 叶嘎花多-玉弄松多褶皱组合(M_{17}、M_{18}、M_{19}、M_{20})剖面图

5. 爬多拉向斜褶皱（M_{30}）

该褶皱的核部和翼部均由洛巴堆组（P_2l）组成，核部岩性为变质粉细砂岩，而翼部为中厚层结晶灰岩组成，翼部的形态在东部表现清晰而且两翼产状也较稳定，北翼产状为 205°∠60°，南翼产状为 15°∠50°（图 5-8），为褶皱两翼相对倾斜的向斜褶皱。褶皱轴面产状为 26°∠82°，枢纽产状为 292°∠8°，翼间角为 64°（图 5-8），为一较紧闭的直立水平褶皱。向西向斜沿核部多被第四纪覆盖。而区域填图结果表明两翼产状仍相反，最西端被北东向断层所截，测区出露长约 32km，宽约 8km，为一短轴褶皱。

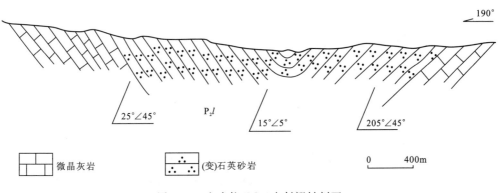

图 5-8　爬多拉（M_{30}）向斜褶皱剖面

6. 邛朵-郎弄褶皱组合（M_{15}、M_{16}）

该褶皱组合位于色日绒-巴嘎复式背斜（M_{12}）的南翼，由两个连续的背向斜组成（图 5-9）。

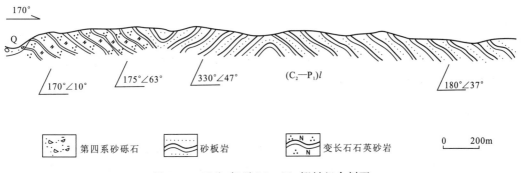

图 5-9　邛朵-郎弄 M_{15}、M_{16} 褶皱组合剖面

（1）邛朵向斜（M_{15}）。该向斜的核部和两翼均由来姑组的石英岩组成，向斜北翼较陡，产状为 175°∠63°，而南翼相对平缓，产状为 330°∠47°，轴面产状为 150°∠88°，枢纽产状为 252°∠38°，翼间角为 58°，为一紧闭的直立倾伏褶皱。褶皱长 3.7km，宽 1km，可能是色日绒-措麦-巴嘎复式背斜南翼一规模较小的次级褶皱。

（2）郎弄背斜（M_{16}）。位于巧朵向斜的南部，与巧朵向斜共用一翼。背斜北翼较陡，南翼较缓，轴面南倾，产状为 160°∠86°，褶皱枢纽产状为 252°∠14°，翼间角为 100°，为一开阔的直立倾伏褶皱。褶皱内扇状劈理发育，岩石比较破碎。

7. 那木国-琼果玛杂向斜组合（M_1、M_2）

该组合向斜位于测区的东北侧，呈北东东向延伸，出露长度达62km，中部被大面积的晚侏罗世黑云母花岗岩破坏而分为东、西两部分。

(1) 那木国向斜（M_1）。向斜西部被第四系覆盖，东部被黑云母花岗岩破坏，卷入褶皱的地层为马里组（J_2m）的变质粉细砂岩，褶皱形态在日孔生沟东侧比较清楚（图5-10），北翼产状为192°∠57°，南翼产状为330°∠50°，褶皱轴面产状为342°∠84°，枢纽产状为259°∠26°，翼间角为81°，为开阔的直立倾伏褶皱。

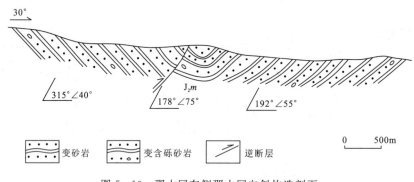

图5-10 那木国东侧那木国向斜构造剖面

(2) 林堤-琼果玛杂向斜（M_2）。向斜呈北东东向延伸，核部由于受压地藏布的冲蚀及两侧第四系覆盖，形态不甚清楚。卷入褶皱的地层主要为马里组（J_2m），由于受北西向褶皱的叠加，枢纽沿轴向波状起伏，而且两翼产状变化较大，但总体倾向相反，北翼代表性产状为160°~185°∠38°~50°，南翼代表性产状为320°∠(34°~37°)，轴面北倾。出露长近30km，宽约5~8km，向东延出测区。

二、小型褶皱构造

测区内小褶皱构造根据成因主要有两种类型：一种为与区域褶皱存在成因联系的从属褶皱，主要产于区域褶皱内部；另一种为与主干褶皱无成因联系的独立褶皱，它们的枢纽不一定一致，是不同变形幕的结果，常与断裂构造密切相关。

1. 从属褶皱

从属褶皱主要发育于区域性褶皱构造的翼部和转折端，而且在不同的部位形态具有不同的特点。位于翼部的从属褶皱，常为不对称褶皱，通常近乎平行层理的一翼长，而另一翼较短，在主褶皱的两翼分别构成"Z"形和"S"形小褶曲。这种现象在色日绒-巴嘎复式背斜（M_{12}）的北翼表现明显（图5-11）。靠近核部附近的岩石主要为大理岩、云母片岩等，其内从属褶皱发育，出现规模较小的"S"形小褶皱，褶皱小翼间角常在30°~80°之间，多为闭合褶皱，少量为开阔褶皱，反映褶皱在侧向挤压下物质向核部滑移形成"S"形左行旋转（图版XVII-8）。

2. 独立小褶皱

与区域褶皱无成因联系的褶皱称为独立小褶皱。这类小褶皱常常产于两种背景下：其一是发生在断层带附近，是断层两盘相对滑动的过程中，靠近断层附近的岩层，尤其是较塑性的岩层，形成的一系列小褶皱，称为牵引褶皱（图5-12，图版XVII-1至图版XVII-3、图版XVII-7、图版XIX-4）。多见于北东-南西向逆冲断层之间，通常由1个或数个褶曲组成，轴面劈理发育，其产状与其邻近的逆

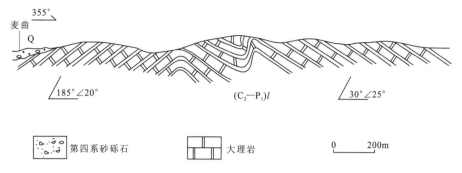

图 5-11　色日绒-巴嘎复式背斜北翼的"S"形小褶皱图

断层产状基本一致,反映其形成与逆断层具相同的构造应力场。其二是在变形相对较强而并未发育断层的地段,多发育小型独立的相似褶皱,而褶皱翼部转折端处发育密集的褶劈理带,小褶皱的核部轴面劈理发育,其产状与小褶皱两侧的褶劈理产状一致(图 5-13)。导致独立褶皱变形的构造界面可能是层理面、劈理面、片理面或其他构造面。

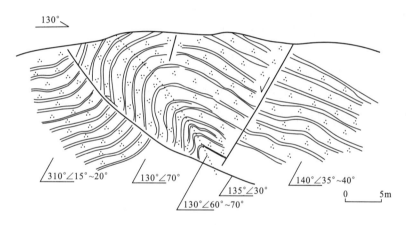

图 5-12　金达北逆冲断层及其形成的牵引褶皱

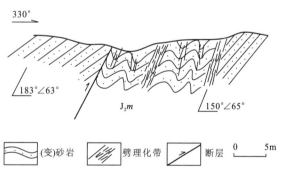

图 5-13　桑巴南马里组地层中发育的小型独立褶皱

三、褶皱形成的动力学方式

千姿百态的褶皱是怎样形成的,它们经历了哪些变形过程,反映什么样的力学性质,褶皱产状、形态和分布特点与形成方式之间有哪些内在的联系,这些都是研究褶皱的重要课题。褶皱变形是一个复杂的过程,是多种内、外因素综合作用的结果,褶皱变形机制对于区域应力分析具有重要意义。通过对本区褶皱样式、形态、产状特征、分布特点、区域褶皱与小褶皱的关系及褶皱与断层之间时空关系的分析,初步认为本区褶皱的形成主要是以下因素作用的结果。

1. 纵弯褶皱中的弯滑作用是形成本区褶皱样式的主要动力

从褶皱的剖面形态、几何类型、组合样式及区域褶皱构造与层间小褶皱的关系等综合分析,可以认为侧向水平挤压是形成本区褶皱的主要动力。从本区观察到的中小型褶皱露头和剖面制作结果来看,区域褶皱大部分属于平行褶皱,同一褶皱各层厚度基本上保持一致,具明显等厚特征,褶皱翼间角大多在 70°以上,转折端圆滑,两翼基本对称,轴面近于直立(70°～89°),枢纽大多水平,剖面上构成平缓开阔的直立水平褶皱。在褶皱组合中,背斜相对宽度小,转折端及轴面位置较明显,而向斜翼间角较大,形态上比较宽缓,总体具类隔挡式褶皱特点。区内褶皱常常与同方向的逆冲断层相伴产生,褶皱轴向虽有变化,但总体延伸方向近东西向(图 5-14),说明近南北向挤压应力作用是形成褶皱的主要驱动力。部分褶皱枢纽起伏不平,北东向后期叠加褶皱及次级小褶皱的存在可能是造成这一现象的主要原因。

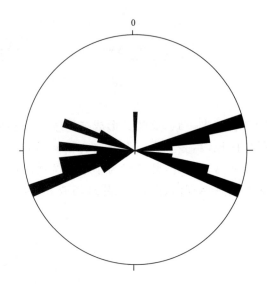

图 5-14 本区褶皱枢纽产状玫瑰花图

2. 剪切褶皱作用

剪切褶皱是岩层沿着一组密集剪切面的差异性滑动而形成的褶皱。尖棱褶皱或膝折可以看做是由剪切作用形成的。本区的膝折构造主要发育于中侏罗统马理组(J_2m)和上石炭统—下二叠统的来姑组$[(C_2—P_1)l]$中的千枚岩石中。图版 XVIII-1 是发育在马里组千枚岩中典型的膝折构造,两翼显著不对称,短翼构成窄的膝折带。膝折包络面的产状为 25°∠30°,轴面产状为 182°∠45°,是北北东向挤压应力作用中,在脆韧性状态下剪切作用而致。另外,在早期的构造变形中,还有与韧性剪切带相伴出现的层内无根褶皱,是层间剪切的结果。

3. 区域性次级应力也是褶皱形成的因素之一

区域性断层,尤其大的走滑断层在其活动过程中,往往有拖褶皱、牵引褶皱形成。这些褶皱是断层活动中次级应力作用下形成的,一般规模较小,两翼倾角较大且不对称,其延伸方向与区域主褶皱往往不一致。

第四节 断裂构造

测区内断裂构造活动强烈,不同方向、不同性质、不同时代的断裂构造经多次叠加和交切改造形成复杂多样的构造形态。就展布方向而言,可分为近东西向,北东向和北西向及南北向、近南北向断裂(见图 5-2,图 5-15,表 5-2),其中近东西向断裂在测区内非常发育,而且规模宏大,横贯全区,构成测区的主体格局,并且具有多期活动特点。而北东向、北西向断层发育较晚,多具走滑扭动的特点,近南北向断层具有早期张扭而晚期表现为压扭的特点,在东西向构造格架中起调节作用。

一、韧性断层系列

韧性断层是断裂构造的一种类型,是地壳深层次下形成的断层,因此有人称其为韧性断层,也称韧性变形带,是断层在深部层次以塑性变形为特点的一种构造形式。一条断层在地壳上部浅层次中是脆性变形,称脆性断层,而到地下深层则转换为塑性变形,称韧性断层或韧性剪切带,即是 Sibson 所说的断层双层结构。测区内发育 3 条韧性变形带,即南侧的扎雪-门巴韧性变形带,中部的色日绒-措麦-巴嘎脆韧性变形带和北侧嘉黎韧性变形带。

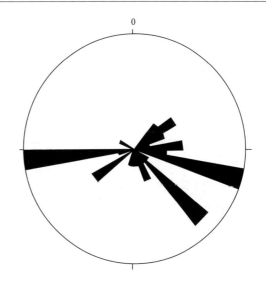

图 5-15 测区断层走向玫瑰花图

(一)扎雪-门巴韧性变形带

1. 扎雪-门巴韧性变形带的地质特征

扎雪-门巴韧性变形带位于测区南部,沿却日阿、扎雪南、舍嘎松多北、门巴北近东西向延伸,沿走向呈舒缓波状,西段在却日阿、凑努等地表现为负地形,拉萨河道两侧的岩石表现为由南往北的逆冲断层,上盘岩石常常变形强烈,形成紧闭的倒转褶皱或"A"形褶皱(图版 XVII-1、图版 XVII-4 至图版 XVII-6),并发育糜棱岩,显示韧性变形特点(图 5-16)。在门巴北沿晚三叠世黑云角闪花岗闪长岩与松多岩群(AnOSd)交界处的北侧通过。东端在丁布松多过渡到脆韧性变形带,沿走向延伸长达 80 余千米,由于后期构造的叠加及古近纪火山岩和侵入岩的破坏,出露宽窄不一,在 0.5～2.5km 之间。

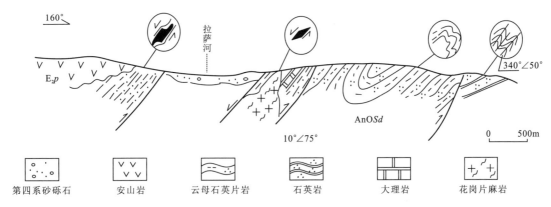

图 5-16 却日阿附近拉萨河两侧推覆断层及韧性变形带特征

2. 韧性变形带强度分带及构造岩特征

扎雪-门巴韧性变形带主要发育在松多岩群(AnOSd)及扎雪-门巴的晚三叠世黑云角闪花岗

表 5-2 测区断裂构造特征一览表

编号	断层名称	长度(km)	产状	性质	断层特征
F_1	帕低嘎日断层	26.3	80°∠72°	正断层	断层在地貌上具明显的负向地形，呈南北向断层，切割中侏罗统马里组、白垩纪的巨斑状黑云母花岗岩和中细粒花岗闪长岩及东西向断层和北东向断层，断层带附近岩石明显破碎，并形成张性角砾岩和断层泥。根据断层两侧的地层和地貌特征，推测应向东倾，倾角较低，在70~80°之间，为一高角度正断层
F_2	那木国-玛拉瓦断层	45	42°∠76°	压扭性	断层北西向延伸，断层面产状为42°∠76°，其上可见褐色的摩擦镜面及近水平的擦痕。马里组长石石英砂岩中粗粒斑状黑云母花岗岩上，可见断层面，断层破碎，根据褶皱轴与断层面的交角可推测断层具右行走滑特点。在昔郎附近可见断层作用形成的断层泥和挤压透镜体，而且目产状变为221°∠85°，断层具压扭性特点
F_3	唐裘-亚芬多断层	37.5	325°∠85°	压扭性	断裂带宽约5m，在断层带北侧的巨斑状中细粒花岗闪长岩与马里组变细砂岩接触处，可见明显断层破裂面，在花岗闪长岩一侧可见摩擦镜面和近水平擦痕，呈压扁的透镜状。破裂面平直，产状为325°∠85°。在唐裘村南，可见由断层作用形成的断层角砾岩，呈压扁的透镜状。在列莽附近，由于近北西向右行走滑断层的截切，地层沿走向突然中断，亚芬多西形成马里组受断层的影响，产状变化目较乱
F_4	建多-白章多断层	75	50°∠65° 或 225°∠80°	压扭性	该断裂是一条规模巨大断裂，切割马里组、向尼岩过嘉祥裂切到多处花岗岩岩体，延伸超过75km。在北部的木思日果沟谷和山的鞍部，地貌上表现为一条直线性延伸的沟谷。上可见断层面，产状225°∠80°，断层面上有近水平擦痕，并且岩石中多处花岗岩脉的错动可确定断层具右行走滑特点。巴郎沟内，可见因断层错动而形成的一系列北西向连续延伸的断层三角面。建多至甘登一段，为一条北西向河谷（麦地藏布）。该断层为一条右行压扭性断层
F_5	浪玛弄断层	22.5	40°∠85°	扭性	为一北西向负地形，切割燕山期巨斑状花岗闪长岩和马里组的砂岩。在花岗闪长岩中可见断层三角面和近水平的擦痕，断层面产状为40°∠85°，在姜水沟附近与东西向沟谷处发育温泉。向南为一北向沟谷。根据断层三角面和近水平的擦痕，可推测该断层为一右行走滑断层
F_6	吕多浦-脏白汤断层	35	195°∠75°	压扭性	地貌上表现为一北西向沟谷。沿桑曲南黑云母花岗岩追踪该断层，在沟内的东侧可见发育的断层三角面，断层产状为195°∠75°。吉昌松布花岗岩沿断层带比较破碎，部分地段可见风褐铁化的摩擦镜面，并且岩石遭受挤压出现劈理化和透镜状断层岩，断层剖面上表现为逆断层等。平面上具右行走滑特点，为明显的斜滑逆冲断层
F_7	谷露断层	50	285°~300°∠70°	张性	该断层为著名的羊八井谷露断层的一部分，地貌上表现为一沟谷，其东侧宽约5~7km，沿断层走向，在断层东侧可见马里组中休罗统的紫红色浅变质细砂岩等不连续的断块产状(285°~300°)∠70°，为一规模较大的正断层（详细分析见正文）
F_8	云玛断层	18	203°∠85°	压扭性	三角面，产状203°∠85°，其上有近水平的紫红色细砂岩，下盘为中侏罗统马里组的灰色细砂岩，下盘可见擦痕，产状120°∠15°，擦痕显示东北东方向右斜滑动，具有右行斜滑逆冲断层特点
F_9	冷弄断层	8	200°∠80°	压性	发育于灰色巨斑状花岗闪长岩之中，地貌上呈负地形，带内角砾岩成分由花岗闪长岩和脉石英组成，出露宽约20m显著20m，大多显示压性特点，也有表现为棱角状，断层经过前期的挤压和之后的拉张，表现为沟轴的不对称褶皱。具多期活动特点
F_{10}	亚芬-夏玛断层	50	195°∠67°	压性	地貌上具明显卡莽卡拉阴组灰岩为主，下盘以中侏罗统马里组砂岩为主，向东北向断层所限，沿断层经过前期挤压和之后的拉张，而在沟北侧的紫红色砂砾岩内则沿走向出现连续分布的断层面。中侏罗统莱卡阴组灰岩出现棱角带，上盘灰岩出现明显的不对称褶皱，为一南倾的逆冲断层。断层面产状为195°∠67°

第五章　区域地质构造

续表 5-2

编号	断层名称	长度(km)	产状	性质	断层特征
F_{11}	罗布扎康-打勒拉断层	125	170°∠42° 178°∠47° 170°∠55°	压性	该断层为嘉黎断裂带的一部分，沿走向横贯全区，西部表现为明显的负地形，空间上构成上东部构造成拉贡塘粉细砂岩和洛巴堆组紫红色砂岩逆冲于中侏罗统桑卡拉佣组灰岩之上、东部构造成贡塘组灰色浅变质细粉砂岩和桑卡拉佣组灰岩的界线，中部被一条近东西向的断层（F_{14}）错动。该断层野外特征明显，总体呈拉佣式负地形；断层两侧的依罗系、白垩系地层界线北东向、北西向和南北向断层切割，在遥感图像上表现为明显的负地形，空间上构成一系列连续的断层三角面，构成楔形的地貌特征，反映断层多期活动的特征（详细分析见正文）
F_{12}	巴嘎-列玛断层	157	200°∠60°	压性	该断层为嘉黎断裂带南边界断层，断层北东-东西向横贯全区。在遥感图像上表现为明显南部的来姑组，洛巴堆组和北部的依罗系、白垩系地层界线，并被北西向、北东向和南北向断层切割，反映断层多期活动的特征
F_{13}	峨布贡玛-捏目断层	42.5	165°∠55°	左行走滑	该断裂总体呈一条北东向的负地形，北部切过燕山期黑云母斑状花岗岩和花岗闪长岩，表现为宽约 2～10m 破碎带，在查看南控制多尼组的出露。在夺基甫-来姑组砂板岩肉断层特征明显，可见光滑平直的断面，产状 165°∠55°，擦痕产状 255°∠26°（侧伏向∠侧伏角），断层具左行斜滑特征
F_{14}	勒勒郎断层	22.5	249°∠78°	压扭性	该断裂走向一明显的负地形，多为北西向的沟谷，切割南部来姑组和洛巴堆组的砂板岩并控制了白垩系竟柱山组的东界。在登加北沟谷两侧，岩层沿走向突然中断，并目出现洛巴堆组灰岩和来姑组的变砂岩相接，灰岩中出现由断层组形成的断层三角面，岩层具斜滑特征
F_{15}	纳龙-科波熊断层	45	42°∠70°	张扭性	该断裂通过多冷沟谷，断层两侧的岩石比较破碎，多为楔角状的角砾岩，断层上盘（东北一侧）为大理岩，产状为 50°∠75°，断层下盘（南西一侧）为变砂岩，产状为 190°∠45°。在朵波南，热振藏布受断层作用影响带出现"之"字形扭折，显示一右行走滑作用的正断滑特征
F_{16}	千巴胖断层	16	45°∠70°	扭性	该断层走向北东上-南西，地貌上为一北西-北东向的冲沟，断层两侧岩层因断层走滑作用而出现牵引褶皱。根据牵引褶皱轴与断层面之间的夹角，确定该断层为一右行走滑断层
F_{17}	色日绒-巴嘎断层	85	355°∠45°	先压后张	地貌上表现为一明显的负地形，为色荣藏布和麦曲河谷所经之地，遥感图像清晰。产状为 355°∠45°，断层北侧可见由挤压作用所形成的一组破劈理面。沿断层在西部的线多和色日绒附近可见明显的破碎带和断层面、断层产状、千巴胖、白章多等均可见这些串珠状的云母石在镜下所见串状花岗岩，这与朵观上所见张性角砾岩和糜棱岩挤压劈理化带常常一致。在朵暗拿附近可见明显的断层面，产状为 190°∠45°，其中多处劈理化严重，晚期可能为脆韧性。晚期后张的特点，早期可能为脆韧性。晚期后张的特点
F_{18}	格玛拉-德朗断层	75	275°∠80°	张性	地貌上为一条南北向沟谷，多为南北向沟谷出现，在南多洞多见明显的东侧为洛巴堆组和来姑组灰岩，在南端棒布多沟东侧可见岩石破碎强烈，并有褐色断层泥出现，在其北北西可见多沟多见明显的断层面，产状为 280°∠45°，而沟的西侧则为来姑组地层。高岭石化。沿断层面为 55°∠45°，在其北北西多洞见明显的断层面，产状为 275°∠80°，断层破碎带宽约 20m，部分地段出现硅化，高岭石化。该断层可能向北一直延伸，穿过慕斯断裂带，在千巴胖可见向西一方向可见南北向断层、断层带东为朵带状大理岩并且出现牵引褶皱。而断层西侧为砂质板岩夹薄层大理岩，出现南北向褶皱。表现为逆断层，因此，该断层可能为压后张性的发育
F_{19}	蒙青-又青断层	42	80°∠75°	正斜滑移断层	地貌上呈负地形，多为南北向沟谷出产，而且遥感影像清晰。断层沿南北走向。产状 80°∠75°，具逆断层特点。向北东切割新近纪燕山期二长花岗岩，并控制新近纪花岗斑岩的产出。在朵巴恩南可见出了沿南北向走向改变为近南北向。在沟口 D173 控制点可见有断层作用所致近南北向褶皱，该断层早期可能为压扭性，使东西向右行张扭

续表 5-2

编号	断层名称	长度(km)	产状	性质	断层特征
F_{20}	嘎朗-乌弄柏断层	45	228°∠85°	压扭性	该断层北西向平直延伸,所经之处多为北西向的沟谷,长45km,向东南延出测区。断层切割朱姑组、洛巴堆组和燕山—喜马拉雅期花岗岩,断层带宽约5m,带内岩石破碎强烈,在花岗岩内可见由断层作用形成的劈理化带和挤压透镜体,而在含砾岩内可见明显的断层面,产状228°∠85°,其上有近水平的擦痕,可确定该断层为右行压扭性断层
F_{21}	桑昌学断层	16	150°∠70°	压扭性	地貌上沿冲沟分布,断层北侧为花岗岩,南侧为朱姑组硅化石英岩,断层带内岩石破碎并出现劈理化,有细粒花岗岩脉穿切,断层产状为150°∠70°,为一左行斜滑断层。朱姑组硅化石英岩中发育两组节理,产状分别为150°∠80°和285°∠75°
F_{22}	藏址北断层	5	190°∠70°	张性	断层上盘为花岗斑岩,下盘为朱姑组石英岩,断层带宽约10m,沿断层带可见断层角砾岩,多为棱角状张性角砾岩,并出现硅化现象。断层面产状为190°∠70°,为一规模较小的正断层
F_{23}	得布约-错弄错断层	42	190°~205°∠70°~80°	压性	断层所经之处多为负地形,断层切割松多岩群、洛巴堆组和朱姑组、燕山期黑云母花岗岩和喜马拉雅期黑云母花岗岩斑岩,上盘主要为蒙拉岩和朱姑组,逆冲于北侧的洛巴堆组灰岩之上,沿断层带劈理化、片理化现象明显,并且发育挤压透镜体,为一条近东西向、规模较大的逆冲推覆断层
F_{24}	沙布勒-弄拉多断层	27	355°∠70°	张性	断层西段切割了松多岩群和洛巴堆组,东段则控制了北侧印支期花岗闪长岩,并切割花岗岩斑岩,东端至弄拉朵附近被第四系覆盖,全长近30km。地貌上总体为负地形,断层面产状为355°∠70°,发育张性角砾岩,并有温泉出现,为一近东西向的正断层
F_{25}	龙嘎门多-德宗断裂	20	165°~195°∠60°~75°	先压后张	断层上盘为松多岩群石英岩,产状较陡,为185°∠75°,断层下盘为洛巴堆组大理岩,产状平缓,为140°∠30°,断层产状沿走向呈波状起伏,变化于165°~195°∠60°~70°,断层带岩石劈理化明显,但亦有张性角砾岩,出现硅化,方解石脉穿切,并有温泉分布,预示该断层具先压后张的特点
F_{26}	多其木断层	5.2	355°∠60°	压性	断层上盘为朱姑组变质含砾粗砂岩,中细砂岩,岩石破碎强烈,产状为355°∠60°,为一规模较小的逆冲断层,断层下盘为灰绿色辉石安山岩,靠近断层
F_{27}	洞中松多-纳棍断层	38	358°∠70°	张性	断层西部沿洞中苯和勇浪两条近东西向的冲沟发育。断层之北为古近纪帕那组辉石安山岩,断层之南为印支期花岗闪长岩和松多岩群,花岗闪长岩靠近断层附近破碎强烈,出现张性角砾岩,并有硅化,高岭石化和灰黄色的断层泥。断层面产状为358°∠70°,为一东西向的正断层,控制了北岭的古近纪火山岩的分布
F_{28}	新惹若断层	4.3	350°∠70°	压性	断层上、下盘均为松多岩群,断层面产状为10°∠50°,上盘岩石变形强烈,劈理化、片理化构造及透镜体发育,并且出现倒转褶皱,轴面北倾,与主断层产状一致,岩石普遍发生糜棱岩化。断层下盘岩石比较破碎,破碎带宽约3m,该断层为一向南东倾的逆冲断层
F_{29}	红锋断层	5	10°∠50°	压性	断层切割松多岩群的石英岩,岩石破碎强烈且产状变化较大。断层带宽约5m,其劈理化、片理化较发育。与原岩相断距约1.5km,该断层为一向南逆冲的推覆断层
F_{30}	中巴-黑郎断裂	25	130°∠(60°~70°)	压性	断层引褶皱松多岩群,断层面产状为130°∠(60°~70°),上盘由松多岩群的石英岩组成,受断层作用影响而形成飞来峰。牵引褶皱轴向的北翼较陡,为330°∠(60°~70°),南翼产状较缓,为140°∠(35°~40°),轴面产状为125°∠50°,断层下盘岩石破碎较弱,但变形强烈,该断层为一南东倾的逆断层

第五章 区域地质构造

续表 5-2

编号	断层名称	长度(km)	产状	性质	断层特征
F$_{31}$	中巴乡南断层	5	165°∠30°	压性	断层的上下盘均由松多岩群的石英岩、云母石英片岩、云母石英片岩组成，断层面产状为165°∠30°，上盘由灰黄色中薄层石英岩构成断面与断层面近乎一致的斜歪倒转褶皱，轴面与断层面面近乎一致的斜歪倒转褶皱轴。地貌处为一山崖亚口立的山崖。地貌处为一山崖亚口，形成陡立的山崖。该断层处为一山崖亚口，地形成陡立的山崖。该断层为由南东向北西逆冲的逆冲断层
F$_{32}$	金达区北断层	6	350°∠47°	正断层	地貌上为一山的垭口，断层切割松多岩群的石英岩、石英片岩，断层面产状为350°∠47°，同一岩性层错断非常明显，但断距不大，约20m，为上盘下滑的正断层
F$_{33}$	工布热断层	7	240°∠72°	压扭性断层	断层切割松多岩群，表现为一宽1～2m的挤压变形带，带内岩石受挤压切割成反"S"形，平面上具右行走滑特点，剖面上具逆断层特征，因此该断层方向近南北小的规模较小的近南北向的走滑断层。断层两侧的地震受其影响，而与区域断层方向斜交，产状多在 40～50°∠25～40° 之间
F$_{34}$	同果断层	5	310°∠70°	张性断层	断层切割黑云母花岗岩，断层带宽1m左右，南东延伸出研究区。断层在平面上呈"之"字形，具明显的正断层特征，并有辉绿岩脉贯入
F$_{35}$	尺布目南断层	3	160°∠78°	压性	断层切割古近纪帕那组火山岩，受挤压作用形成宽约3～5m的密集的劈理化带，断层产状为169°∠78°，带内岩石破碎强烈，为一条规模较小的正断层
F$_{36}$	松多江北断层	3	347°∠76°	张性	地貌上表现为宽约15m的负地形，切割古近纪帕那组火山岩、断层带岩石破碎强烈，发育张性角砾岩，并有硅化现象，断层面产状为347°∠76°，为一条舒缓波状的正断层
F$_{37}$	松多江南断层	4	175°∠70°	压性	断层切割古近纪帕那组火山岩，地貌上表现为宽约10m的负地形，断层产状为175°∠75°，带内可见构造透镜体，为一条南倾逆断层
F$_{38}$	拉弄玛断层	7.5	175°∠25°	压性	断层切割古近纪帕那组古近火山岩，地貌上表现为负地形，断层产状为175°∠25°，带内岩石破碎强烈，并且出现挤压劈理化带，断层带内岩石具逆断层性质
F$_{39}$	日贡岗果断层	8.7	155°∠80°	压性	地貌上表现为负地形，为阿郎沟北西向沟谷通过，宽约20m，断层产状155°∠80°，在平面上呈平缓波状，剖面上具逆断层性质
F$_{40}$	布站纳—峨莫德断层	10	5°∠70°	压性	断层出露长10km，两端被第四系覆盖，并被花岗闪长岩脉穿切。镜下观察带内岩石破碎强烈，片麻理产状为190°∠70°，断层带宽约50m，其内岩石变化较大，为不同时代的岩石成的构造岩片。下盘岩为花岗闪质片麻岩、片麻理产状为5°∠70°，为一北倾的逆断层
F$_{41}$	紫忍躺断层	5	220°∠70°	压扭性	断层北侧为来娘组砂板岩，南侧为松多岩群的石英岩，断层产状为220°∠70°，带内可见少量的挤压透镜体，为一右行剪切的斜滑移断层
F$_{42}$	却日阿断层	10	10°∠75°	压性	断层东西向延伸，可见明显的断层面，产状为10°∠75°，上盘岩石表明片麻岩中矿物普遍发生糜棱岩化。断层下盘的岩石为石英岩、岩石变形强烈，发育紧团褶皱和"A"形褶曲。断层下盘观察表明片麻岩中矿物普遍发生糜棱岩化。断层下盘的岩石为石英岩、岩石变形强烈，岩石变形强。岩、产状为345°∠70°。断层带内岩石破碎强烈，局部可见宽1.5m的断层角砾岩、角砾岩成分主要为石英岩及片麻岩、大理岩及片麻岩，大理岩，以愈合性挤压角砾岩为主，构造透镜体沿西延部分。即巴门巴雪一门巴门巴雪一门巴断层是扎雪一门巴断层的西延部分。该断层是扎雪一门巴断层活动形成的棱角状岩岩，并有韧性变形部分。既有韧性变形部分，也有后期张脆性的特点，也有后期张脆性的特点，也有后期张脆性的特点，也有后期脆性张性细脉的叠加

续表 5-2

编号	断层名称	长度(km)	产状	性质	断层特征
F_{43}	沈热-普容刚断裂	15	225°∠80°	压扭性	地貌上表现为一条北西向的冲沟和山的垭口,断层带内岩石破碎强烈,断层近于直立,断层面上可见近水平的擦痕,带内有硅化角砾岩,为一条北西向的压扭性断层
F_{44}	泊青岗北断层	8.7	10°∠56°	压性	地貌上表现为负地形,断层上盘为花岗岩,下盘为松多岩群的石英岩,发生弱糜棱岩化,断层下盘为松多岩群的石英岩,受断层影响,带内岩石劈理化明显。断层产状为10°∠56°,断层带宽约10m,为北东向的压性断层
F_{45}	即若瓦北断层	7.5	355°∠50°	压性	地貌上表现为负地形,为一山的垭口,断层上盘为石英岩夹少量云母石英片岩,受断层影响产状较陡,为330°∠80°,并且破碎强烈,劈理化明显,断层下盘为片麻状花岗岩。断层产状为355°∠50°,为一逆冲断层。断层西侧为第四系覆盖,可能与吉纳-峨美德断层(F_{40})为同一条北北东向的压性断层
F_{46}	扎雪北断层	6.5	355°∠50°	压性	断层的上盘为花岗质片麻岩,其中花岗质片麻岩已明显发生糜棱岩化,糜棱片理发育,出现一系列规模较小,轴面北倾的褶皱。断层带内可见片理的产状基本一致。下盘为石英岩、石英片岩,岩石变形强烈,该断层向东为北倾的逆断层,为一近东西向的逆冲断层。它与拉萨河岸的龙珠岩断层可能为同一条近东西向的逆冲断层
F_{47}	齐朗断层	7	198°∠48°	张性	断层两侧岩性截然不同,其北为松多岩群的石英岩,产状为165°∠65°,而南侧则为白垩系设兴组未变质的紫红色、灰绿色互生的粉细砂岩、粉砂质泥岩,产状215°∠40°,断层面的产状为198°∠48°,断层带宽约8m,其内发育张性角砾岩,为一张性断层,可能控制了设兴组的沉积
F_{48}	扛折岗南断层	10	160°∠80°	压扭性	断层所经之处多为沟谷和山的鞍部,地貌上表现为明显的负地形,断层面近于直立,靠近断层岩石破碎强烈,并出现劈理化带,产状与断层一致。断层向南穿切黑云母花岗岩,表现右行逆滑特征
F_{49}	青巴岭舍岗断层	4.2	30°∠50°	压性	该断层向南延伸出现松多岩群石英岩,产状平缓,为30°(40°~50°),下盘为松多岩群钙质板岩,因受断层挤压作用产状陡立,为10°∠80°,断层带出现宽约2m的劈理化带,并伴有构造透镜体,为逆断层
F_{50}	也武郎断层	4	175°∠43°	压性	断层两侧岩性截然不同,断层南侧为松多岩群石英岩、石英片岩,产状330°∠60°,变质变形较强,断层北侧为设兴组的紫红色粉细砂岩,产状210°∠30°,带内出现透镜体和较陡的压扭片理化带,松多岩群逆冲于设兴组之上
F_{51}	德宗-曲切岩断层	11.7	250°∠70°	压扭性	断层所经之处为山的垭口,断层面产状为250°∠70°,断层东侧为洛巴堆组灰岩,产状136°∠50°,呈陡立山崖出露,断层在剖面上显示压性特征,灰岩靠近断层带附近出现劈理化带,为一压扭性断层
F_{52}	青巴断层	13	320°∠85°	扭性	地貌上为一北东向冲沟,断层切割东西向的逆冲断层,并使松多岩群和来姑组走向突然中断,断层可见一系列密集剪切劈理化特征,为一右行走滑断层

闪长岩、黑云二长花岗岩之中,西部被古近纪帕那组地层角度不整合覆盖,中部门巴一带被古近纪巨斑状黑云母花岗岩侵入。沿韧性剪切带存在着明显的强弱变形域间隔产出的频率变化。强变形域一般形成糜棱岩、糜棱片岩,而弱应变域则形成糜棱岩化岩石及未变形岩石。该韧性剪切带由3条这样的强带和弱带组成,其中在门巴北部表现最为典型。图5-17是德宗-门巴松多岩群中实测剖面的一部分。野外和室内镜下鉴定表明:第110层为弱糜棱岩化似斑状二长花岗岩,第109层为糜棱岩化二长花岗岩,第108层为花岗质碎斑糜棱岩,第107层为花岗质糜棱岩,第106层为糜棱片岩,它们的产状一致,变形特征相似,变形程度有深浅变化,构成一条主带(图版XX-1至图版XX-3)。由于受后期构造的叠加,糜棱片岩内发育宽缓的东西向背斜褶皱。根据岩石野外变质变形特点及室内镜下鉴定结果,韧性变形带内所形成的构造岩主要有以下几种类型。

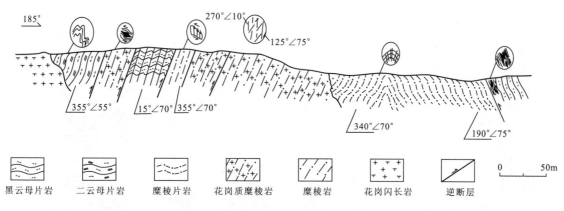

图5-17 门巴韧性变形带实测剖面图

1)构造片麻岩

构造片麻岩主要发育在拉萨河南、北两侧(图5-18,图版XVIII-7),以发育条带状构造或片麻状构造为特征,可见拉伸线理、眼球状构造、不规则的流动褶皱、变形分异条带,所有这些均有别于非构造片麻岩,同时构造片麻岩在空间上多呈条带状分布,与围岩呈渐变过渡的关系。研究区内构造片麻岩主要类型有黑云长英质构造片麻岩和黑云斜长构造片麻岩。

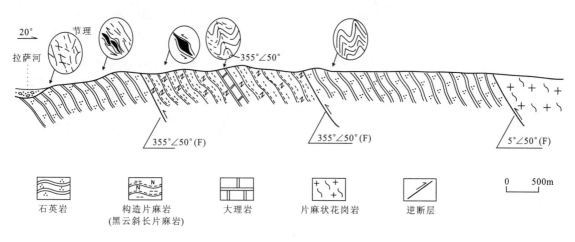

图5-18 拉萨河北柯热多附近构造岩性剖面

2)糜棱岩类

变形带以糜棱岩类岩石为主,主要类型包括糜棱岩化花岗岩、糜棱岩化似斑状黑云二长花岗岩、花岗质糜棱岩、长英质糜棱岩、长英质糜棱片岩等（图版 XXI-2 至图版 XXI-6）。

糜棱岩化似斑状黑云二长花岗岩 岩石遭受糜棱岩化，但原岩结构保留，具似斑状结构，基质为中细粒半自形粒状结构，见部分矿物受力破碎，岩石主要成分为钾长石、斜长石、石英、黑云母、角闪石等。其中钾长石波状消光明显，见格子双晶，有时弯曲，边部有时破碎，其裂纹中充填糜棱物，无位移，含量 20%～25%；斜长石呈板状半自形，裂纹发育，有时一个晶体被分割成几块，但无位移，双晶常弯曲，有时沿裂纹有后期的绿帘石充填，粒径在 1.5～2mm，含量 40%左右；石英具明显的波状消光，可见"×"形或菱形变形纹，有时见亚颗粒，明显受力，呈它形粒状分布于长石粒间，粒径在 1～1.5mm 之间，有时呈条带状，边部见菱形碎块，石英彼此间为齿状接触，20%～25%；黑云母，全部变为绿泥石，沿解理有铁质或楣石分布，仅保留黑云母假象，粒经在 0.6～0.8mm 之间，占 7%；角闪石常见波状消光，裂纹亦常见，占 8%左右[图 5-19(a)]。

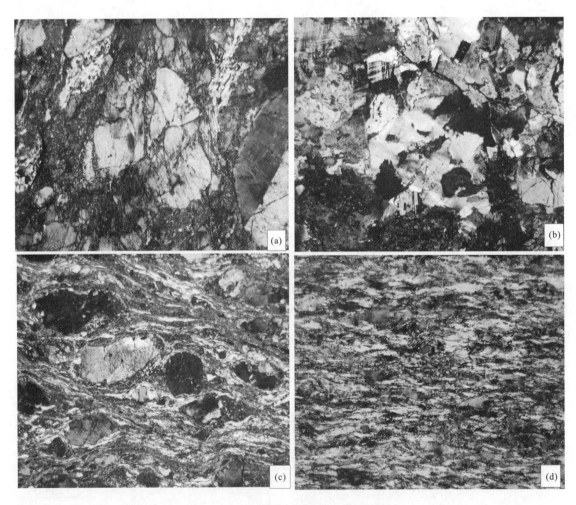

图 5-19 花岗质糜棱岩系列显微特征

糜棱岩化花岗岩 岩石具糜棱结构，由残碎斑和碎基组成，碎斑成分为钾长石、斜长石、石英，少量角闪石、黑云母，其中以钾长石为主，具条纹结构和格子状双晶，多呈眼球状、透镜状，大的晶体常见斑状晶形，具波状消光，边部碎粒化，有时可见山羊须构造。石英为无色，多数呈集合体（透镜状），见波状消光、变形纹，少数单晶呈眼球状，粒径在 0.4～0.6mm 之间。黑云母和角闪石解理弯曲，多呈假象。总体碎斑量 70%左右。碎基为重结晶的糜棱物（0.02～0.04mm）和新生的绢云母、黑云母、绿帘石，它们环绕于残斑周围，定向排列明显[图 5-19(b)]。

长英质糜棱岩 岩石受力挤压破碎严重,在韧性变形的基础上,又有张性破裂,更使岩石各矿物破碎,但总体为糜棱结构。碎斑以长石为主,少量石英,它们均呈眼球状、透镜状,普遍具波状消光,每个碎斑本身破碎严重,或多或少见有裂纹。斜长石聚片双晶弯曲,有时位错,"X"形裂纹常见;石英除波状消光外,还有亚颗粒,除"X"形裂纹外还常见近平行的裂纹,其中充填极细的糜棱物,但整体轮廓保留。多数碎斑粒径为0.4~0.6mm,碎斑周围被极小的糜棱物质和新生绢云母环绕,岩石定向明显[图5-19(c)]。

长英质糜棱片岩(构造片岩) 岩石具糜棱结构,片状构造,矿物成分由石英和少量白云母组成。石英分为碎斑和碎基两种。碎斑石英呈透镜状、长条状,长可达1.5mm,宽度只有0.1mm左右,长宽比在(4∶1)~(15∶1)之间,拉长的石英残斑沿片理严格定向,具波状消光现象,含量约40%以上。细粒的碎基石英呈粒状,粒度多在0.1mm,多呈集合体产出,沿片理呈拔丝状,由微粒石英集合体构成的条带长宽比可达20∶1,含量55%。白云母呈片状,零星分布于片理间,定向排列,含量小于5%[图5-19(d)]。

3. 韧性剪切带的宏观特征组构

1) 叶理及线理

韧性剪切带中的糜棱叶理构造十分发育,由于受后期构造活动及侵入岩的影响,糜棱叶理产状变化较大,但总体北倾,产状变化于15°∠70°~355°∠70°之间,在糜棱岩和糜棱片岩的叶理面上,线理构造十分明显,产状110°∠65°(侧伏向/侧伏角),这些线理主要由石英、长石的定向拉长排列相对集中构成(图版XX-1、图版XX-2)。

2) S-C组构及眼球状构造

S-C组构主要发育在糜棱岩化作用较弱的岩石中,眼球状构造在构造片麻岩和糜棱岩中常见。S-C组构和不对称眼球状构造,显示出扎雪-门巴韧性剪切带具有左行斜向逆冲运动性质(图版XX-3,图版XXI-5)。

3) 剪切带中的变形岩脉

卷入扎雪-门巴韧性剪切带中的岩脉包括花岗伟晶岩脉和细粒长英质岩脉,多发生了明显的剪切变形,可指示剪切运动方向[图5-20(f)]。

4) 剪切褶皱

剪切褶皱以"A"形褶皱为主,构造片麻岩、构造片岩、石英片岩、云母石英片岩中比较发育,褶皱枢纽与拉伸线理平行(图版XVIII-2、图版XVIII-4)。在花岗质糜棱岩中因剪切应变较强,剪切褶皱发育得较少。

4. 韧性剪切带的显微构造

在扎雪-门巴韧性剪切带里,除残斑和基质等典型的糜棱构造之外,还发育各种典型剪切显微构造,而且不同的矿物表现出不同的韧性变形特征。下面简述石英、斜长石、钾长石和白云母的显微构造特点。

1) 石英显微构造

石英在花岗质糜棱岩中主要表现为波状消光、变形纹、"X"形裂纹、亚颗粒等现象,在糜棱片岩中,拔丝构造明显,根据定向薄片观察,XZ面内丝状石英的$e_1∶e_2$可达(4∶1)~(20∶1),而且重结晶石英内波状消光明显,在延伸方向上明显地发生颈缩现象,因而不具备超塑性流动的变形趋势,说明此韧性变形带以压缩变形为主,拉伸变形不明显。

2) 斜长石显微构造

斜长石在镜下以碎裂构造为主,沿裂纹常有绢云母充填,见波状消光和双晶弯曲,有时由斜长石残斑构成压力影构造和山羊须构造[图5-20(a)、(b)、(c)]。

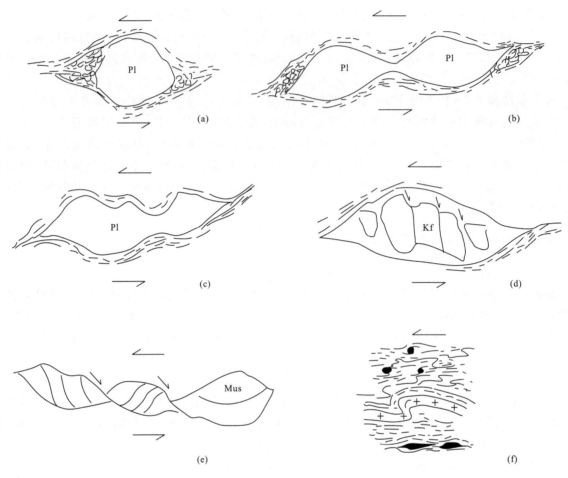

图5-20 韧性剪切带内的显微构造

3)钾长石的显微构造

钾长石在镜下主要表现为碎裂特征,常发育裂纹,但无明显位移,有时沿聚片双晶有规律地排列形成"多米诺骨牌"构造[图5-20(d)],具波状消光和亚颗粒,呈眼球状、透镜状定向排列,同样见山羊须构造和压力影响构造。

4)白云母显微构造

镜下的白云母发育书斜构造,但最典型的仍属"云母鱼"构造[图5-20(e)]。

变形实验及对糜棱岩的研究都已表明,岩石在不同的温压条件下,会有不同的显微构造组合。以花岗质糜棱岩为例(据Simpson,1985),石英中由于滑移系较多,位错较易滑动,在低—中绿片岩相条件下就出现粒内滑动以及动态恢复和动态重结晶作用,形成大量具韧性变形特征的显微构造,如扭折带、变形纹、亚颗粒及重结晶颗粒等。长石内位错相对难滑动,在低—中绿片岩相条件下仅以破裂为主,常呈碎斑出现于糜棱岩中,到高绿片岩相乃至角闪岩相条件下才能实现由脆性向塑性的转变,开始出现具韧性变形的显微构造。根据花岗质糜棱岩中各矿物的显微构造组合,可推断变形时的温压条件。纵观扎雪-门巴韧性变形带中花岗质糜棱岩的显微构造,石英韧性变形最为明显。此外,白云母和斜长石也显示有一定的韧性变性特征,而钾长石则完全以破碎变形为主。因此可以说明扎雪-门巴韧性变形带的变质变形的温压条件相当于中绿片岩相到高绿片岩相环境,这与利用变质矿物组合和变质矿物对计算得出的结果一致。

5. 运动学特征

根据前述韧性剪切带的宏观、微观构造,主要以不对称构造和线理构造所反映出来的运动学特点以及定向薄片镜下不对称组构的详细研究[图 5-20(a)、(b)、(c)、(d)、(e)]和剪切带中的变形岩脉[图 5-20(f)],可以确定扎雪-门巴韧性变形带在平面上具左旋走滑特点,剖面上具由北而南逆冲推覆性质(见图 5-16、图 5-17),说明该韧性剪切带是一条由北而南的逆冲推覆兼具左行走滑的斜冲韧性剪切带。

6. 韧性变形带的形成时代

扎雪-门巴韧性变形带主要发育在松多岩群中,在西藏门巴地区著名的德宗温泉南约 2km 处出露一东西向延伸的片麻状花岗岩,岩体已强烈变形。宏观尺度上,岩石呈条带状、眼球状,片麻理极为发育,与围岩构造线一致,但侵入接触关系界限清楚。显微镜下,可见黑云母强烈定向构成片麻理,石英沿片麻理有强烈的韧性变形,发生压扁和拉长,长石呈透镜状,表现岩浆成因残留特点。所有这些表明该岩体的线状构造是后期构造热事件所致。本次对其进行离子探针(SHRIMP)锆石 U-Pb 同位素测年,获得年龄为(209±6.9)Ma,说明岩体是在晚三叠世结晶形成,变质变形应发生在晚三叠世之后。结合区域资料,本区内白垩纪之前的地层普遍发生了低绿片岩相到高绿片岩相的变质变形作用,可以推断在侏罗纪末青藏高原存在一次重要的构造热事件,扎雪-门巴韧性变形带是这一次构造热事件的反映,这次构造活动可能与班公湖-怒江弧后洋盆的闭合碰撞有关。

(二)色日绒-巴嘎脆韧性变形带(F_{17})

1. 空间分布和岩石组合

该断层位于测区的中部,沿色日绒、绒多、措麦、巴嘎一线分布,近东西向延伸,西起拉屋,东至那补共卓,全长 100 余千米。推测近东西向的色日绒藏布应是该断层带的南界,由于南北向断层和北西向断层破坏,断层沿走向并不连续。变形带内的岩石组合主要为石榴黑云斜长片麻岩、黑云斜长片麻岩、黑云母片岩、二云石英片岩、条带状绿帘石英大理岩等。晚侏罗世的二云母花岗岩侵入其中,但同时也被卷入变形,出现碎裂化花岗岩和糜棱岩化花岗岩(图 5-21,图版 XXI-1)。

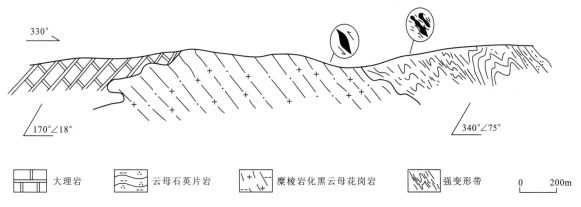

图 5-21 绒土沟南脆韧性变形带剖面

2. 韧形变形特征

1) 面理和拉伸线理

韧性剪切带的面理为透入性流劈理,由于受后期构造变形作用的影响已褶皱变形,但总体显示东西走向,面理总体倾向北,倾角25°~75°。劈理面上普通发育拉伸线理,拉伸线理由长英质布丁、石英岩布丁构造组成(图版XX-4、图版XX-7),产状随劈理面变化,大致在80°~110°∠50°~70°之间。

2) 褶皱构造及剪切指向

在韧性剪切带中主要发育"A"形褶皱(图版XVIII-3),由此可以判断该剪切带为由北向南的逆冲型韧形剪切带。

3. 剪切带的形成环境和时代

沿韧性剪切带发育串珠状分布的二云母花岗岩,由西向东分别为落龙花岗岩、空仓屋二云母花岗岩、帕绒二云母花岗岩、切苦二长花岗岩、胡糖二云母花岗岩、巴嘎二云母花岗岩,再向东呈大面积的复式岩基出露,主要为二云母花岗岩,黑云母花岗岩和二长花岗岩。这些东西向延伸的串珠状花岗岩体侵位于色日绒-巴嘎复式背斜核部,并且普遍发生碎裂化和糜棱岩化(图版XXI-1),显然受色日绒-巴嘎韧性变形带控制(图5-22),在这些糜棱岩化的花岗岩中,石英变形较强,普遍出现波状消光、变形纹、亚颗粒等,往往呈集合体形式产出,分布于长石粒间、石英颗粒之间呈齿状镶嵌变晶结构,显示破碎重结晶的特点。斜长石呈板状半自形,裂纹发育,裂纹间被重结晶的石英和长石微晶充填,可见聚片双晶弯曲,有时膝折,具波状消光和亚颗粒。钾长石具波状消光,隐约见裂纹。白云母沿解理有时见少量铁质分布,可能由黑云母变来,解理常弯曲。由此可见色日绒-巴嘎变形带的变形程度并不太强,而是一条脆韧性变形带,其形成环境与扎雪-门巴韧性变形带基本一致,为中绿片岩相到高绿片岩相的变质变形环境。

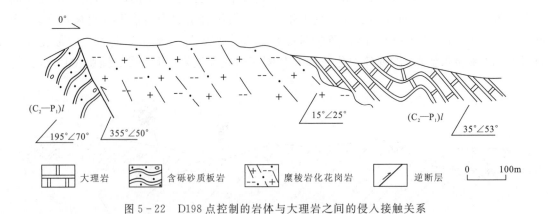

图5-22 D198点控制的岩体与大理岩之间的侵入接触关系

通过对该韧性变形带中糜棱岩化二云母花岗岩SHRIMP锆石U-Pb测年和K-Ar测年,分别为139.2Ma(U-Pb)和136.8Ma(K-Ar),表明花岗岩形成于晚侏罗世,基本代表该韧性变形带的形成年代。它与扎雪-门巴韧性变形带应为同期构造热事件所致。

(三) 嘉黎脆韧性变形带

嘉黎断裂在地质图上和遥感图像上非常清晰,在地球物理方面,该断裂表现为两侧重力场、磁场的显著界线,断裂以北磁场相当平静,断裂以南由岩体引起的磁异常极为发育,明显高于北侧

($500\sim1\,000\Omega$m)。亚东-格尔木地学大断面大地电磁测深研究成果显示,该断裂为一条直抵莫霍面的岩石圈断裂,其南、北两侧的岩石圈壳内上下低阻层有错断,存在着贯穿两个低阻层的垂直电性差异,而且其南侧上地幔低阻层上隆,岩石圈厚度显著减薄,仅110km。这清楚地表明,该断裂南、北应分属不同的岩石圈块体。嘉黎断裂一般被认为是青藏高原隆升过程中由块体挤出形成的大型走滑带(Arnlijo et al.,1986,1989;Tapponnier et al.,1986),事实上该断裂是一条多期活动并有着长期发展历史的深大断裂。

测区嘉黎断裂的地质特征

嘉黎断裂是测区二级构造单元的分界断裂,它的南侧是冈底斯火山岩浆弧带弧背断隆的一部分,发育浅变质的较稳定的浅海沉积的上古生界和中新生代火成岩;北侧为中生代的桑巴(比如)盆地,其内发育中上侏罗统陆屑建造和碳酸盐岩建造及白垩系碎屑岩建造,并被中新生代中酸性花岗岩破坏。由此可以确定嘉黎断裂早期曾控制了桑巴(比如)盆地的形成和充填。现今所见嘉黎断裂在地貌上多表现为负地形,由于北东向、北西向及南北向断裂的破坏和切割,断裂带沿走向表现并不一致,以中部的南北向断层(F_{18})为界,可分为东、西两段。西段由两条近于平行的南倾逆断层组成(F_{11}、F_{12})(图5-23)。断层面沿走向呈舒缓波状,总体南倾,变化于$170°\angle42°\sim200°\angle65°$。主边界断层($F_{12}$)构成来姑组[$(C_2—P_1)l$]和竟柱山组($K_2j$)的界线,并具控制了竟柱山组地层的分布。断层带内岩石破碎强裂,形成挤压透镜体和挤压劈理化带,表现为逆冲断层的特征,但韧性特征不明显。东段由3条近平行南倾的逆冲断层(F_{10}、F_{11}、F_{12})组成(图5-24),地貌上多表现为负地形,断层所经之处为近东西向的沟谷、垭口和鞍部及断层三角面(图版XIX-2)。空间上构成洛巴堆组(P_2l)、拉贡塘组($J_{2-3}l$)和桑卡拉拥组(J_2s)的界线,剖面上可见洛巴堆组灰岩逆冲于拉贡塘组紫红色粉细砂岩之上,而拉贡塘组($J_{2-3}l$)又逆冲于桑卡拉佣组灰岩之上,构成近南倾的叠瓦状构造。断层带多处可见岩层由于受断层的影响而出现挤压透镜体、劈理化带(图版XIX-8)、牵引褶皱,并出现褐铁矿化、高岭石化等蚀变现象。在凯蒙沟实测剖面中发现有1条宽约0.7km的韧性变形带。在断层东端的来不停沟附近的黑云母花岗岩中,可见因断层作用形成密集的劈理化带(图版XIX-3),劈理化带的产状为$200°\angle60°$,与主断层的方向基本一致,伴随逆断层的形成,在花岗岩壁上还发育两组光滑的走滑断层面,一组产状为$140°\angle80°$,另一组产状为$270°\angle68°$(图5-25),它们呈共轭形式出现,光滑镜面上还有近水平的摩擦(图版XIX-6),对共轭走滑断层进行赤平投影,可以得出此时的主应力方向为$\delta_1 14°\angle38°$、$\delta_2 207°\angle50°$、$\delta_3 110°\angle6°$(图5-26)。对断层带内断层泥采用热释光技术测年,所获年龄为(86.02 ± 7.31)ka,表明断层在很晚时仍有活动。

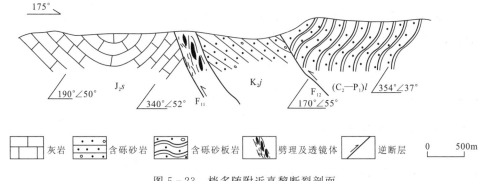

图5-23 档多随附近嘉黎断裂剖面

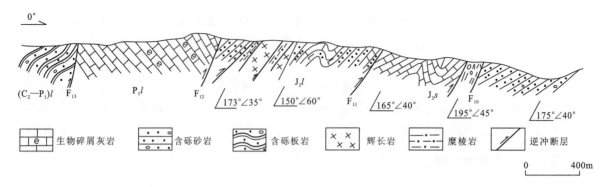

图 5-24 凯蒙沟附近嘉黎断裂剖面

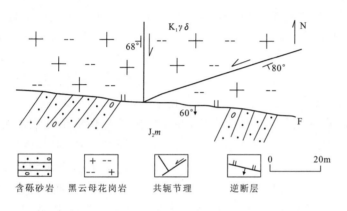

图 5-25 来不停沟东黑云母花岗岩上的共轭走滑断层

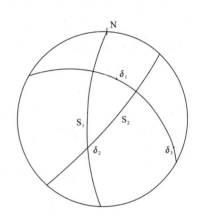

图 5-26 走滑断层的赤平投影图

(四)嘉黎断裂韧性变形特征

嘉黎断裂带在剖面上表现为一系列由南而北的叠瓦状逆冲断层,同时,部分地段还表现为脆韧性变形的特点,但变形程度沿走向并不一致,在断层带西段一般表现为愈合性的挤压透镜体和密集的劈理化和片理化带。在断裂带东段的来不停沟附近出现碎裂化黑云母花岗岩,岩石由于受力作用,裂隙发育,矿物也发育裂纹,出现细粒化现象。在凯蒙沟亚惹登,断裂韧性变形的特征比较明显,形成宽约700m的韧性变形带(见图5-22),其内有超基性构造岩片叠置。宏观上可见面理构造,但少见线理构造。糜棱叶理产状为150°∠60°～170°∠35°,S-C组构及网格状构造发育,沿糜棱叶理和剪切叶理充填有方解石细脉。剪切带的岩石主要为长英质糜棱岩,变形程度分带不明显。镜下观察表明长英质糜棱岩主要由绢云母、石英和长石组成,同时含有不透明的碳质微粒及方解石脉,石英呈细粒状,粒度在0.01mm内,常呈集合体产出,分布不均匀,含量约10%,波状消光明显。斜长石透镜状、碎裂状、多蚀变,中心有少量残留,含量在15%左右;绢云母细小鳞片状,大部分由斜长石粒化蚀变而成,仍保留有透镜状斜长石轮廓,含量在35%左右。不透明的碳质呈微粒状常沿糜棱叶理定向产出。方解石呈细长脉状,宽0.2～0.6mm,含量约35%,常沿糜棱叶理和剪切叶理充填,空间上构成网格状(图版ⅩⅪ-3)。

根据S-C组构特征可知该韧性剪切带在平面上具右行剪切特点(图5-27),是在由南东—南

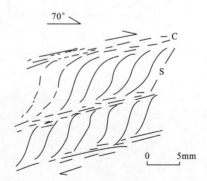

图 5-27 凯蒙沟嘉黎断裂带中的S-C组构

南东向北西—北北西逆冲过程中形成的逆冲型兼具右行走滑的脆韧性变形带。

二、脆性断裂

测区内除发育规模较大的近东西向的韧性变形带外,还发育脆性断裂,这些断裂规模相对较小,但数量较多,而且产状变化较大,不仅有近东西向断裂,也有北东向、北西向和南北向构造,空间上构成"米"字形,反映了本区的基本构造格架。

(一)近东西向断层

近东西向的断层除表现为规模较大的脆韧性变形外,大部分显示脆性变形特点,表现为近东西向的逆冲断层和正断层的特征。

1. 得布约-错弄错断层(F_{23})

得布约-错弄错断层位于测区南部,西起错布扎湖南,经得布约、新东异沟至错弄错西,全长42km,断层所经之处多为负地形,表现为线状沟谷、山鞍、垭口及地形陡缓转变处。断层沿走向呈波状起伏,产状变化于$170°\sim190°\angle70°\sim80°$,产状较陡。由于近南北向断层的错动,断层沿走向并不连续。断层西段切割晚白垩世黑云母巨斑状花岗岩,东段切割晚白垩世石英斑岩,并控制了其北侧辉绿岩脉的产出。断层中部的主断层发育在松多岩群(AnOSd)、来姑组[$(C_2—P_1)l$]和洛巴堆组(P_2l)之间。

断层中段在卡弄附近特征清晰,断层上盘(南盘)主要为松多岩群(AnOSd)的石英岩、石英片岩及洛巴堆组(P_2l)的厚层结晶灰岩、白云质灰岩,产状比较平缓,变化于$135°\sim155°\angle25°\sim30°$之间。断层的下盘(北盘)主要为来姑组[$(C_2—P_1)l$]的含砾砂钙质板岩、砂质板岩,产状较陡,在$175°\sim185°\angle70°\sim80°$之间,断层产状为$170°\angle70°$(图5-28),为高角度逆冲断层,断层宽10m以上,近主断面附近,岩性普通发育压剪性破劈理构造,劈理面光滑平直,发育擦痕和阶步,并向南陡倾,与主断裂面锐角相交,显示南盘逆冲性质。断裂带还发育构造透镜体,主要为灰岩,呈叠瓦状排列,最大偏平面倾向南,与主断层锐角相交,同样显示出该断层由南而北的逆冲性质。

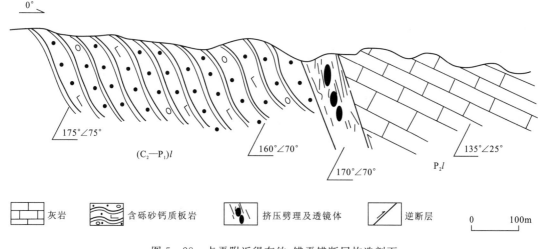

图5-28 卡弄附近得布约-错弄错断层构造剖面

2. 沙布勒-弄拉多断裂(F_{24}、F_{27})

沙布勒-弄拉多断层呈东西向横贯测区东南部延伸,断层西起格玛拉,为一条北北东向断层所限,并被格玛拉-德郎南北向断层(F_{18})切割,向东经渣卡南、沙布勒,在弄拉多附近被第四系覆盖,再往东沿洞中弄近东西向沟谷穿过,在纳棍切割早侏罗世的花岗闪长岩,并延出测区,全长超过75km。断层切割松多岩群(AnOSd)和洛巴堆组(P_2l)地层,空间上控制了晚白垩世的石英斑岩和古近纪帕那组火山岩的分布。根据表现特点可分为东、西两段。西段为沙布勒拉-弄拉多断层(F_{24}),东段称为洞中松多-纳棍断层(F_{27})。

1)沙布勒拉-弄拉多断层(F_{24})

断层位于格玛拉和弄拉多之间,空间上表现为东西向的负地形,西部切割松多岩群(AnOSd)和洛巴堆组(P_2l),在多弄沟西侧,断层特征清楚,断层两侧岩性皆为洛巴堆组(P_2l)的灰岩,岩石破碎强烈,发育大小悬殊的张性角砾岩,并被晚期的方解石细脉穿切,存在明显的断层面,断层面产状为330°∠70°,断层面上有明显的镜面及与断面走向直交的擦痕,应为一高角度正断层。该断层向东延伸至择弄沟查卡南,同样可见清晰的断层面(图5-29),断层的下盘为洛巴堆组灰岩,产状为295°∠35°,靠近断层岩石破碎强烈,发育张性角砾岩和褐黄色的断层泥。断层面光滑,其上有镜面、陡坎和阶步,断层面产状为365°∠65°,在其边缘发育有温泉,有大面积近水平的泉华堆积。在沙布勒东,该断层成为晚白垩世花岗闪长岩和黑云母花岗岩的界线。

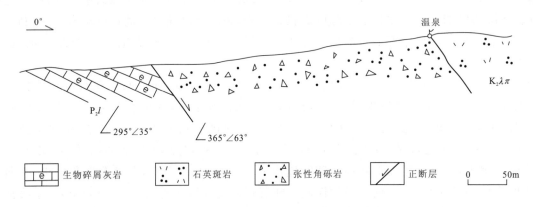

图5-29 查卡南沙布勒-弄拉多正断层构造剖面

2)洞中松多-纳棍断层(F_{27})

断层西起洞中松多西,向东延出测区,控制长度为32km,地貌上表现为负地形,控制了洞中弄和勇浪两条近东西向的冲沟。断层下盘为松多岩群(AnOSd)的石英岩、石英片岩和晚三叠世的花岗闪长岩,在下不梭朗南北向沟谷东侧的多其木附近可见明显的断层面,产状为358°∠70°(图5-30),花岗闪长岩靠近断层附近,岩石破碎强烈,大小不等的张性角砾岩发育,并出现硅化、高岭

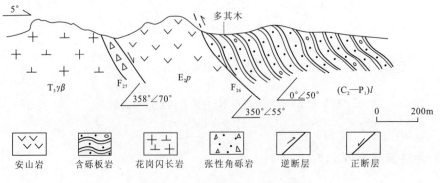

图5-30 多其木附近构造岩性剖面

石化和灰黄色的断层泥。断层下盘为古近纪帕那组的辉石安山岩,呈近东西向平行断层走向展布,由此推测该正断层控制了火山岩的产出。

3. 龙嘎门多-德宗断层(F_{25})

断层西起龙嘎门多,经德宗温泉、格玛拉向东至择弄沟,全长 25km 左右,地貌上断层多表现为近东西向的沟谷和山的垭口、鞍部。断层切割松多岩群(AnOSd)和洛巴堆组(P_2l)。在龙嘎门多附近,断层的上下盘均由松多岩群的石英岩、板岩组成,但断层带岩石破碎强烈,并可见明显的断层面,产状为 195°∠60°,断层面上可见擦痕和阶步。断层上盘岩石发生明显的褶曲,指示上盘上升,为一南倾的逆断层。在德宗寺附近,断层特征表现得更加明显(图 5-31),断层上盘(南盘)由松多岩群的石英岩组成,岩层产状较陡,为 185°∠75°,靠近断层附近岩石破碎,出现密集的劈理化带和斜列的构造挤压透镜体,但后期可能遭受张性断裂的影响,出现大小不等的张性角砾岩,并且出现硅化、褐铁矿化等现象。断层带宽约 30m,产状 165°∠45°,地貌上为近东西向的沟谷河流占据。沿断层有温泉发育,如著名的德宗温泉就位于该断层带内。断层下盘(北盘)为洛巴堆组大理岩、结晶灰岩,岩层产状比较平缓,产状为 140°∠30°。以上特征表明该断层是一条多期活动断层,早期表现为由南而北的逆冲作用,出现劈理化、片理化和愈合性的挤压透镜体,晚期表现为张性特征,局部地段出现大小不等的张性角砾岩及灰黄色的断层泥,并出现硅化,方解石脉穿切,沿断层带温泉发育。在择弄沟,后期张性断层活动特征更加明显,断层所经之处为一东西向的冲沟,在沟北侧的山脊上发育明显的断层三角面,产状 175°∠85°,三角面上可见擦痕和阶步及褐色的摩擦镜面,指示上盘下降。断层带内出现明显的张性角砾岩。总之,该断层经历了先压后张的活动过程。

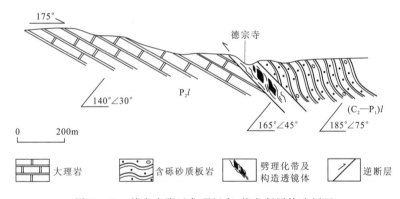

图 5-31 德宗寺附近龙嘎门多-德宗断层构造剖面

(二)北东向断层

测区内北东向断层不甚发育,数量少但规模较大,它们切割近东西向断层,并被北西向断层和近南北向断层所截,由于该区构造的多期活动,北东向断层的表现特征也不一致。

1. 峨不贡玛-捏昌断层(F_{13})

该断裂总体表现为一条北东向的负地形,北部切过燕山期黑云母斑状花岗岩和花岗闪长岩,显示宽约 1~2m 的破碎带和剪切劈理化带,捏昌以西,断层控制了梦曲河流的发育,使其呈北东向延伸。查给南,断层控制了多尼组(K_1d)的产出。曲巧以西,断层切割来姑组、洛巴堆组地层。在腾弄沟南,断层被北西向右行走滑断层(F_{14})所截,再往西可能控制了登朗北东向沟谷的发育,全长 58km。根据该断层所切割地层、岩体山脊和控制沟谷发育的表现特征,该断层是一条规模较大的左行走滑断层。该断层在腾弄—夺基—曲巧之间因切割石炭纪—二叠纪地层而留下清晰的断层面(图版XIX-7),断层面平直光滑,产状165°∠65°,断层面上可见明显的镜面及一系列擦痕、阶步,擦痕线理的产状为255°∠26°。在凯蒙沟南,断层构成南侧来姑组含砾砂质板岩和北侧洛巴堆组灰岩的界线,断层北侧的灰岩因断裂作用而破碎强烈,靠近断层附近形成密集的压剪劈理化带,宽约20m,产状为175°∠80°,远离劈理化带,薄层灰岩因断层的走滑作用而形成明显弯曲,构成拖曳褶皱(图5-32),指示断层的左旋走滑性质。

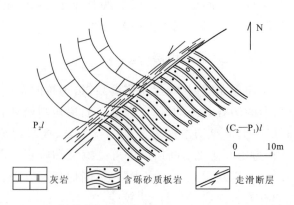

图5-32 凯蒙南沟口走滑断层特征及所形成的拖曳褶皱

2. 中巴逆冲断裂带(F_{30}、F_{31})

该构造带位于金达区北,所卷入的地层为松多岩群(AnOSd)的石英岩、石英片岩和二云母片岩,形成一系列北东向的逆冲断层及其相关褶皱,空间上构成叠瓦状构造(图5-33)。根据断裂带各部分变形特征可分为后缘构造带、根部构造带、中部构造带和锋带。

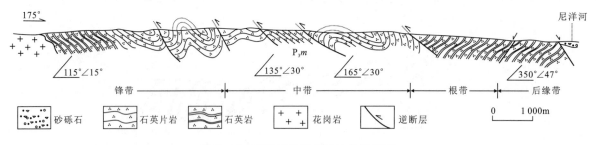

图5-33 金达区浪浪沟逆冲构造剖面

(1)后缘构造带:该构造带处于拉伸构造环境,构造变形以脆性变形为主,形成地堑、地垒式构造地貌及张节理。正断层的产状分别为350°∠47°和150°∠70°,金达区南侧北东向延伸的尼洋河可能受控于后缘地堑式构造,河两岸断层三角面清晰可见(图版XIX-5)。

(2)根带:根带较窄,宽300～500m,发育于松多岩群的石英岩内,褶皱构造不发育,但石英岩内挤压劈理发育,岩石破碎强烈,挤压劈理产状为160°∠75°,较陡(图版XX-6)。

(3)中带:中带构造特征明显,发育一系列向南缓倾的叠瓦状断裂构造及其相伴的斜歪-倒转-平卧的背向斜构造和牵引褶皱,逆冲断层产状变化于135°∠45°～165°∠30°之间,产状平缓,且上陡下缓,断层带内岩石往往为云母片岩和云母石英片岩。在中巴乡南200m处逆断层和相伴褶皱组合特征明显,逆冲断层产状为165°∠30°,断层在地貌上为负地形,表现为一山的垭口,断层上盘为石英岩,褶皱强烈,形成斜歪-倒转-平卧的背向斜褶皱(图版XVII-2,图版XVII-3,图版XVII-5,图版XVII-7),褶皱轴面产状为160°∠30°,与逆冲断层的产状一致,反映由南东向北西逆冲挤压作用(图版XIX-4)。

(4)锋带:锋带构造变形较强,与中带相比产状明显变陡,为135°∠45°,断层上盘与伴生的褶皱也较紧闭,北翼较陡,产状为330°∠(60°～70°),南翼较缓为135°∠46°,轴面产状为130°∠(60°～

70°),倾向南东。轴面出现密集的挤压劈理,断层下盘岩石比较破碎,出现碎裂岩带和挤压透镜体(图版XX-3)。锋带较宽,往北被斜长花岗岩体侵入,外缘带特征不明显。

(三)北西向断裂

北西向断层在测区也比较发育,而且规模大,切割东西向和北东向断层,是一组形成较晚的断层。

1. 建多-白章多断层(F_4)

该断裂为一条规模巨大的断裂,遥感图像上为一条直线性沟谷。断层北起省坎木查南,南至鲁灵,全长75km。断层在地貌上表现为负地形,北端切割晚白垩世斑状黑云母花岗岩,然后向南沿北东向甘巴郎沟通过,切过马里组(J_2m)。建多至甘登断层表现为北东向的沟谷,沟谷两侧地层和东西向断层构造有明显错动,甘登至白章多断层切割来姑组$[(C_2—P_1)l]$,并使地层出现明显的牵引褶皱。白章多南断层切割晚侏罗世的二长花岗岩,至鲁灵西被第四纪沉积所覆盖。在喜雄郎南,晚白垩世斑状黑云母花岗岩和马里组两者以断层接触,花岗岩壁上可见明显的断层面,断层面的产状为225°∠80°,其上可见光滑镜面和近水平的擦痕,靠近断层花岗岩比较破碎并出现硅化、褐铁矿化。而马里组地层由于断层作用也出现拖曳褶皱。根据断层的产状特征、所错动的地层、构造界线及水系的转折特点,确定该断层为一右行的走滑断层。

2. 纳龙-科波熊断层(F_{15})

该断层为一条北西向延伸的右行走滑断层。地貌上表现为负地形,北侧为笨杂北西向的沟谷,至多嘎切北沿山的鞍部通过,邦日以南断层两侧地貌特征截然不同,断层北东侧为陡峻的山崖,而南西侧则地势平坦,拉屋至科波熊南为一北西向的沟谷,朵坡波南,断层控制了热振藏布河流的延伸,使其出现"之"字形的急转,表现为右行走滑特点,知雄至机热北断层切割来姑组$[(C_2—P_1)l]$,并使地层形成的褶皱沿轴向不连续,至叶郎沟东断层尖灭,测区长达23km。断层沿走向表现特征明显不同,笨杂沟内断层表现为压扭性特点,靠近断层附近,压剪性劈理发育,产状与断层面基本平行,为42°∠70°,并出现雁行式的挤压透镜体。而拉屋至科波熊段,断层却显示张扭性特点(图5-34)。断层产状为50°∠75°,断层上盘为灰白色大理岩,因受断层的影响产状较乱,有向北倾的,也有向西倾的(280°∠30°),而且比较破碎。断层下盘(南西盘)主要为来姑组的含砾砂质板岩、砂板岩,产状相对稳定,为190°∠45°,断层带宽约10m,断层带内张性角砾岩发育,砾石主要为大理岩,并有方解石细脉穿切。可见该断层经过至少两次构造活动的影响。

(四)近南北向断层

近南北向的断层在测区数量较少,

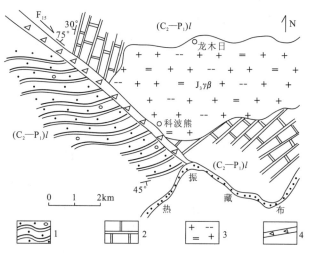

图5-34 纳龙-科波熊断裂平面图

1.含砾砂质板岩;2.大理岩;3.二云母花岗岩;4.张性角砾岩带

但规模较大,切割东西向、北东向和北西向构造线,并经历了多期构造活动。

1. 格玛拉-德郎断层(F_{18})

地貌上为一条南北向的负地形,呈沟谷和山的鞍部出现,遥感图像上影像清晰,南起门巴区东侧的棒布多,向北经格玛拉、同多、干巴胖,穿越嘉黎断裂带至机弄,往北为大面积的晚白垩世花岗岩侵入,断层特征不明显。在断层南侧棒布多沟口,花岗闪长岩强烈破碎,形成张性角砾岩和灰黄色的断层泥。芒怕多南北向沟的两侧,地层沿走向突变(图5-35),断层东侧为洛巴堆组(P_2l)灰岩,产状为55°∠45°,断层面的产状为275°∠80°,断层带宽

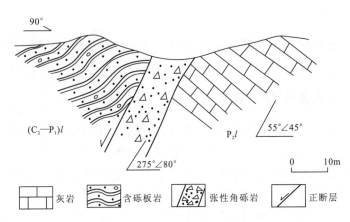

图5-35 芒怕多附近南北向断裂构造剖面

15~20m,带内岩石破碎强烈,张性角砾岩发育,成分主要为灰岩,部分地段出现硅化、高岭石和方解石细脉网状穿切,显示张扭性断层特征。在干巴胖,因断层的张扭性滑移,断层西侧的来姑组[$(C_2—P_1)l$]的砂质板岩夹薄层大理岩出现近南北向的牵引褶皱。该断层向北可能一直延伸,穿过嘉黎断裂带,一直表现为负地形,控制了麦地藏布在亚若苦至机弄的南北流向,使河流出现直角转弯。

2. 蒙青-叉青断层(F_{19})

该断层与格玛拉-德郎断层(F_{18})相平行,是测区内另一条近南北向断层,地貌上同样为南北向的沟谷,而且遥感影像清晰,断层切割燕山期花岗岩及来姑组[$(C_2—P_1)l$],并控制了晚白垩世石英斑岩的就位。与格玛拉-德郎断层相比,该断层受后期构造活动影响较大,只有局部地段显示张扭性特征,除发育张性角砾岩外(图版ⅩⅩ-8),大部分地段显示压扭性特点,在孔就拉南,来姑组含砾砂质板岩斜冲于晚白垩世石英斑岩之上(图5-36),断层面产状为80°∠75°。在达拉北,南北向断层控制了麦地藏布的南北流向,使河流出现直角转折,使近东西向的色荣藏布向北错动,断层之东称麦曲,显示断层右行特点。

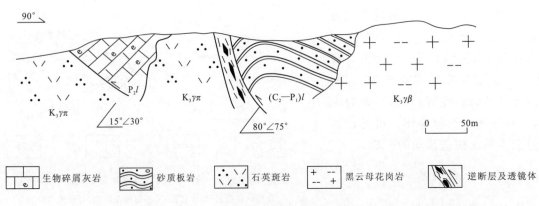

图5-36 蒙青-叉青断层(F_{19})剖面

第五节 构造变形序列

通过详细的地质和构造填图，根据构造活动特点，结合沉积特征、变质作用及岩浆活动和室内镜下观察，确定测区构造至少经历 4 次不同层次的构造变形（表 5-3）。

表 5-3 测区构造变形序列表

期次	地质时期	宏观构造特征	显微构造特征	变质作用	变形环境	主应力方向
第一期变形	晋宁期？		主期变质残斑矿物中存在有该期变形残留的包体，成分为拉长的石英、黑云母，定向明显，与主期片理夹角 60°～70°	绿片岩相变质作用	韧性变形	近南北（？）
第二期变形	燕山运动（晚侏罗世末）	褶皱以同斜平卧褶皱、"A"形褶皱、褶叠层为主，线理构造表现小褶皱枢纽、交面线理、矿物拉伸线理、石香肠构造等，断层以由北而南的高角度逆断层和近东西向逆冲推覆韧性剪切带为主	云母、石英、长石定向排列形成的片理，糜棱岩，S-C 组构，残斑拖尾，山羊须，压力影，"云母鱼"，及波状消光、变形纹、亚颗粒、扭折带	低绿片岩相-高绿片岩相	韧性变形	近南北向挤压
第三期变形	燕山运动（早白垩世末）	发育斜歪-倒转-平缓褶皱、牵引褶皱、膝折构造，线理以矿物拉伸线理、石香肠构造、构造透镜体、褶纹线理为主，断层表现为南东向北西的逆冲推覆断层、北东向逆冲兼右行韧性剪切带	石英细粒化，波状消光；斜长石透镜状，碎粒化，S-C 组构，糜棱岩，网格状构造；方解石细脉沿糜棱叶理和剪切叶理充填	低绿片岩相变质作用	脆-脆韧性变形	北东-南西向挤压
第四期变形	喜马拉雅运动（古近纪末—新近纪）	宽缓直立水平褶皱，斜歪褶皱，构造透镜体，挤压劈理化带，张性角砾岩，近东西向高角度逆断层及相伴的北北东向、南北向的张性、张扭性断层和北东向、北西向的走滑断层	脆性破裂，构造角砾岩，显微张裂隙，方解石细脉，石英细脉	硅化、碳酸盐化	脆性变形	北北东—南北向挤压

一、第一期构造变形

第一期构造变形发育在松多岩群（AnOSd）中，由于后期构造的强烈改造和叠加，区域上已无法寻其踪影，但镜下观察表明，在主期变质变形的残斑矿物中，有早期变质矿物的残留，其成分主要是石英和黑云母，具明显的拉长定向（见图 4-6），与主期片理的交角在 60°～70° 之间，但考虑到变斑晶在主期变质变形的旋转，仍无法确定早期变形的产状。根据主期（第二期）面理与原生层理 S_0 基本平行的事实，推测该期变形形成的面理与 S_0 也基本平行，可能在韧性条件下顺层剪切形成。根据测区缺失早古生代地层的事实，推测早古生代末曾发生过一次重要的热事件，该期变形可能是这次热事件的结果。

二、第二期构造变形

第二期构造变形是本区主期构造事件，区内变质岩的片理和片麻理以及板理、千枚理均为该期变形作用所形成。卷入的岩石地层主要有松多岩群（AnOSd）、来姑组[$(C_2—P_1)l$]、洛巴堆组（P_2l）及中晚侏罗世的马里组（J_3m）、桑卡拉佣组（J_3s）和拉贡塘组（$J_{2-3}l$）。第二期变形以早期变形所形成的 S_1 面理和后期参与变形的中晚侏罗世的原始层理为变形面，形成近东西向逆冲断层和相关的同斜倒转背向斜及顺层流劈理。由于第二期变形变质作用的强烈改造，第一期形成的 S_1 片理大多已不复存在，仅在松多岩群变质岩的变斑晶中有 S_1 的残留。在后期参与第二期变形的中晚侏罗世变质地层中，可以看到 S_2 改造原始层理的现象（图 5-37，图版 XVIII-5、图版 XVIII-6），原始层理呈"W"状，其包络面代表原始层理的产状，为 $325°\angle45°$，"W"形褶皱的轴面劈理产状非常一致，为 $355°\angle(50°～60°)$，与区域片理（S_2）产状一致。可以看出第二期变形同相叠加了中晚侏罗世地层的原始层理，只是产状变陡。第二期变形以脆韧性变形为主，区域上形成由北而南的逆冲推覆脆韧性变形带。主要为扎雪-门巴逆冲推覆韧性变形带和色日绒-巴嘎脆韧性变形带，变形带内岩石变形强烈；发育构造片麻岩、糜棱岩和糜棱片岩。根据糜棱岩的显微组构特点及变质变形矿物的组合分析，该期变形形成于低绿片岩相到高绿片岩相环境。根据卷入的变质变形地层及对同期花岗岩 SHRIMP 锆石的测年结果，确定该期变质变形作用发生于侏罗纪末期。

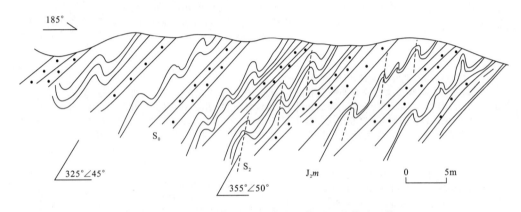

图 5-37 桑巴南马里组 S_2 改造原始层理的构造置换

三、第三期构造变形

该期变形以主期面理为变形面形成北东向的逆冲推覆断层和相关的斜歪-倒转-平卧褶皱，并发育北东向的褶劈理、轴面劈理和间隔劈理，使前期构造复杂化。通过叠瓦岩片的几何学特征及其相关褶皱的分析，确定该期变形是由南东—南南东向北西—北北西方向逆冲推覆（见图 5-33）。在握定、典上朵南可见逆冲推覆作用使洛巴堆组（P_2l）的灰岩推覆于来姑组[$(C_2—P_1)l$]之上，呈孤立的山丘耸立于周围地层之上，与区域地层极不协调（图 5-38，图版 XIX-1）。该期变形是在脆韧性环境下发生的，在嘉黎断裂带内发育有同期的韧性变形带，显示南东向北西逆冲兼右行走滑的特点，主期的变质变形作用受到该期热扰动的影响而形成新的矿物，黑云母 $^{40}Ar-^{39}Ar$ 年龄为 105Ma，构造作用发生于早白垩世末。区域上，上白垩统竟柱山组不整合于下伏各时代的地层之上，显然是

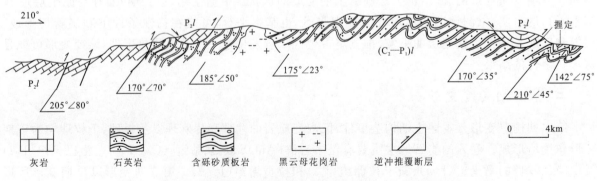

图 5-38 德宗北至握定北东向逆冲推覆构造及飞来峰

该期构造的反映。伴随此期南东-北西向逆冲推覆作用还发育有北东向的褶劈理(图5-39,图版 XVII-8)。

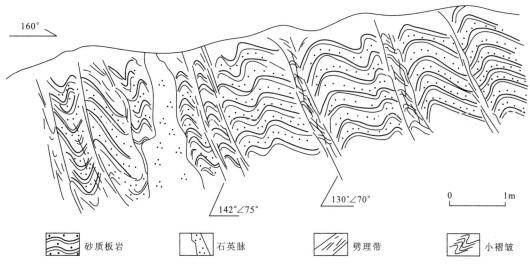

图5-39 色日绒南北东向褶劈理构造

四、第四期构造变形

第四期构造变形是在近南北向挤压作用下形成的,发育近东西向的高角度逆断层(图5-40)、宽缓的规模较大的东西—北西西向直立水平褶皱,以及北北东—南北向的张性正断层和张扭性断层,在断裂带内构造角砾岩、断层泥、劈理化带及脆性节理也很发育。此期变形为表层浅部构造变形,没有新生矿物的出现。测区随处可见此期构造活动的痕迹。在金达区达姐附近轴向北西的褶皱(M_{28})叠加于第三期逆冲推覆构造形成的倒转褶皱之上,使该区地层产状非常复杂;在测区北东,轴向北西向的欧玛向斜褶皱(M_{25})叠加在早期形成的北东东向褶皱之上(M_2)。在唐古区近东西向的高角度逆断层切割古近纪帕那组(E_2p)火山岩(图5-40),并发育大量的挤压劈理和构造透镜体。在谷露附近,受北北东向挤压应力的作用,形成规模巨大的北北东向"之"字形断陷谷地。根据断层所切割古近纪火山岩以及北北东向谷露断陷的发育,确定该期构造变形应发生在古近纪之后。

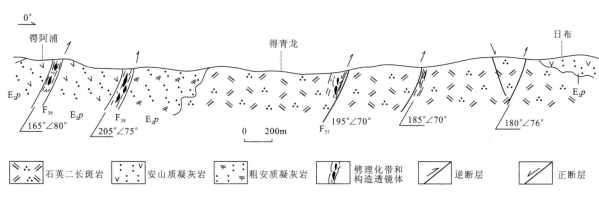

图5-40 玛达弄沟近东西向高角度逆断层切割古近纪火山岩构造剖面

第六节 新构造运动

目前,国内外对新构造活动尚无统一的划分标准。本次根据测区实际资料,结合区域地壳运动特征,将测区新构造运动的下限定为上新世,从上新世到现在所出现的构造运动为新构造运动,主要表现为断裂复活,大面积整体间歇性掀斜抬升,垂直差异升隆运动及水平运动、地震、活跃的水热活动等,它们不但具有继承性、新生性,还有明显的节律性特点。区内的夷平面、断陷盆地、温泉、地震、水系发育都是新构造运动的产物。

一、活动断层

活动构造是指现今正在活动或断续活动的构造,其中包括活动断层和活动褶皱。测区内活动断层规模较大,而且反映明显,控制了地震、热水的发育和分布。

(一)活动断层特征

1. 东西向活动断层

东西向断层在测区规模最大、演化历史最长,大部分断层具有长期性、继承性的特点,多表现为先压后张的特点,是测区主要的活动断层。

1)龙嘎门-德宗断层(F_{25})

该断层近东西向延伸,长约 20km,断层切割松多岩群(AnOSd)石英岩和洛巴堆组(P_2l)大理岩,沿走向波状起伏,产状变化于 165°~195°∠60°~70°之间,带内岩石破碎强烈,劈理化、片理化现象明显,但局部地段发育张性角砾岩,显示断层具有继承性活动特点。构造岩表现为先压后张,在张性角砾岩中出现硅化、方解石脉穿切现象。串珠状温泉沿东西向断裂和北西向、南北向断层的交汇处发育(图 5-41)。著名的德宗温泉就发育在此断层内,位于龙嘎门-德宗断层和嘎朗-乌弄柏北北西向断层(F_{20})交汇处,热水活动强烈,地表温度超过 60°,反映泉水循环和来源深度较大。在择弄沟,龙嘎门-德宗断层与北西向和南北向断层交汇处亦有温泉分布,并有泉水涌出,泉眼周围发育大量的钙华,温泉的线状分布表明断层现今仍在活动。

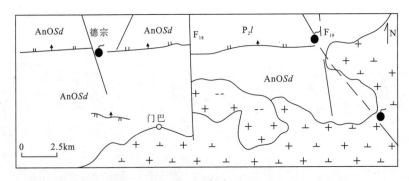

图 5-41 龙嘎门-德宗活动断层平面图

2)坝嘎-列玛断裂(F_{12})

该断层为著名嘉黎断裂带的南侧边界断层,断层呈北东东向横贯全区,在遥感图像上表现为负地形,空间上构成南部弧背断隆带和北部弧后盆地的界线,并被北西向、北东向和南北向断层切割。

嘉黎断裂是 Armijio 所提出的喀喇昆仑-嘉黎右旋剪切带的东南部分,一般认为是由于块体挤出形成的大型右行走滑带。但本次调查认为它是经过多次构造活动形成的复杂断裂带,后期表现为地堑式正断层体系(图 5-42)。在坝嘎附近桑曲河南、北两岸地势高耸陡立,构成明显的断层崖和断层三角面(图版 XIX-2),北侧三角面山脊岩石由竟柱山组(K_2j)紫红色砂砾岩构成,断层面产状为 $200°∠45°$,南侧岩石由来姑组$[(C_2—P_1)l]$含砾砂质板岩和洛巴堆组(P_2l)结晶灰岩组成,断层面产状为 $5°～10°∠40°～50°$,断层面上发育倾向擦痕,并形成张破裂面和多块体下滑形成的书斜式构造。断层的下盘为桑曲河道及其两侧的冲洪积物占据,地势平坦,植被密集。河谷宽窄不一,最窄处仅 200m 左右,最宽可达 1km,中间的冲洪积物与两侧陡坡的山崖落差可达 200m 以上,地貌景观非常壮观。

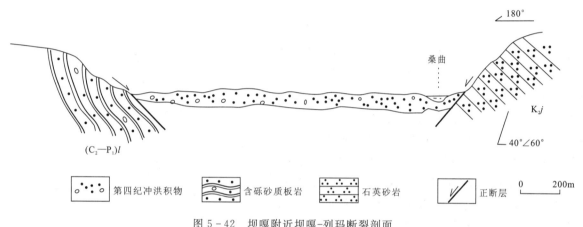

图 5-42 坝嘎附近坝嘎-列玛断裂剖面

2. 北西向活动断层

部分北西向断层同测区的近东西向断层一样,也具有多期活动的特点,并控制了水系及热泉的分布。

1)纳龙-科波熊断层(F_{15})

该断层东起机热北,向北西延出测区,全长达 45km。断层切割来姑组地层,地貌上表现为北西向的沟谷。断层宽 10m 以上,靠近断层岩石破碎强烈,发育棱角状张性角砾岩,在暗拿附近可见明显的断层面,产状为 $50°∠75°$,断层面上发育褐色镜面,并有不太清晰的近水平擦痕。在朵波南热振藏布河谷受断层控制,发育"之"字形直角转弯,断距达 3km 以上,显示右行扭性特征(见图 5-34)。

2)浪玛弄断层(F_5)

地貌上该断层表现为一个北西向的冲沟,断层切割马里组地层及新近纪花岗闪长岩,靠近断层附近,花岗闪长岩由于断层切割而显得相当破碎,可见 5～7m 的张性角砾岩带,并出现明显的断层面,产状 $40°∠85°$,断层面上有褐色镜面和灰黄色断层泥。在姜水淌西,该断层与近东西向正断层交汇处有温泉发育(图 5-43),在泉眼周围分布有大量水平的灰黄—灰白色钙华,并有热气喷出,表明断层现今仍在活动。

3. 近南北向活动断层

近南北向活动断层主要是谷露近南北向张性断裂带(F_7)。

该断裂带为著名的羊八井-谷露断裂的北延部分,北北东向延伸,测区内长达 50 余千米,最大

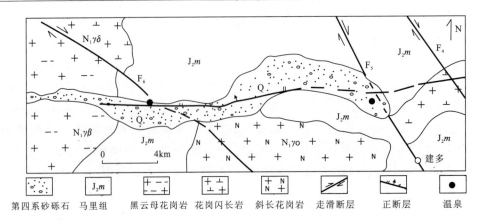

图 5-43 浪玛弄断层平面图

宽度达 14km,地貌上表现为一北北东向的沟谷(图 5-44)。断裂带在平面上表现为"之"字形或锯齿状,为一系列北东向、北西向两组断裂构成的追踪张性断层,东、西两侧边界断裂之间分布一系列近南北向的第四系和现代湖泊,构成明显地堑地貌。地堑东侧由马里组(J_2m)组成,其上发育近南北向线状排列的断层三角面,总体产状为 285°∠70°,地堑西侧地势陡峻,最高山峰达 6 088m,主要由新近纪花岗岩构成。该断裂活动性很强,地貌上表现为东、西两侧山体的快速隆升和中间谷地的相对下降。在遥感图像上,可以看到冲积扇沿西侧山缘断续分布,并且两个不同时代的冲积扇互相叠置,早期的扇体较高,被后期的扇体破坏和覆盖,最新扇体规模大,位置最低,对其进行热释光测年,结果为(101.25±8.61)ka。沿断裂带温泉密集分布,地震活动频繁,这些都充分反映该断裂的现代活动性。

另外,规模较大的南北向活动断层还有格玛拉-德郎断层(F_{18})和蒙青-叉青断层(F_{19}),它们切割较老的地质单元,并且控制了麦地藏布等现代水系发育。

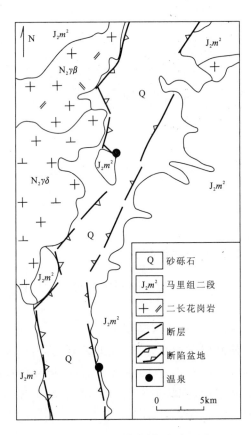

图 5-44 谷露断裂构造平面图

(二)活动构造与地震、地热

活动构造控制了地震、地热的发育,同时地震活动和地热异常又常常是活动构造的重要表现。

1. 地震活动

测区范围内自有记录以来共发生了 42 次地震(表 5-4),均发生在 20 世纪,主要分布于九子拉、墨竹工卡、直孔、加兴、嘉黎北等地。主要受控于测区南部的扎雪-门巴断裂带,谷露断陷西侧的边界正断层和嘉黎断裂带,反映出这些区域性断裂现代活动性或继承性活动。

表 5-4 测区地震活动特征一览表

编号	地震时间 年-月-日	时:分:秒	震中位置 北纬	东经	精度	震级	震源深度 (km)	震中所在地
01	1751—		30°12′	91°30′	4	4.5		林周
02	1951-11-20	23:58:06	30°18′	91°42′	5	4.5		藏雄
03	1951-11-22	05:29:21	30°18′	91°42′	5	4.5		藏雄
04	1925-01-12		30°30′	91°30′		6.5		九子拉
05	1940-09-04	03:57:07	30°30′	91°30′	4	5.7		九子拉
06	1940-10-04	12:35:51	30°30′	91°30′	4	6.1		九子拉
07	1951-11-18	19:22:56	30°30′	91°30′	3	5.7		九子拉
08	1951-11-18	20:06:57	30°30′	91°30′	3	5.5		九子拉
09	1951-11-19	01:46:35	30°30′	91°30′	3	5.5		九子拉
10	1951-11-19	02:41:26	30°30′	91°30′	3	5.4		九子拉
11	1951-11-23	03:35:37	30°30′	91°30′	3	4.7		九子拉
12	1951-11-23	12:11:46	30°30′	91°30′	3	5		九子拉
13	1952-03-15	02:19:57	30°30′	91°36′	2	5		九子拉
14	1952-06-02	18:08:23	30°30′	91°30′	4	5.3		九子拉
15	1952-06-02	18:33:34	30°30′	91°30′	4	5		九子拉
16	1981-09-23	16:53:31	30°36′	91°36′		4.2		九子拉
17	1946-07-02	19:12:46	30°00′	92°00′	4	5		直孔
18	1951-12-03	14:57:32	30°00′	92°00′	5	5.5		直孔
19	1952-09-16	01:59:22	30°00′	92°00′	2	5		直孔
20	1990-01-17	20:27:47	30°05′	92°19′	3	3.0		墨竹工卡
21	1990-08-08	23:38:55	30°02′	92°00′	2	3.0		直孔
22	1991-12-25	05:27:48	30°02′	92°18′	2	4.1		墨竹工卡
23	1992-08-12	15:31:30	30°00′	92°00′	3	3.2		墨竹工卡
24	1992-08-12	19:38:44	30°08′	91°53′	3	4.1		墨竹工卡
25	1992-08-13	00:20:23	30°06′	91°54′		3.0		墨竹工卡
26	1992-08-13	05:59:38	30°04′	91°58′		3.2		墨竹工卡
27	1992-11-13	19:22:14	30°09′	92°02′	4	3.0		墨竹工卡
28	1993-01-08	11:50:13	30°00′	91°53′	4	3.1		墨竹工卡
29	1993-11-24	02:14:28	30°00′	91°58′	2	3.0		墨竹工卡
30	1993-11-24	03:28:30	30°05′	91°59′	2	3.0		墨竹工卡
31	1994-04-27	00:00:41	30°00′	91°58′	3	3.1		墨竹工卡
32	1994-10-05	15:30:07	30°00′	92°03′	3	3.0		墨竹工卡
33	1994-10-11	13:32:45	30°12′	92°04′	2	4.3	29	墨竹工卡
34	1994-10-11	13:37:02	30°00′	92°05′	3	3.2		墨竹工卡
35	1994-10-12	05:21:53	30°01′	92°03′	2	3.1		仁多岗
36	1955-07-07	17:51:19	31°00′	93°00′		4.5		嘉黎北
37	1956-07-24	10:14:42	31°00′	92°30′	5	4.5		多拉
38	1976-01-26	03:12:26	31°00′	93°30′		4.6	33	嘉黎
39	1952-08-18	05:40:57	30°00′	93°00′	5	5.3		工布江达
40	1959-09-05	13:33:33	30°00′	92°30′	5	4.5		加兴
41	1982-04-23	23:47:05	30°18′	93°18′		4.1		工布江达
42	1984-08-04	07:22:05	30°06′	92°30′		3.4		工布江达
43	1992-01-09	01:41:38	30°08′	92°29′		4.8	35	加兴
44	1992-04-24	07:37:43	30°20′	92°27′	2	3.0		加兴

2. 地热活动

测区地热显示强烈,是断裂现代活动主要标志之一。在谷露、德宗、建多、脏白汤等地地热活动由热泉、间歇性喷泉、地热蒸汽等形式表现出露。水温在 40~80℃之间,泉眼周围泉华、硅华发育,水热蚀变强烈,其活动分布特征主要表现如下:

(1)温泉多出露于北西向张扭性断裂和东西向主干断裂交汇部位,如脏白汤附近的温泉呈东西向线状分布,泉眼受控于东西向断裂和北西向断裂的交汇部位。

(2)由于近南北向断裂在近地质时期活动强烈,岩石破碎呈松散状,裂隙发育,为深成热水上涌地表提供了通道。同时这些断裂带是地震活动频繁地带,故活动断裂、地震、温泉三者密切相关,典型代表发育在东北部的谷露断陷谷内。

(3)活动断裂附近常有花岗岩体和次火山岩产出,温泉往往发育在岩体与围岩的接触界线上。如择弄沟北部查卡附近温泉沿石英斑岩与其南侧的洛巴堆组灰岩接触处发育。

(4)受新构造期地壳差异性断块式隆升影响,泉口有向低处迁移的现象,在高处残有古热遗迹——钙华丘,在低处为泉口与新生的泉华。

二、新构造快速隆升的地貌标志

地貌是构造运动与内外动力耦合的产物,典型构造地貌(如构造地貌阶地和夷平面等)能反映构造活动的强度和期次,是研究新构造运动的重要对象。

(一)夷平面

夷平面是地壳在长期稳定的条件下,由各种外力途径对地表进行剥蚀、侵蚀和堆积的统一过程中形成的一个大致平坦的地面。夷平面的多层性,反映了新构造运动的阶段性。根据测区现代地形地貌,结合前人对青藏高原构造地貌的研究成果,自高而低划分 3 级夷平面。

(1)一级夷平面:分布于测区西北部的谷露北北东向断层西侧,由桑颠康沙、加杜、日玛耳山峰的平坦山顶构成,海拔在 5 800~6 088m 之间,夷平面发育区各山顶呈平台状,并被现代冰川所占据,遭受冰蚀作用强烈。根据区域资料,该夷平面形成于渐新世晚期。

(2)二级夷平面:分布于一级夷平面外围东部、南部,海拔在 5 200~5 500m 之间,山顶多呈浑圆状、平台状。其实,测区内的山顶面多处于这个高程内,是测区的主夷平面,形成于中新世。

(3)三级夷平面:分布于测区东北部湖区及近东西向大河的边部,海拔在 4 500~4 900m,夷平面分布区山顶多呈山梁状、丘陵状,常构成山麓阶梯状台地、岗式丘陵。该夷平面形成于青藏运动与昆黄运动之间,时间上大致在上新世晚期至早更新世早中期。

上述 3 级夷平面的存在,说明喜马拉雅时期测区内发生过 3 次大幅度的间歇性整体隆升,每次隆升又可分为相对宁静期与上升期,宁静期以遭受外营力剥蚀为主,夷平面形成。而上升期下切作用加强,夷平面解体。

(二)河流阶地

河流阶地的成因主要与新构造运动有关。根据阶地的类型,可以了解构造运动升降的性质;根据阶地的级数,可以了解新构造运动间歇上升的次数;根据各级阶地之间的高差,可以大略测知不同时期新构造运动上升的幅度。测区内尼洋河、拉萨河、麦地藏布、桑典等河谷非常发育,形态呈峡谷、箱形谷、宽谷等,在宽谷留有 3~4 级阶地(图版 XXI-7),其中麦地藏布在亚若苦南的阶地形态保存最好(图 5-45,图版 XXI-8)。麦地藏布东宽约 100m 的河谷中发育 3 级阶地,阶地皆为内叠冲积阶地,其内充填第四纪松散冲积层。一级阶地厚约 0.5m,热释光年龄为(47.5±0.41)ka;二级阶地高 3m,热释光测年为(38.92±3.31)ka;三级阶地高 2.5m,热释光测年为(176.21±14.98)ka。自 176.21~(47.5±0.41)ka 年以来,地壳隆升了 6m,平均降升速率为 0.4mm/a,可以看出晚更新世以来青藏高原至少存在 3 次上升期和相对宁静期,但上升幅度和速度都较小。

图 5-45 麦地藏布在亚若苦南的阶地素描图

(三)冲积扇

除上述夷平面、河流阶地能反映测区新构造运动的特征外,能揭示测区新构造运动特点的地貌还有洪积扇等。野外调查和遥感图像分析不难看出,测区洪积扇和冲沟极为发育,冲沟中多级跌水陡坝的形成、洪积扇的偏转迁移、洪积扇的串珠状叠置以及新断层崖基部所形成的线状排列的洪积扇都有揭示测区新生代以来地壳运动特点的意义。图 5-46 是色荣藏布南明龙朵附近洪积扇叠置和偏移的地貌景观,反映了地壳正在间歇性上升。

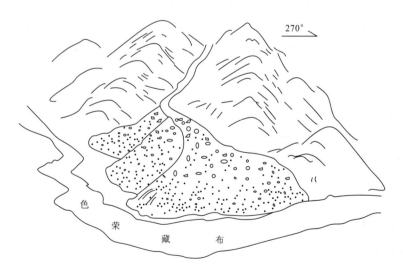

图 5-46 色荣藏布南明龙朵附近洪积扇叠置和偏移的地貌景观

第七节 遥感地质解译

一、遥感资料与质量评价

1. 遥感资料与数字图像处理

1）遥感资料

本次西藏门巴区幅1∶25万地质调查应用的遥感资料主要有两类：一是美国陆地卫星Landsat-7的ETM数字图像；二是黑白全色航空相片，比例尺1∶6万。

为了获取区域最大的地质信息，我们选取的时像为2001年2月14日的ETM数据。2月前后是该区大部分冰雪消融而植被相对较少的时期，遥感图像能较好地反映区域土壤与岩石信息。经预处理后，根据调查区自然地理状况，地表出露的岩石类型、覆盖程度，卫星成像时间、季节等，选择ETM7(R)、ETM4(G)、ETM1(B)波段进行彩色合成，经地理编码制成西藏门巴区遥感影像图，根据工作需要制作了全测区的1∶25万和1∶10万遥感影像图，测区9个分幅的1∶10万遥感影像图。制作单位为中国国土资源航空物探遥感中心，制作时间是2002年5月。

黑白全色航空相片成像时间是20世纪60年代。航空相片仅此一套而且是租借的，因而未作图像镶嵌等处理，单张直接用于室内解译和野外调查。

2）数字图像处理简述

根据测区地质地貌、自然环境和数字图像质量等，对ETM图像数据又进行多种方法的计算机数字图像处理。由于购买来的ETM数据为一幅经过了辐射校正与几何粗校正的产品，故此次图像的预处理主要是图像的几何精校正。此次图像处理主要是在ENVI及ACRGIS两大图像处理软件的平台下完成的。几何精校正中控制点的选择多来源于1∶25万的电子地图与1∶10万地形图数据。

信息提取前首先是对数据进行最优波段选择与图像增强。在ENVI平台下，我们对Landsat-7数据7个波段进行了方差和相关系数的统计，根据解译的实际目的比较分析选择了ETM7、ETM4、ETM1三个波段进行RGB假彩色合成。为了充分利用全色波段15m分辨率数据，我们采用了基于色度空间变换的数据融合手段，将第8波段融入假彩色图像中，在保留了多光谱信息的同时，将图像的空间分辨率由30m提高到15m。

为了增强区域构造信息，对空间增强后的图像进行了各种为突出构造特征的滤波增强，对不同类型与模板运算下的图像进行比较分析。

为了对平面图下解译的构造信息进行补充和校正，根据电子地图生成区域影像三维景观图像，并将解译构造信息叠加到三维景观图像上（图版XXV-1）。

根据遥感影像特征与野外检验结果，对遥感影像进行了基于影像色度特征的监督分类，对区域岩类信息进行了初步分类（图版XXV-2）。

2. 遥感资料质量评价

1）TM图像

经几何校正和上述方法彩色合成处理的遥感图像，具有模拟天然彩色的特点，图像色调总体偏土黄色，色彩基本适中。由于测区地表切割强烈，地势高差较大，山谷深切，山峰耸立，造成山体阴影较多,遮盖了阴坡地表,影响解译效果。同时地势高差较大也造成了部分高山顶上有常年积雪和冰层覆盖,部分深切沟谷阴坡还有残留积雪。这些冰雪覆盖物虽分布局限,但还是影响到细部地质解译效果。此外,测区西金达区幅和巴嘎区幅南部有北东向条带状薄云遮盖,对该区解译效果影响较大。

虽有积雪和薄云遮盖,但对全区遥感地质解译影响并不很大。总体评价就该区遥感影像图的图像质量来说,基本能达到地质解译的需求。

2) 航空相片

黑白航空相片由于时代较长,相片破损,影像色调偏灰,反差较小。由于测区地势高差较大,在这类中心式投影的航空相片上,地物像点位移变形十分强烈。镜下观察虽然立体感较强,但地形起伏造成的阴影遮盖了很多地质信息,影响解译效果。

测区面积近 16 000km^2,而且地势高差大,相邻航空相片重叠率较高,全区航片 468 张,室内解译和野外应用工作量都较大。

虽然如此,这套航空相片的地面分辨率还是较卫星图像高,可从中提取较多的细部地质信息。如洛巴堆组灰岩的影像,侵入岩体与围岩的准确接触界线,局部地层产状,小规模的断层等。在野外路线地质调查时,应用航空相片辅助 GPS、地形图准确定点定位。在点线观测过程中,应用航空相片对照实地沿地质界线向两侧追踪解译,或观测点周围小面积的实地解译等,都提供了较丰富和不可多得的地质信息,有助于野外调查的质量和精度及整体工作效率的提高。

二、测区自然环境、地质条件的遥感解译条件及效果评述

测区位于青藏高原的中部偏东的念青唐古拉山地区。新生代的地壳强烈上升和广布外流水系的深切,使测区地形切割强烈,山高谷深,河流湍急,野外通行条件极差。

测区属高原大陆性气候,以干燥寒冷著称。无霜期短,气候干燥,植被不发育,主要为稀疏的草本植物,南部门巴、金达几条大沟谷分布有树木。同时测区河流深切,湖泊少而小,冲洪积物和湖积物发育较差,基岩上的这些松散堆积物和植被覆盖率都较低。

这样自然环境地质调查地区应是发挥遥感技术优势的地区,但是由于测区干燥寒冷,岩石物理风化十分强烈,山坡上遍布岩石风化的残坡积碎石,覆盖了大部分基岩,降低了遥感图像解译程度。测区出露的沉积岩多为浅变质的岩石,岩性差异较小,岩层厚度大,虽属不同地质单元,却无明显的解译标志。测区侵入岩较发育,分布面积较大,绝大部分为花岗岩类,不同的岩体只在结构方面有差异,岩石总体外貌颜色、地貌形态、水系类型等均无明显差异,岩体类型解译效果很差。但侵入岩体与沉积地层成因上的不同,使二者在遥感图像上显示较明显的影像差异。

测区新生代地壳强烈上升,地势高差较大,山高谷深,沟谷纵横,除测区西北青藏公路经过地区有较大面积被第四纪冲洪积物覆盖外,区内第四系覆盖物很少,遥感图像显示线性断裂构造图像特征明显,部分线性断裂的延伸方向、倾向,切断地质体特点,以及某些力学性质都有可解译标志。与地层、岩体相比较,可从图像中提取较多线性断裂的遥感信息,线性断裂是本区解译效果最好的地质单元。

与其他地区一样,第四纪沉积物是遥感地质解译最好的地质体,虽分布面积很小,但其成因类型也可在图像上较清楚地划分。

以上评述表明,测区属遥感地质解译效果较差的地区。

三、遥感解译程度分区

根据上述遥感资料质量和测区自然环境及地质特征等,将测区划分出 3 种类遥感地质解译程度区(图 5-47)。

Ⅰ类地区,为解译程度相对较高的地区。主要分布于测区北部谷露-桑巴之间,分布面积为测区的近2/5,主要为中生代地层和中新生代花岗质侵入岩类区,区内花岗质侵入岩解译效果较好,分布范围易勾绘,岩体与地层影像差异明显,侵入界线清楚,解译效果较好。中生代地层内各组段无明显影像特征,花岗质侵入岩中各侵入岩体之间无影像差异,不宜在图像上区分。

Ⅱ类地区,为解译程度中等地区。主要分布于测区西南部唐古—扎雪—门巴一带,分布面积为测区的近1/4,主要为古近纪帕那组火山岩和中新生代花岗质侵入岩,火山岩和花岗质侵入岩区与围岩有较明显的影像差异,接触界线较清楚。但其内部各单元无明显解译标志解译。

Ⅲ类地区,为解译程度较低的地区。主要分布于测区的西北谷露,中部的色日绒—巴嘎和东南部的金达等地区,分布面积不足测区的2/5。北部为中生代地层,中部为石炭纪—二叠纪地层,金达地区为花岗质侵入岩和前奥陶纪松多岩群。此类区不同大类地质单元间也无明显影像差异,解译效果很低。

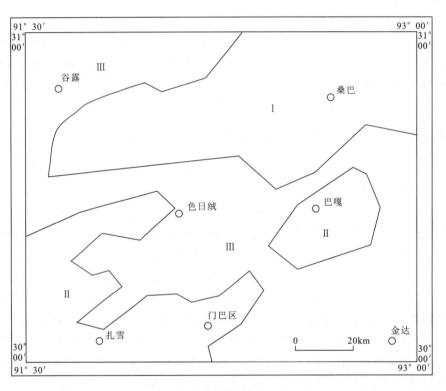

图5-47 测区遥感解译程度分区图

野外实测时,根据遥感解译效果,在上述各解译程度区内布置疏密不等的观测路线,有目的的观测点,总体取得较好的预期效果。在解译程度较高的地区,野外实测证明中生代花岗质侵入岩的分布范围,以及与沉积地层界线解译得都很准确,对野外实测有很好的作用。解译程度中等地区从图像上解译出的地质界线与实测的有出入,地质界线以野外实测为准。解译程度较低的地区,完全以野外实测资料为准,遥感图像解译内容只作为参考,在这类地区遥感图像仅用作野外调查时地形图的辅助图件。

四、地质解译标志

以下各地质单元的遥感图像解译标志,均以前述多波段ETM彩色合成图像的影像特征为依据。

（一）沉积地层解译标志

测区沉积地层分布较广，岩石类型也较多样，但均发生不同程度的变质，岩石厚度巨大，遥感图像特征不明显，各组段间无差异性解译标志。

1. 第四纪堆积物

1）冲洪积物（Qh^{apl}）

其成因，分布的空间位置是其很好的解译标志。区内大部分的冲积物和洪积物混杂分布在一起，实测较难将其分开，但对分布面积较大的冲洪积物，在遥感图像上有较明显的解译标志（图版XXⅡ-1）。

（1）冲积物（Qh^{al}）：一般可解译的、分布有一定面积的冲积物，均沿较大的河谷带状分布，有明显的线性河流水系网纹，无水的冲积物一般色调较浅，在卫星图像上多呈浅土黄色，解译效果好。一般沟谷中的冲积物仅有沟中有单一的水系，无辫状水系网纹，色调多呈黄绿色，其边界与基岩色调界限不明显（图版XXⅡ-1）。

（2）洪积物（Qh^{pl}）：主要分布在区内较大的、开阔的河谷两侧的坡前山口处，如谷露附近和拉萨河两岸的洪积扇。这些洪积扇规模虽不大，但形状呈较规则的扇形，图像上多呈淡土黄色。谷露镇西北侧的洪积物发育较明显的扇状水系网，解译效果较好（图版XXⅡ-2）。

2）冰水堆积物（Qh^{gfl}）

在测区较发育，主要分布于测区西北的加杜、桑颠康沙雪山脚下，色调与周围冲洪积物相比无明显差异。水系呈扇形、网状，溯源追索其水系连接于雪山冰盖。其扇状水系网，为冰雪融水，而非降雨洪水冲刷。解译效果较好（图版XXⅡ-3）。

3）湖沼堆积物（Qh^{fl}）

测区湖泊少而小，湖积物不发育。区内可解译的湖积物主要分布于测区北部几个小湖区。湖积物水系较发育，是多条水系汇聚区，可见星点状或不规则状残留的小水泊，地形较低洼平坦，色调多变，解译效果好（图版XXⅡ-4）。

2. 古近系始新统帕那组火山岩（E_2p）

测区帕那组火山岩主要分布于西南的唐古—扎雪之间和马拉冈日雪山周围，在测区东南多其木也有少量分布。火山岩分布区地势高陡，山高谷深，沟谷纵横，山脊尖棱状，沟谷多呈"V"形。水系发育，单个沟谷较长，略有弯曲，总体以较高的山峰为中心呈放射状水系，表现具有放射状火山机构的地形特点。遥感图像显示裸露的火山岩多呈较暗的褐红色，这是区内帕那组火山岩区别于围岩最主要的解译标志。火山岩整体分布形态解译效果较好，与围岩界线较明显。但火山岩内部不同类型岩石之间的界线很难从图像中识别（图版XXⅡ-5）。

3. 上白垩统竟柱山组（K_2j）

竟柱山组从测区西界到测区中部握朗，沿嘉黎断裂东西向带状分布。竟柱山组主要是红色碎屑岩，与周围的地层岩性差异较大。在图像上显示较明显的淡黄绿色，特征明显。地势较低缓，地形细碎。水系发育，冲沟细小而密集。与周围地质体界线较清晰，对比其他地质体，该地层是区内遥感解译效果最好的地质单元。野外实测证明，该单元遥感解译的分布范围与其他地质体之间的界线都很准确（图版XXⅡ-6）。

4. 上白垩统设兴组（K_2s）

设兴组在本区仅分布于扎雪乡拉萨河南岸，出露面积不大。图像显示有较好的解译标志，显示为黄绿色。地形较低缓，冲沟浅而短，水系较密集，呈羽毛状。这种图像特点显示与该组杂色粉砂岩的岩性有较大相关性。总体评价设兴组解译效果较好。

5. 下白垩统多尼组（K_1d）

该组在测区出露面积很小，图像上无显示。

6. 中上侏罗统拉贡塘组（$J_{2-3}l$）

该组在测区出露面积较小，仅分布于嘉黎县握朗乡东侧，东西向展布于嘉黎断裂以北。该组图像上无明显影像特征，主要表现为暗黄绿色，地势较高陡。在图像上无法解译或勾绘出界线，解译效果较差（图版ⅩⅩⅢ-3）。

7. 中侏罗统桑卡拉佣组（J_2s）

该组在区内沿嘉黎断裂带北侧东西向带状分布。由于其岩性主要是碳酸盐岩，与周围地层岩性差异较大，图像（图版ⅩⅩⅢ-3）上有较好的解译标志。主要表现为色调较浅，为淡土黄—黄绿色。地势高差较小，山低谷浅，山脊较和缓，沟谷多开阔，小山脊走向北东东定向较明显，基本反映出该组岩层的走向。与周围地质体界线较清楚，解译效果较好。

8. 中侏罗统马里组（J_2m）

该组在本区出露面积较大，分布于区内嘉黎断裂带以北。地势高陡，山高谷深，"V"字形沟谷，尖棱状山脊。岩石本身的暗灰—深灰色彩与图像上的暗黄绿色调有较好的对应性。图像显示色调较均匀，与周围的花岗岩界线较清楚，分布形态清楚，基本可在图像上勾绘出其分布界线，总体评价该组解译效果较好。但内部段、层无明显标志，不能从图像（图版ⅩⅩⅢ-3、图版ⅩⅩⅢ-5）上进一步识别、划分。

9. 中二叠统洛巴堆组（P_2l）

该组主要分布于测区南部门巴区德宗乡和区内嘉黎断裂东段的南侧。与区内其他地层比较，该组是全区图像特征最明显、解译效果最好的地层单元。主要表现为色调较浅，多呈明亮的土黄色，较均匀。水系较发育，多成短而弯曲的小冲沟，较密集。地势较低缓，地形细碎，显示出较好的定向性，有些位置显示出灰岩层的走向，甚至岩层的倾斜方向也有显示，如巴嘎区北侧凯蒙南沟的洛巴堆灰岩。有些零星分布在高山顶上的灰岩也有较好的图像特征，如色日绒区南和西南侧两处以"飞来峰"产出在高山顶上的灰岩，图像特征十分明显。该套地层与周围地质体界线较清楚，解译效果较好（图版ⅩⅩⅢ-1、图版ⅩⅩⅢ-2）。

10. 上石炭统—下二叠统来姑组[$(C_2—P_1)l$]

该组主要分布于测区中部，虽然该组区内分布面积大，而且划分出3个岩性段，但是其岩性主要是暗色板岩、片岩等，岩性较单一，岩层厚度巨大，各段、层图像特征基本无差异，解译效果较差。总体图像特征为地势高陡，山高谷深，"V"字形沟谷，尖棱状山脊，水系发育，末级冲沟多为近东西走向，反映出岩层的走向。色调总体偏深，多为深蓝灰色。宏观分布形态可解译，内部段、层无标志性影像，很难进一步详细划分。色绒藏布两侧的来姑组底部大理岩段色调较浅，以浅土黄色为主，部分区段可在图像上勾绘出宏观的分布形态(图版XXIII-2至图版XXIII-4)。

11. 前奥陶纪松多岩群(AnOSd)

该套地层主要分布于测区南部,地势高陡,山高谷深,"V"字形沟谷,尖棱状山脊。中等色调,以土黄色为主。总体分布与花岗岩的接触边界在部分区段还可解译,但内部段、层在图像上很难再分,解译效果不好(图版XXIII-1)。

(二)侵入岩解译标志

区内侵入岩发育,分布面积较大,主要是中新生代花岗质侵入岩。岩石类型的差异主要表现在其结构方面,成分差异不大,因而岩石外貌近一致,遥感图像上也无差异性图像特征,很难在图像上将不同类型的侵入岩进一步划分。但是侵入岩与沉积岩的岩貌差异使二者图像特征差异明显,侵入岩体边界较清晰,可在图像上较准确地勾绘出其分布范围。

区内嘉黎断裂北侧的侵入岩与周围侏罗系暗色浅变质的碎屑岩,颜色差异较大,在图像上界线清楚,解译出的岩体界线与实测吻合较好。嘉黎断裂南侧的侵入岩与周围色调偏浅的岩层(如马布库岩组的石英岩)颜色差异较小,而且地形差异也不大,图像上二者界线不清楚,岩体解译界线与实测结果吻合较差。

遥感图像显示区内花岗质侵入岩体主要表现为地势均较高陡,山高谷深,山脊多尖棱状,"V"字形沟谷。冲沟长,多弯曲,水系较发育,但不密集,总体以粗大的树枝状为特征。总体色调较浅,以浅土黄色为主。嘉黎断裂北侧的侵入岩多为褐红色,相比围岩特征明显。可解译的岩体边界线,多呈弯曲不规则状。总体评价区内花岗质侵入岩宏观分布特征明显,侵入边界清楚,解译效果较好(图版XXIII-5,图版XXIII-6)。

(三)线性断裂构造解译标志

测区位于雅鲁藏布江板块缝合带和班公湖-怒江板块缝合带之间,区内断裂和褶皱构造发育,类型齐全。由于测区地层岩性差异较小,岩石厚度巨大,均发生不同程度的变质,再加上区内岩浆岩发育,因而褶皱构造虽较发育,但遥感图像上并无褶皱影像显示,不论规模大小,褶皱构造均不能应用遥感图像解译识别。

区内线性断裂构造发育,规模大小均有,图像特征明显,解译效果较好。下面所描述的线性断裂都具有较好的解译标志,大部分在野外得到证实。有些线性断裂在图像上也有较明显的图像特征,但是由于风化剥蚀、岩浆侵入等地质作用的影响和改造,野外特征不明显,实测中没有得到验证。

下面是区内各方向主要断裂构造的图像特征。

1. 东西向线性断裂构造

受区域构造影响,测区东西向线性断裂构造非常发育,规模大,延伸稳定,遥感图像上都有较明显的影像特征,解译与实测吻合较好。

(1)嘉黎断裂带:这是区内规模最大的线性断裂构造,在测区中部近东西向展布,纵贯全区。这是由3条近东西向断层组成的一条较宽的线性断裂带,断层之间沉积岩层走向与断裂带一致,不同地层单元的岩性差异较大,使该断裂带在遥感图像显示出多条明显的线性色调异常带,或色调异常分界线。尤其是沿断裂带分布的桑卡拉佣组淡黄色影像的灰岩层,形成的近东西向线性色调异常带是遥感图像上最醒目的图像特征。沿该断裂带几条大沟谷均呈近东西向线性展布。如当雄县巴嘎乡西侧的桑曲、东侧的波曲,南北向麦地藏布的东西向支流林曲和惹穷曲,测区东侧的麦曲和程雄曲等，都是受嘉黎断裂控制的近东西向线性异常河谷（图5-48）。同样受嘉黎断裂控制，沿该带分布的山脊、冲沟也都近东西向线性展布。组成嘉黎断裂带的几条断层解译结果和野外实测资料完全一致，效果很好（图版XXIV-1）。

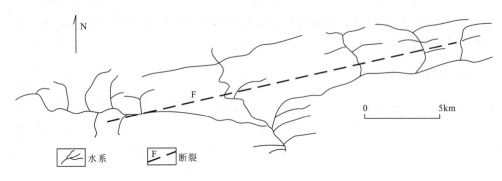

图 5-48 握朗附近嘉黎断裂水系异常图

（2）扎雪-门巴线性断裂：分布在测区南部扎雪和门巴之间。该线性断裂带规模较大，但连续性不好，图像特征不很明显。扎雪以西表现为东西向线性大沟谷，如东西向拉萨河谷段。扎雪-门巴之间为多条断续的东西向直线性沟谷。图像显示该断裂过门巴还可断续向东延伸，到金达区幅由于云层的遮盖和岩体侵位的影响，该线性断裂图像特征不明显。总体评价该线性断裂解译效果一般，有些部位与实测结果不相符。

（3）绒麦-色日绒-巴嘎线性断裂：发育于测区中部，基本沿来姑组复背斜轴面走向东西向分布。该线性断裂图像显示主要为近东西向线性延伸的直线形的沟谷，如西段的色绒藏布、中段的麦曲、西段的措不朗藏布和崔布蒲河谷，图像显示这些直线形河谷西段较窄，图像特征明显；东段河谷较宽，断裂图像特征不明显。该线性断裂是区内来姑组复式背斜核部的纵张断裂。由于沿纵张断裂发育的河谷剥蚀作用，该断裂野外地质现象不很明显，只是在部分地段观测到断裂的证据。在遥感图像上该断裂的综合图像特征还是较明显的，解译效果较好。

（4）唐旺拉-麦地藏布线性断裂：分布在测区北部。遥感图像显示该断裂为一条东西向线性沟谷，沟谷西段狭窄、东段开阔，谷内发育的冲洪积物在图像上显示为均匀的灰绿色。沿沟谷两侧发育有近东西向的线性排列的陡坡脚、断层崖。由于沟谷较宽，断裂的野外直接特征不明显，但沿该断裂发育的羊果来、姜水淌等多个温泉点（群），足以说明该线性断裂的存在，而且是一条活动断裂。总体评价该断裂解译效果较好。

（5）德宗-弄多拉线性断裂带：该断裂带位于测区南部门巴区的北侧，由3条主要断层组成，断裂带中段德宗附近展布较宽，约5km，东、西两端较窄。该断裂图像特征并不明显，主要是由受断层控制的洛巴堆组灰岩在图像上表现出的特殊影纹所显示。图像上沿断裂东西向分布的洛巴堆组灰岩呈明亮的淡黄色，地形细碎，明显区别于南、北两侧的其他岩层。该断裂野外地质特征十分明显，路线调查和实测剖面已证实该断裂在此处控制着马布库岩组、雷龙库岩组、来姑组和洛巴堆组的断层接触。著名的德宗温泉和东侧的择弄温泉就发育在该断裂带上，说明这是一条活动断裂。该断裂解译效果较好。

（6）洞中松多-多其木线性断裂：该断裂发育于区内东南部，区内全长约40km，向东延伸出测区外。图像显示该断裂在多其木以西为直线形延伸的大沟谷，由于图像上有较多的云层遮盖，解译标志不明显。在多其木以东为色调异常分界线。野外实测证明该断裂是控制古近纪帕那组玄武质安山岩南侧的边界断裂。洞中松多铅锌矿的分布与成因与该断裂关系密切。该断裂解译效果较好。

2. 南北向线性断裂

区内南北向线性断裂较发育,一般规模都较大。遥感图像显示区内南北向线性断裂图像特征明显,解译效果较好。

(1)麦地藏布-择弄线性断裂:该断裂分布于测区中部,区内延伸长达 50km。遥感图像显示北段沿麦地藏布南北向河谷段分布,图像特征不很明显。南段图像特征明显,表现为多条南北向直线形沟谷、山脊沿断裂连续分布,明显异常于周围的地貌景观影像(图 5-49)。断裂北段实测证据不多,南段野外实测资料表明为一东倾的逆断层。区域地质资料表明该断裂向南可延伸出区外(图版 XXIV-2)。

(2)基龙多-门巴线性断裂:该断裂分布于门巴北部,与上述南北向断裂平行分布,全长近 40km。图像显示该线性断裂南段图像特征明显,主要表现为多条南北向直线形沟谷、山脊在此首尾相接,线性延伸展部,明显异常于周围的山脊和沟谷分布特点。图像显示该断裂线性影像向北延伸可穿过色绒藏布,但这一部分在野外未实测到断裂的证据。该断裂南段野外证据较多,为一西倾的正断层。

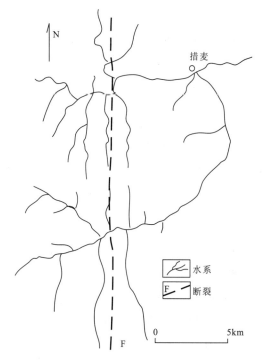

图 5-49 措麦附近麦地藏布-择弄南北向线性断裂水系异常图

(3)色日绒-爬格线性断裂:该断裂位于色日绒区南部,全长约 35km。该线性断裂在遥感图像上主要表现为多条南北向直线形沟谷、山脊首尾相接线性延伸,与前述断裂有相似的图像特征。野外实测未见到该断裂明显证据,仅在色日绒南侧沟内见到南北向沟谷(断裂)两侧砂质板岩的构造形态明显不同,断层现象、证据都被沿断裂发育的河谷剥蚀掉。该断裂解译效果一般。

(4)莫波-亚穷多线性断裂:该断裂位于测区北部,麦地藏布以北,区内全长约 30km,向北可延伸至区外。图像显示该断裂南段为一条南北向直线形大沟谷,北段为多条较小的沟谷首尾相接,南北向线性展布。野外实测证明该断裂为一陡立的张性断层,南段和北段切割马里组碎屑岩,中段切割花岗质侵入岩体。解译效果较好。

(5)谷露-桑曲线性断裂带:该断裂位于测区西北部,其延伸方向实为北北东向。这是本区规模最大的北北东向线性断裂带,区内全长约 45km,向北、向西都延伸出区外。图像显示该断裂带展布较宽,最宽处约 8.5km。断裂带中部是北北东向桑曲河谷,河谷内冲洪积物平整的地形和均匀浅土黄色调,使其在遥感图像上呈现出明显与两侧基岩不同的色调异常带,在宏观遥感图像上十分醒目。由于风化剥蚀和堆积作用,野外很难见到这类断裂的证据,但遥感图像上清楚地显示出断裂带两侧边界,即河谷堆积物与基岩边界线呈规则的"之"字形,表现出一北北东向带状断裂谷的特点。沿断裂谷两侧齿状边界分布有多个温泉,如谷露北侧克拉附近的温泉、桑曲大桥南侧拉弄孔丁附近的温泉,足以说明这是一具有活动特点的断裂谷。受嘉黎断裂带的影响,该线性断裂带向南延伸斜接于东西向嘉黎断裂。尽管野外未见到该线性断裂带的直接证据,但其图像特征明显,解译效果好(图 5-50,图版 XXIV-3)。

3. 北西向线性断裂

测区内北西向线性断裂较发育，规模大，延伸远，图像特征明显，解译效果好。野外实测证据充分，多为高角度的右行走滑断层。

(1) 洁松康嘎布-建多-巴嘎线性断裂：这是本区规模最大的北西向线性断裂，区内延伸近百千米。向北西可延出区外。该线性断裂在遥感图像上有十分明显的图像特征，主要表现在洁松康嘎布—建多之间为一条十分平直的北西向直线形沟谷(甘巴朗)，在此区段明显有别于周围的水系格局，表现出压扭性断裂的典型图像特征；建多—巴嘎之间为几条较大而开阔沟谷，沿北西方向首尾相接线性展布。图像清楚显示区内南北向的麦地藏布流经该断裂时明显受其控制，转向成北西方向。实测资料表明，该断裂为一条证据充分的右行压扭性断裂。解译效果很好(图版 XXIV - 6、图版 XXIV - 7)。

图 5-50　谷露-桑曲南北向线性断裂带解译图

(2) 洁松康嘎布-亚里嘎日线性断裂：该断裂分布于测区北部，其走向为 NW295°。区内延伸长度近 50km。图像显示这是一条明显色调异常分界线，东北侧色调较浅，出露的主要是浅色调的花岗质侵入岩体；西南侧色调较深，分布的主要是马里组暗色调的变砂岩。此外流经该断裂的水系，均受断裂控制呈北西向首尾相接的直线形。直线形沟谷狭窄平直，表现出压扭性断裂的图像特征。解译效果较好(图 5-51，图版 XXIV - 4)。

(3) 谷露-羊果来线性断裂：该断裂分布于测区西北部，区内延伸约 37km。该断裂西北段发育在马里组变砂岩层中，图像显示特征明显，为狭长的直线形大沟谷。向南东延伸到中部花岗岩区则不明显。野外实测证实这是一条右行走滑断裂，该断裂在羊果来处与前述唐旺拉-麦地藏布东

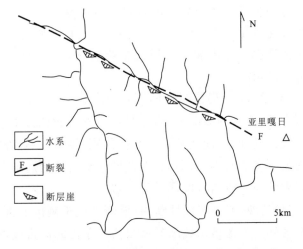

图 5-51　亚里嘎日附近洁松康嘎布-亚里嘎日北西向线性断裂解译图

西向断裂相交，交汇处发育有羊果来温泉，说明该断裂为一条活动性断裂。解译效果较好。

(4) 笨真多-拉屋-巴嘎拉线性断裂：该断裂分布于测区西部，区内延伸近 40km。图像显示该断裂在笨真多—拉屋之间为两条直线形对头沟谷，色绒藏布流经该断裂中段时明显受其控制，呈北西向"之"字形拐折。该断裂向南东过色绒藏布后，图像特征不明显。野外实测证明这是一条右行走滑的压扭性断层。断裂南东段截断了以来姑组三段为核部的向斜构造。拉屋铅锌矿就发育在该断裂中段。解译效果较好。

(5) 曾龙-沈热线性断裂：该断裂位于测区南部门巴区西侧，延伸长度近 33km。图像上该断裂控制了多条对头状线形沟谷，这种水系形式明显异常于周围的水系分布形态(图 5-52)。野外实测资料显示这是一条右行走滑断层。解译效果较好。

(6) 麦曲-洛汝岗线性断裂：该断裂分布于测区东部，区内延伸长达 50km，向东南可延伸出区

外。该断裂南段在图像上有较好的影像特征,主要表现为狭长的直线形沟谷,直线形沟谷支流发育有断裂控制的倒钩状水系。野外实测证明该断裂为一条右行走滑断层,与图像中显示的线性断裂特征是一致的,解译效果较好。

(7)握朗-娘保-特工几则线性断裂:该断裂分布于测区东部,区内延伸近60km。该断裂在图像上有较好的线性影像特征,握朗—娘保之间显示为东西走向的山脊、岩层条带延伸致该断裂处被错移或截断;图像显示在娘保—特工几则之间为直线形对头状大沟谷,沿沟谷可见北西向线形排列的断层崖或断层三角面。该断裂在握朗—娘保之间野外证明明显,断裂西侧东西走向的洛巴堆组灰岩被切断。娘保—特

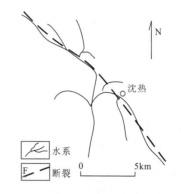

图 5-52 沈热附近曾龙-沈热北西向线性断裂水系异常图

工几则之间由于冲洪积河谷较宽,断裂构造的证据多被剥蚀掉,野外特征不明显。

(8)干巴胖-解腊松多线性断裂:该断裂分布于测区中部,区内延伸近50km。该断裂东南段有较好的图像特征,主要表现为北西向首尾相接的直线形大沟谷,沿线性沟谷可见北东向山脊被错移、断开。断裂的西北段图像特征不明显。野外实测资料证明该断裂在其西北段切割错断了来姑组构成的背斜褶皱北翼地层。该断裂东南段控制了花岗质侵入岩与来姑组三段的接触边界。总体评价解译效果一般。

4.北东向线性断裂

与北西向断裂相比,区内北东向断裂构造不很发育。遥感图像上解译的北东向线性断裂规模相对较小,野外地质特征不明显。有些线性断裂图像上有较好的特征,但没有得到较准确的野外证据。

(1)麦曲线性断裂:该断裂位于测区西北部,沿麦曲河北东向延伸,全长约32km,其走向为NE75°。该断裂图像特征较明显,主要为北东向线形对头河谷、北东向直线形河谷(麦曲河),以及沿河谷两侧北西向线性分布的断层崖或断层三角面(图 5-53)。野外实测证明该线性断裂为一条向南东倾斜的逆断层。解译效果较好(图版XXIV-8)。

(2)凯蒙南沟-叉青线性断裂:该断裂位于测区北部,全长近30km,该断裂向北东延伸与上述麦曲线性断裂小角度斜接。图像显示该断裂在叉青麦地藏布附近影像特征明显,显示为麦地藏布两侧对头状北东向线形河谷,近南北向的麦地藏布在此受断裂控制呈北东向"之"字形拐折,特征明显(图 5-54)。该断裂向北东延伸表现为多条线形的小沟谷,北东向首尾相接。

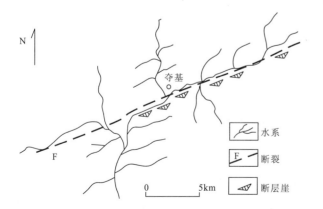

图 5-53 夺基附近麦曲北东向线性断裂解译图

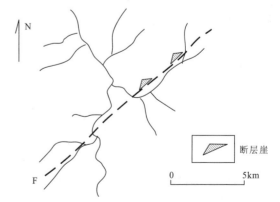

图 5-54 叉青附近凯蒙南沟-叉青北东向线性断裂解译图

(3)亚若苦-麦地藏布大桥线性断裂:该断裂位于测区北部,区内全长约38km。图像显示该断裂南西段为线性色调异常分界线,此段北西侧是暗色的马里组变砂岩,东南侧是浅色的桑卡拉佣组灰岩。断裂北段为北东向断续分布的线形小沟谷和色调异常分界线。该断裂野外实测证据较充分,为一左行压扭性断层。野外实测资料表明这是一条向南东倾斜的逆断层。解译效果较好。

(4)金达北侧的北东向线性断裂:该断裂位于测区东南部,区内全27km,两端可延出区外。该断裂图像特征不十分明显,主要表现为在几条北西向大沟谷两侧,对头状的多条北东向直线性延伸的小沟谷。图像特征不十分明显,但野外地质特征明显,为一条向南东倾斜的逆断层。

(5)藏雄体-绒麦-玛朗扛日线性断裂:该断裂位于测区西部,全长约37km。该断裂遥感图像特征十分明显,但野外特征不明显。图像显示该断裂控制了东西流向的热振藏布河谷在此呈北东向直线形延伸,断裂北东段发育在玛朗扛日周围的帕那组火山岩中,沿断裂发育的直线形沟谷中,出露着北东向串珠状的来姑组中段砂板岩(图5-55,图版ⅩⅩⅣ-9)。

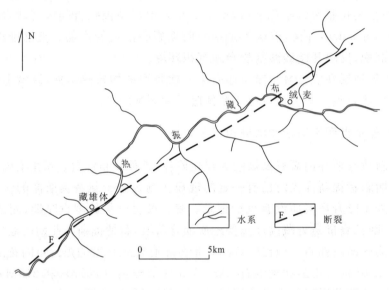

图5-55 藏雄体附近的玛朗扛日-曾达北东向线性断裂水系异常图

上述是本区主要地质体、断裂构造在遥感图像上的主要图像特征,大部分解译结果都得到野外验证,总体评价解译效果是较好的。

根据两年来的野外调查和室内研究工作,以及上述遥感图像解译内容和效果,认为遥感图像地质解译方法在本区地质调查中发挥了应有的作用,增强了野外地质工作的目的性、针对性,提高了基础地质研究程度,虽然还有很多地层单元、岩石类型、断裂及其性质等地质内容未能解译,或解译效果不好,但在本区这样自然地理、交通环境下,遥感技术的应用确实达到了提高区域地质调查工作效率的目的。

第八节 区域地质发展演化

测区位于斑公湖-怒江缝合带和雅鲁藏布江缝合带之间,其发展演化与新特提斯洋的俯冲消减,陆陆碰撞密切相关。测区内的构造活动、岩浆作用、变质变形及沉积建造特点记录了新特斯洋演化和冈底斯带的形成过程,在不同时期它们处于不同的地质发展阶段,形成不同的岩石组合和构造形迹。根据测区内的构造活动、岩浆作用、变质变形及沉积建造特点,结合区域大地构造的演化历史,可把测区的地质发展演化分为前特提斯演化阶段及新特提斯发展阶段,其中新特提斯发展阶段又具有石炭纪—二叠纪、早中三叠世、晚三叠世—早侏罗世、中晚侏罗世、白垩纪、古近纪—新近纪、第四纪等不同的演化过程(表 5-5,图 5-56)。

表 5-5　测区新特提斯地质演化序列表

地质时代	构造事件	沉积-火山记录	岩浆活动	变质作用
第四纪(Q)	造山后伸展,形成谷露盆山系统和不同方向伸展或伸展走滑活动断层	第四纪河湖相砂砾石堆积	无火山岩浆活动	无变质作用
新近纪(N)	陆陆碰撞导致地壳加厚,区内发育大量的深熔源花岗岩,并有东西向的逆冲断层,宽缓的水平直立褶皱,北北东向断陷盆地形成	无沉积记录	岩浆活动强烈,发育斜长花岗岩($N_1\gamma_0$)、花岗闪长岩($N_1\gamma\delta$)、黑云母花岗岩($N_1\gamma\beta$)和石榴黑云母花岗岩($N_1\gamma\beta$)	无
古近纪(E)	受新特提斯洋俯冲消减和重熔作用的影响,发育大规模的火山喷发	在嘉黎断裂南弧背断隆带扎雪附近有大面积的安山质、流纹质火山岩,火山碎屑岩沉积	除帕那组火山岩发育外,还有同期的石英二长斑岩($E_2\eta\pi$)和斜长花岗岩($E_1\lambda_0$)	无
晚白垩世(K_2)	新特提洋俯冲作用加剧,班公湖-怒江弧后洋盆已经闭合,地壳持续隆升	嘉黎断裂南弧背断隆区基本无沉积记录,沿嘉黎断裂北发育一套河湖相紫红色碎屑岩、粗碎屑岩沉积,具磨拉石建造特点	岩浆活动增强,有大量的黑云母花岗岩($K_1\gamma\beta$)、花岗闪长岩($K_2\gamma\delta$)、二云母花岗岩($K_2\gamma$)	热接触变质作用
早白垩世(K_1)	新特提洋俯冲作用加剧,班公湖-怒江弧后洋盆基本闭合,桑巴盆地转为前陆盆地。冈底斯隆升明显,早白垩世末,测区发生一次由南东向北西的逆冲推覆作用	嘉黎断裂北桑巴盆地沉积海陆交互相的含煤碎屑岩(多尼组),嘉黎断裂南无沉积记录	桑巴斑状黑云母花岗岩($K_1\gamma\beta$)、绒多东二长花岗岩($K_1\eta\gamma$)侵入	热接触变质作用
中晚侏罗世(J_{2-3})	新特提斯洋持续的俯冲作用导致嘉黎断裂北桑巴弧后盆地的形成充填,晚侏罗世末期,发生一次南北向的挤压剪切构造活动,形成近东西向的逆冲韧性剪切带和区域变质作用	在嘉黎断裂南部的冈底斯弧背断隆上无沉积记录,嘉黎断裂北侧的弧后盆地充填一套碎屑岩、碳酸盐岩建造,即马里组(J_2m)、桑卡拉佣组(J_2s)和拉贡塘组($J_{2-3}l$),具有由粗而细的变化	有大量的花岗闪长岩($J_3\gamma\delta$)、二长花岗岩($J_3\gamma\beta$)、黑云母花岗岩($J_3\gamma\beta$)侵入	低绿片岩到高绿片岩相变质作用
三叠纪—早侏罗世(T—J_1)	早中三叠世,新特提斯洋已经形成。受晚三叠世新特提洋早期俯冲作用的影响,冈底斯南缘开始成为活动大陆边缘。同时,班公湖-怒江弧后洋盆开始裂解	无沉积记录	沿扎雪—门巴—金达一线和色日绒—巴嘎一线有大量的 I 型花岗岩侵入,时代为 215~196Ma,凯蒙蛇绿岩的年龄为 217Ma	热接触变质作用
石炭纪—二叠纪(C—P)	中晚石炭世裂谷活动强烈,晚二叠世末发生重要热事件	发育一套与冰川作用有关的,以含砾板岩为主的碎屑岩(来姑组)和浅海台地相碳酸盐岩(洛巴堆组)沉积	晚石炭世来姑组中发育玄武岩、安山玄武岩、安山岩等代表裂谷作用的火山岩	低绿片岩相变质作用

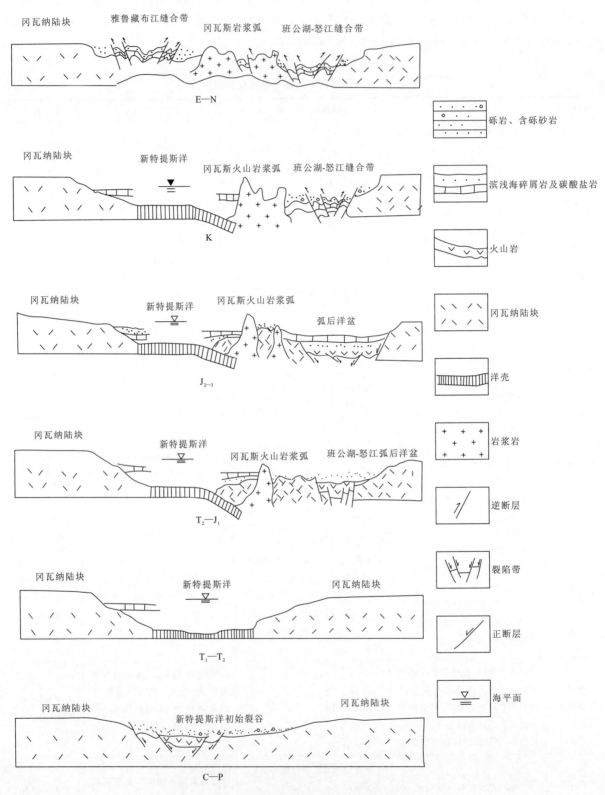

图 5-56 新特提斯洋地质演化示意图

一、前特提斯演化阶段

早古生代早期,在拉伸环境下测区接受伸展-坳陷沉积,形成陆棚环境的碎屑岩,在测区南部还有大洋拉斑玄武岩,并伴有辉长岩脉侵入。初始地幔岩浆裂谷上侵,形成超镁铁质岩石。约在早古生代晚期(466Ma),经区域动力热流变质作用和变形,形成绿片岩相变质岩(松多岩群)。

二、新特提斯演化阶段

1. 石炭纪—二叠纪边缘海发展阶段

晚古生代中晚期,测区处于冈瓦纳大陆北部边缘海,以含砾板岩和冷水型生物组合为特征,形成厚达数千米的滨浅海沉积。来姑组[$(C_2—P_1)l$]时期,在测区南冈底斯弧背断隆带上沉积板岩、含砾板岩夹有两层基性玄武岩、安山岩,表明当时新特提斯洋处于裂谷伸展环境,这与区域上沿喜马拉雅山分布的西喜马拉雅旁遮暗色岩(Panjal traps)、中喜马拉雅吉隆沟玄武岩及东喜马拉雅阿波尔火山岩(Abor volcanics)一样,被认为是这一时期裂谷活动的产物。洛巴堆组(P_2l)为一套细碎屑岩-碳酸盐岩沉积,反映开阔碳酸盐岩台地沉积环境。

石炭纪—二叠纪地层在晚二叠世末可能发生一次重要的构造热事件,区域上普通缺失早中三叠纪的地质记录,可能自晚二叠世以后处于整体隆升和剥蚀阶段。

2. 三叠纪—早侏罗世冈底斯活动大陆边缘开始

早中三叠世,新特提斯洋由裂谷发展到大洋化阶段,雅鲁藏布江缝合带南有发育良好的浅变质的复理石沉积,说明新特提斯洋当时已有一定的规模。测区由于新特提斯洋的快速扩张而处于侧向挤压状态,当时处于隆升环境而没有沉积记录。晚三叠世—早侏罗世时期,测区没有沉积记录,但岩浆活动强烈。晚三叠世是青藏高原重要地质演化阶段,新特提斯洋此期已经形成,并开始向冈底斯陆块俯冲,在测区南沿扎雪—门巴—金达一带分布有晚三叠世的黑云角闪花岗闪长岩、黑云二长花岗岩,其SHRIMP锆石年龄和角闪石$^{40}Ar-^{39}Ar$年龄分别为207Ma和215Ma。地球化学特征和岩石学特征表明,该期花岗岩为Ⅰ型花岗岩,形成于岛弧构造环境。显示在晚三叠世—早侏罗世时期冈底斯活动大陆边缘已开始形成。同时,在新特提斯洋向北俯冲作用下,北侧的班公湖-怒江弧后洋盆于晚三叠世开始打开,沿嘉黎断裂分布的晚三叠世的蛇绿岩是弧后洋盆洋壳形成的重要标志。

3. 中晚侏罗世地质演化

中晚侏罗世时期,是新特提斯洋俯冲消减的高峰时期,在测区的嘉黎断裂之北和班公湖-怒江缝合带之间发育弧后盆地,测区内盆地的沉积系统包括中侏罗统马里组(J_2m)、桑卡拉佣组(J_2s)和中上侏罗统拉贡塘组($J_{2-3}l$)、下白垩统多尼组(K_1d)及上白垩统竟柱山组(K_2j)。马里组为一套陆屑建造,主要为砂岩、泥质岩,底部为陆相特征的杂色砾岩,可能是经过长期剥蚀作用沉积而成,考虑到区内缺失下侏罗统地层,推测中侏罗统与下伏地层应为不整合接触;桑卡拉佣组为一套中薄层灰岩夹生屑灰岩,灰岩含少量双壳、腕足和腹足类化石,反映其形成于浅海环境;拉贡塘组由一套灰黑色、灰紫色砂岩,粉砂岩,泥灰岩,透镜状灰岩组成,顶部夹少量薄层紫红色含砾粗砂岩,反映其浅海环境特点,区域上与多尼组平行不整合—角度不整合接触,测区两者为断层接触。

由于新特提斯洋和北侧的班公湖-怒江弧后洋盆向冈底斯的共同俯冲消减,晚侏罗世测区岩浆活动强烈,在色日绒、巴嘎一线南北发育有黑云二长花岗岩、花岗闪长岩、二云母花岗岩等。晚侏罗世末期,区内发生一次重要的南北向挤压作用,形成由北而南的逆冲断层、逆冲推覆型韧性剪切带及区域上的低绿片岩到高绿片岩相的变质作用,使白垩纪以前的地层和岩浆岩普遍发生不同程度的变质作用,并导致区域上多尼组和下伏地层的不整合接触。

4. 白垩纪时期地质演化

白垩纪时期,班公湖-怒江弧后洋盆闭合碰撞。嘉黎断裂北侧的桑巴盆地受班公湖-怒江弧后洋盆闭合碰撞的影响,由弧后伸展盆地向挤压性质的前陆盆地转换,盆地内发育多尼组(K_1d)和竟柱山组(K_2j)。多尼组在测区局限于嘉黎断裂北缘,夹持于两断裂之间,主要为一套砂岩、粉砂岩、泥岩夹煤线,并含植物碎片,反映海陆交互相沉积环境;竟柱山组是盆地内沉积的最新地层,主要分布于盆地南缘的嘉黎断裂北侧,东西向延伸,岩性为一套紫红色的含砾粗砂岩、砂岩、粉砂岩夹火山岩和火山碎屑岩,建造主体形成于河湖环境,盆地沉积序列纵向上具有由细到粗的变化,反映前陆盆地的沉积充填特点。沿桑巴、洁松康嘎布等地发育斑状黑云母花岗岩体,它们具S型花岗岩特征,是与班公湖-怒江洋盆闭合碰撞有关的滞后型花岗岩。嘉黎断裂南侧处于岛弧环境,受雅鲁藏布江新特提斯洋俯冲加剧的影响,岩浆活动频繁。发育有都朗拉斑状黑云母花岗岩、二长花岗岩、门巴南黑云母斑状花岗岩,这些岩体均具S型花岗岩特征,是与俯冲碰撞有关地壳重融的结果。

早晚白垩世之间区内发生一次重要的热事件,形成由南东向北西的逆冲推覆断层,导致侵入到松多岩群中的花岗岩在105Ma左右发生热扰动,上白垩统竟柱山组区域上全方位地不整合在下伏不同时代的地层之上,说明该期构造活动具区域性特点。竟柱山组为一套磨拉石建造,也是这期构造活动的重要表现,暗示班公湖-怒江弧后洋盆已闭合,并强烈隆升。

5. 古近纪—新近纪地质演化

古近纪时期,随着印度板块继续向北运移,洋壳俯冲继而转入陆壳碰撞阶段,受俯冲消减和重熔作用的影响发育大规模的火山喷发,测区西部出露大面积岛弧-陆缘型火山岩,岩性主要为安山质凝灰岩、安山岩、流纹岩、流纹质凝灰岩等,其K-Ar测年结果在54.42~38.18Ma,时代为始新世,同时还有同时期的石英二长斑岩、斜长花岗岩侵入。渐新世时期是构造岩浆活动相对稳定期,测区内没有发现这一时期岩浆活动,同时也缺乏同时期沉积的记录,这一时期可能为高原上最早夷平面产生时期。

新近纪时期青藏高原仍处于区域性强烈碰撞挤压造山和地壳缩短增厚阶段,导致测区内大量与构造隆升有关的热事件发生。测区西北部念青唐古拉附近斑状花岗闪长岩(11.0Ma,K-Ar)、二长花岗岩、石榴黑云花岗岩(10.5Ma,K-Ar)、斑状黑云母花岗岩、斜长花岗岩(18.2Ma,K-Ar)是这一时期地壳缩短增厚深部熔融的产物。在近南北向挤压作用下还形成了近东西向的逆断层和区域上的东西向宽缓的直立水平褶皱,以及北东向、北西向走滑断层,同时规模较大的北北东向谷露断陷盆地此时也已成雏形。

6. 第四纪地质演化

上新世以后及第四纪,青藏高原处于挤压作用之后的松弛阶段,高原达到最大隆升高度后发生垮塌,北北东向谷露断陷盆地进一步发育,同时东西向、南北向、北西向等断层继承性活动,形成高角度正断层和张扭性断层,控制测区的温泉、地震等空间展布,地块发生脉动性差异性升隆,形成夷平面、河流阶地等现代构造地貌。

第六章　测区旅游资源现状调查

青藏高原是世界上最高的高原,气势磅礴,景象万千。耸入云天的冰峰雪山,湍急奔腾的江河,星罗棋布的湖泊、沼泽,宽广无际的秀美草原,稀有珍奇的野生动植物,神秘而独特的藏族风情,以及恶劣的气候环境。正是这样的自然地理和人文环境,使青藏高原具有极其丰富和独具特色的旅游资源。在这样的地区进行野外地质调查势必要接触和发现各种各样的自然和人文旅游资源。通过两年多全区的野外地质调查,发现区内和周边地区旅游资源十分丰富,而且也具有开发旅游资源可利用的交通、地理、人文环境等条件。这些旅游资源有的已被开发利用,成为西藏著名的旅游景区,如门巴区附近的直贡梯寺;有些已具备旅游观赏条件,还没有被开发利用;有些具有旅游资源潜力,但还需进一步开发、评价才能利用。

与全西藏其他丰富的旅游资源相比较,测区内的旅游资源还是很少的。我们在野外地质调查过程中,注意搜集调查区内各种旅游资源的现状、类型、成因和开发前景,以及可供旅游的交通、地理、人文条件等资料。根据调查结果对区内各种旅游资源按其类型划分为三大类:地质景观旅游资源、自然风光旅游资源和人文风情旅游资源。在此基础上,对这些旅游资源的现状、可利用性、开发前景及经济社会价值进行初步地阐述和评价。受专业和经验所限,本章所阐述的旅游资源现状和对其的评价,可能存在一些不专业甚至错误之处,仅供参考。

第一节　西藏门巴地区旅游资源自然地理及交通概况

有关测区自然交通概况在第一章已介绍,本节主要是对有关旅游资源自然交通概况的叙述。

一、西藏门巴地区的地理位置

门巴地区位于西藏自治区中部偏东,拉萨市的东北,最近地点距拉萨市约90km。具体位置:$E91°30'—93°00'$,$N30°00'—31°00'$。全区面积近16 000km²,行政区划隶属3个行政区的6个县:拉萨地区的林周县、墨竹工卡县、当雄县,那曲地区的那曲县、嘉黎县,林芝地区的工布江达县。大部区域属嘉黎县境内。测区西侧是青藏公路及正在修建的青藏铁路,南侧是川藏公路(见图1-1)。

区内较大的河流是东南部的拉萨河和其两大支流,既中部的麦地藏布—色绒藏布—热振藏布和南部的雪弄藏布,以及东南部的尼洋河水系。广布河流水系塑造了区内千姿百态的地貌景观,滋润着广阔草原和茂密森林,使区内到处呈现出秀美的自然风光。这些河流水系也养育了3个地区6个县勤劳朴实、能歌善舞的藏族人民。

丰富地表水的外动力地质环境,加上强烈上升的内动力地质作用,造就了区内山高谷深,山峰高耸林立,河流奔腾湍急。区内最高山峰是终年积雪覆盖的马拉扛日雪山,海拔6 142m,其次是西北角的加杜峰6 088m和桑颠康沙峰6 034m。远望山峰高耸入云,白雪皑皑,景色十分壮观。一般山峰海拔都在5 300~5 700m。区内最低点为南侧的拉萨河河谷,海拔约4 000m。

与整个西藏自治区120多万平方千米的面积相比,测区近16 000 km² 面积还是较小的,但区内却存在两种类型的自然地理和人文环境。

基本以测区正中部的30°30′纬线的冈底斯-念青唐古拉山主脊为界,南侧地形高差较大,地势高陡,河谷深切,山脊多尖棱状,沟谷多呈"V"字形。雨量较充沛,夏季气候较温暖潮湿,植被茂盛,既有高大乔木的茂密森林(如工布江达县的金达乡和林周县的唐古乡),又有遍布于山间盆地、河流两岸的草地和农田。村落较多,人口集中,农业牧业交错发展。整体上表现出具有藏东南地区的自然地理和人文环境特点;北侧海拔较高,有终年积雪的高山,但地势高差略小,山脊多和缓,沟谷较开阔,分布有较小的湖区和山间盆地。气候干燥寒冷,降雨量较少,风沙较大。植被发育较差,没有乔灌林木和农田,只有发育在山间盆地和河流两岸以及和缓坡岗上的低矮草被,地形平坦处表现出碧绿宽广草原的景色。村落较少,人口分散,牧业是其根本的经济支柱。这种自然地理和人文环境具有藏西北自然风情特征。

由此可见,测区面积虽不大,却包括了西藏地区南、北两大类自然环境和风土人情景观,是旅游资源开发利用很有前景的地区。

二、旅游资源地区的交通现况

测区高山耸立,河谷深切,沼泽广布,终年积雪的雪山冰川,恶劣的气候环境,以及稀少的人口和较为落后的经济,使该区交通很不发达,野外地质作业通行条件极差,但对旅游资源的调查和开发及利用,还是具备了一定的交通条件。

1. 测区交通位置

测区正位于南北向的青藏公路(铁路)与东西向的川藏公路十字形相交网格的东南侧,测区西侧紧邻青藏公路(铁路)那曲—当雄段,并穿过区内西北的谷露镇;南侧紧邻川藏公路达孜—工布江达段,并从区内东南角的金达区通过。测区距拉萨可通车的最近里程是93km。可见区域交通位置十分有利于区内旅游资源的利用与开发。

2. 测区周边交通状况

除上述西侧、南侧两条国家级公路外,测区周边交通条件较好,有多条公路自拉萨或周围县城进入测区。在西南,自拉萨向东沿川藏公路经达孜、墨竹工卡县,下国道拐向北东从尼玛乡进入本区直达门巴;从拉萨向北经林周、旁多转向东到唐古进入测区。在北侧,自那曲沿青藏公路向南过罗马到谷露进入本区,也可自那曲向西南沿简易公路直达桑巴进入测区。在东侧,从嘉黎向西沿简易公路直达区内桑巴。在东南,从工布江达沿川藏公路向西可直达测区东南的金达。从周边这些市、县进入本区的这些公路无疑为开发区内旅游资源、发展旅游产业提供了良好的交通条件。

3. 区内交通状况

穿越测区西北角的青藏公路(铁路)和东南角的川藏公路是区内最好的国家级公路,此外具有沥青路面的公路是2003年修建的墨竹工卡—德宗温泉公路。其余区内可通车的县、乡级公路均为砂石公路。如穿越测区东北的那曲—嘉黎公路,横穿中部的林周—唐古—色日绒—嘉黎公路和谷露—坝嘎—马里勇乡公路,南部的门巴—扎雪—唐古公路。其余均为不能通车但可供步行或骑马的山间小路。除两条国家级公路开通有公共汽车线路外,目前区内尚无定时、定点的公共汽车路线。

近几年随着社会经济的增长和农牧区文化水平的提高,测区交通环境正在不断地改善,如已修建完的墨竹工卡—德宗温泉公路、正在建设的桑巴至握朗乡的公路,以及两座跨越麦地藏布的公路桥,都在设计或建设中。

区内除上述已具有的交通条件外,根据地形地貌、河流水系和旅游资源现状,如下地方可修建的公路,以满足区内旅游资源的进一步开发和利用。

(1)自门巴向西偏北方向沿波啊弄,经日布青棍则、解多、措玛根娘湖,向北翻过将前拉山口,沿较开阔的韩嘎曲直到措多,与唐古—嘉黎公路相接;或者在措玛根娘湖后向东到洞中松多再转向南东方向直到金达,与川藏公路相接。这条路线修建公路据说有过设想。有利的条件是全线已通乡间土路。翻过将前拉山口直到措多的韩嘎曲沟谷开阔,有利于修路。洞中松多到金达之间大部分地段已有可通行越野吉普车的道路。不利的地形是门巴—日布青棍则一段沟谷狭窄,河水较急,而且要翻越5 192m的将前拉山口。这条路线如果修通,可大大缩短嘉黎到拉萨的通车里程,可十分方便于来自区内巴嘎、桑巴乃至嘉黎地区,以及金达方向的游客到著名的直贡梯寺参观朝拜,到德宗温泉旅游疗养,沿途可观赏到森林、奇山、温泉等美景。

(2)自区内的东南角青藏公路沿线的金达向北北西方向,沿下不梭朗沟过多其木、特几工者则,翻过贾次顶山转向北西方向,沿措不朗曲到崔布错再转向西,过巴嘎区与唐古—嘉黎公路相接。有利的条件是全线已通乡间土路。金达—特几工则之间段已有可通行越野汽车的道路。北段的措不朗曲沟谷开阔平整,有些地段可行越野汽车。不利的地形条件是贾次顶海拔5 577m,周围地势险峻,山高谷深。该路线的修通有利于巴嘎、桑巴等北部地区的游客自金达向西到拉萨,向东到林芝旅游观光,沿途可欣赏到北部的湖光山色和东南部的森林风景。

(3)北自唐古—嘉黎公路沿线巴嘎区的措麦,向南过寒郎、寒空达,可从拉格翻山到择弄、门巴。该路线有利的条件是措麦村前已架好麦曲上的铁桥,由此桥向南沟谷很开阔平坦,现可通车近10km。南段择弄到门巴已有可通车土路。不利地形条件是拉格山口地势高陡,海拔5 596m。此路线如修通可使巴嘎、桑巴等北部游客向南直接到达门巴直贡梯寺参观朝拜,到德宗温泉旅游疗养,并观赏到沿途奇特山景和温泉华。

(4)北自唐古—嘉黎公路沿线的色日绒区,向南过恩龙多、玉弄松多,翻过山口到德宗温泉。有利的条件是色日绒村前已在色绒藏布上修架了可通车的铁桥。不利因素是该路线沟谷较狭窄。该路线是色日绒及北部牧民去德宗寺和门巴直贡梯寺参观朝拜的必经之路。除此之外,该路线沿途可见景色异常的三峡缩景、飞来的石灰岩山峰、叠瓦式褶皱岩层、河谷中的中流砥柱等地质景观。

交通环境是旅游资源开发和利用的基本条件。我们此次调查的区内旅游资源,大部分位于有可通车的公路两侧,少部分需骑马或步行可到达。随着经济的发展和环境的改善,以及区内旅游资源的开发利用,有很多难以到达的旅游景点将会修通公路,有些目前还未发现的旅游资源也将会被发掘和利用。

三、测区经济概况

牧业是区内主要的经济支柱。区内北部经济基本全是牧业,人口稀少,牲畜以牦牛、羊、马为主,出产肉类、皮毛和酥油等牧业产品;南部以牧业为主、农业为辅,拉萨河及支流中游地区河谷种植有青稞、油菜;东南部工布江达县的金达乡林业及附属产业也占有一定比例;测区西侧当雄县乌马塘区郭尼乡的石膏是该区已开采的主要矿产资源。野生动物主要有黄羊、盘羊、黄鸭、野鸽子等。此外贵重药材有雪莲、冬虫夏草、贝母、红景天等。区内居民的生活必需品和工业品均由外地供应。如能开发区内和周边地区旅游资源,这将会加快本区经济发展的步伐,提高人民生活水准,而且合理地开发和利用,这将是一项大有前景的绿色产业。

第二节 测区旅游资源现状

测区旅游资源十分丰富。根据这两年的野外和室内工作,参比国家有关旅游资源分类、调查与评价标准,结合测区各类旅游资源特点,将其区内已发现的旅游资源划分为六大主类、11 个亚类、17 个基本类型,共计 37 个景点(区)。根据各旅游景观点的观赏价值、分布地理位置、交通现状和可进一步开发利用价值及可产生各类效益等方面,初步对各旅游景观点进行相对评价。评价分为 4 个等级,其中 IV 为相对最佳的。各旅游景观点分布和特点详见图 6-1、表 6-1、图版 XXVI 至图版 XXIX。

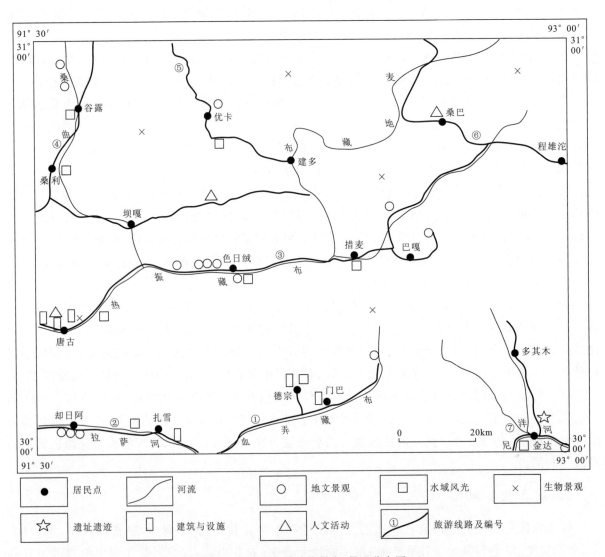

图 6-1 测区旅游路线景点、景观分布图

表 6-1 测区旅游资源分类表

主类	亚类	基本类型	景观地点和名称	景观坐标位置	海拔（m）	旅游路线	综合评价等级
地文景观	沉积与构造	节理景观	门巴刀痕石屏	E92°18′09″,N30°11′04″	4 620	5	Ⅱ
		生物化石点	巴嘎古海石燕	E92°35′59″,N30°34′18″	5 000	3	Ⅲ
	地质地貌过程形迹	独峰	马拉冈日雪山峰	E91°51′59″,N30°30′37″	6 124	4	Ⅱ
			加杜雪山峰	E91°31′26″,N30°52′26″	6 088	4	Ⅲ
			桑颠康沙雪山峰	E91°30′48″,N30°50′02″	6 034	4	Ⅱ
		奇特与象形山石	巴嘎半山石佛	E92°31′16″,N30°36′05″	4 780	3	Ⅲ
			桑巴石筑长城	E92°59′46″,N30°41′05″	5 174	6	Ⅲ
			色日绒夫妻石	E92°20′23″,N30°28′09″	4 502	3	Ⅲ
			色日绒万卷石经书	E92°20′23″,N30°28′10″	4 503	3	Ⅲ
			建多岩壁波涛	E91°59′11″,N30°47′24″	4 990	5	Ⅱ
		峡谷段落	色日绒微缩三峡	E92°04′05″,N30°25′08″	4 400	3	Ⅲ
		岩石洞与岩穴	扎雪通天石洞	E91°36′40″,N30°04′00″	3 988	2	Ⅰ
			色日绒老虎洞	E91°38′56″,N30°19′43″	4 240	3	Ⅰ
	自然变动遗迹	火山与熔岩	扎雪冲天石柱	E91°36′41″,N30°04′00″	3 986	2	Ⅲ
		重力堆积体	尼洋河中流砥柱	E93°07′03″,N29°58′21″	3 588	7	Ⅲ
			扎雪三足石香炉	E91°36′40″,N30°04′00″	3 984	3	Ⅲ
水域风光	江河	观光游憩河段	多彩多姿的拉萨河	流经本区扎雪乡附近	4 300	2	Ⅲ
			美丽的热振藏布	拉萨河自旁多的上游段	4 500	3	Ⅲ
			郁郁葱葱的尼洋河	流经本区公布江达县金达乡	3 580	7	Ⅲ
	泉	地热与温泉	德宗温泉	E92°10′00″,N30°09′14″	4 510	1	Ⅳ
			建多温泉	E91°56′11″,N30°45′29″	4 965	5	Ⅱ
			谷露温泉	E91°36′41″,N30°52′24″	4 712	4	Ⅲ
			桑利温泉	E91°35′30″,N30°39′58″	4 500	4	Ⅱ
			色日绒温泉	E92°03′47″,N30°25′59″	4 380	3	Ⅰ
			措麦温泉	E92°25′24″,N30°26′45″	4 593	3	Ⅰ
生物景观	树木	林地	唐古千年古柏林	E91°30′56″,N30°18′18″	4 160		Ⅳ
	草原与草地	草地	秀美的草原风光	冈底念青唐古拉山主脊北侧	4 700	4、5	Ⅲ
			珍稀药用植物（虫草、雪莲、红景天）	全区均有	4 700	4、5	Ⅲ
遗址遗迹	社会经济文化活动遗址遗迹	军事遗址与古战场	金达古代石砌塔楼	E91°37′52″,N30°03′40″	3 990	7	Ⅱ
建筑与设施	综合人文旅游地	宗教与祭祀活动场所	门巴直贡寺	E92°12′21″,N30°06′21″	4 520	1	Ⅳ
			唐古热振寺	E91°30′48″,N30°18′35″	4 240	3	Ⅳ
			德宗尼姑寺	E92°10′00″,N30°09′14″	4 510	1	Ⅳ
			唐古尼姑寺	E91°30′31″,N30°18′55″	4 420	3	Ⅲ
			唐古玛尼石墙	E91°30′18″,N30°18′18″	4 200	3	Ⅱ
	景观建筑	佛塔	拉萨河边兄弟佛塔	E91°37′52″,N30°03′40″	3 990		Ⅱ
人文活动	现代节庆	民间健身活动与赛事	那曲赛马节	区内大部分乡所在地都有赛马节，其中以那曲地区的最著名	4 500	4、5	Ⅲ
		庙会与民间集会	藏历7月15日热振寺"帕邦当廓节"	E91°30′48″,N30°18′35″	4 240	3	Ⅲ

第三节 测区旅游路线

根据测区及周边交通基础现状和上述各景点、景区位置,初步设计区内旅游路线有以下7条(图6-1)。

1. 墨竹工卡—门巴乡旅游路线

从墨竹工卡下川藏公路,沿新修的公路向东北方向,过尼玛江热进入本区,经门巴乡直到择弄村,区内全长约60km。该路线交通条件很好,在门巴乡之前全为沥青质路面,门巴乡到择弄村是沙土路,再向北目前只能步行或骑马。该路线沿途现已发现4景点(区)。

2. 墨竹工卡—拉萨河旅游路线

从墨竹工卡下川藏公路,沿新修的公路向东北方向,过尼玛江热进入本区,转向北西方向,经扎雪乡过铁索桥沿拉萨河南岸西行至却日阿村,区内全长近30km。该路线交通条件一般,扎雪乡之前为沙土路,交通较好。过铁索桥后,道路较狭窄,目前只能通行小型越野汽车。该路线沿途现已发现5景点(区)。

3. 唐古乡—麦曲旅游路线

这是区内景点最多、最具开发价值的旅游路线。从唐古乡开始进入本区,沿热振藏布边公路东行,经过色日绒乡、巴嘎乡,到达麦曲,再向东可与那曲—嘉黎公路相接。全长约150km。该路线交通条件较好,全程为沙土路,麦曲附近夏季路面状况不好,通行较难。目前可通行载重汽车。该路线沿途现已发现13景点(区)。

4. 谷露镇—坝嘎乡旅游路线

从谷露镇北侧约20km处开始沿青藏公路进入本区,经过谷露镇,在甲赤岗南侧下青藏公路,沿沙土路向东,经坝嘎乡到达松堕朵村。全长约70km。该路线交通条件很好,在甲赤岗之前为青藏公路。甲赤岗之后是新修的沙土路,路面宽阔平坦。该路线沿途现已发现6景点(区)。

5. 空托(优塔乡)—建多乡旅游路线

从北部的那曲县空托(优塔乡)擦曲那热进入测区,向南过奔锅拉山口到建多乡西侧的杰弄巴沟。区内全长约38km,全为沙土路。该路线交通条件较差,尤其是奔锅拉山口两侧,雨雪天时很难通行。该路线沿途现已发现3景点(区)。

6. 冷底乡—桑巴乡旅游路线

沿那曲—嘉黎公路在测区北部冷底乡进入测区,向南过麦地藏布大桥,经桑巴乡向西,到测区东部边界的程雄沱。区内全长约80km,全为沙土路。该路线交通条件较好。该路线沿途现已发现3景点(区)。

7. 金达乡旅游路线

该路线在测区东南角金达乡附近。为川藏公路金达乡区段,区内全长近20km。该路线交通十分方便,通行有拉萨至八一镇(林芝县)间的公交车。该路线沿途现已发现3景点(区)。

上述是目前区内有一定交通基础和有开发前景的旅游路线,另外还有一些具有旅游资源,但目前不具备交通条件的线路。

第四节 旅游资源开发与环境保护问题综述

西藏是地球上为数不多的保持最良好的自然生态环境地区之一,是我国目前自然环境还没有被污染的最大一块净土。在当代经济发展与环境保护的双重主题中,西藏奏出的仍是一曲和谐的旋律。

旅游活动与自然环境的关系,既有相互促进的一面,又有相互矛盾的一面。环境是人类赖以生存的基础,也是经济社会可持续发展的基础,同时也是旅游业长远发展的前提。科技在进步,生产力在提高,人类生活在不断改善,新的旅游风景区和旅游景点不断推出,游客的足迹在不断向更广阔的空间伸展。在向自然界索取物质和能量越来越多的情况下,如果不注意保护环境,协调发展,对生态环境与旅游资源的破坏就难以避免。

西藏这块神秘的土地,正吸引着来自世界各地的更多旅游者。撇开文化色彩和探险精神不谈,众多旅游者是抱着"看看世界上最蔚蓝的天空""呼吸世界上最纯净的空气"的愿望来到西藏的。显然,人类赖以生存的自然环境,在西藏仍保持着极佳的质量。但另一方面,随着交通条件的进一步改善、旅游资源的开发和利用,各项旅游配套设施的改善和建设,区内及周边旅游市场将会逐步繁荣,游客数量及旅游业收入也将会大大增加。然而,旅游发展和环境保护的矛盾也将日益尖锐。这个问题是本区,也是整个西藏旅游业面临的重要问题。西藏自治区人民政府高度重视这个问题。自治区旅游部门和环境保护部门反复强调,对西藏而言,在发展旅游业的过程中始终把环境保护放到重要位置,意义尤为重要。西藏特殊的地理气候条件,决定了它的生态环境极为脆弱,一旦遭到破坏将很难得到恢复。所以,重视发展与保护、人类与自然的关系,保持好西藏独特的生态环境,不仅符合西藏人民的根本利益,而且也是对全人类的一个贡献。毫无疑问,西藏的经济还不发达,加速现代化进程、加快经济发展步伐、加紧提高生活水准,是西藏人民迫切的愿望。但是西藏不能因为仍然拥有世界上最蔚蓝的天空而掉以轻心,也不能走其他地方先污染后治理的老路,以环境恶化作代价换取发展。

测区行政区划隶属三区六县,在开发利用旅游资源、保护好生态环境这方面,必须在自治区统一的发展规划下,在有关的法律法规约束下,相互协调,对全区自然环境保护作出明确规定;对全区各地旅游资源的开发利用、旅游路线的开辟、旅游服务设施的建设、旅游业发展速度和规模的控制等,制定了一整套严格的规章制度加以管理;同时,通过多种形式向公众广为宣传,提高全社会的环境保护意识。除了旅游资源开发中人为因素引发的环境问题,还要注意一些常见的地质灾害,开发过程中应因地制宜,采取积极的预防和治理措施,保护好这些旅游资源免受自然灾害的破坏。

总之,既要开发旅游资源,加快经济发展步伐,又要保护好生态环境,造福千秋万代,坚持可持续发展的西藏旅游事业。

第七章 结束语

一、取得的主要成果

(1) 在查给附近的嘉黎断裂带中发现了一套含煤碎屑岩地层,根据孢粉组合时代为早白垩世,首次确定了多尼组在该区的存在。

(2) 将原来的上古生界旁多群解体,划分出下石炭统诺错组、上石炭统—下二叠统来姑组$[(C_2—P_1)l]$和中二叠统洛巴堆组。通过对来姑组的详细对比研究,证实其为穿时性地层单位。

(3) 查清了发育于嘉黎断裂带中的超镁铁质—镁铁质岩的分布及其岩石学、岩石地球化学特征和性质,确定了该套岩石为嘉黎缝合带内的蛇绿岩,据其橄长岩锆石 SHRIMP U-Pb 测年(218.2±4.6)Ma,确定其形成于晚三叠世。

(4) 对该区花岗岩进行了详细研究,划分出了3个岩浆岩带。根据锆石 SHRIMP U-Pb 年龄(207±215)Ma,发现冈底斯岩浆弧带内存在晚三叠世花岗岩;在冈底斯弧背断隆带扎雪地区发现始新世钾玄质浅成侵入岩(K-Ar 年龄 54.42Ma)。上述成果为冈底斯岩浆弧的演化提供了重要资料。在当雄地堑谷露地区,发现了中新世花岗岩[K-Ar 年龄(18.24±0.5)Ma],为高原隆升及后期伸展增加了新线索。

(5) 查明了区内始新世火山岩的层序、岩石类型、喷发韵律、接触关系及岩石地球化学特征,获得了 45.6~38.13Ma 的 K-Ar 年龄。

(6) 查明了区内变质作用类型、变质岩时空分布特征及变质作用温压条件,划分出加里东期和燕山期两期变质作用。

(7) 厘定了区内主要褶皱、断裂等区域构造形迹特征,发现了扎雪-门巴韧性变形带和色日绒-巴嘎脆韧性变形带,分析了其变形活动特征。

(8) 收集各类矿床、矿(化)点共计 20 处。发现了一些旅游地质景点,提出了墨竹工卡县—门巴乡等 7 条建议旅游路线。

二、存在的主要问题

在测区南部出露面积和厚度都较大的一套碎屑岩夹碳酸盐岩的变质地层,由于其中化石稀少,对于其时代争议较大。青海省地质矿产局区调队根据该地层中绿片岩测得的 Sm-Nd 年龄为 466Ma,将其置于前奥陶纪,定名为松多岩群。有些学者根据其与洛巴堆组的平行不整合接触关系,将其时代置于晚二叠世。本次区调根据实测资料和区域对比研究,将区内的这套变质地层重新厘定为前奥陶纪松多岩群。但是由于缺少生物地层和确切的沉积成岩数据资料,这套地层的准确时代归属仍是需要深入研究的问题。

主要参考文献

白文吉,胡旭峰,杨经绥,等.雅鲁藏布缝合史与喜马拉雅区—青藏高原隆升史的分辨[J].西藏地质,1994,(1):93-102
崔盛芹,吴珍汉.略论构造运动节律与构造序列[J].地学前缘,1997,4(3-4):223-232
崔之久,高全洲,刘耕年,等. 青藏高原夷平面与岩溶时代及其起始高度[J].科学通报,1996,41(15):1 042-1 046
崔作周,尹周勋,等.青藏高原速度结构与深部构造[M].北京:地质出版社,1992
邓晋福,赵海玲,赖绍聪,等.白云母/二云母花岗岩形成与陆内俯冲作用[J].地球科学,1994,19(2):139-147
范影年.中国石炭系[M].重庆:重庆出版社,1985
房主民,等.变质岩类区1:5万区域地质填图方法指南[M].武汉:中国地质大学出版社,1991
高秉樟,等.花岗岩类区1:5万区域地质填图方法指南[M].武汉:中国地质大学出版社,1991
郭铁鹰,梁定益,张宜智,等.西藏南部早二叠世末期海西运动及其地质意义的初步探讨[C]//青藏高原地质文集(16).北京:地质出版社,1982
韩同林.西藏高原活动构造[M].北京:地质出版社,1996
郝冶强,苏德英,等.白垩系//中国地层典[M].北京:地质出版社,2000
贺同兴,等.变质岩岩石学[M].北京:地质出版社,1988
黄玉昆,邹和平,张珂,等.新构造学[M].广州:广东省地图出版社,1996
金玉玕,范年影,等.石炭系//中国地层典[M].北京:地质出版社,2000
金玉玕,尚庆华,等.二叠系//中国地层典[M].北京:地质出版社,2000
靳是琴,等.成因矿物学概论[M].长春:吉林大学出版社,1986
李光明,王高明,高大发,等.西藏冈底斯南缘构造格架与成矿系统[J].沉积与特提斯地质,2002,22(2):1-7
李吉均.青藏高原隆起的三个阶段及夷平面的高度与年龄//地貌环境发展[C].北京:中国环境科学出版社,1995
李璞,等.西藏东部地质矿产调查资料[M].北京:科学出版社,1959
李璞.西藏东部地质的初步认识[J].科学通报,1955(7):62-72
林宝玉,等.皱纹珊瑚与异形珊瑚//古生代珊瑚化石专集[M].北京:地质出版社,1995
林宝玉,王乃文,等.喜马拉雅岩石圈构造演化//西藏地层.中华人民共和国地质矿产部地质专集(二),地层古生物,第八专集[M].北京:地质出版社,1989
林宝玉.西藏申扎古生代地层//青藏高原地质文集(8)[C].北京:地质出版社,1983
林景仟.火成岩类学与岩理学[M].北京:地质出版社,1995
林景仟.岩浆岩成因导论[M].北京:地质出版社,1987
刘瑞珣.显微构造地质学[M].北京:北京大学出版社,1989
刘世坤,徐开锋.西藏羌北—昌都地区三叠纪的海侵事件及印支运动期次[J].西藏地质,1995(1):121-127
刘增乾,等.从地质新资料试论冈瓦纳大陆北界与青藏高原地区特提斯的演化//青藏高原论文集[C].北京:地质出版社,1983
潘桂棠,等.青藏高原新生代构造演化//地质专报,构造地质地质力学第9号[C].北京:地质出版社,1990
潘桂棠,李兴振,王立全,等.青藏高原及其邻区大地构造单元初步划分[J].地质通报,2002,21(11):701-707
戚长谋,等.地球化学通论[M].北京:地质出版社,1994
邱家骧,等.岩石化学[M].北京:地质出版社,1991
区域地质矿产地质司.火山岩地区区域地质调查方法指南[M].北京:地质出版社,1987
任金卫,沈军,曹忠权,等.西藏东南部嘉黎断裂新知[J].地震地质,2000,22(4):344-350
沈军,任金卫,汪一鹏,等.嘉黎断裂第四纪右旋走滑运动研究//青藏高原岩石圈现今变动与动力学研究论文集[C].北京:地震出版社,2001
沈军,汪一鹏,任金卫,等.青藏高原东南部第四纪右旋剪切运动[J].新疆地质,2003,21(1):120-125
史晓颖,童金南.藏东洛隆马里海相侏罗系及其动物群特征[J].地球科学(10)(特刊),1985
四川省地质局区域地质调查队,南京地质古生物所.川西藏东地区地层与古生物(1)[M].成都:四川人民出版社,1985

孙忠军,任天祥,向运川.西藏冈底斯东段成矿系列区域地球化学预测[J].中国地质,2003,30(1):105-112
王跟厚,周详,曾庆高,等.西藏中部念青唐古拉山链中生代以来构造演化[J].现代地质,1997,11(3):298-304
王鸿祯,等.试论西藏地质构造分区问题[J].地球科学,1983,19(1):1-8
王乃文.青藏印度古陆及其与华夏古陆的拼合//中法喜马拉雅考察成果[C].北京:地质出版社,1984
王仁民,等.变质岩原岩图解判别法[M].北京:地质出版社,1987
王思恩,郑玉林,等.侏罗系//中国地层典[M].北京:地质出版社,2000
魏振声,潭岳岩.西藏地层概况//青藏高原地质文集(2)[C].北京:地质出版社,1983
吴一民.西藏的第三系//青藏高原地质文集(3)[C].北京:地质出版社,1983
吴一民.西藏早白垩世含煤地层及其植物群//青藏高原地质文集(3)[C].北京:地质出版社,1985
吴珍汉,吴中海,江万,等.中国大陆及邻区新生代构造-地貌演化过程与机理[M].北京:地质出版社,2001
武汉地质学院矿物教研室.结晶学及矿物学[M].北京:地质出版社,1979
武汉地质学院岩石学教研室.岩浆岩岩石学[M].北京:地质出版社,1995
西藏自治区地质矿产局.西藏自治区区域地质志。北京:地质出版社,1993
西藏综合普查大队.拉萨幅,1:1 000 000.中华人民共和国区域地质调查报告。西藏自治区地质局,1999
夏代祥,刘世坤.全国地层多重划分对比研究,西藏自治区岩石地层(54)[M].武汉:中国地质大学出版社,1996
夏代祥.班公湖-怒江、雅鲁藏布江缝合带中段演化历程分析//青藏高原地质文集(9)[C].北京:地质出版社,1982
夏代祥.藏北湖区申扎一带的古生代地层//青藏高原地质文集(2)[C].北京:地质出版社,1983
肖序常,万子益,李光岑,等.雅鲁藏布江缝合带及其邻区构造演化[J].地质科学,1983,2
肖序常,李廷栋,等.青藏高原的构造演化与隆升机制[M].广州:广州科技出版社,2000
熊清华,左祖发.西藏冈底斯岩带中段南缘韧性剪切带特征[J].中国区域地质,1999,18(2):175-180
徐宪,等.青藏高原地层简表[M].北京:地质出版社,1982
许志琴,张建新,徐惠芳,等.中国主要大陆山链韧性剪切带及动力学[M].北京:地质出版社,1997
许志琴.地壳变形及显微构造[M].北京:地质出版社,1984
尹集祥.西藏石炭系和下二叠统杂砾岩及其地层特征和成因讨论//中国科学院地质研究所集刊,第3号[C].北京:科学出版社
俞昌民,等.中国的珊瑚化石,中国各门类化石[M].北京:科学出版社,1963
俞建章,等.石炭纪、二叠纪珊瑚[M].长春:吉林人民出版社,1983
张进京,丁林.青藏高原东西向伸展及其地质意义[J].地质科学,2003,38(2):179-189
张开均,施央申,黄钟瑾,等.逆冲推覆构造最新研究进展评述[J].地质与勘探,1996,32(2):23-28
张森琦,王秉璋,王瑾,等.西藏冈底斯B型山链南缘松多群的构成及其变质变形特征[J].西安工程学院学报,2000,22(3):5-30
张守信.中国岩石地层对比研究——清理中国岩石地层单位[J].中国区域地质,1992(3):193-203
张正贵,等.西藏申扎地区早二叠世地层及生物群特征//青藏高原地质文集(16)[C].北京:地质出版社,1985
赵政章,李永铁,等.青藏高原地层[M].北京:科学出版社,2001
赵政章,李永铁,叶和飞,等.青藏高原大地构造特征及盆地演化[M].北京:科学出版社,2001
郑家整,何希贤,等.第三系,中国地层典[M].北京:地质出版社,2000
郑有业,王保生,樊子珲,等.西藏冈底斯东段构造演化及铜金多金属成矿潜力分析[J].地质科技情报,2002,21(2)
中国科学院青藏高原综合科学考察队.青藏高原隆起的时代、幅度和形式问题[M].北京:科学出版社,1981
中国科学院青藏高原综合科学考察队.西藏地层[M].北京:科学出版社,1984
中英青藏高原综合考察队.青藏高原地质演化[M].北京:科学出版社,1990
钟大赉,丁林.青藏高原的隆起过程及其机制探讨[J].中国科学(D辑),1996,26(4):289-295
周详,曹佑功.西藏板块构造—建造图及说明书[M].北京:地质出版社,1985
周云生,张魁武,等.西藏岩浆活动和变质作用[M].北京:科学出版社,1981
朱占祥,廖远安,等.西藏雅鲁藏布江"开合"带蛇绿岩地层[J].西藏地层,1995(1):115-120
Armijo R,Tapponnier P and Han T. Late Cenozoic right lateral strike - slip faulting across southern Tibet[J]. Jour. Geophys. Res,1989,94
Barbarin B. Granitoids main petrogenetic classfications in relation to origin and tectonic setting[J]. Geol. J,1990,25

Burchfiel B C and Royden L H. North – South extension within the convergent Himalayan region[J]. Geology,1985,13

Maluski H,et al. . $^{39}Ar/^{40}Ar$ dating for the Trans – Himalaya calc – alkaline magmatism of southern Tibet[J]. Nature,1988,298

Maniar P D ,Piccoli P M. Tectonic discrimination of granitoids[J]. Geol. Soc. Am. Bull,1989,101

Pearce J A, Harris N B W,Tindle. Trace element discrimination diagrams for the tectonic interpretation of granitic rocks [J]. J. Petrol,1984,25

Searle M P. The rise and fall of Tibet[J]. Nature,1995,347

Simpson G. Deformation of granitic rocks across the brittle – ductile transition[J]. Struct,1985,7

Tapponnier P, Peltzer G and Armijo P. On the mechanics of the collision between India and Asia. In:Coward M P and Ries A C. eds. Collision Tectonics[M]. Oxford:Blackwell Scientific Publication,1986

Turner F J. Metamorphic petrology,mineralogical,field,and tectonic aspects. Second edition[M]. Mc – Graw – Hill Book Company,New York

Winkler H G F. Petrogenesis of metamorphic rocks[M]. Spring – Verlag,New York,1979

Yin A and Harrison T M. Geologic evolution of the Himalayan – Tibet orogen[J]. Annu. Rev. Earth Planet. Sci. ,2000,28

图版说明及图版

图版 Ⅰ

1. 大型速壁珊瑚肥厚隔壁亚种（新亚种）
Tachylasm magnum crassoseptatum (subsp. nov)
1a、1b 二横切面，×2；1c，纵切面×2。标本号：P15H9-4(1-3)。
产地层位：西藏嘉黎县巴嘎乡凯蒙南沟。中二叠统上部洛巴堆组（正型）。

2. 修康速壁珊瑚相似种
Tachylasm cf. *xiukangense* Lin
横切面，×4。标本号：P13H7-1(1)。
产地层位：同上。

3. 大型速壁珊瑚肥厚隔壁亚种（新亚种）
Tachylasm magnum crassoseptatum (subsp. nov)
3a、3b 横切面，×2；3c，纵切面×1.5。标本号：P13H7-3(1-3)（副型）。
产地层位：同上。

4. 西藏索斯金娜珊瑚新近种
Soshkineophyllum aff. *xizangense* Lin
横切面，×2。标本号：P13H7-5(1)。
产地层位：同上。

5. 典型庙宇珊瑚
Naoticophyllum typicum Shi
5a、5c、5e，横切面，×3；5b、5d、5f，纵切面×3。标本号：P13H7-9(1-6)。
产地层位：同上。

图版 Ⅱ

1. 庙宇珊瑚未定种
Naoticophyllum sp.
1a、1b，二横切面，×2。标本号：P13H7-13(1-2)。
产地层位：同上。

2. 可疑斯伐巴德珊瑚未定种？
? *Svalbrdphyllum* sp.
2a. 横切面，×3；2b. 纵切面×3。标本号：P13H7-38(1-2)。
产地层位：同上。

3. 可疑斯伐巴德珊瑚未定种？
? *Svalbrdphyllum* sp.
横切面，×4。标本号：P13H7-33(1)。

产地层位:同上。

4. 大型速壁珊瑚

TachylasmA magnum Grabau

4a. 横切面,×3;4b. 纵切面,×2。标本号:P13H7-15(1-2)。

产地层位:同上。

5. 可疑脊板色珊瑚未定种?

? *Amplexocarinia* sp.

横切面,×3。标本号:P2H4-1(1)。

产地层位:西藏墨竹工卡县门巴乡择弄沟,中二叠统上部洛巴堆组。

6. 索斯金娜珊瑚未定种?

? *Soshkineophyllum* sp.

横切面,×2。标本号:P15H2-8(1)。

产地层位:西藏当雄县果立乡吉龙马沟,上石炭统—下二叠统来姑组上部。

7. 可疑奇壁珊瑚未定种?

? *Allatrapiophyllum* sp.

横切面,×3。标本号:P2H4-4(1)。

产地层位:西藏墨竹工卡县门巴乡择弄沟,中二叠统上部洛巴堆组。

8. 反常脊板顶柱珊瑚相似种

Laphocarinophyllum cf. *abnorme* Shi

8a. 横切面,×3;8b. 纵切面,×3。标本号:P2H4-3(1-2)。

产地层位:同上。

9. 北极索斯金娜珊瑚厚隔壁亚种(新亚种)

Soshkineophyllum artiense crassoseptatum (subsp. nov.)

9a、9b. 二横切面,×2;9c. 纵切面,×2。标本号:P15H2-9(1-3)。

产地层位:西藏当雄县果立乡吉龙马沟,上石炭统—下二叠统来姑组上部。

图版 Ⅲ

1. 扁枝奥格皮苔藓虫

Ogbinopora planistipula Hsia 1986。

1-1 弦切面,×20;1-2 通过枝短径方向的纵切面,×10。标本号:P13H6-2-2。1-3 弦切面,×20;1-4 通过枝短径方向的纵切面,×5。标本号:P13H7-37-1。

产地层位:西藏嘉黎县巴嘎乡,中二叠统洛巴堆组。

2. 叻武里奥格皮苔藓虫

Ogbinopora ratburiensis (Sakagmi) Hsia 1968。

2-1 弦切面,×20;2-2 纵切面×10;2-3 纵切面×5;2-4 弦切面×20;2-5 横切面×10;2-6 纵切面部分×10。标本号:P13H7-37-1。

产地层位:同上。

3. 多室曲囊苔藓虫

Streblascopora mulficella Hsia 1986。

3-1 弦切面,×15;3-2 纵切面,×10。标本号:P13H7-41-1。

产地层位:同上。

4. 多束曲囊苔藓虫

Streblascopora mulfasciculata Liu 1980。

4-1 纵切面,×8;4-2 横切面,×8;4-3 斜切面,×4。标本号:P13H7-41-1。
产地层位:同上。

5.过渡囊苔藓虫

Ascopora transita Yang, Liu et Xia 1981。

5-1 弦切面,×15;5-2 纵切面,×10;5-3 横切面,×10。标本号:P13H7-38-2。
产地层位:同上。

6.曲布梅奇苔藓虫

Maycneiia qubuensis Yang and Hsia 1975。

6-1 斜切面,×20;6-2 纵切面,×10。标本号:P13H7-39-1。
产地层位:同上。

7.窄边缘曲囊苔藓虫

Streblascopora angustimarginalis Hsia 1986。

弦切面,×15。标本号:P13H7-39-3。
产地层位:同上。

图版 Ⅳ

1.窄边缘曲囊苔藓虫

Streblascopora angustimarginalis Hsia 1986。

弦切面,×10。标本号:P13H7-39-2。
产地层位:西藏嘉黎县巴嘎乡,中二叠统洛巴堆组。

2.优美帕米尔苔藓虫

Pamiralla nitida Gorzunova 1975。

2-1 弦切面,×15;2-2 纵切面,×10;2-3 横切面,×10。标本号:P13H7-40-3。
产地层位:同上。

3.不规则帕米尔苔藓虫

Pamiralla irregularis Hsia 1986。

3-1 弦切面,×10;3-2 纵切面,×10。标本号:P13H7-41-1;P13H7-40-3。
产地层位:同上。

4.扁枝奥格皮苔藓虫

Ogbinopora planistipula Hsia 1986。

纵切面,×10。标本号:P13H7-39(1)-2。
产地层位:同上。

5.西藏窄板苔藓虫

Stenodiscus xizangensis Hsia 1986。

5-1 弦切面,×10;5-2 纵切面,×10;5-3 部分纵切面,×20。标本号:P13H7-17-2。
产地层位:同上。

图版 Ⅴ

1.粗线新石燕(新种),背壳外膜

Neospirifer crasstriatus (sp. nov.)

2.粗线新石燕(新种),背视

Neospirifer crasstriatus (sp. nov.)

3.粗线新石燕(新种),腹壳内膜

Neospirifer crasstriatus（sp. nov.）

4. 螺旋粗类贝,腹视

Costiferina spiralis Waagen

螺旋粗类贝,背视

Costiferina spiralis Waagen

5. 螺旋粗类贝,侧视

Costiferina spiralis Waagen

6. 螺旋粗类贝,腹视

Costiferina spiralis Waagen

7. 王公小石燕,腹视

Spirifrella rajah（Salter）

8. 王公小石燕,腹视

Spirifrella rajah（Salter）

10. 王公小石燕,背外膜

Spirifrella rajah（Salter）

11. 王公小石燕,背视

Spirifrella rajah（Salter）

12. 王公小石燕,背视

Spirifrella rajah（Salter）

13. 王公小石燕,背外膜

Spirifrella rajah（Salter）

14. 无窗贝未定种,腹内膜

Athyris sp.

15. 无窗贝未定种,腹内膜

Athyris sp.

16. 永珠阿支贝,腹视

Kochiproductus yongzhuensis（sp. nov.）

17. 永珠阿支贝,腹视

Kochiproductus yongzhuensis（sp. nov.）

18. 喜马拉雅薄缘贝,背外膜

Lamnimargus himalayensis（Diener）

19. 喜马拉雅薄缘贝,背外膜

Lamnimargus himalayensis（Diener）

20. 喜马拉雅薄缘贝,背外膜

Lamnimargus himalayensis（Diener）

21. 帕登狭体贝,腹视

Stenosisma purdoni（Davidson）

22. 帕登狭体贝,腹内膜

Stenosisma purdoni（Davidson）

图版 Ⅵ

1. 来姑组一段[$(C_2—P_1)l^1$]砂质条带大理岩
2. 来姑组二段[$(C_2—P_1)l^2$]板岩和砂质条带板岩

3. 来姑组二段$[(C_2—P_1)l^2]$板岩和石英岩

4. 来姑组三段$[(C_2—P_1)l^3]$含砾板岩

5. 洛巴堆组(P_2l)厚层灰岩

6. 洛巴堆组(P_2l)发育方解石脉的厚层灰岩

7. 雷龙库岩组$(AnOl)$石英岩

8. 岔萨岗岩组$(AnOc)$强变形的黑云石英片岩

图版 Ⅶ

1. 马里组一段(J_2m^1)薄层变砂岩

2. 马里组一段(J_2m^1)变砂岩层面波痕

3. 马里组一段(J_2m^1)变砂岩斜层理

4. 马里组一段(J_2m^1)变砂岩与大理岩夹层

5. 马里组二段(J_2m^2)砾岩

6. 马里组二段(J_2m^2)砾岩

7. 桑卡拉佣组(J_2s)生屑灰岩

8. 桑卡拉佣组(J_2s)厚层灰岩

图版 Ⅷ

1. 拉贡塘组$(J_{2-3}l)$薄层细粒砂岩

2. 拉贡塘组$(J_{2-3}l)$薄层粉砂岩

3. 多尼组(K_1d)碳质粉砂岩和煤线

4. 竟柱山组(K_2j)砾岩

5. 竟柱山组(K_2j)薄层砂岩

6. 竟柱山组(K_2j)紫红色粉砂岩层面波痕

7. 竟柱山组(K_2j)砂砾岩斜层理

8. 设兴组(K_2s)紫红色和灰绿色粉砂岩

图版 Ⅸ

1. 帕那组(E_2p)火山岩柱状节理

2. 帕那组(E_2p)安山质流纹岩

3. 帕那组(E_2p)安粗质火山角砾岩

4. 帕那组(E_2p)火山岩与下伏来姑组沉积不整合

5. 尼洋河边第四系冲积层中的古土壤

6. 麦地藏布河流阶地

7. 第四系洪积砾石

8. 第四系冲积沙砾石层

图版 Ⅹ

1. 绢云母千枚岩（＋）×40（P1B6-1）

2. 石榴二云片岩（＋）×40（B573-1）

3. 角闪斜长片麻岩（＋）×40（P1B46-1）

4. 透辉角闪斜长片麻岩（＋）×40（P1B55-1）

5. 石榴二云片岩（＋）×100（P1B94-1）

6. 石英岩(+)×40(B117-1)
7. 石榴白云片岩(+)×40(B353-1)
8. 石榴角闪黑云片岩(-)×40(B561-3)

图版 XI

1. 十字绢云母千枚岩(-)×100(P12B1-1)
2. 黑云母角岩(+)×100(P12B1-2)
3. 矽线石长英质糜棱岩(+)×40(P1B42-1)
4. 糜棱岩(+)×40(P10-B2-1)
5. 糜棱岩化石榴白云母片岩(-)×40(B573-1)
6. 糜棱岩中糜棱叶理和斜长石碎斑岩(+)×40(P1B107)
7. 糜棱岩中白云母呈拔丝状(+)(P1B107)
8. 二云母片岩中发育的折劈理(-)×40(P4B5-1)

图版 XII

1. 流纹斑岩(+)×40(E2P,B049-1)
2. 粗安岩(+)×40(B468-1)
3. 辉石安山岩(+)×100(B515-3)
4. 安山岩(+)×40(P8B12-1)
5. 英安质晶屑凝灰岩(+)×100(B823-5)
6. 辉绿玢岩(+)×40(P4B10-1)
7. 安粗岩(+)×40(P8B16-1)
8. 流纹岩(+)×40(P8B2-1)

图版 XIII

1. 蛇纹石化纯橄岩(+)×40(B1239)
2. 斜长橄榄岩(+)×40(B1239-1)
3. 方辉橄榄岩(+)×40(B1643)
4. 蛇纹石岩(+)×40(P10B8-2)
5. 辉绿岩(+)×100(B190-1)
6. 细粒闪长岩(+)×100(B1626)
7. 花岗闪长岩中的细晶闪长岩包体(嘉黎)
8. 花岗闪长岩(+)×40(B185)

图版 XIV

1. 辉石石英二长斑岩(+)×40(B163)
2. 辉石二长斑岩(+)×40(P8B8-1)
3. 黑云母花岗岩(+)×40(B1590)
4. 花岗闪长岩(+)×40(B1427)
5. 二云母花岗岩(+)×40(B1677)
6. 含石榴石二云母花岗岩(+)×40(B1044)
7. 黑云二长花岗岩(+)×40(P12B3)
8. 黑云角闪斜长花岗岩(+)×40(B546)

图版 XV

1. 糜棱岩化巨斑黑云母花岗岩(门巴)
2. 巨斑花岗闪长岩(建多)
3. 桑巴岩体发育的北东向节理及球状风化(桑巴)
4. 斑状黑云母花岗岩体边缘斑晶呈定向排列(谷露)
5. 黑云母花岗岩侵入于板状千枚岩中(谷露)
6. 糜棱岩化的花岗闪长岩(谷露,唐屋龙巴)
7. 斜长花岗岩中的细晶闪长岩包体(金达)
8. 斑状花岗岩中的闪长岩包体(马里勇)

图版 XVI

1. 花岗岩侵入变质地层(重达)
2. 二长花岗岩(曲巩)
3. 沿嘉黎断裂分布的超镁铁质岩(凯蒙沟)
4. 花岗岩侵入于变质地层中(色日绒)
5. 花岗岩中的千枚岩捕房体(谷露,古昌松布)
6. 细粒花岗岩侵入于斑状花岗岩中(唐屋龙巴)
7. 花岗岩中的石英岩包体(门巴)
8. 细粒花岗岩侵入于斑状花岗岩中(唐屋龙巴)

图版 XVII

1. 斜歪倾伏褶皱(德宗南松多岩群中)
2. 斜卧倒转褶皱(金达北松多岩群中)
3. 平卧褶皱(金达北松多岩群中)
4. 紧闭褶皱(扎雪区拉萨河南松多岩群中)
5. 斜卧倒转褶皱(门巴胆多村松多岩群中)
6. 向斜褶皱(门巴胆多村松多岩群中)
7. 斜卧倒转褶皱(金达北松多岩群中)
8. 褶劈理及小褶皱(色日绒南握定来姑组中)

图版 XVIII

1. 膝折构造(桑巴北马里组地层中)
2. "A"形褶皱(坝嘎南土绒沟来姑组中)
3. "S"形褶皱(坝嘎南土绒沟来姑组中)
4. 协调褶皱(扎雪区拉萨河南松多岩群中)
5. 马里组 S_2 改造原始层理的构造置换(桑巴南)
6. 马里组 S_2 改造原始层理的构造置换(桑巴南)
7. 构造片麻岩(扎雪区拉萨河北柯热多附近)
8. 紧闭褶皱(扎雪区拉萨河南桑登拉附近松多岩群中)

图版 XIX

1. 巴堆组呈飞来峰逆冲于来姑组之上(色日绒南握定附近)

2. 嘉黎断裂的断层三角面(波曲北岸坝嘎附近)
3. 嘉黎断裂带内的挤压破碎带(来不停沟附近)
4. 金达北逆冲断层及其牵引褶皱
5. 尼洋河北岸金达附近的正断层
6. 嘉黎断裂北次级走滑断层的水平擦痕
7. 峨不贡玛-捏昌断层的断层面及其擦痕
8. 嘉黎断裂北桑卡拉佣组中的挤压劈理化带

图版 XX

1. 长英质糜棱岩(重达北松多岩群中)
2. 长英质糜棱岩(重达北松多岩群中)
3. 花岗质糜棱岩(门巴东)
4. 布丁构造(坝嘎南土绒沟来姑组中)
5. 构造透镜体(金达北)
6. 挤压劈理化带(金达北)
7. 挤压劈理化带及构造透镜体(色日绒-巴嘎断裂南)
8. 张性角砾岩带(蒙青-叉青断裂)

图版 XXI

1. 糜棱岩化花岗岩(+)×20,(B902-1)
2. 糜棱岩化似斑状二长花岗岩(+)×20,(P1B113-1)
3. 长英质糜棱岩,方解石脉沿糜棱叶理和剪切叶理充填(+)×20,(P10B1-2)
4. 花岗质糜棱岩中的残斑拖尾(+)×20,(P1B107-1)
5. 花岗质糜棱岩中的残斑拖尾(-)×20,(P1B107-1)
6. 糜棱片岩(+)×20,(P1B113)
7. 热振藏布南岸曾达附近阶地地貌特征
8. 麦地藏布在亚若苦南的阶地地貌特征

图版 XXII

1. 第四系冲洪积物影像图
2. 第四系洪积物影像图
3. 第四系冰水堆积物影像图
4. 第四系湖沼堆积物影像图
5. 古近系帕那组(E_2p)火山岩影像图
6. 上白垩统竟柱山组(K_2j)和中侏罗统桑卡拉佣组(J_2s)影像图

图版 XXIII

1. 中二叠统洛巴堆组(P_2l)和松多岩群影像图
2. 中石炭统—下二叠统来姑组[$(C_2—P_1)l$]和其上的中二叠统洛巴堆组(P_2l)灰岩飞来峰影像图
3. 中石炭统—下二叠统来姑组[$(C_2—P_1)l$],中侏罗统马里组(J_2m)、桑卡拉佣组(J_2s),中上侏罗统拉贡塘组($J_{2-3}l$),上白垩统竟柱山组(K_2j)影像图
4. 中石炭统—下二叠统来姑组[$(C_2—P_1)l$]影像图
5. 花岗岩(γ)与中侏罗统马里组(J_2m)侵入接触影像图

6. 花岗岩(γ)影像图

图版 XXIV

1. 东西向嘉黎断裂带影像图
2. 南北向麦地藏布-择弄线性断裂影像图
3. 北北东向谷露-桑曲线性断裂带影像图
4. 北西向洁松康嘎布-亚里嘎日线性断裂影像图
5. 北西向曾龙-沈热线性断裂影像图
6. 北西向洁松康嘎布-建多-巴嘎线性断裂的北段影像图
7. 北西向洁松康嘎布-建多-巴嘎线性断裂的中段影像图
8. 北东向麦曲线性断裂影像图
9. 北东向藏雄体-绒麦-玛朗扛日线性断裂影像图

图版 XXV

1. 全区三维影像图
2. 全区分类影像图

图版 XXVI

1. 拉萨河畔火山岩景点群——冲天石柱
2. 拉萨河畔火山岩景点群——三足香炉
3. 拉萨河畔火山岩景点群——通天石洞
4. 门巴刀痕石屏
5. 尼洋河中流砥柱
6. 德宗(也称德仲)温泉
7. 建多温泉群
8. 色日绒老虎洞

图版 XXVII

1. 色日绒微缩三峡
2. 色日绒夫妻石
3. 色日绒万卷石经书
4. 巴嘎古海石燕
5. 巴嘎半山石佛
6. 建多岩壁波涛
7. 桑巴石铸长城

图版 XXVIII

1. 多姿多彩的拉萨河
2. 唐古千年柏树林
3. 美丽的热振藏布
4. 郁郁葱葱的尼洋河
5. 马拉扛日雪山峰
6. 加杜雪山和桑颠康沙雪山峰

7. 秀美的草原风光
8. 珍稀药用植物：①虫草、②红景天、③雪莲

图版 XXIX

1. 门巴直贡梯寺
2. 唐古热振寺
3. 德宗尼姑寺和石雕六字真言
4. 唐古尼姑寺
5. 拉萨河边的兄弟佛塔
6. 金达古代石砌塔楼
7. 那曲赛马节
8. 唐古玛尼石墙

图版 I

图版 II

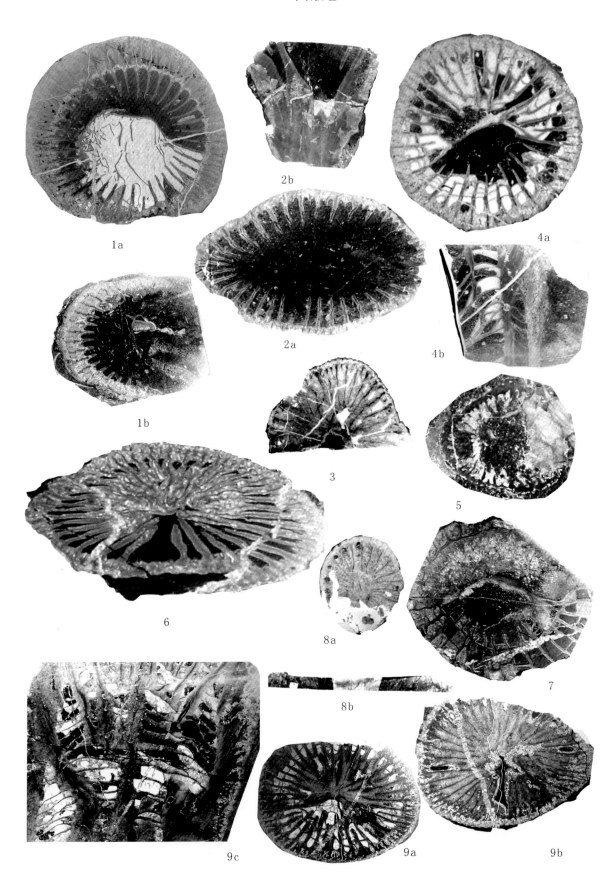

图版 Ⅲ

图版 Ⅳ

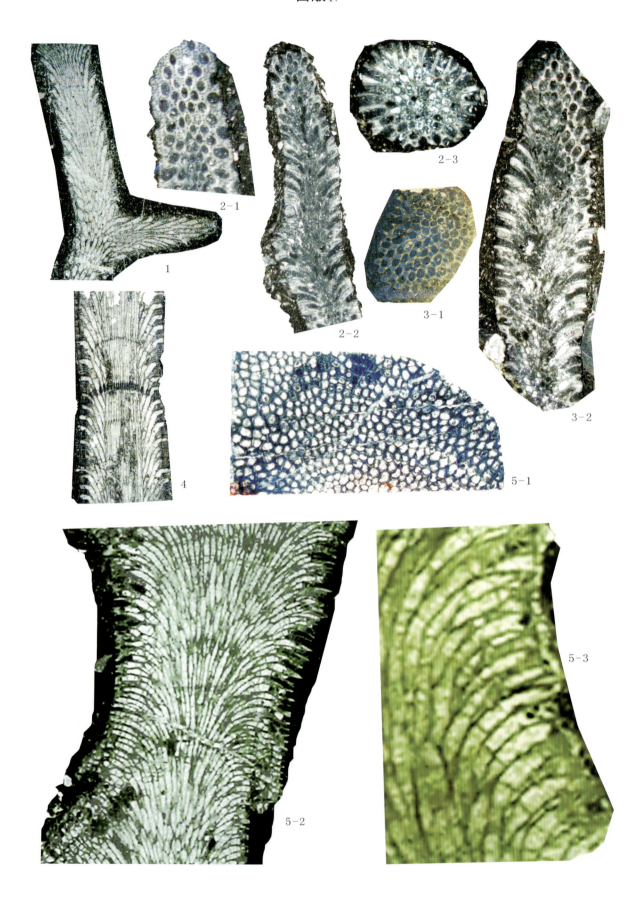

图版 V

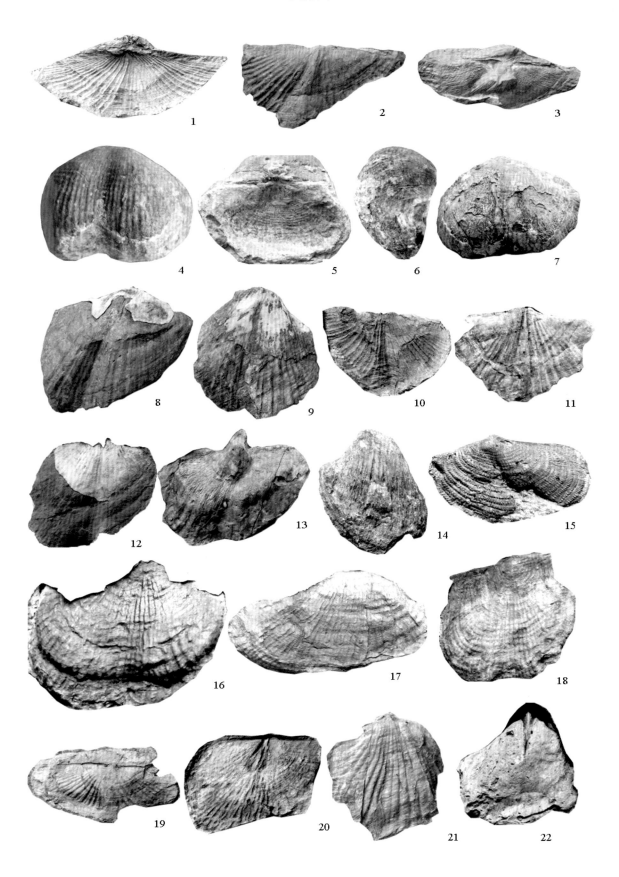

图版 VI

图版 Ⅶ

图版 Ⅷ

图版 IX

图版 X

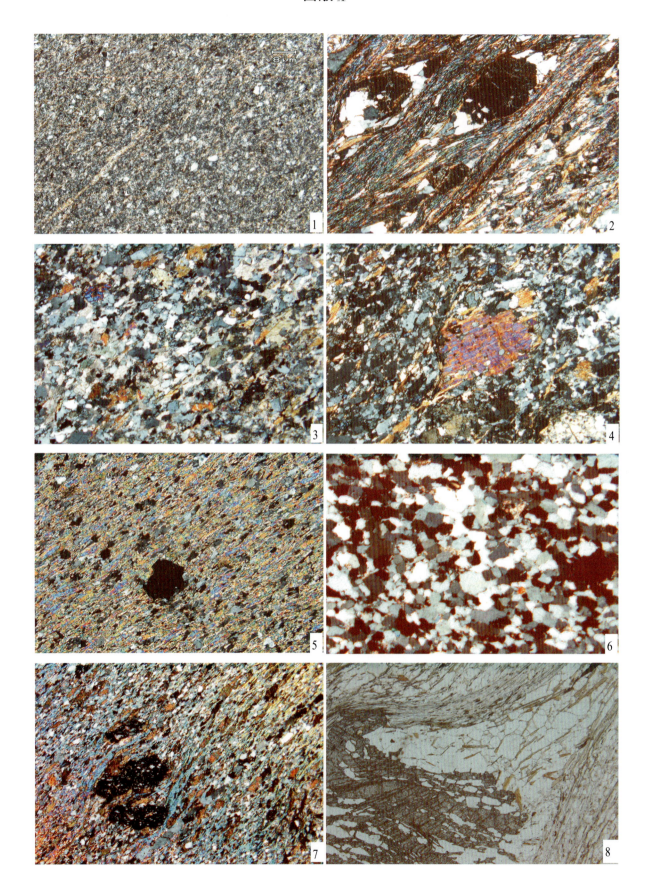

图版 XI

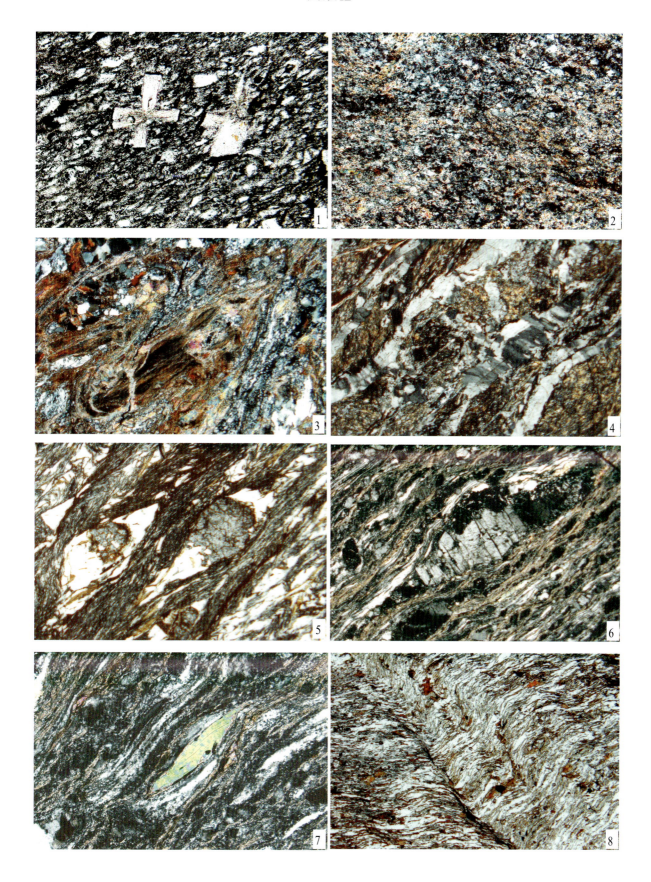

图版 XII

图版 XIII

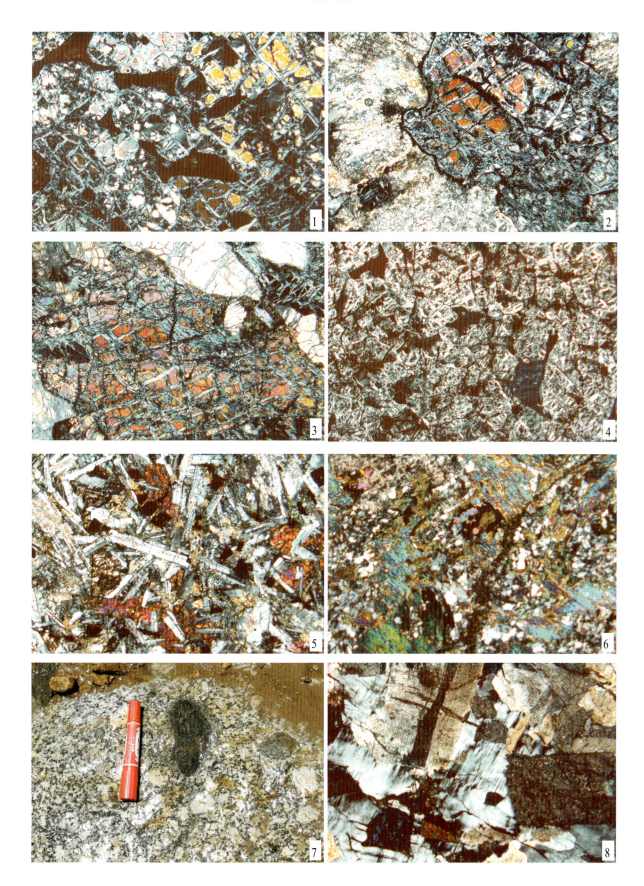

图版 XIV

图版 XV

图版 XVI

图版 XVII

图版 XVIII

图版 XIX

图版 XX

图版 XXI

图版 XXII

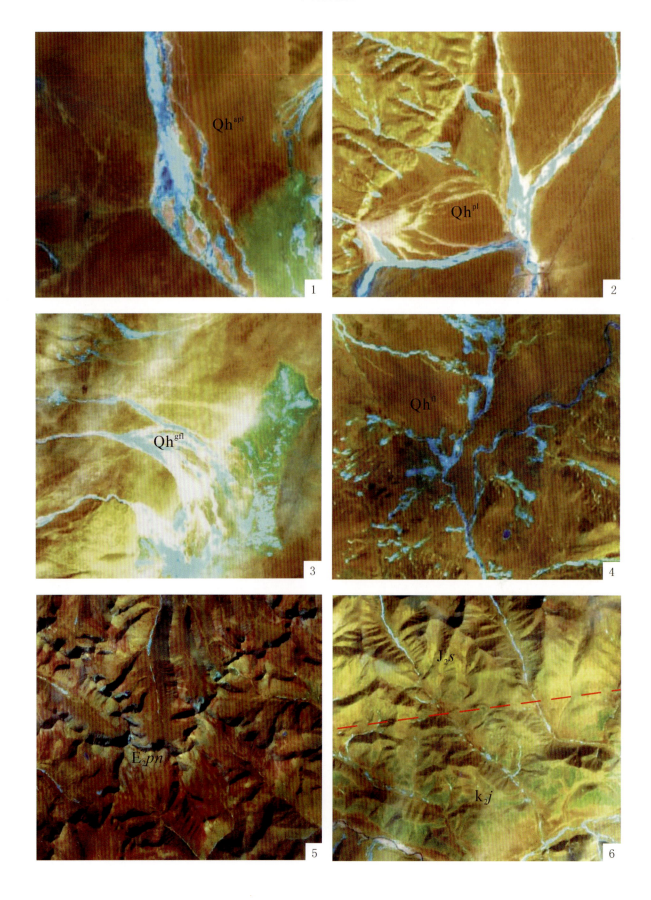

图版 XXIII

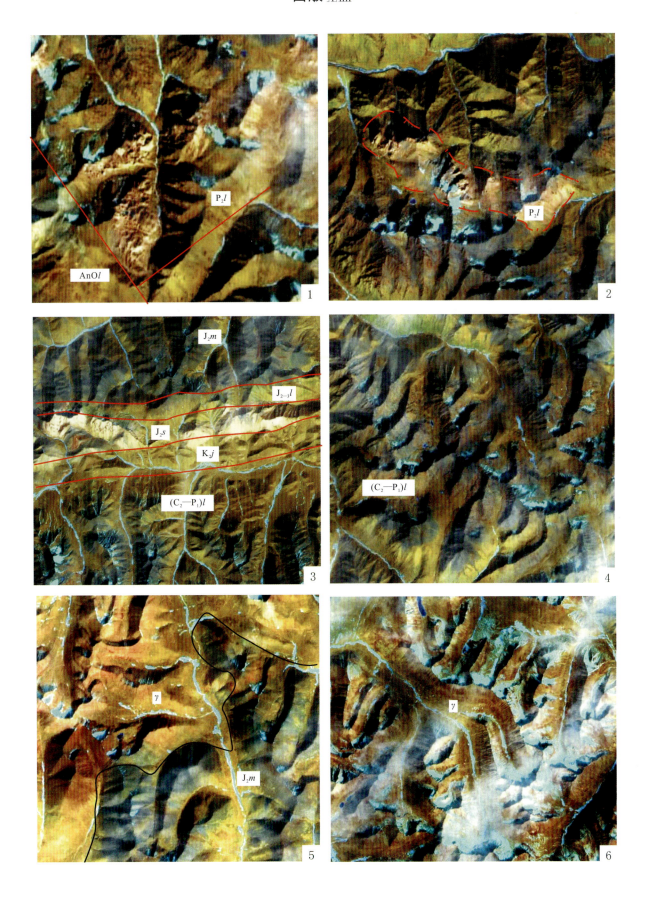

图版 XXIV

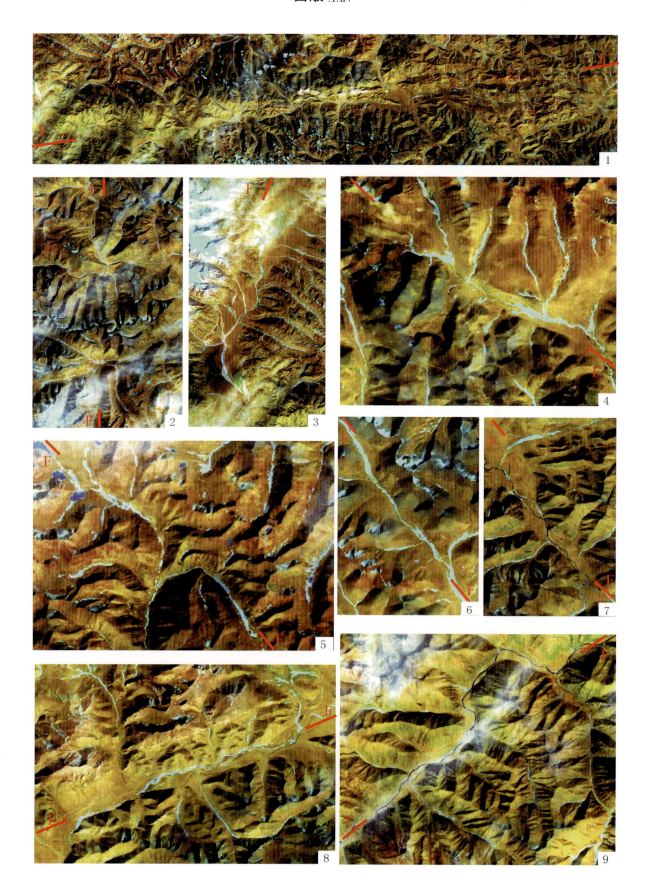

图版 XXV

全区三维影像图

全区分类影像图

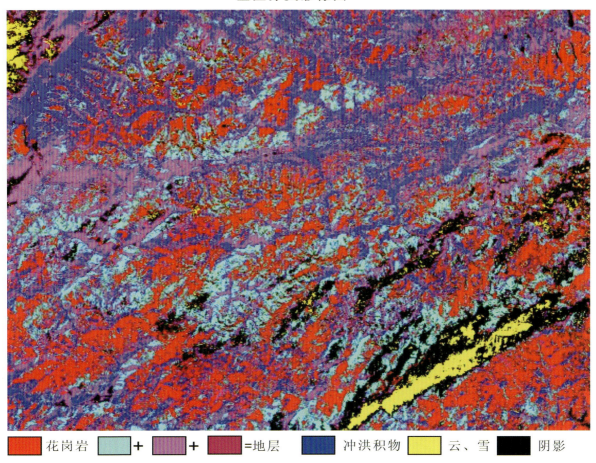

花岗岩　＋　＋　＝地层　冲洪积物　云、雪　阴影

图版 XXVI

图版 XXVII

图版 XXVIII

图版 XXIX

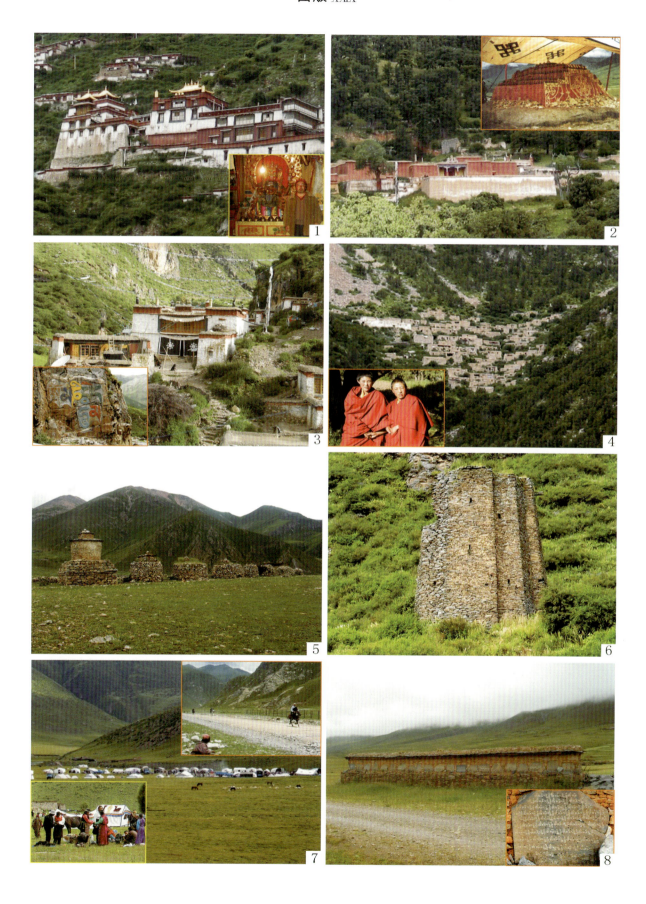